# AUDI
## 1910–2000

AUTO UNION · DKW
HORCH · WANDERER

Einbandgestaltung: Luis dos Santos mit Archivmaterial der Audi AG (Hauptmotiv) und des Autors.

Der Bildnachweis befindet sich auf Seite 303. Da sich der Inhalt dieses Buches teils aus vier Bänden (Deutsche Autos 1885–1920, 1920–1945, 1945–1975, 1975–1995) zusammensetzt, können Fehler und Lücken nicht gänzlich ausgeschlossen werden. Für Korrekturhinweise ist der Verlag seinen Lesern sehr dankbar.

ISBN: 978-3-613-04314-5



1. Auflage 2020

Sie finden uns im Internet unter www.motorbuch-verlag.de



Mitwirkende Autoren: Eberhard Kittler, Halwart Schrader
Lektorat: Joachim Kuch

Innengestaltung, Satz: Gold Rose, Stuttgart; Tebitron, Gerlingen; texte-team Julia Voigt, Langwedel
Druck und Bindung: Conzella, Aschheim-Dornach

Printed in Germany

# AUDI

## AUTO UNION – DKW
## HORCH – WANDERER
## 1910–2000

Werner Oswald

Motor
buch
Verlag

# Inhaltsverzeichnis

## HORCH



## WANDERER

## DKW



## AUDI

III-56

# Zu dieser Dokumentation

Die Marke Audi, einst im sächsischen Zwickau beheimatet, baute von 1910 bis 1940 hochwertige und exquisite Automobile. Aber sie waren teuer, zeitweise zu teuer, so dass sie auf dem Markt nur Statisten waren und in der Statistik keine Rolle spielten. Immerhin erfreuten sie sich unter Individualisten und Enthusiasten eines sehr guten Rufes … So rückte der damalige Audi nie zu den Spitzen- und Nobelmarken auf, genoss dennoch so viel Ansehen, dass es die nach dem Krieg in Ingolstadt wiedererstandene Auto Union bewog, die Marke nach langer, 25-jähriger Pause zu neuem Leben zu erwecken. Sie machte 1965 den DKW zum Audi.

Der Markenwechsel sollte die Abkehr vom nicht mehr zeitgemäßen Zweitakter so deutlich wie möglich zum Ausdruck bringen. Jahrelang unterschied sich der Audi vom letzten DKW nur durch das Triebwerk, doch der Übergang zum Viertaktmotor, verbunden mit dem Markenwechsel, ließ den Wagen, der als DKW in eine aussichtslose Position geraten war, zu einem eindrucksvollen Erfolg werden. Dieser setzte sich verstärkt in den folgenden Typenreihen 80 und 100 fort. Heute gehören Fahrzeuge der Marke Audi zu den angesehensten Automobilen ihrer Größenordnung. Sie kommen nicht nur ihrem Ruf nach, sondern spielen auch zahlenmäßig eine bedeutende Rolle. Wohl kam es ihnen zugute, dass Wiedergeburt und Aufstieg der Marke unter der Ägide des Volkswagen-Konzerns erfolgten; andererseits rettete der Rückgriff auf Ingolstädter Konstruktionen das Volkswagenwerk vor Jahren aus einer schwierigen Krisensituation.

So hat das von Höhen und Tiefen gezeichnete Schicksal der Marke Audi in bemerkenswerter Weise zur Geschichte des deutschen Automobilbaus beigetragen, ein Tatbestand, der bisher kaum ausreichend gewürdigt wurde – deshalb dieses Buch.

Soweit der von Werner Oswald (1920–1996) verfasste Einführungstext zu seinem 1980 erschienenen Standardwerk »Alle Audi Automobile 1910–1980«, dem eine gleichrangige Dokumentation zur Marke Horch folgte. Die automobilhistorische Kompetenz des – durchaus streitbaren – Motorjournalisten und Chronisten Oswald stand für mich längst außer Frage, als ich ihn das erste Mal besuchte, um in seinem immensen Archiv Unterlagen zu einem Audi-Modell Baujahr 1933 einzusehen: Ich hatte mir 1962 ein solches Auto als Restaurierungsobjekt zugelegt, und Oswald war so großzügig, mich mit wertvollen Doubletten seines Bestands auszustatten …

Gut zwei Jahrzehnte gab es für mich auch beruflich Veranlassung, sich eingehend mit der Geschichte der Auto Union zu befassen. Es war mir daher eine besondere Freude, in den Arbeiten der Autoren Hans-Heinrich von Fersen, Werner Oswald und Eberhard Kittler, die ich zu diesem Buch zusammenfügen und ergänzen durfte, auch den großartigen Fahrzeugen der Audi-Vorgängermarken Horch, Wanderer und DKW noch einmal begegnen zu können. Ich bin mir sicher, dass eine passionierte Leserschaft sich das Vergnügen mit mir gerne teilt.

Halwart Schrader

IN GP 431

# August Horch gibt Gas, sein Chef steht auf der Bremse

August Horch hatte Sachsen zu seiner zweiten Heimat erkoren; von Herkunft war er ein Pfälzer, geboren am 12. Oktober 1868 in Winningen an der Mosel. Mit seiner Kreativität und seinem Einfallsreichtum, seinem Ehrgeiz und seinem Mut zum Risiko hat er die frühe Zeit des Automobils in entscheidendem Maße mitgeprägt. Er gehört zu den Pionieren der frühen Kraftfahrzeugwirtschaft und hat ihr nachhaltige Impulse verliehen.

Als August Horch 1884 nach seiner Lehrzeit auf Wanderschaft ging, führte ihn sein Weg auch nach Mittweida in Sachsen, wo er vom Herbst 1888 bis zum Sommer 1891 am Technikum ein Ingenieurstudium absolvierte.

1896 bewarb sich der siebenundzwanzigjährige Horch um einen Posten bei der Rheinischen Gasmotorenfabrik Benz &. Cie. in Mannheim. Als Techniker hatte er zuvor in verschiedenen Firmen, auch im Dampfmaschinen- und im Schiffbau, Erfahrungen sammeln können, und zunehmend interessierte er sich für den noch jungen Motorwagen. Er hatte den Kopf voller Ideen, die er bei Benz & Cie. zu realisieren hoffte.

## Betriebsleiter mit eingeschränken Befugnissen

Carl Benz war damals 52 Jahre alt und führte seinen Betrieb sehr autoritär. Er engagierte Horch, doch dessen ungebremste Kreativität fand bei Benz wenig Akzeptanz. Der Herr des Hauses liebte es nicht, wenn man ihm widersprach oder ketzerische Fragen stellte; er hielt nicht viel von den Ratschlägen »unerfahrener Querköpf'«, wich von seinen Konstruktionsgrundsätzen nicht ab. Zwar wurde Horch nach vier Monaten Firmenzugehörigkeit zum Betriebsleiter für den Motorwagenbau ernannt, doch in dieser Position vermochte er nur wenige seiner Vorstellungen durchzusetzen. Sein Verantwortungsbereich betraf ja »nur« die Organisation des Fertigungsablaufs, ferner die Einteilung des Arbeitspersonals, die interne Materiallogistik, die tägliche Kontrolle und Instandhaltung der Werkzeuge, Gerätschaften und Maschinen.

## Das Velo ist August Horch zu behäbig

Die positive Resonanz, die Benz mit seinem seit 1893 gebauten Victoria verbuchen konnte, veranlassten ihn, sich mit einer weiteren Konstruktion zu beschäftigen; es sollte ein volkstümliches Fahrzeug zu einem besonders günstigen Preis werden. So entstand im Frühjahr 1894 das Benz Velo, ein kleiner, leichter 1,5-PS-Wagen, der nur 2000 Mark kostete. Er wog knapp 280 kg und erreichte an die 20 Kilometer pro Stunde. Horch war die pferdelose Pferdekutsche zu simpel, gleichwohl darf das von 1894 bis 1902 in nicht weniger als 1200 Exemplaren gebaute Benz Velo als erstes erfolgreich vermarktetes Großserienautomobil der Motorgeschichte bezeichnet werden.

Das Velo, anfänglich mit einem nur 1,5 PS leistenden Einzylindermotor versehen, erhielt auf Horchs (unerwünschtes) Drängen einen Motor von 2,75 PS, musste aber noch bis 1897 wie der Benz Victoria mit einem Zweiganggetriebe auskommen, ehe man ihm ein zusätzliches Planetengetriebe auf der Vorgelegewelle gab, mit dem sich eine dritte Schaltstufe einlegen ließ.

Parallel zum Velo entstand in Regie des Betriebsleiters Horch das Modell Phaëton, konstruktiv mit jenem identisch, doch mit größeren Abmessungen und mehr dem Victoria ähnlich. Als Antrieb hatte das Phaëton einen 6 PS leistenden Motor, der stark genug war, um acht Personen mit 25 km/h zu befördern. Mit einer Länge von 3,40 m war der Wagen um einen Meter länger als das zierliche Velo. Mit Vollgummibereifung und Laternen kostete der Achtsitzer aus Mannheim 4700 Mark. Zugleich mit dem Victoria stellte Benz das Modell Vis-à-vis vor, einen Viersitzer, bei welchem sich jeweils zwei Personen gegenüber saßen. Es hatte zunächst einen Motor von 4 PS, ab 1899 von 6 PS Leistung.

## »Warte Sie, bis Sie gerufe werde!«

Carl Benz gehörte nicht zu den Verfechtern hoher Geschwindigkeiten. Zuverlässigkeit und Betriebssicherheit hielt er für wichtiger als die Entwicklung immer größerer und stärkerer Motoren. Dennoch konnte er sich nicht leisten, seine Kundschaft an eine weniger konservativ eingestellte Konkurrenz zu verlieren. Dem Wunsch zahlreicher Kunden entsprechend, entstand bei Benz daher 1896 ein Zweizylindermodell. Nach nicht zufriedenstellenden Versuchen mit zwei parallel angeordneten Zylindern entschloss sich Benz, einen Motor mit gegenüberliegenden Zylindern zu konstruieren, bei welchem höhere Drehzahlen und ein besserer Massenausgleich zu erzielen waren. Der erste Benz-Wagen mit diesem »Kontra-Motor« war der 1897 vorgestellte Dos-à-dos, bei dem je zwei Passagiere Rücken an Rücken saßen.
Der Kontra-Motor leistete in der ersten Ausführung 5 PS, gut für 30 km/h auf ebener Straße. Horch erachtete das noch immer als viel zu bescheiden. Er plädierte für eine

Erfahrener Unternehmer, der nichts riskieren will: Carl Benz.

Junger Mann voller Tatendrang: August Horch.

Horch war sie viel zu behäbig: Benz Motorkutsche Typ Vis-à-vis, 1896.

Anhebung der Motorleistung auf 9 PS, auch bekam der Wagen auf seine Veranlassung ein Dreiganggetriebe mit Rückwärtsgang. Luftbereifung erhielt man ab 1898 gegen Aufpreis. Mit dem Zweizylindermotor wurden in den späten 1890er Jahren noch weitere Modelle versehen, so ein Phaëton Americain für fünf Personen und der kleine, zweisitzige Stadtwagen Mylord. Besonders der ebenfalls zweisitzige, aber sehr viel elegantere Comfortable mit Kontra-Motor wurde ein beträchtlicher Erfolg und fand vor allem im Ausland viele Käufer.

Benz gefiel es nicht, dass sein Betriebsleiter sich zu oft im Konstruktionsbüro aufhielt. Immer wieder gab es Dispute mit dem Firmenchef, wenn Horch sich nicht an die ihm zugestandenen Kompetenzen hielt und nach eigenem Ermessen handelte. Auch achtete Benz streng darauf, dass niemand ungebeten sein Büro betrat: »Herr Horch, lasse Sie das sei und warte Sie, bis Sie gerufe werde!«
Trotz aller Divergenzen war Benz mit Horchs Leistungen durchaus zufrieden. Allein aus dem Altersunterschied zu Horch erklärte sich vermutlich die Beharrung des Chefs (der war Jahrgang 1844) auf gestrig-hierarchischen Positionen. Immerhin lernte August Horch in Mannheim nicht nur, wie man die Serienfertigung von Motoren und Motorwagen organisiert, sondern auch Auto fahren, und er ließ keine Gelegenheit aus, sich darin zu vervollkommnen (eine Führerscheinprüfung hat er übrigens nie abgelegt). Doch wenn Horch aufs Tempo drückte, war Benz stets der Bremser: »Sie brauche net schneller zu fahre. Es kann Ihnen nur passiere, dass Ihne die Wagenteile um die Ohre fliege!«

Was zum Glück nie der Fall war. Doch es war abzusehen, dass Horch sich auf eigene Füße stellen und Motorwagen nach Kriterien bauen würde, die sich nicht an Benz' Konstruktionen anlehnten. Beide Ingenieure gehörten Vereinigungen und Institutionen an, die später immer wieder zu Begegnungen führten und schließlich doch eine Reihe progressiv geprägter Gemeinsamkeiten erkennbar werden ließen, an denen es anfangs gemangelt zu haben schien. Konkurrenten blieben Benz und Horch indessen zeitlebens.

# HORCH

Im Oktober 1899 verließ der 32-jährige August Horch die Firma Benz & Cie. und machte sich in Köln selbständig, wo er Motorwagen in eigener Regie zu bauen beabsichtigte. Ein ehemaliger Pferdestall im Stadtteil Ehrenfeld sollte als Werkstatt dienen. Doch war sich Horch darüber im Klaren, dass er ohne finanzielle Unterstützung nicht auskommen würde. Er liierte sich mit einem Partner namens Salomon B. Herz, einem Tuchgroßhändler aus dem Rheinland. Die von ihnen gemeinsam gegründete Firma A. Horch & Cie. wurde am 14. November 1899 ins Handelsregister der Stadt Köln eingetragen, vier Wochen nachdem Horch Mannheim verlassen hatte.

**Start-up in einem Pferdestall am Rhein**

Die ersten Umsätze erwirtschaftete Horch mit neun Mitarbeitern durch Reparaturen defekter Fahrzeuge. Daneben konstruierte er einen Motor mit zwei versetzten Zylindern, dazu ein Getriebe mit ständig im Eingriff befindlichen Zahnrädern in Pfeilverzahnung. Das Wagengestell für dieses Aggregat ließ Horch bei der Kölner Firma Utermöhle anfertigen, eine Kutschwagenmanufaktur, die bald zu einem der führenden Automobil-Karosseriehersteller in Deutschland avancierte.

Die Kraft des Motors wurde auf das Getriebe mittels Lederriemen übertragen, der Antrieb auf die Hinterachse des Wagens erfolgte mittels Kardanwelle. Der wassergekühlte Motor entstand in einer 5- und einer 10-PS-Version, die Horch ausgiebig testete, eher eine Serie von zehn Stück auflegte und in viersitzige Fahrzeugen installierte, die er für 2300 Mark anbot. Ein Preis, der vermutlich die Gestehungskosten nicht deckte. Herz zog fast sein gesamtes Geld aus dem Tuchhandel ab, vertraute es seinem Partner an und kümmerte sich um den Verkauf der von Horch auf die Räder gestellten Fahrzeuge.
Das gemeinsam mit Salomon Herz eingebrachte Gründungskapital von 30.000 Mark war binnen Jahresfrist verbraucht. Horch und Herz befanden sich in finanziellen Schwierigkeiten. Herz hatte die Anschaffung von Maschinen und Werkzeugen finanziert, doch weitere Mittel ließen sich nur durch Bankhilfe generieren. Über ´Reserven verfügten sie nicht; die anstehenden Projekte und die Löhne der Arbeiter musste man aus den Tageseinnahmen der Reparaturwerkstatt finanzieren, die zwar gut zu tun hatte, aber aufs Sparsamste zu wirtschaften zwang.

Horch Zweizylinder Tonneau, 1902.

Zweisitziger 4/5 PS von 1899, der erste in Köln gebaute Horch-Wagen.

Horch am Steuer seines 1902 gebauten Zweizylinder-Wagens in Reichenbach.
Links: Chassis des 10-12 PS Zweizylinders.

Mit der Leistung seiner ersten Motoren war Horch nicht zufrieden. Er entwarf einen neuen Zweizylinder und ein neues Getriebe samt Lederkonuskupplung. Das Auto mit diesem Motor wurde für immerhin 7300 Mark angeboten – auf Drängen seines Partners Herz, der durchaus richtig erkannt hatte, dass eine anspruchsvolle Klientel bereit war, für einen Qualitätswagen auch viel Geld auszugeben.

## Entscheidung für einen neuen Standort

Der neue Zweizylinder wurde jedoch nicht mehr in Köln gebaut, sondern in Reichenberg im sächsischen Vogtland, wo Horch im Februar 1902 eine neue, günstig gelegene und vor allem preiswerte Betriebsstätte gefunden hatte. Einst war das Vogtland die Heimat einer prosperierenden Textilindustrie gewesen, die aber durch Billigimporte ausländischer Baumwollprodukte zugrunde gegangen war. Daher standen viele Fabriken für eine anderweitige Nutzung günstig zur Disposition.
In Reichenbach entstand auch Horchs erster Vierzylinder, präsentiert im Jahr 1903. In ihrem technischen Aufbau zeigten der 10-12 PS Zweizylinder und der 14-17 PS (die Leistungsangabe erfolgte als Bereich, nicht in der gewohnten Kombination mit vorangestellten Steuer-PS) Vierzylinder Übereinstimmungen. Beide hatten paarweise gegossene Zylinder und einen von Horch konstruierten Spritzdüsenvergaser. Die Kardanwelle war sehr kurz, der Achsantrieb wurde durch eine kräftige Schraubenfeder gegen den Rahmen abgestützt. Der 14-17 PS wurde im Jahr 1904 durch eine aufgebohrte, stärkere Variante mit 18-22 PS (Modell Z der Steuerformel 11/22 PS) ergänzt, die ihn 1906 gänzlich ablöste und bis 1910 gebaut wurde. 1903 bis 1904 gab es zudem ein abermals durch Vergrößern der Bohrung leistungsgesteigertes Modell, das dann 22-25 PS erreichte. Der Zweizylinder blieb bis 1907 im Programm.

## Von Reichenberg nach Zwickau

1903 siedelte die Motorwagenfabrik A. Horch & Cie. abermals um; die Räumlichkeiten der ehemaligen Spinnerei in Reichenberg hatten sich als zu klein erwiesen. Horch bezog ein Areal in Zwickau, und hier fand er bessere Voraussetzungen für die Expansion seiner Automobilfertigung. Aber für diese musste er neue Kapitalmittel beschaffen, und deshalb gründete er 1904 eine Aktiengesellschaft. Hauptaktionär war Horchs Freund Friedrich Paul Fikentscher, der auch den Umzug nach Zwickau angeregt hatte – als ambitionierter Automobilist ebenso engagiert wie als mutiger Investor. Er war Präsident des Sächsisch-Thüringischen Automobil-Clubs.
Horchs Zwei- und Vierzylinder hatten sich inzwischen gut bewährt, aber Horch war ein Mann, der nach dem Motto »Das Bessere ist des Guten Feind« seine Konstruktionen ständig überarbeitete. Er gehörte zu jenen Unternehmern, die ihren Betrieb mehr aus Leidenschaft denn aus Gründen der Gewinnmaximierung führten und denen die Qualität ihrer Produkte ein persönliches Anliegen bedeutete. Schon bald entstand ein neuer, großer Vierzylinder mit 5,8 Liter Hubraum, der für seine Größe die hervorragende Leistung von 35-40 PS (Modell ZD als 23/40 PS) abgab und die Grundlage nachfolgender Konstruktionen

Oben: Dr. Rudolf Stöss links im 1903 gebauten 10-12 PS Tonneau; rechts August Horch im 23/40-PS ZD von 1905, aufgenommen 1935 in Zwickau.
Links: Horch 23/40 PS Phaëton von 1906.
Unten: Horch 11/22 PS Modell Z von 1907.

darstellte, mit denen sich Horch einen Namen in ganz Europa machte.
So gab es schon 1904 Horch-Vertretungen in St. Petersburg und in London; dort hatte sich eine Firma Krupkar Ltd. etabliert, die den Import deutscher Fabrikate betrieb und die Tochtergesllschaft einer Morrison Ltd. war, die Dreiradfahrzeuge herstellte. Neben Horch-Wagen bot Krupkar in England auch Automobile der Hersteller Cudell und Opel an. Der Name sollte »Kruppstahl« assoziieren, ein Weltbegriff, der für höchste Materialqualität stand. Durch die Schreibweise mit nur einen p versuchte man offensichtlich geschützte Markenrechte zu umgehen, denn es ist wenig wahrscheinlich, dass der Name »Krupkar« mit der Fried. Krupp A.G. in Essen abgestimmt war. Da die Firma Morrison und ihr Ableger nur ein Jahr lang existierten, darf man annehmen, dass sie wenig erfolgreich operierte.

1903 hergestelltes Horch 10-12 PS Tonneau, Exponat im August Horch Museum, Zwickau.

| Marke, Modell, Bauzeit | **Horch 4-5 PS, 1900-1902** | **Horch 10-12 PS, 1902-1904** | **Horch 22-25 PS, 1903** |
|---|---|---|---|
| **Motor** | | | |
| Bauart, Zylinder | Reihenmotor, stehend, 2 | Reihenmotor, stehend, 2 | Reihenmotor, stehend, 4 |
| Bohrung x Hub mm | | | 85 x 120 |
| Hubraum ccm | | 10-12 | 2725 |
| Leistung PS | 4-5 | | 22-25 |
| Ventilsteuerung | | | seitliche NW, ioe |
| Kurbelwellenlager | | | 3 |
| Vergaser | | | Horch-Spritzdüsenvergaser |
| Kühlung | Wasser, Pumpe | Wasser, Pumpe | Wasser, Pumpe |
| Schmierung | Tauchschmierung | Tauchschmierung | Druckumlauf, Tropföler |
| Zündung | Magnet | Magnet | Magnet |
| Kraftstofftank | | | |
| **Kraftübertragung** | | | |
| Kupplung | Konuskupplung | Konuskupplung | Konuskupplung |
| Schaltung | | | |
| Getriebe | 4-Gang | 3-Gang | 4-Gang |
| Antrieb | Kardan | Kardan | Kardan |
| **Fahrwerk** | | | |
| Vorder-/Hinterradfederung | Halbelliptikfedern v/h | Halbelliptikfedern v/h | Halbelliptikfedern v, Dreiviertelelliptikfed. h |
| Bremsen | Getriebebremse | Getriebebremse, Hinterrad-Innenbackenbremsen | Getriebebremse, Hinterrad-Innenbackenbremsen |
| Lenkung | | | Schneckenlenkung |
| Räder | Holzspeichenräder | Holzspeichenräder | Holzspeichenräder |
| Reifen | | | 820 x 120 |
| **Chassis und Aufbau** | | | |
| Fahrgestell | | | Stahlblechrahmen |
| Karosserien | Tonneau | Tonneau, Phaëton | Tonneau, Phaëton |
| **Maße und Gewichte** | | | |
| Radstand mm | | | 2325 |
| Spur mm | | | |
| L x B x H mm | | | |
| Leergewicht kg | | | |
| Höchstgeschwindigkeit km/h | 30 | 50 | |

| Marke, Modell, Bauzeit | **Horch 14/17 PS, 1904** | **Horch 11-22 PS, 1904-1909** | **Horch 23/40 PS, 1905-1910** |
|---|---|---|---|
| **Motor** | | | |
| Bauart, Zylinder | Zweiblock-Reihenmotor, 4 | Zweiblock-Reihenmotor, 4 | Zweiblock-Reihenmotor, 4 |
| Bohrung x Hub mm | 85 x 100 | 85 x 120 | 115 x 140 |
| Hubraum ccm | 2270 | 2725 | |
| Leistung PS | 14-17 | 22/1400 | 40/1400 |
| Ventilsteuerung | seitliche NW, ioe | sv, NW-Antrieb durch gekapselte Stirnräder | ioe, NW-Antrieb d. gekapselte Stirnräder |
| Kurbelwellenlager | 3 | 3 Gleitlager | 3 Kugellager |
| Vergaser | Horch-Spritzdüsenvergaser | Horch-Vergaser mit Vorwärmung | Horch-Vergaser mit Vorwärmung |
| Kühlung | Wasser, Pumpe | Wasser, Pumpe, Ventilator | Wasser, Pumpe, Ventilator |
| Schmierung | Druckumlauf, Tropföler | Schmierung unter Druck d. Auspuffgase | Druckumlauf, Sechsfach-Kolbenpumpe |
| Zündung | Magnet | Doppelzündung Bosch-Magnet u. Batterie | Doppelzündung Bosch-Magnet u. Batterie |
| Kraftstofftank | | hinten, Förderung u. Druck d. Auspuffgase | hinten, Förderung u. Druck d. Auspuffgase |
| **Kraftübertragung** | | | |
| Kupplung | Konuskupplung | Reibungskonus | Lederkonus |
| Schaltung | | Kulissenschaltung | Kulissenschaltung |
| Getriebe | 3-Gang | 4-Gang m. Schubvorgel., 4 – 2 – 1,48 – 1 | 4-Gang m. Schubvorgelege |
| Antrieb | Kardan | Kardan | Kardan |
| **Fahrwerk** | | | |
| Vorder-/Hinterradfederung | Halbelliptikfedern v, Dreiviertelelliptikfed. h | Halbelliptikfedern v/h | Halbelliptikfedern v/h |
| Bremsen | Getriebebremse, Hinterrad-Innenbackenbremsen | Getriebebremse Hinterrad-Innenbackenbremse | Getriebebremse Hinterrad-Innenbackenbremse |
| Lenkung | Schneckenlenkung | Schraubenspindellenkung | Schraubenspindellenkung |
| Räder | Holzspeichenräder | Holzspeichenräder | Holzspeichenräder |
| Reifen | 820 x 120 | 820 x 120 | 880 x 125 |
| **Chassis und Aufbau** | | | |
| Fahrgestell | Stahlblechrahmen | Stahlblechrahmen | Stahlblechrahmen |
| Karosserien | Tonneau, Phaëton | Tonneau, Phaëton | Tonneau, Phaëton, Limousine |
| **Maße und Gewichte** | | | |
| Radstand mm | 2180 | 2325, 2930 | 3250 |
| Spur mm | | 1300 / 1300 | 1400 / 1400 |
| L x B x H mm | | | |
| Leergewicht kg | | 680 (Fahrgestell) | 1100 (Fahrgestell) |
| Höchstgeschwindigkeit km/h | | | 90 |

Oben: Einer der wenigen Horch Sechszylinder 31/60 PS, 1907 an den Sultan von Java geliefert.

Links: Horch Typ C 6/18 PS als Lieferwagen.

## Erfolge mit großen Vierzylindern

Zusammen mit dem kleinen Vierzylinder, den Horch aus Reichenbach mitgebracht hatte, ließ sich ab 1905 der Verkauf der in Zwickau entwickelten, großen Vierzylinder sehr erfolgreich an. Sie besaßen obenliegende Einlass- und stehende Auslassventile. Ein weiteres Merkmal des Horch-Motors war die obere, verbreiterte Hälfte des Kurbelgehäuses, die auf den Längsträgern des Fahrgestells auflag und damit zu dessen Versteifung beitrug. Auch das zwischen Motor und Getriebe angeordnete Kardangelenk und das Stirnrad-Differenzial waren Horch-spezifisch. War die Ölförderung zum Motor bei den ersten Modellen noch unter dem Druck der Auspuffgase erfolgt, so gab es jetzt eine Sechsfach-Kolbenpumpe mit einzeln regulierbaren Tropfstellen. Das Getriebe hatte jetzt vier statt drei Gänge.

Zwei 18-22 PS und ein 35-40 PS Hoch wurden zur ersten Herkomer-Fahrt im Jahr 1905 gemeldet. Die drei Fahrzeuge absolvierten ausgezeichnete Leistungen, vor allem auch bei der schwierigen Kesselbergprüfung, so dass Horch beschloss, 1906 abermals anzutreten. In diesem Rennen wurde ein 18-22 PS sogar Gesamtsieger. Dabei hatte der Werksfahrer Dr. Rudolf Stöss den kleinsten und leistungsschwächsten Wagen der gesamten Konkurrenz gefahren.

1908 wurden die Herkomer-Fahrten durch die Prinz-Heinrich-Fahrten abgelöst, deren erste über eine Strecke von 2200 Kilometer führte. Während viele Teilnehmer mit leistungsgesteigerten Spezialwagen am Start erschienen,

| Marke, Modell, Bauzeit | **Horch 26/60 PS, 1907-1910** | **Horch 31/60 PS, 1907-1909** | **Horch 50-55 PS Typ S, 1909-1914** |
|---|---|---|---|
| **Motor** | | | |
| Bauart, Zylinder | Dreiblock-Reihenmotor, 6 | Dreiblock-Reihenmotor, 6 | Zweiblock-Reihenmotor, 4 |
| Bohrung x Hub mm | 115 x 128 | 115 x 155 | 115 x 155 |
| Hubraum ccm | 7977 | 9660 | 6440 |
| Leistung PS | 60/1500 | 60/1400 | 55/1400 |
| Ventilsteuerung | NW-Antrieb ü. gekapselte Stirnräder, ioe | NW-Antrieb über gekapselte Stirnräder, ioe | sv, L-Anordnung |
| Kurbelwellenlager | 4 Kugellager | 4 Kugellager | |
| Vergaser | Horch-Spritzdüsenverg. m. Vorwärmung | Horch-Spritzdüsenvergaser m. Vorwärmung | |
| Kühlung | Wasser, Pumpe, Ventilator | Wasser, Pumpe, Ventilator | Wasser, Pumpe |
| Schmierung | Druckumlauf, Sechsfach-Kolbenpumpe | | |
| Zündung | Doppelzündung Bosch-Magnet u. Batterie | Doppelzündung Bosch-Magnet u. Batterie | Magnet |
| Kraftstofftank | hinten, Förder. d. Druck d. Auspuffgase | hinten, Förderung d. Druck d. Auspuffgase | hinten, Förderung d. Druck d. Auspuffgase |
| **Kraftübertragung** | | | |
| Kupplung | Konuskupplung | Konuskupplung | Konuskupplung |
| Schaltung | Kulissenschaltung | Kulissenschaltung | Kulissenschaltung |
| Getriebe | erst 3-, dann 4-Gang | 4-Gang | 4-Gang |
| Antrieb | Kardan | Kardan | Kardan |
| **Fahrwerk** | | | |
| Vorder-/Hinterradfederung | Halbelliptikfedern v/h | Halbelliptikfedern v/h | |
| Bremsen | Getriebebremse, Hinterrad-Innenbackenbremsen | Getriebebremse, Hinterrad-Innenbackenbremsen | |
| Lenkung | Schraubenspindellenkung | Schraubenspindellenkung | |
| Räder | Holzspeichenräder | Holzspeichenräder | Holzspeichenräder |
| Reifen | 875 x 105 | 875 x 105 | |
| **Chassis und Aufbau** | | | |
| Fahrgestell | Stahlblechrahmen | Stahlblechrahmen | Stahlblechrahmen |
| Karosserien | Phaëton, Torpedo | diverse | diverse |
| **Maße und Gewichte** | | | |
| Radstand mm | 3400 | 3400 | |
| Spur mm | 1400 / 1400 | 1400 / 1400 | |
| L x B x H mm | | | |
| Leergewicht kg | 1250 (Fahrgestell) | | |
| Höchstgeschwindigkeit | ca. 100 | ca. 100 | |

| Marke, Modell, Bauzeit | **Horch 25/55 PS Typ M, 1909-1914** | **Horch 10/25 PS, 1910-1911** | **Horch 12/28 PS, Typ K, 1910-1911** |
|---|---|---|---|
| **Motor** | | | |
| Bauart, Zylinder | Zweiblock-Reihenmotor, 4 | Reihenmotor, 4 | Reihenmotor, 4 |
| Bohrung x Hub mm | 115 x 155 | 84 x 120 | 85 x 140 |
| Hubraum ccm | 6440 | 2660 | 3177 |
| Leistung PS | 55 - 60/1400 | 25/1500 | 28/1750 |
| Ventilsteuerung | sv, L-Anordnung | ioe | ioe |
| Kurbelwellenlager | | 3 | 3 |
| Vergaser | | Horch-Spritzdüsenvergaser | |
| Kühlung | Wasser, Pumpe | Wasser, Pumpe | Wasser, Pumpe |
| Schmierung | | Druckumlauf, Tropföler | Druckumlauf |
| Zündung | Magnet | Magnet | Magnet |
| Kraftstofftank | hinten, Förder. d. Druck d. Auspuffgase | | |
| **Kraftübertragung** | | | |
| Kupplung | Konuskupplung | Konuskupplung | Konuskupplung |
| Schaltung | Kulissenschaltung | Kulissenschaltung | Kulissenschaltung |
| Getriebe | 4-Gang | 4-Gang | 4-Gang |
| Antrieb | Kardan | Kardan | Kardan |
| **Fahrwerk** | | | |
| Vorder-/Hinterradfederung | | Halbelliptikfedern v, Dreiviertelelliptikfed. h | Halbelliptikfedern v, Dreiviertelelliptikfed. h |
| Bremsen | | Getriebebremse, Hinterrad-Innenbackenbremse | |
| Lenkung | | Schneckenlenkung | |
| Räder | Holzspeichenräder | Holzspeichenräder | Holzspeichenräder |
| Reifen | 875 x 105 | | 875 x 105 |
| **Chassis und Aufbau** | | | |
| Fahrgestell | Stahlblechrahmen | Stahlblechrahmen | Stahlblechrahmen |
| Karosserien | diverse | | Phaëton, Landaulet, Limousine |
| **Maße und Gewichte** | | | |
| Radstand mm | 3380 | | 3400 |
| Spur mm | 1400 / 1400 | | 1400 / 1400 |
| L x B x H mm | | | |
| Leergewicht kg | 1600 | | |
| Höchstgeschwindigkeit km/h | 90-100 | | 70 |

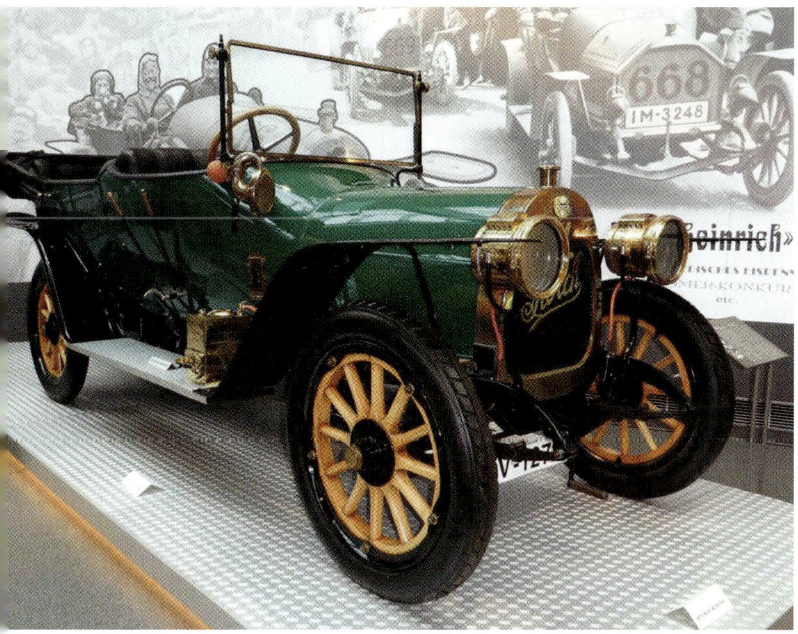


Oben links: Horch 10/20 PS für die Prinz-Heinrich-Fahrt 1908.

Oben: Großes Horch Phaëton Modell K 13/34 PS, 1911. Ungewöhnlich, dass die Frontscheibe bereits angewinkelt ist.

Links: Horch 12/18 PS von 1911.

trat Horch mit Serienfahrzeugen an, die lediglich eine besondere Karosserie erhalten hatten. Die viersitzigen, offenen Tourer – und nur solche durften laut Ausschreibung teilnehmen – hatten einen strömungsgünstigen Windlauf erhalten, den man als »Torpedohaube« bezeichnete. Die bei der Firma Kathe in Halle entstandenen schnittigen Aufbauten erregten viel Aufsehen und gaben dem Karosseriebau in ganz Europa wichtige Impulse. Die wesentlich stärker motorisierten Benz, Mercedes und Adler waren allerdings schneller, so dass Horch und Stöss nur auf die Plätze 7 und 8 kamen.

## Bärenstarke Sechszylinder mit 6,4 Liter Hubraum

1906 hatte Horch mit der Konstruktion eines großen Sechszylinders mit 55-60 PS Leistung begonnen, bei dem die Einlassventile wie beim 35-40-PS-Motor direkt über den Auslassventilen saßen. Die Zylinder waren paarweise zusammengegossen, die Kurbelwelle vierfach gelagert. Neu an diesem Motor war die Metalltrommelkupplung, welche die Vorzüge der Lamellen- und der Konuskupplung vereinen sollte. Sie hat sich indessen nicht bewährt, auch erwies sich die Zahl von drei Getriebegängen als unzureichend. Ab 1907 hatte der große 6,4-Liter-Sechszylinder mit der Steuerformel 31/60 PS ein Vierganggetriebe, wurde jedoch ein Flop. Bis 1909 entstanden nur sechs Exemplare.
Für das Kaiserpreis-Rennen 1907 im Taunus wurden drei Horch Sechszylinder nominiert. Doch schon im Training fielen sie aus. Für diesen misslichen Umstand sowie für die Tatsache, dass der 31/60 PS kaum Abnehmer fand, machte man August Horch persönlich verantwortlich. Er hatte nach wie vor Widersacher im Aufsichtsrat, und diese hielten ihm vor, er verschwende durch unausgereifte Konstruktionen Geld. Man machte ihn für die jüngsten kommerzielle Misserfolge verantwortlich. Horch wurde im Sommer 1909 nahegelegt, das von ihm gegründete Unternehmen zu verlassen. Seine Verdienste rechneten ihm seine Widersacher nicht an.

Der Horch O 14/40 PS von 1913 hatte schon einen am oberen Wasserkasten spitz zulaufenden Kühler.

| Marke, Modell, Bauzeit | **Horch 10/30 PS, 1910-1914** | **Horch 17/45 PS,Typ H, 1910-1919** | **Horch 10/30 PS, Typ N, 1911-1921** |
|---|---|---|---|
| **Motor** | | | |
| Bauart, Zylinder | Zweiblock-Reihenmotor, 4 | Reihenmotor, 4 | Zweiblock-Reihenmotor, 4 |
| Bohrung x Hub mm | 85 x 115 | 100 x 135 | 80 x 130 |
| Hubraum ccm | 2610 | 4241 | 2612 |
| Leistung PS | 30 | 45/1800 | 30/1600 |
| Ventilsteuerung | NW-Antrieb ü. gekapselte Stirnräder, ioe | sv | ioe |
| Kurbelwellenlager | 3 Gleitlager | | |
| Vergaser | Horch-Spritzdüsenverg. m. Vorwärmung | Horch-Spritzdüsenvergaser | |
| Kühlung | Wasser, Pumpe, Ventilator | Wasser, Pumpe | Wasser, Pumpe |
| Schmierung | Druckumlauf | Druckumlauf | |
| Zündung | Doppelzündung Bosch-Magnet u. Batterie | Magnet | Magnet |
| Kraftstofftank | hinten, Förder. d. Druck d. Auspuffgase | hinten, Förderung d. Druck d. Auspuffgase | hinten, Förderung d. Druck d. Auspuffgase |
| **Kraftübertragung** | | | |
| Kupplung | Lederkonuskupplung | Kulissenschaltung | Konuskupplung |
| Schaltung | Kulissenschaltung | | Kulissenschaltung |
| Getriebe, Antrieb | 4-Gang mit Schubvorgelege, Kardan | 4-Gang, Kardan | 4-Gang, Kardan |
| **Fahrwerk** | | | |
| Vorder-/Hinterradfederung | Halbelliptikfedern v/h | Halbelliptikfedern v/h | |
| Bremsen | Getriebebremse, Hinterrad-Innenbackenbremsen | Getriebebremse, Hinterrad-Innenbackenbremsen | |
| Lenkung | Schraubenspindellenkung | Schneckenlenkung | |
| Räder | Holzspeichenräder | Holzspeichenräder | Holzspeichenräder |
| Reifen | 810 x 90 | | 810 x 90 |
| **Chassis und Aufbau** | | | |
| Fahrgestell | Stahlblechrahmen | Stahlblechrahmen | Stahlblechrahmen |
| Karosserien | Tourenwagen, Limousine | Phaëton, Tourenwagen, Limousine | diverse |
| **Maße und Gewichte** | | | |
| Radstand mm | 3100 | 3400 | 3155, 3350 |
| Spur mm | 1300 / 1300 | | 1300 / 1300 |
| Leergewicht kg | 1350 | | 1250 |
| Höchstgeschw. km/h | 75 | | |

Den Gründer hat man hinauskomplimentiert:

# Horch ohne Horch

**Horch 10/20 PS, 10/30 PS (1910–1914/1921)**
**Horch 17/45 PS (1910–1919)**
**Horch 6/18 PS, 8/24 PS (1911–1922)**
**Horch 14/40 PS (1912–1922)**
**Horch 5/14 PS (1914)**
**Horch 25/60 PS (1914–1920)**
**Horch 18/50 PS (1914–1922)**
**Horch 33/80 PS (1914–1922)**

1914 führte Horch den Spitzkühler serienmäßig ein (hier am Modell C 6/18 PS).

Horch 17/75 PS Limousine (Taxi) 1913. Der Chauffeur hat seinen Wagen mit einem Tannenzweig geschmückt.

August Horch stand auf verlorenem Posten. Er hatte keine andere Wahl, als den Hinauswurf zu akzeptieren. Jedoch gründete er unmittelbar darauf – ebenfalls in Zwickau – ein neues Unternehmen, die Audi-Werke. Fikentscher hatte zu den Wenigen gehört, die an der Seite Horchs standen und ihm weiterhin ihre Unterstützung zuteil werden ließen. Nach Horchs Ausscheiden übernahm im alten Horch Werk Georg Paulmann die Leitung des Konstruktionsbüros; als Chefkonstrukteur stand ihm der Ingenieur Fritz Seidel zur Seite, ein langjähriger Mitarbeiter Horchs. Er gehörte im Unterschied zu einigen Anderen, die mit Horch die Firma verließen, zu denen, die blieben und versuchten, die gegebenen Konstruktionsgrundlinien zu pflegen, Detailverbesserungen vorzunehmen und somit ganz im Sinne Horchs weiterzuarbeiten. Das unausgereifte Sechszylinder-Projekt wurde fallen gelassen und ein 6,4 Liter-Wagen als langhubiger Vierzylinder (Modell S) mit der Steuerformel 25/55 PS als Spitzenmodell herausgebracht.

Mit dem Wechsel an der Firmenspitze erfolgte eine Überarbeitung des Programms. Die kleinen Vierzylinder kamen 1910 als Modell K in der Steuerformel 10/25 PS auf den Markt, ab 1911 als 10/28 PS und gelegentlich auch als 10/30 PS bezeichnet. Den einstigen »großen Vierzylinder« ersetzte man durch ein anfänglich 17/42 PS, dann 17/45 PS genanntes Modell H. Ein Maß für die fortschreitende Motorenentwicklung ist die Tatsache, dass man die gleiche, sogar etwas größere Leistung im Gegensatz zum Vorgänger nunmehr mit dem neuen, seitengesteuerten Motor schon aus 4,2 Liter Hubraum statt 5,8 Liter erzielte. Nach unten erfuhren die Horch-Modelle 1911 Erweiterungen durch zwei kleine Vierzylinder mit 1,6 bzw. 2,0 Liter Hubraum als 6/18-PS- und 8/24-PS-Modell, die beide unter dem Kürzel C in die Serienfertigung übernommen wurden.

Nicht vor 1911 beteiligten sich Horch-Wagen wieder an motorsportlichen Konkurrenzen. Bei den Alpenfahrten 1911 bis 1914, bei der berühmten Schwedischen Winterfahrt und vielen anderen Veranstaltungen starteten Horch-Wagen, häufig mit Georg Paulmann am Steuer, der viele Erfolge verbuchen konnte. Dass die Konstruktionsleiter persönlich ihre Rennwagen steuerten, galt damals als selbstverständlich.

Das Horch-Modellprogramm hatte bis 1914 einen großen Umfang angenommen, und da die Qualität der Fahrzeuge ausgezeichnet war, ließen zu Umsätze nicht zu wünschen übrig. Ab 1914 gab es für die größeren Horch-Modelle eine elektrische Licht- und Anlasseranlage.

Ein typisches Kennzeichen des modernen Horch-Wagens

Horch 14/40 PS Limousine von 1912, wie sie auch nach dem Krieg wieder angeboten wurde.

Horch 25/55 PS Phaëton, 1913.

Horch 33/80 PS Vierzylinder, 1913.

war der schmale, ovale Kühler mit oberer, nach vorn gezogener »Schnabel«-Partie, wie ihn der Prinz-Heinrich-Benz ebenfalls aufwies. Diese für Horch charakteristische Kühlerform wurde auf den Spitzkühler übertragen, der bereits vor 1914 erschien und auch in der frühen Nachkriegszeit den Bug des Horch zierte.

Ein weiterer großer Horch war 1914 produktionsreif, das 8,5-Liter-Modell 33/80 PS mit seitengesteuertem Zweiblock-Vierzylindermotor. Es ist wegen des Kriegsausbruchs jedoch erst 1919 zur Auslieferung gekommen. Dieser großvolumige Motor bildete zugleich das Rückgrat für den Einstieg in den Lastwagen- und Omnibusbau bei Horch. Es fanden sich zwar schon zu August Horchs Pionierzeiten Liefer- und Lastwagen sowie Hotelomnibusse in den Prospekten, doch war es zunächst bei dem einen oder anderen Lieferwagen-Aufbau geblieben.

Im Zuge der Gewinnoptimierung nach Horchs Verabschiedung unternahm die Geschäftsleitung Anstrengungen, den Mittelständlern aus Industrie und Gewerbe, die schon Horch-Kunden waren, auch für Nutzfahrzeuge zu gewinnen. Bald gab es gesonderte Kataloge für Nutzfahrzeuge. Ab 1911 wurden die Modelle C (6/18 oder 8/24 PS), N (10/30 PS) und O (14/40 PS) als sogenannte leichte Lieferwagen mit ein- bis anderthalb Tonnen Nutzlast offeriert, ab 1913 intern in der Verkaufsstatistik sogar separat als Lieferwagen ausgewiesen (siehe auch Seite 62–65).

Nachdem August Horch die Firma, die seinen Namen trug, verlassen hatte, hielt man sich dort noch lange an die Konstruktionsgrundlagen ihres Gründers, bis 1920 die Horch-Werke AG von der Argus-Motoren-Gesellschaft in Berlin-Reinickendorf übernommen wurde. Deren Hauptgesellschafter und Geschäftsführer Dr. Moritz Straus lenkte bis 1932 als Aufsichtsratvorsitzender die Geschicke der Marke Horch.

| Marke, Modell, Bauzeit | **Horch 8/24 PS, 1911-1922** | **Horch 14/40 PS, Typ O, 1912-1922** | **Horch 5/15 PS Pony, 1914** |
|---|---|---|---|
| **Motor** | | | |
| Bauart, Zylinder | Zweiblock-Reihenmotor, 4 | Zweiblock-Reihenmotor, 4 | Reihenmotor, 4 |
| Bohrung x Hub mm | 74,5 x 120 | 90 x 140 | 64,5 x 100 |
| Hubraum ccm | 2080 | 3562 | 1307 |
| Leistung PS | 24/1800 | 40/1600 | 15/1900 |
| Ventilsteuerung | NW-Antrieb ü. Stirnräder sv in L-Anordn. | ioe, NW-Antrieb d. gekapselte Stirnräder | sv |
| Kurbelwellenlager | 3 Gleitlager | | |
| Vergaser | Cudell | Cudell | |
| Kühlung | Wasser, Thermosyphon, Pumpe | Wasser, Pumpe | Wasser, Thermosyphon |
| Schmierung | Druckumlauf | | |
| Zündung | Eisemann-Magnet m. autom. Verstellung | Eisemann-Magnet mit automat. Verstellung | |
| Kraftstofftank | vorn, Förderung durch Gefälle | vorn, Förderung durch Gefälle | |
| **Kraftübertragung** | | | |
| Kupplung | Konuskupplung | | |
| Schaltung | Kulissenschaltung | | |
| Getriebe | 4-Gang mit Schubvorgelege, separat | | |
| Antrieb | Kardan | | Kardan |
| **Fahrwerk** | | | |
| Vorder-/Hinterradfederung | Halbelliptikfedern v/h | Halbelliptikfedern v/h | |
| Bremsen | Getriebebremse, Hinterrad-Innenbackenbremsen | Getriebebremse, Hinterrad-Innenbackenbremsen | |
| Lenkung | Schraubenspindellenkung | Schneckenlenkung | |
| Räder | Kronprinz-Stahlspeichenräder | Holzspeichenräder | |
| Reifen | 765 x 105 | 815 x 105 | |
| **Chassis und Aufbau** | | | |
| Fahrgestell | Stahlblechrahmen | Stahlblechrahmen | Stahlblechrahmen |
| Karosserien | Zweisitzer, Tourenwagen, Limousine | Zweisitzer, Tourenwagen, Limousine | Zweisitzer, Tourenwagen |
| **Maße und Gewichte** | | | |
| Radstand mm | 2950 | 3350 | |
| Spur mm | 1250 / 1250 | 1300 / 1300 | |
| L x B x H mm | | | |
| Leergewicht kg | 1250 | | |
| Höchstgeschwindigkeit | 70 | 90 | |

| Marke, Modell, Bauzeit | **Horch 25/60 PS, 1914-1920** | **Horch 18/50 PS, 1914-1922** | **Horch 33/80 PS, Typ S, 1914-1922** |
|---|---|---|---|
| **Motor** | | | |
| Bauart, Zylinder | Reihen-Blockmotor, 4 | Reihen-Blockmotor, 4 | Reihen-Blockmotor, 4 |
| Bohrung x Hub mm | 115 x 115 | 100 x 150 | 130 x 160 |
| Hubraum ccm | 4778 | 4712 | 8494 |
| Leistung PS | 60/1800 | 50-55/1800 | 80/2000 |
| Ventilsteuerung | NW-Antrieb ü. Kette, sv in L-Anordnung | NW-Antrieb über Kette, sv in L-Anordnung | NW-Antrieb über Kette, sv in L-Anordnung |
| Kurbelwellenlager | 3 Gleitlager | 3 Gleitlager | 3 Gleitlager |
| Vergaser | Zenith | Horch-Vergaser mit Vorwärmung | Horch |
| Kühlung | Wasser, Pumpe, Ventilator | Wasser, Pumpe, Ventilator | Wasser, Pumpe, Ventilator |
| Schmierung | Druckumlauf | Druckumlauf | Druckumlauf |
| Zündung | Doppelzündung Bosch-Magnet u. Batterie | Doppelzündung Bosch-Magnet und Batterie | Doppelzündung Bosch-Magnet und Batterie |
| Kraftstofftank | hinten, Förder. d. Druck d. Auspuffgase | hinten, Förderung d. Druck d. Auspuffgase | hinten, Förderung d. Druck d. Auspuffgase |
| **Kraftübertragung** | | | |
| Kupplung | Lederkonuskupplung | Lederkonuskupplung | Lederkonuskupplung |
| Schaltung | Kulissenschaltung | Kulissenschaltung | Kulissenschaltung |
| Getriebe | 4-Gang m. Schubvorgelege, separat | 4-Gang m. Schubvorgelege | 4-Gang m. Schubvorgelege |
| Antrieb | Kardan | Kardan | Kardan |
| **Fahrwerk** | | | |
| Vorder-/Hinterradfederung | Halbelliptikfederung v/h | Halbelliptikfederung v/h | Halbelliptikfederung v/h |
| Bremsen | Getriebebremse, Innenbackenbremsen an den Hinterrädern | Getriebebremse, Innenbackenbremsen an den Hinterrädern | Getriebebremse, Innenbackenbremsen an den Hinterrädern |
| Lenkung | Schraubenspindellenkung | Schraubenspindellenkung | Schneckenlenkung |
| Räder | KPZ-Stahlsp.- o. Rudge-Drahtspeichenräder | Kronprinz-Stahlspeichenräder | Holzspeichenräder |
| Reifen | 875 x 105 v, 880 x 125 h | 875 x 105 v, 880 x 125 h | |
| **Chassis und Aufbau** | | | |
| Fahrgestell | Stahlblechrahmen | Stahlblechrahmen | Stahlblechrahmen |
| Karosserien | Doppelphaëton, Limousine | Doppelphaëton, Limousine | Tourenwagen, Limousine, Landaulet |
| **Maße und Gewichte** | | | |
| Radstand mm | 3525 | 3280 | 3500 |
| Spur mm | 1400 / 1400 | 1300 / 1300 | |
| L x B x H mm | | | |
| Leergewicht kg | 1600 | 1450 (Doppelphaëton) | |
| Höchstgeschwindigkeit km/h | 110 | 100 | |

Ein großer Flugmotorenhersteller investiert in Horch

# Mit Argus im Blindflug

Vor dem Krieg waren die Unternehmen Horch und Argus Konkurrenten gewesen. Der erste unter dem Markennamen Argus angebotene Motorwagen war 1902 entstanden. Er verkörperte ein frühes Beispiel jener Art der Automobilherstellung, die zum überwiegenden Teil auf fremd eingekauften Komponenten basiert.
Der aus der Region Champagne stammende Henri Paul Jeannin, in Berlin-Reinickendorf ansässig, hatte 1901 die Deutschland-Repräsentanz für die französische Automobilfabrik Panhard & Levassor erhalten, und auch der Argus, der ein Jahr später entstand, wies einen Motor (ursprünglich eine Daimler-Lizenzkonstruktion) und zahlreiche weitere Bauteile des Panhard auf. Die von der Internationalen Automobil-Zentrale Paul Jeannin & Co. angebotenen Fahrzeuge gehörten zur Luxusklasse und waren sehr teuer.
Ende 1903 fand eine Umfirmierung statt. Die gute Ertragslage des jetzt Argus Motorenbaugesellschaft genannten Unternehmens gestattete es Jeannin, eine Motorenfertigung aufzuziehen. Für das Handelsgeschäft wurden zwei Kaufleute als Partner hereingenommen, die weiteres Kapital einschossen. Unter der Marke Argus entstanden Zwei-, Vier- und sogar Sechszylindermotoren für Automobile, Boote, stationäre Zwecke und ab 1908 auch für Flugzeuge.
Waren frühe Panhard-Motoren auf der Basis von Daimler-Patenten entstanden, so waren es jetzt Jeannins Argus-Motoren, die auch außerhalb Deutschlands zahlreiche Abnehmer fanden. Als »abnorm kräftig und doch leicht und elegant« pries die Firma Argus ihre Motoren und Getriebe an, mit denen sie auf dem Pariser Salon 1904 »großes Aufsehen« erregt habe.
Argus-Wagen gab es in drei Hauptspezifikationen, einen Zweizylinder mit 12 PS sowie zwei Vierzylinder mit 20 bzw. 40 PS. Die Motoren wiesen paarweise gegossene Zylinder auf, hatten stehende Ventile, Wasserkühlung mit Pumpe, Longuemare-Vergaser, Druckumlaufschmierung und wahlweise Batterie- oder Magnetzündung. Der oberste Gang des Vierganggetriebes (nur der Zweizylinder hatte drei Gänge) war direkt übersetzt, die Hinterachse wurde per Kette angetrieben.
Die Exklusivität des Argus kam nicht zuletzt in seinem Preis zum Ausdruck. Der Zweizylinder kostete 10.000 Mark, die Vierzylinder begannen bei 15.000 Mark.
Henri Paul Jeannin schied 1906 aus der Firma aus und gründete mit seinem Bruder Emile die Sun Motorwagen-Gesellschaft Jeannin & Co. KG. Hier entstanden nun ebenfalls Automobile nach Argus-Konzept, jedoch in nur geringer Stückzahl über einen Zeitraum von zwei Jahren. Die Firma Sun rekonstituierte sich 1920 in Berlin-Charlottenburg und baute dort einen Kleinwagen.
Für Argus als einen nunmehr auf Flugzeugmotoren spezialisierten Hersteller, der 1911 den Automobilbau eingestellt hatte, gab es gut zu tun: Das Kriegsministerium erteilte Aufträge zum Bau von Motoren für die Fliegertruppe, und Opel in Rüsselsheim bekam die Auflage, ebenfalls Argus-Motoren in Lizenz herzustellen. Doch mit diesem Geschäft war es im November 1918 vorbei; nach dem Krieg hatte Argus nichts mehr zu tun. Motoren konstruierte und produzierte man erst wieder ab 1920, auch für Horch. Nicht vor 1926 wurde bei Argus die Herstellung von Flugmotoren wieder aufgenommen.
Mit der Beteiligung an Horch im Jahr 1920 hatte sich Argus auch im Automobilgeschäft wieder eingefunden – weil der 1916 als Geschäftsführer bei Argus eingetretene Ingenieur Dr. Moritz Straus zugleich dem Vorstand der Horch-Werke angehörte. Da er Jude war, wurde Straus 1938 von den Nationalsozialisten gezwungen, seine Beteiligung an der Firma Argus gegen Gebot abzugeben. Den Zuschlag bekam – für die Hälfte des Geschäftswertes – Heinrich Koppenberg, Generaldirektor der Junkers-Werke. Mitgeboten hatte auch BMW. Die Argus Motoren Gesellschaft machte damals mit 3000 Beschäftigten 25 Millionen RM Umsatz. Straus emigrierte in die Schweiz. Nach dem Krieg und dem Verlust seiner Besitztümer sollte Straus die Exportabteilung von Daimler-Benz in den USA leiten, nachdem er sich vergeblich angeboten hatte, eine Vertriebsniederlassung in der Schweiz zu gründen.
Nach dem Zweiten Weltkrieg wurde das Unternehmen unter den Namen Neue ARGUS GmbH in Ettlingen neu gegründet und stellte sich 1950 als erster Hersteller von Kugelhahn-Armaturen in Europa vor. In den 1990er-Jahren wurde das Unternehmen vom britischen Konzern

Einer der letzten großen Argus-Wagen von 1911; es ist ein achtsitziger Break mit demontablem Dach.

Die Produktion von Flugmotoren stand bei Argus vor 1919 stets an erster Stelle.

**Als 1914 der Erste Weltrieg ausbrach,** verfügte die noch bescheidene deutsche Luftfahrtindustrie über nur wenige Motorenlieferanten. Diese waren die Firmen Benz, Daimler (Mercedes), Argus, die Maschinenfabrik Oberursel (Lizenz Gnôme) und Maybach. Erst während der Kriegsjahre waren auch andere Hersteller wie Opel, Horch und Siemens gehalten, ebenfalls Flugmotoren zu bauen. Weitere wie Rapp (BMW), Güldner und MAN kamen neu hinzu. Die Fabrikate Argus und Mercedes waren am meisten vertreten, ihr Verbrauch lag bei ca. 48 Liter Benzin und 3 Liter Öl pro Flugstunde.

BTR gekauft und blieb in dessen Hand, bis es im Jahr 2002 vom US-amerikanischen Armaturenkonzern Flowserve Corporation übernommen wurde.
Anfang 1920 ließ Straus in Berlin ein gemeinsames Konstruktionsbüro für Argus und Horch einrichten, wo Arnold Zoller einen Wagen entwarf, der 1922 als Horch 10/35 PS auf den Markt kam. Der aus der Schweiz stammende Ingenieur Zoller war nach seinem Technikstudium in Winterthur zunächst zu Felice Nazzaro in Turin gegangen. wo der erfolgreiche Fiat-Rennfahrer eine eigene Automobilproduktion aufzuziehen im Begriff war. Kurze Zeit später erhielt Zoller bei Fiat eine – sehr viel besser bezahlte – Stelle als Konstrukteur und beschäftigte sich mit der Optimierung von Zweitaktmotoren, ein Ressort, auf dem er sich perfektionierte, das aber bei Fiat keine Perspektiven bot, so dass er zum Argus-Motorenwerk in Berlin wechselte. Hier wendete er sich aber nun auch dem Viertakter zu und schuf Königswellen-Sechszylinder mit obenliegenden Nockenwellen, die bei Horch Verwendung finden sollten.
Es entstanden nicht nur Motoren, sondern auch Kompressoren nach Zoller-Konstruktion, und zur Auswertung diesbezüglicher Patente gründete Arnold Zoller, nunmehr wieder freischaffend tätig, Büros in Paris und London. Besonders eng gestaltete sich später die Zusammenarbeit mit DKW und anschließend mit der Auto Union, deren Grand-Prix-Wagen sämtlich mit Zoller-Verdichtern ausgerüstet waren.

# Paul Daimlers Vier- und Achtzylinder

Von 1919 an führten die Horch-Werke ihr weitgespanntes Vorkriegsprogramm weiter, nicht weniger als acht Personenwagentypen umfassend, vom kleinen 6/18 PS (1,6 Liter Hubraum) bis zum monströsen 33/80 PS (8,5 Liter Hubraum), dazu noch etliche Liefer- und Lastwagen. Dieses Riesenaufgebot überalterter Konstruktionen bestand bis 1922.
Im April 1921 übernahmen die Horch-Werke die Konstruktion des völlig neuen 10/35 PS-Wagens, den der Schweizer Oberingenieur Arnold Zoller bei der Argus-Motoren-Gesellschaft entworfen hatte. Dieser ab 1922 gebaute Einheitstyp zeichnete sich zwar durch fortschrittliche Merkmale aus, doch fehlte ihm die notwendige Reife und damit der Beweis der Zuverlässigkeit.
Den Motor gab es in drei Versionen, nämlich in der serienmäßigen Machart als Seitenventil-Vierzylinder, ferner mit den gleichen Abmessungen als Vierzylinder- und als Sechszylinder-Königswellenmotor. Von den beiden letzteren Ausführungen wurden jedoch nur wenige Exemplare angefertigt.

## Horch Typ 10M 20-25 / 10/30 PS (1922–1925)
## Horch Typ 10/35 PS, 10/50 PS (1922–1927)

Ab Jahresbeginn 1923 leitete Baurat Paul Daimler (1869–1945) das Argus- und das Horch Konstruktionsbüro. Paul Daimler, ältester der vier Söhne Gottlieb Daimlers, hatte an der TH Stuttgart studiert und 1897 bei der Daimler Motoren-Gesellschaft (DMG) in Untertürkheim eine Stelle als Technischer Zeichner angenommen. Man erkannte sehr bald seine außerordentliche Begabung und bot ihm 1902 die Position eines Gesellschafters und Technischen Direktors bei der Österreichischen Daimler-Gesellschaft an, einer Tochterfirma des Stammhauses. Hier lernte er den fünf Jahre jüngeren Ferdinand Porsche kennen, der Daimlers Posten in Wiener-Neustadt übernahm, als dieser 1905 nach Stuttgart zurückkehrte, wo er Nachfolger des Cheftechnikers Wilhelm Maybach wurde, einst Partner Gottlieb Daimlers. Ihm unterstanden die Werke in Untertürheim, Sindelfingen und Berlin. Maybachs Schöpfungen bildeten die Grundlagen einer Reihe erfolgreicher Konstruktionen, und Paul Daimler, der stets ein Bewunderer Maybachs gewesen war, setzte dessen Arbeit erfolgreich fort. Ende 1922 wechselte Daimler zu den Argus-Motorenwerken nach Berlin; auch die technische Leitung der Firma Horch in Zwickau wurde ihm 1923 übertragen. Sein Nachfolger in Stuttgart wurde – wie schon 1905 in Wiener-Neustadt – Ferdinand Porsche. Bei Horch blieb Paul Daimler bis 1929, als er in den Ruhestand ging. Der in Daimlers Regie ständig verbesserte 10/30 PS mutierte wenig später zum 10/35 PS, dann im Oktober 1924 zum 10/50 PS. Er erwies sich als alltagstüchtiger Gebrauchswagen. Ein Verbrauch von 15 Liter Benzin auf 100 Kilometer galt als moderat, die Höchstgeschwindigkeit von 80 km/h als hoch. Mit den gleichen Motordimensionen von 80 x 130 mm wurden auch Vier- und Sechszylinder mit Königswellen-Nockenwellenantrieb hergestellt, doch deren Zahl belief sich auf weniger als ein Dutzend. 1925 stellten die Horch-Werke auf Bandfertigung um; 1500 Arbeiter bauten pro Werktag acht bis zehn Wagen. Das deckte den Bedarf des Marktes in Anbetracht der starken Konkurrenz von Seiten Mercedes-Benz. Noch in der ersten Jahreshälfte 1929 stellten 2500 Arbeiter 14 bis 16 Wagen tälich her; zahlreiche Fahrzeuge gingen in den Export.

**Auf der RAI 1923 in Amsterdam teilte sich Horch den Messestand mit dem Nutzfahrzeughersteller DAAG.**

| Produktion | | |
|---|---|---|
| Horch 10/50 PS | 1924-1927 | 2330 |
| Horch 8 | 1926-1931 | max. ca. 8000 |
| Horch 8 | 1931-1934 | max. ca. 4000 |
| Horch 12 | 1931-1934 | 81 |
| Horch 830, 830 B, 830 BK | 1933-1936 | ca. 3500 |
| Horch 830 BL | 1935-1940 | ca. 6200 |
| Horch 830 R (Wehrmacht-Kübelwagen) | 1934-1938 | ca. 4200 |
| Horch 930 V | 1937-1940 | ca. 2000 |
| Horch 930 V Roadster | 1938-1939 | ca. 30 |
| Horch 850, 851, 951, 951 A | 1935-1940 | ca. 1200 |
| Horch 850-Sport, 853, 853 A | 1935-1940 | ca. 1000 |
| Horch 855 Roadster | 1938-1939 | ca. 10 |

Doch 1931 sank die Zahl der in der Fertigung Beschäftigten wieder auf 1500; es gab häufig Leerlauf. 1930 war aus Gründen der Rationalisierung die Konstruktionsabteilung für Automobile nach Zwickau zurückverlegt worden. Denn während Argus mit dem Flugmotorenbau jetzt wieder genug zu tun hatte, brachte das Automobilgeschäft infolge der Wirtschaftskrise Verluste ein.

## Horch 8 Typ 303-304 12/60 PS (1926–1927)
## Horch 8 Typ 305-306 13/65 PS (1927–1928)
## Horch 8 Typ 350-375 18/80 PS (1928–1930)

Im Herbst 1926 erschien der Typ 12/60 PS, Deutschlands erster serienmäßig gebauter Achtzylinder. Er und die sich daraus entwickelnden Modelle liefen unter der Bezeichnung »Horch 8«. Der glattflächige dohc-Königswellen-Motor saß in einem Fahrgestell mit Bosch-Dewandre- Saugluftbremsen. Die eckige Flachdach-Limousine und auch die anderen Karosserien entsprachen dem damaligen Stil. Die Versionen 303 und 304 (3132 ccm), 305 und 306 (3378 ccm) unterschieden sich nur im Radstand. Angeboten wurden Limousinen, Tourenwagen und Cabriolets. Etliche Käufer machten von der Option Gebrauch, für 10.400 Mark das unkarossierte Chassis zu erwerben und es bei einem Hersteller ihrer Wahl mit einem individuellen Aufbau versehen zu lassen, der mit 1500 bis 7000 Mark zu Buche schlug.

Der Durchbruch des Horch 8 erfolgte mit dem Typ 350, der im Mai 1928 mit größerem Motor und vor allem mit einer Serie neuer, von Professor Hadank gestalteter Karosserien erschien. Diese zeichneten sich durch eine ungemein elegante, gediegene und harmonische Linienführung aus, die den Horch 8 zum schönsten deutschen Serienwagen seiner Zeit machte. Endlich gab es eine Alternative zum Buick und anderen Amerikanerwagen. Auch die Kühlerfigur, den geflügelten Pfeil, hatte Professor Hadank entworfen. Als Gestalter war Oskar Hermann Werner Hadank ein in ganz Europa bekannter Künstler, der für die Tabak- und Lebensmittelindustie Packungen entwarf, ferner Warenzeichen, Briefmarken und Bucheinbände.

## Horch 8 Typ 400-405 16/80 PS (1930–1931)
## Horch 8 Typ 430 (1931–1932)
## Horch 8 Typ 410-440-710 (1932–1933)
## Horch 8 Typ 420-450-470-720-750 (1931–1933)
## Horch 8 Typ 480-500/A/B-780B (1932–1935)

Die Weltwirtschaftskrise, ausgelöst durch den New Yorker Börsencrash am 24. Oktober 1929, traf die Automobilbranche hart. Das internationale Finanzwesen war in Hysterie verfallen; Banken stellten ihre Arbeit ein, Unternehmen gingen bankrott, auch Zulieferer der Autobranche. Gleichwohl wurden ausgerechnet in dieser Zeit auf den Ausstellungen besonders luxuriöse Automobile präsentiert, in den USA wie in England und in Deutschland.

Horch 10/50 PS Pullman-Limousine, 1924–1926.

Horch 10/50 PS als sechssitziger Tourenwagen, 1924–1927.

Horch 10/30 PS, 1924. Fahrzeug des deutschen Botschafters in Konstantinopel.

| | Horch 10/35 PS<br>Typ 10 M 20<br>1922-1924 | Horch 10/50 PS<br>Typ 10 M 25<br>1924-1926 |
|---|---|---|
| **Motor** | | |
| Zylinderzahl | 4 (Reihe) | 4 (Reihe) |
| Bohrung x Hub | 80 x130 mm | 80 x130 mm |
| Hubraum | 2612 ccm | 2612 ccm |
| Leistung | 35 PS bei 2000 U/min | 50 PS bei 2800 U/min |
| Verdichtung | | 1:5,4 |
| Vergaser | 1 Pallas | 1 Flachstromvergaser Zenith 36 |
| Ventile | Seitlich stehend | Hängend |
| | Seitliche Nockenwelle | Obenliegende Nockenwelle |
| | Antrieb durch Stirnräder | Antrieb durch Königswelle mit Kegelrädern |
| Kurbelwellenlager | 3 | 3 |
| Kühlung | Pumpe (Wasser) | Pumpe (Wasser) |
| Schmierung | Druckumlauf | Druckumlauf |
| Zündung | Magnetzünder | Magnetzünder |
| Batterie | 12 V | 12 V (unter Fahrersitz) |
| **Kraftübertragung** | Antrieb auf Hinterräder | Antrieb auf Hinterräder |
| Kupplung | Mehrscheibenkupplung im Ölbad | Mehrscheibenkupplung im Ölbad |
| Schaltung | Schalthebel innen rechts | Schalthebel innen rechts<br>bzw. (1926) Wagenmitte |
| Getriebe | 4 Gang | 4 Gang |
| Übersetzungen | I. 4,50 – II. 2.75 – III. 1,70 – IV. 1,00 | I. 4,25 – II. 2,58 – III.1.62 – IV. 1,00 |
| Antriebs-Übersetzung | 4,67 | 4,78 |
| **Rahmen und Fahrwerk** | U-Profil-Pressstahl-Rahmen | U-Profil-Pressstahl-Rahmen |
| Vorderradaufhängung | starr, Halbfedern | starr, Halbfedern |
| Hinterradaufhängung | 1922: starr, beiderseits je zwei gegeneinandergestellte Viertelfedern<br>Ab 1923: starr, Halbfedern (über Achse) | starr, Underslung-Halbfedern |
| Lenkung | Schnecke, rechts | Schnecke, rechts bzw. (ab 1926) links |
| Fußbremse | Mechanisch, Hinterräder | Mechanisch, 4 Räder |
| Handbremse | Mechanisch, Hinterräder | Mechanisch, Hinterräder |
| Schmierung | Nippel | Nippel |
| **Allgemeine Daten** | | |
| Radstand | 3220 mm | 3300 mm |
| Spur vorn/hinten | 1380 mm | 1420 mm |
| Gesamtmaße | 4550 x 1600 x 2250 mm | 4500 x 1730 x 2000 mm |
| Räder | Stahlspeichen | Stahl- oder Drahtspeichen |
| Reifen | 820 x 120 mm | 820 x 135 mm oder 33 x 6,20 Niederdruck |
| Fahrgestellgewicht | 1050 kg | 1250 kg |
| Wagengewicht | Tourenwagen 1300 kg | Tourenwagen 1870 kg<br>Pullman-Limousine 2100 kg<br>Cabriolet 2150 kg |
| Zuläss. Belastung | 600 kg | 450 kg |
| Höchstgeschwindigk 3it | 80 km/h | 95 km/h |
| Verbrauch/100 km | 15 Liter | 15 Liter |
| Kraftstofftank | im Heck | im Heck |
| **Preise** | | Tourenwagen 6 Sitze RM 12875,– |
| | | Limousine 6 Sitze mit abnehmbarem Dach RM 15250,– |
| | | Pullman-Limousine 6 Sitze RM 15750,– |
| | | Coupé-Cabriolet 6 Sitze RM 16750,– |

So erschien 1930 ein neuer Horch 8 alias Typ 400. Er war das Werk des Ingenieurs Fritz Fiedler, der 1929 von Stoewer zu Horch gekommen war und Paul Daimler ablöste. Fiedler machte den Achtzylinder kurzhubiger, verdoppelte die Zahl der Kurbelwellenlager auf zehn, begnügte sich aber mit nur einer Nockenwelle, zumal der seitherige Ventiltrieb unnötig teuer und überdies anfällig war. Damals erfolgte auch – allgemein im Automobilbau – der Übergang zu Fahrgestellen mit Nieder- oder Tiefrahmen. Und schließlich zwang die wirtschaftliche Depression zu einer noch preisgünstigeren Ausführung des Horch 8. Im Mai 1930 begann man mit dem Bau der Modellreihe 400, gekennzeichnet durch den Niederrahmen. Die Typen 400 und 405 behielten noch den dohc-Motor, der erst ab 1931 durch Fiedlers Achtzylinder ersetzt wurde; diesen gab es in drei Versionen: 4,0, 4,5 und 5,0 Liter Hubraum, vorübergehend und der Notzeit angepasst um eine auf 3,0 Liter reduzierte Ausführung ergänzt. Dieses »Sparmodell« war zwar nicht billiger, aber günstiger im Verbrauch. Insgesamt gab es in den Jahren 1930 bis 1935 eine Anzahl verschiedener und doch weitgehend identischer Modelle – eine Vielfalt, die sich aus Kombinationen von Motoren und Fahrgestellen ergab. Die meisten Limousinen wurden im Horch-Werk karossiert, während die Cabriolets bei Gläser in Dresden, Baur in Stuttgart, Deutsch in Köln und anderen Firmen angefertigt wurden.

Horch 8 Modell 13/65 PS 305 als Landaulet von 1928.
Es handelt sich um denselben Wagen von Seite 300, der während der Kriegsjahre in Ludwigsburg als Feuerwehrfahrzeug diente.

Horch 8 Modell 16/80 PS 375 Sport-Cabriolet, 1929–30.

Horch 8 12/60 PS 305 als Cabriolet, 1927.

Horch 8 Modell 16/80 PS Typ 350 Tourenwagen, 1928–30.

Horch 8 Modell 12/60 PS Typ 303 Tourenwagen, 1926–27.

Horch 8 Typ 306 Roadster-Cabriolet, 1927.

| | Horch 8 12/60 PS Typ 303 1926/27 | Horch 8 12/60 PS Typ 304 1927 | Horch 8 13/65 PS Typ 305 1927/28 | Horch 8 13/65 PS Typ 306 1927/28 |
|---|---|---|---|---|
| **Motor** | | | | |
| Zylinderzahl | 8 (Reihe) | | 8 (Reihe) | |
| Bohrung x Hub | 65 x 118 mm | | 67,5 x 118 mm | |
| Hubraum | 3132 (Steuer 3110) ccm | | 3378 (Steuer 3355)ccm | |
| Leistung | 60 PS bei 3200 U/min | | 65 PS bei 3200 U/min | |
| Verdichtung | 1:5,4 | | 1:5,4 | |
| Vergaser | 1 Flachstromvergaser Solex 40 MOV | | 1 Flachstromvergaser Solex 40 MOV | |
| Ventile | Hängend<br>2 obenliegende Nockenwellen<br>Antrieb durch Königswelle mit Kegelrädern | | Hängend<br>2 obenliegende Nockenwellen<br>Antrieb durch Königswelle mit Kegelrädern | |
| Kurbelwellenlager | 5 | | 5 | |
| Kühlung | Pumpe, 27 Liter Wasser | | Pumpe, 30 Liter Wasser | |
| Schmierung | Druckumlauf, 14 Liter Öl | | Druckumlauf, 14 Liter Öl | |
| Zündung | Batteriezündung | | Batteriezündung | |
| Batterie | 12 V 60 Ah | | 12 V60 Ah | |
| Lichtmaschine | 100 W | | 100 W | |
| Anlasser | 1,2 PS | | 1,2 PS | |
| **Kraftübertragung** | Antrieb auf Hinterräder | | Antrieb auf Hinterräder | |
| Kupplung | Mehrscheibentrockenkupplung | | Mehrscheibentrockenkupplung | |
| Schaltung | Schalthebel Wagenmitte | | Schalthebel Wagenmitte | |
| Getriebe | 4 Gang Horch | | 4 Gang Horch | |
| Synchronisierung | Ohne | | Ohne | |
| Übersetzungen | I. 4,12 – II. 2,56 – III. 1,62 – IV. 1,00 | | I. 4,12 – II. 2,56 – III. 1,62 – IV. 1,00 | |
| Antriebs-Übersetzung | 5,55, auf Wunsch 5,00 | | 5,11 auf Wunsch 5,55 | |
| **Rahmen und Fahrwerk** | U-Profil-Pressstahl-Rahmen | | U-Profil-Pressstahl-Rahmen | |
| Vorderradaufhängung | starr, Halbfedern | | starr, Halbfedern | |
| Hinterradaufhängung | starr, Underslung-Halbfedern | | starr, Underslung-Halbfedern | |
| Lenkung | Schraube links | | Schraube links | |
| Fußbremse | Mechanisch mit Saugluftunterstützung<br>(Bosch-Dewandre), 4 Räder<br>Trommel-ø 401 mm | | Mechanisch mit Saugluftunterstützung<br>(Bosch-Dewandre), 4 Räder<br>Trommel-ø 401 mm | |
| Handbremse | Mechanisch, Hinterräder | | Mechanisch, Hinterräder | |
| Schmierung | Nippel | | Nippel | |
| **Allgemeine Daten** | | | | |
| Radstand | 3450 mm | 3160 mm | 3450 mm | 3160 mm |
| Spur vorn/hinten | 1425/1414 mm | 1425/1414 mm | 1425/1414 mm | 1425/1414 mm |
| Gesamtmaße | 4700 x 1765 x 1900 mm | 4400 x 1765 x 1900 mm | 4700 x 1765 x 1900 mm | 4400 x 1765 x 1900 mm |
| Räder | Stahlspeichen | Stahlspeichen | Stahlspeichen | Stahlspeichen |
| Reifen | 32 x 6,50/20 | 32 x 6,50/20 | 32 x 6,50/20 | 32 x 6,50/20 |
| Wendekreis | 14,5 Meter | 13,5 Meter | 14,5 Meter | 13,5 Meter |
| Fahrgestellgewicht | 1400 kg | 1350 kg | 1400 kg | 1350 kg |
| Wagengewicht | Tourenwagen<br>1890 kg<br>Pullman-Limousine<br>1950 kg | Cabriolet<br>1800 kg | Tourenwagen<br>1890 kg<br>Pullman-Limousine<br>1950 kg | Cabriolet<br>1800 kg |
| Zuläss. Belastung | 650 kg | 650 kg | 650 kg | 650 kg |
| Höchstgeschwindigkeit | 100 km/h | 100 km/h | 100 km/h | 100 km/h |
| Verbrauch/100 km | 17 Liter | 17 Liter | 17 Liter | 17 Liter |
| Kraftstofftank | 100 Liter (im Heck) | 100 Liter (im Heck) | 100 Liter (im Heck) | 100 Liter (im Heck) |
| **Preise** | | | | |
| Fahrgestell | RM 10400,– | RM 10400,– | RM 10400,– | RM 10400,– |
| Tourenwagen 6 Sitze | RM 11900,– | – | RM 11900,– | – |
| Pullman-Limousine | RM 12900,– | – | RM 12900,– | – |
| Pullman-Cabriolet | RM 17000,– | – | RM 17000,– | – |
| Weymann-Limousine 4 Sitze | – | – | – | RM 11900,– |
| Roadster-Cabriolet 2 Sitze | – | RM 11900,– | – | RM 11900,– |
| Cabriolet 4 Sitze 2 Fenster | – | RM 15900,– | – | RM 15900,– |
| Cabriolet 4 Sitze 4 Türen | – | – | – | – |

| Horch 8<br>16/80 PS Typ 350<br>1928-1930 | | Horch 8<br>16/80 PS Typ 375<br>1929/30 | Horch 8<br>16/80 PS Typ 400<br>1930/31 | Horch 8<br>16/80 PS Typ 405<br>1930/31 |
|---|---|---|---|---|
| 8 (Reihe) | | | | |
| 73 x 118 mm | | | | |
| 3950 (Steuer 3924) ccm | | | | |
| 80 PS bei 3200 U/min | | | | |
| 1:5,4 | | | | |
| 1 Flachstromvergaser Solex 40 MOV bzw. (Typ 375 und 405) 1 Doppel-Steigstromvergaser Solex 35 MMOV | | | | |
| Hängend | | | | |
| 2 obenliegende Nockenwellen | | | | |
| Antrieb durch Königswelle mit Kegelrädern | | | | |
| 5 | | | | |
| Pumpe. 27 Liter Wasser | | | | |
| Druckumlauf, 14 Liter Öl | | | | |
| Batteriezündung | | | | |
| 12 V 75 Ah bzw. (Typ 350) 12 V 60 Ah | | | | |
| 100 W bzw. (Typ 400 und 405) 90 W | | | | |
| 1,2 PS | | | | |
| Antrieb auf Hinterräder | | | | |
| Mehrscheibentrockenkupplung bzw. (Typ 400) Einscheibentrockenkupplung | | | | |
| Schalthebel Wagenmitte | | | | |
| 4 Gang Horch | | | 3 Gang Horch | 4 Gang Horch |
| Ohne | | | Ohne | Ohne |
| I. 4.12 – II. 2.56 – III. 1.62 – IV. 1,00 | | | I. 3,11 – II. 1,70 – III. 1,00 | I. 4,12, II. 2,56, III. 1,62, IV. 1,00 |
| 5,11, auf Wunsch 5,33 oder 5,55 | | | 4,90 | 4,90 |
| U-Profil-Pressstahl-Rahmen | | | U-Profil-Pressstahl-Niederrahmen | |
| starr, Halbfedern | | | starr, Halbfedern | |
| starr, Underslung-Halbfedern | | | starr, Underslung-Halbfedern | |
| Schraube bzw. (Typ 375) Schnecke ZF-Gemmer | | | Schnecke ZF-Roß | |
| Mechanisch mit Saugluftunterstützung | | | Mechanisch, 4 Räder | |
| (Bosch-Dewandre), 4 Räder | | | Trommel-ø 401mm | |
| Trommel-ø 401 mm | | | | |
| Mechanisch. Hinterräder | | | Mechanisch. Hinterräder | |
| Zentral | | | Zentral | |
| 3160 mm | 3450 mm | 3450 mm | 3160 mm | 3450 mm |
| 1425/1414 mm | 1425/1414 mm | 1462/1490 mm | 1434/1477 mm | 1434/1477 mm |
| 4720 x 1765 x 1900 mm | 5000 x 1765 x 1900 mm | 5250 x 1800 x 1820 mm | 4720 x 1750 x 1760 mm | 5010 x 1750 x 1760 mm |
| verschieden | verschieden | verschieden | Scheiben | Scheiben |
| 32 x 6,50/20 | 32 x 6.50/20 | 32 x 6.50/20 | 6,00-19 | 6.50-19 |
| 13,5 Meter | 14,5 Meter | 14,5 Meter | 13,5 Meter | 14,5 Meter |
| 1350 kg | 1400 kg | 1500 kg | 1350 kg | 1400 kg |
| Cabriolet | Pullman-Limousine | Pullman-Limousine | Cabriolet | Pullman-Limousine |
| 1920 kg | 2100 kg | 2200 kg | 1760 kg | 2000 kg |
| | | | Limousine | |
| | | | 1850 kg | |
| 620 kg | 650 kg | 600 kg | 620 kg | 650 kg |
| 100 km/h | 100 km/h | 100 km/h | 100 km/h | 100 km/h |
| 19 Liter | 19 Liter | 19 Liter | 19 Liter | 19 Liter |
| 90 Liter (im Heck) | 90 Liter (im Heck) | 90 Liter (im Heck) | 75 Liter (im Heck) | 75 Liter (im Heck) |
| – | | RM 14250,– | Limousine 4 Sitze | Pullman-Limousine |
| – | RM 12800,– | RM 14750,– | RM 8750,– | RM 10800,– |
| – | RM 13800,– | RM 19250,– | Cabriolet 2 Fenster | |
| – | | – | RM 9840,– | |
| – | – | – | | |
| RM 14800,– | – | RM 15750,– | | |
| – | – | RM 17750,– | | |

Horch 8 Typ 780 (5 Liter) Sport-Cabriolet 1932–34, äußerlich fast identisch mit dem Horch 12 Typ 670 (6 Liter).

**Fritz Fiedler – Konstrukteur und Visionär**

Nach einem Maschinenbau- und Fahrzeugtechnik-Studium an der Technischen Hochschule Berlin-Charlottenburg war Fritz Fiedler (1899–1972) zunächst für die Firma AGA in Berlin tätig, bevor er 1923 als Chefkonstrukteur zum Automobilhersteller Stoewer nach Stettin ging und von dort 1930 zu Horch nach Zwickau. Hier war er maßgeblich an der Entstehung der V12-Modelle 600 und 670 sowie des 5-Liter-Achtzylindermotors beteiligt. In Serie gingen Fiedlers Schöpfungen jedoch erst nach seinem Ausscheiden. Sein Weggang vollzog sich schneller als gedacht, denn nach dem Zusammenschluss der vier Marken Audi, DKW, Horch und Wanderer im Frühjahr 1932 zur Auto Union sah Fiedler für sich keine Zukunft im Konzern; zu viele ihm gleichgestellte oder übergeordnete und untereinander nicht immer harmonisierende Kräfte, so war zu erkennen, beharrten auf bestehenden oder neu geschaffenen Kompetenzen, etwa durch den neuen Produktionsvorstand William Werner. Auch wurden neue Konzern-Schwerpunkte durch das Engagement der Auto Union im Grand-Prix-Wettbewerb gesetzt, das im Zwickauer Horch-Werk zu Fiedlers Verdruss seine besten Fachleute abzog. Fiedler hatte noch im Juni des Jahres 1932 auf Vermittlung seines ehemaligen Horch-Kollegen Rudolf Schleicher Kontakt mit BMW-Generaldirektor Franz Josef Popp aufgenommen, der den Zweifler mit offenen Armen empfing und Ihm die Stellung eines Leiters der Wagen-Entwicklung bei BMW in Eisenach anbot.

Oben: Horch 8 Typ 500 B (5 Liter) Pullman-Cabriolet 1933–34, Karosserie Baur, äußerlich dem Typ 600 Zwölfzylinder ähnelnd.

Unten: Horch 8 Typ 750 (4,5 Liter) Tourenwagen 1932–33 mit seitlichen Steckscheiben.

Unten: Horch 8 Typ 470 Sport-Cabriolet, 1931–32.

Unten: Horch 8 Typ 400 Sport-Cabriolet, 1931.

| | Horch 8<br>3 Liter Typ 430<br>1931/32 | Horch 8<br>4 Liter Typ 410<br>1931-1933 | Horch 8<br>4 Liter Typ 440<br>1931/32 | Horch 8<br>4 Liter Typ 710<br>1932/33 |
|---|---|---|---|---|
| **Motor** | | | | |
| Zylinderzahl | 8 (Reihe) | 8 (Reihe) | | |
| Bohrung x Hub | 71 x 95 mm \| 72,5 x 95 mm | 82 x 95 mm | | |
| Hubraum | 3009 (Steuer 2988) ccm \| 3137 (Steuer 3115) ccm | 4014 (Steuer 3985) ccm | | |
| Leistung | 65 PS bei 3400 U/min | 80 PS bei 3400 U/min | | |
| Verdichtung | 1:5,2 | 1:5,2 | | |
| Vergaser | 1 Doppel-Steigstromvergaser Solex 35 MMOV | Typ 410 und 440: 1 Doppel-Steigstromvergaser Solex 35 MMOV<br>Typ 710: 1 Doppel-Fallstromvergaser Solex 32 JFFP | | |
| Ventile | Hängend<br>1 obenliegende Nockenwelle<br>Antrieb durch Königswelle und Kegelräder | Hängend<br>1 obenliegende Nockenwelle<br>Antrieb durch Königswelle und Kegelräder | | |
| Kurbelwellenlager | 10 | 10 | | |
| Kühlung | Pumpe, 24 Liter Wasser | Pumpe, 24 Liter Wasser | | |
| Schmierung | Druckumlauf, 10 Liter Öl | Druckumlauf, 10 Liter Öl | | |
| Batterie | 12 V 75 Ah | 12 V 75 Ah | | |
| Lichtmaschine | 130 W | 130 W | | |
| Anlasser | 1,4 PS | 1,4 PS | | |
| **Kraftübertragung** | Antrieb auf Hinterräder | Antrieb auf Hinterräder | | |
| Kupplung | Ein- oder Mehrscheibentrockenkupplung | Einscheibentrockenkupplung | | |
| Schaltung | Schalthebel Wagenmitte | Schalthebel Wagenmitte | | |
| Getriebe | 3 Gang Horch | 3 Gang Horch | 4 Gang Horch | 4 Gang ZF-Aphon |
| Synchronisierung | Ohne | Ohne | II – III | II – IV |
| Übersetzungen | I. 3,11<br>II. 1,70<br>III. 1,00 | I. 3,11<br>II. 1,70<br>III. 1.00 | I. 4,12<br>II. 2,56<br>III. 1,62<br>IV. 1,00 | I. 4,12 / I. 2,78<br>II. 2,48 / II. 1,66<br>III. 1,49 / III. 1,00<br>IV. 1,00 / IV. 0,67 |
| Antriebs-Übersetzung | 5,45 | 4,50, auf Wunsch 4,90 | 4,90 | 4,90 / 5,45 |
| **Rahmen und Fahrwerk** | U-Profil-Pressstahl-Niederrahmen | U-Profil-Pressstahl-Niederrahmen | | |
| Vorderradaufhängung | starr, Halbfedern | starr, Halbfedern | | |
| Hinterradaufhängung | starr, Underslung-Halbfedern | starr, Underslung-Halbfedern | | |
| Lenkung | Schnecke ZF-Roß | Schnecke ZF-Roß | | |
| Fußbremse | Mechanisch, 4 Räder, Trommel-ø 356 mm | Mechanisch, 4 Räder, Trommel-ø 356 mm | | |
| Handbremse | Mechanisch, Hinterräder | Mechanisch, Hinterräder | | |
| Schmierung | Zentral | Zentral | | |
| **Allgemeine Daten** | | | | |
| Radstand | 3160 mm | 3160 mm | 3450 mm | 3450 mm |
| Spur vorn/hinten | 1434/1477 mm | 1434/1477 mm | 1434/1477 mm | 1434/1477 |
| Gesamtmaße | 4720 x 1750 x 1760 mm | 4720 x 1750 x 1760 mm | 5000 x 1750 x 1760 mm | 5100 x 1820 x 1650 mm |
| Räder | Scheiben | Scheiben | Scheiben | Scheiben oder Drahtspeichen |
| Reifen | 6,00 – 18 | 6,00 oder 6,50 – 19 | 6,00 – 20 | 6,50 – 18 oder 19 |
| Wendekreis | 13,5 Meter | 13,5 Meter | 14,5 Meter | 14,5 Meter |
| Fahrgestellgewicht | 1280 kg | 1280 kg | 1340 kg | 1340 kg |
| Wagengewicht | 1850 kg | 1850 kg | 1920 kg | 2000 kg |
| Zuläss. Belastung | 530 kg | 530 kg | 650 kg | 560 kg |
| Höchstgeschwindigkeit | 100 km/h | 105 km/h | 100 km/h | 110 km/h |
| Verbrauch/100 km | 18 Liter | 19 Liter | 19 Liter | 19 Liter |
| Kraftstofftank | 80 Liter (im Heck) | 80 Liter (im Heck) | 80 Liter (im Heck) | 100 Liter (im Heck) |
| **Preise** | Limousine 4 Sitze | Limousine 4 Sitze | Pullman-Limousine | Cabriolet 2 Fenster |
| | RM 8975,–<br>Cabriolet 2 Fenster<br>RM 9840,– | RM 8975,–<br>Cabriolet 2 Fenster<br>RM 9840,–<br>Cabriolet 4 Türen<br>RM 11750,– | RM 10950,– | RM 12500,–<br>Cabriolet 4 Türen<br>RM 14500,– |

| Horch 8<br>4,5 Liter Typ 420<br>1931/32 | Horch 8<br>4,5 Liter Typ 450<br>1931/32 | Horch 8<br>4,5 Liter Typ 470<br>1931/32 | Horch 8 Typ 720 (1932/33)<br>Typ 750 (1932/33)<br>Typ 750 B (1934/35) |
|---|---|---|---|
| 8 (Reihe) | | | |
| 87 x 95 mm | | | |
| 4517 (Steuer 4486) ccm | | | |
| 90 PS bei 3400 U/min | | | |
| 1:5,2 | | | |
| Typen 420, 450 und 470: 1 Doppel-Steigstromvergaser Solex 35 MMOV | | | |
| Typen 720, 750 und 750 B: 1 Doppel-Fallstromvergaser Solex 32 JFFP | | | |
| Hängend | | | |
| 1 obenliegende Nockenwelle | | | |
| Antrieb durch Königswelle und Kegelräder | | | |
| 10 | | | |
| Pumpe, 24 Liter Wasser | | | |
| Druckumlauf, 10 Liter Öl | | | |
| 12 V 75 Ah | | | |
| 130 W | | | |
| 1,4 PS | | | |
| Antrieb auf Hinterräder | | | |
| Einscheibentrockenkupplung | | | |
| Schalthebel Wagenmitte | | | |
| 3 Gang Horch | 4 Gang Horch | 4 Gang ZF-Aphon | 4 Gang ZF-Aphon |
| Ohne | II – III | II – IV | II – IV |
| I. 3,11 | I. 4,12 | I. 4,12 / I. 2,78 | I. 4,12 / I. 2,78 |
| II. 1,70 | II. 2,56 | II. 2,48 / II. 1,66 | II. 2,48 / II. 1,66 |
| III. 1,00 | III. 1,62 | III. 1,49 / III. 1.00 | III. 1,49 / III. 1.00 |
| | IV. 1,00 | IV. 1,00 / IV. 0,67 | IV. 1,00 / IV. 0,67 |
| 4,60 | 4,90, auf Wunsch 5,45 | 4,9, a. W. 4,6 / 5,45 | 4,90 / 5,45 |
| U-Profil-Pressstahl-Niederrahmen | | | |
| starr, Halbfedern | | | |
| starr, Underslung-Halbfedern | | | |
| Schnecke, ZF-Roß | | | |
| Mechanisch bzw. (Typ 750 B) hydraulisch, 4 Räder, Trommel-ø 356 mm | | | |
| Mechanisch, Hinterräder | | | |
| Zentral | | | |
| 3160 mm | 3450 mm | 3450 mm | 3450 mm |
| 1434/1477 mm | 1434/1477 mm | 1434/1477 mm | 1434/1477 mm |
| 4720 x 1750 x 1760 mm | 5000 x 1750 x 1760 mm | 5000 x 1750 x 1650 mm | 5100 x 1820 x 1720 mm |
| Scheiben | Scheiben | Scheiben oder Drahtspeichen | Scheiben oder Drahtspeichen |
| 6,00 oder 6,50 – 19 | 6.50 – 19 | 6.50 – 19 | 6,50 – 19 oder 7,00 – 17 |
| 13,5 Meter | 14,5 Meter | 14,5 Meter | 14,5 Meter |
| 1280 kg | 1340 kg | 1340 kg | 1380 kg |
| 1850 kg | 1920 kg | 2000 kg | 2100 kg |
| 530 kg | 650 kg | 560 kg | 600 kg |
| 115 km/h | 115 km/h | 115 km/h | 120 km/h |
| 20 Liter | 20 Liter | 20 Liter | 20 Liter |
| 80 Liter (im Heck) | 80 Liter (im Heck) | 80 Liter (im Heck) | 100 Liter (im Heck) |
| Limousine 4 Sitze | Pullman-Limousine | Cabriolet 2 Fenster | **720** |
| RM 9975,– | RM 12500,– | RM 13800,– | Cabriolet 2 Fenster |
| Cabriolet 2 Fenster | Cabriolet 4 Türen | | RM 13500,– |
| RM 10840,– | RM 13750,– | | Cabriolet 4 Türen |
| Cabriolet 4 Türen | Pullman-Cabriolet | | RM 15500,– |
| RM 12750,– | RM 14500,– | | **750 B** |
| | | | Tourenwagen 6 Sitze, RM 11100,– |
| | | | Pullman-Limousine, RM 13500,– |
| | | | Pullman-Cabriolet, RM 16500,– |

Horch 8 Typ 750 B oder Horch 12 Typ 670 Cabriolet, Karosserie vermutlich Buhne oder Erdmann & Rossi, 1931–1935.

Horch 8 Typ 420 (4,5 Liter) Cabriolet, 1931.

Er kostete weniger als der Große Mercedes oder der Maybach Zeppelin – und war doch exklusiver

# Automobiler Superlativ mit zwölf Zylindern

**Horch 12 Typ 670 (1931–1934)**
**Horch 12 Typ 600 (1932–1933)**

Beinahe gespenstisch mutet es an, dass Horch zum Pariser Salon im Oktober 1931 einen Zwölfzylinder herausbrachte – ein Monstrum, das überhaupt nicht zu den krisenhaften Zeitläufen passte. Offenbar war man von dem Ehrgeiz beseelt, dem Mercedes 770 und dem Maybach Zeppelin ein im technischen Aufwand ebenbürtiges Fahrzeug der Spitzenklasse (und das zu einem beträchtlich günstigeren Preis) entgegenzustellen. Der 6021 ccm große V12-Motor (80 x 100 mm) leistete 120 PS bei 5900 Touren und kam mit einer Nockenwelle und nur einem Vergaser aus. Der Typ 670 hatte 3450 mm Radstand, der Typ 600 hingegen 3750 mm. Beide Versionen waren als Cabriolet sowie als Limousine erhältlich.

Doch der Horch 12 bereitete weder seinen Schöpfern noch seinen Besitzern viel Freude. Er brachte es nur auf 81 Stück; das letzte Fahrzeug wurde dem Kunden im Februar 1935 übergeben. Wie rar der Zwölfer geblieben ist, fiel kaum auf, weil die äußerlich gleichen Modelle 500B und 780B dem 5,0-Liter-Achtzylindermotor weit zahlreicher auf die Straße kamen – man konnte sie alle für Zwölfzylinder halten.

Horch 12 Typ 670 Sport-Cabriolet, Karosserie Gläser, 1933–34.

| Horch 8<br>5 Liter Typ 480<br>1931/32 | Horch 8<br>5 Liter Typ 500 und 500 A<br>1930-1932 | Horch 8<br>Typ 780 (1932-1934)<br>Typ 780 B (1934/35) | Horch 8<br>5 Liter Typ 500 B<br>1932-1934 |
|---|---|---|---|
| | | | |
| 8 (Reihe) | | | |
| 87 x 104 mm | | | |
| 4944 (Steuer 4911) ccm | | | |
| 100 PS bei 3400 U/min | | | |
| 1:5,2 | | | |
| 1 Doppel-Steigstromvergaser Solex 35 MMOV | | 1 Doppel-Fallstromvergaser Solex 32 JFFP | |
| Hängend | | | |
| 1 obenliegende Nockenwelle | | | |
| Antrieb durch Königswelle und Kegelräder | | | |
| 10 | | | |
| Pumpe, 28 Liter Wasser | | | |
| Druckumlauf, 10 Liter Öl | | | |
| 12 V 75 Ah | | | |
| 130 W | | | |
| 1,4 PS | | | |
| Antrieb auf Hinterräder | | | |
| Einscheibentrockenkupplung | | | |
| Schalthebel Wagenmitte | | | |
| 4 Gang ZF-Aphon | | | |
| II – IV | | | |
| Ohne Schnellgang: I. 4,12 – II. 2,48 – III. 1,49 – IV. 1,00 | | | |
| Mit Schnellgang: I. 2,78 – II. 1,48 – III. 1,00 – IV. 0,67 | | | |
| Ohne Schnellgang: 4,90, 4,80 oder 4,60 | | | |
| Mit Schnellgang: 5,45, 5,35 oder 5,10 | | | |
| U-Profil-Pressstahl-Niederrahmen | | | |
| starr, Halbfedern | | | |
| starr, Underslung-Halbfedern | | | |
| Schnecke ZF-Gemmer oder ZF-Roß | | | |
| Mechanisch, 4 Räder | Mechanisch mit Saugluft-unterstützung, 4 Räder | Hydraulisch mit Saugluft-unterstützung, 4 Räder | Hydraulisch mit Saugluft-unterstützung, 4 Räder |
| Trommel-ø 356 mm | Trommel-ø 401 mm | Trommel-ø 401 mm | Trommel-ø 401 mm |
| Mechanisch, Hinterräder | Mechanisch, Hinterräder | Mechanisch, Hinterräder | Mechanisch, Hinterräder |
| Zentral | Zentral | Zentral | Zentral |
| | | | |
| 3450 mm | 3450 mm | 3450 mm | 3750 mm |
| 1434/1477 mm | 1434/1477 mm | 1470/1500 mm | 1470/1500 mm |
| 5000 x 1750 x 1650 mm | 5150 x 1800 x 1760 mm | 5100 x 1820 x 1650 mm | 5550 x 1820 x 1720 mm |
| Scheiben oder Drahtspeichen | Scheiben oder Drahtspeichen | Drahtspeichen | Scheiben oder Drahtspeichen |
| 6,50 – 19 | 6,50 – 20 | 7,00 – 17 | 7,00 – 17 |
| 14,5 Meter | 14,5 Meter | 14,5 Meter | 16,5 Meter |
| 1380 kg | 1650 kg | 1500 kg | 1700 kg |
| Cabriolet 1950 kg | Limousine 2250 kg | Cabriolet 2100 kg | Limousine 2250 kg |
| 660 kg | 750 kg | 650 kg | 700 kg |
| 120 km/h | 120 km/h | 125 km/h | 120 km/h |
| 22 Liter | 23 Liter | 23 Liter | 24 Liter |
| 80 Liter (im Heck) | 100 Liter (im Heck) | 100 Liter (im Heck) | 100 Liter (im Heck) |
| Cabriolet 4 Türen | Pullman-Limousine | Cabriolet 2 Fenster | Pullman-Limousine |
| RM 16800,– | RM 14800,– | RM 16500,– | RM 16500,– |
| | Pullman-Cabriolet | Cabriolet 4 Türen | Tourenwagen 6 Sitze |
| | RM 18750,– | RM 19000,– | RM 16500,– |
| | | | Pullman-Cabriolet |
| | | | RM 19500,– |

<table>
<tr><th>Horch 12<br>6 Liter Typ 670<br>1931-1934</th><th>Horch 12<br>6 Liter Typ 600<br>1932/33</th><th></th></tr>
<tr><td colspan="2"></td><td>Motor</td></tr>
<tr><td colspan="2">V12 (75°-V-Form)</td><td>Zylinderzahl</td></tr>
<tr><td colspan="2">80 x 100 mm</td><td>Bohrung x Hub</td></tr>
<tr><td colspan="2">6021 (Steuer 5990) ccm</td><td>Hubraum</td></tr>
<tr><td colspan="2">120 PS bei 3200 U/min</td><td>Leistung</td></tr>
<tr><td colspan="2">1:5,2</td><td>Verdichtung</td></tr>
<tr><td colspan="2">1 Doppel-Fallstromvergaser Solex 32 JFFP oder Stromberg D-3</td><td>Vergaser</td></tr>
<tr><td colspan="2">Stehend<br>Zentrale Nockenwelle<br>Antrieb durch Dreifach-Rollenkette</td><td>Ventile</td></tr>
<tr><td colspan="2">7</td><td>Kurbelwellenlager</td></tr>
<tr><td colspan="2">Pumpe, 34 Liter Wasser</td><td>Kühlung</td></tr>
<tr><td colspan="2">Druckumlauf, 12 Liter Öl</td><td>Schmierung</td></tr>
<tr><td colspan="2">12 V 75 Ah</td><td>Batterie</td></tr>
<tr><td colspan="2">130 W</td><td>Lichtmaschine</td></tr>
<tr><td colspan="2">1,4 PS</td><td>Anlasser</td></tr>
<tr><td colspan="2">Antrieb auf Hinterräder</td><td>Kraftübertragung</td></tr>
<tr><td colspan="2">Einscheibentrockenkupplung</td><td>Kupplung</td></tr>
<tr><td colspan="2">Schalthebel Wagenmitte</td><td>Schaltung</td></tr>
<tr><td colspan="2">4 Gang ZF-Aphon</td><td>Getriebe</td></tr>
<tr><td colspan="2">II – IV</td><td>Synchronisierung</td></tr>
<tr><td colspan="2">Mit Schnellgang: I. 2,78 – II. 1,48 – III. 1,00 – IV. 0,67</td><td></td></tr>
<tr><td>5,35</td><td>5,10</td><td>Antriebs-Übersetzung</td></tr>
<tr><td colspan="2">U-Profil-Pressstahl-Niederrahmen</td><td>Rahmen und Fahrwerk</td></tr>
<tr><td colspan="2">starr, Halbfedern</td><td>Vorderradaufhängung</td></tr>
<tr><td colspan="2">starr, Underslung-Halbfedern</td><td>Hinterradaufhängung</td></tr>
<tr><td colspan="2">Schnecke ZF-Gemmer oder ZF-Roß</td><td>Lenkung</td></tr>
<tr><td colspan="2">Hydraulisch mit Saugluft-<br>unterstützung, 4 Räder<br>Trommel-ø 401 mm</td><td>Fußbremse</td></tr>
<tr><td colspan="2">Mechanisch, Hinterräder</td><td>Handbremse</td></tr>
<tr><td colspan="2">Zentral</td><td>Schmierung</td></tr>
<tr><td></td><td></td><td>Allgemeine Daten</td></tr>
<tr><td>3450 mm</td><td>3750 mm</td><td>Radstand</td></tr>
<tr><td>1470/1500 mm</td><td>1470/1500 mm</td><td>Spur vorn/hinten</td></tr>
<tr><td>5400 x 1820 x 1650 mm</td><td>5550 x 1820 x 1720 mm</td><td>Gesamtmaße</td></tr>
<tr><td>Drahtspeichen</td><td>Scheiben oder Drahtspeichen</td><td>Räder</td></tr>
<tr><td>7,00 – 17</td><td>7,00 oder 7,50 – 17</td><td>Reifen</td></tr>
<tr><td>14,5 Meter</td><td>16,5 Meter</td><td>Wendekreis</td></tr>
<tr><td>1700 kg</td><td>1900 kg</td><td>Fahrgestellgewicht</td></tr>
<tr><td>Cabriolet 2300 kg</td><td>Limousine 2500 kg</td><td>Wagengewicht</td></tr>
<tr><td>650 kg</td><td>700 km</td><td>Zuläss. Belastung</td></tr>
<tr><td>140 km/h</td><td>130 km/h</td><td>Höchstgeschwindigkeit</td></tr>
<tr><td>26 Liter</td><td>28 Liter</td><td>Verbrauch/100 km</td></tr>
<tr><td>100 Liter (im Heck)</td><td>100 Liter (im Heck)</td><td>Kraftstofftank</td></tr>
<tr><td>Cabriolet 2 Fenster</td><td>Pullman-Limousine</td><td>Preise</td></tr>
<tr><td>RM 23500,–<br>Cabriolet 4 Türen<br>RM 24500,–</td><td>RM 24500,–<br>Pullman-Cabriolet<br>RM 26000,–</td><td></td></tr>
</table>

Horch und Horch: Zusammenwächst, was zusammengehört. Das galt schon 1932.

# Vereint unter dem Dach der Auto Union

Die Talfahrt der Weltwirtschaft Ende der 1920er-Jahre vermochten technische Highlights nicht aufzuhalten. Die Reichsregierung unter Leitung des Zentrumspolitikers Heinrich Brüning verordnete Deutschland einen strikten Sparkurs, und sie versuchte vergeblich, mit einer deflationären Haushaltspolitik die Krise zu entschärfen. Mehr und mehr verlor die Bevölkerung das Vertrauen in die junge Demokratie – es herrschte Arbeitslosigkeit, von der besonders das sächsische Industriegebiet betroffen war.
Die Kraftfahrzeughersteller DKW, Audi und Horch sowie deren Zulieferer sahen sich in ihrer Existenz bedroht. Auf Initiative der Sächsischen Staatsbank, die als Hausbank und 90-prozentiger Anteilseigner die Expansion der Zschopauer Motorenwerke als Hersteller der berühmten DKW-Motorräder sowie preisgünstiger Zweitakt-Kleinwagen im Vertrauen auf gute Renditen finanziert hatte, wurde dieses Unternehmen im Juni 1932 rückwirkend zum 1. November 1931 mit seiner Tochtergesellschaft Audi in eine neue Gesellschaft namens Auto Union AG eingegliedert. Deren Gründung war nicht das krönende Happy End einer Erfolgsstory; vielmehr war sie ein Zwangsprozess, um eine regionale Industrie von nationaler Bedeutung vor dem Zusammenbruch mit schweren Folgen zu bewahren.
Die Fusion der angeschlagenen sächsischen Fahrzeugbauer DKW, Audi, Horch und der Automobilabteilung der Wanderer-Werke sollte sich als sinnvoll erweisen. In den Jahren bis zum Zweiten Weltkrieg etablierte sich dieser Autoblock neben Opel und Daimler-Benz an der Spitze der deutschen Kraftfahrzeugindustrie. Mit DKW als weltgrößter Motorradbauer und Inlandsmarktführer bei den ab 1931 gebauten Kleinwagen, mit der Renommiermarke Horch bei den Luxuskarossen, mit sprudelnden Exporterlösen und großzügigen Sozialleistungen für eine verfünffachte Belegschaft bei bis 1939 versiebenfachten Umsätzen – damit war die Notgeburt Auto Union zu einer Erfolgsgeschichte geworden.

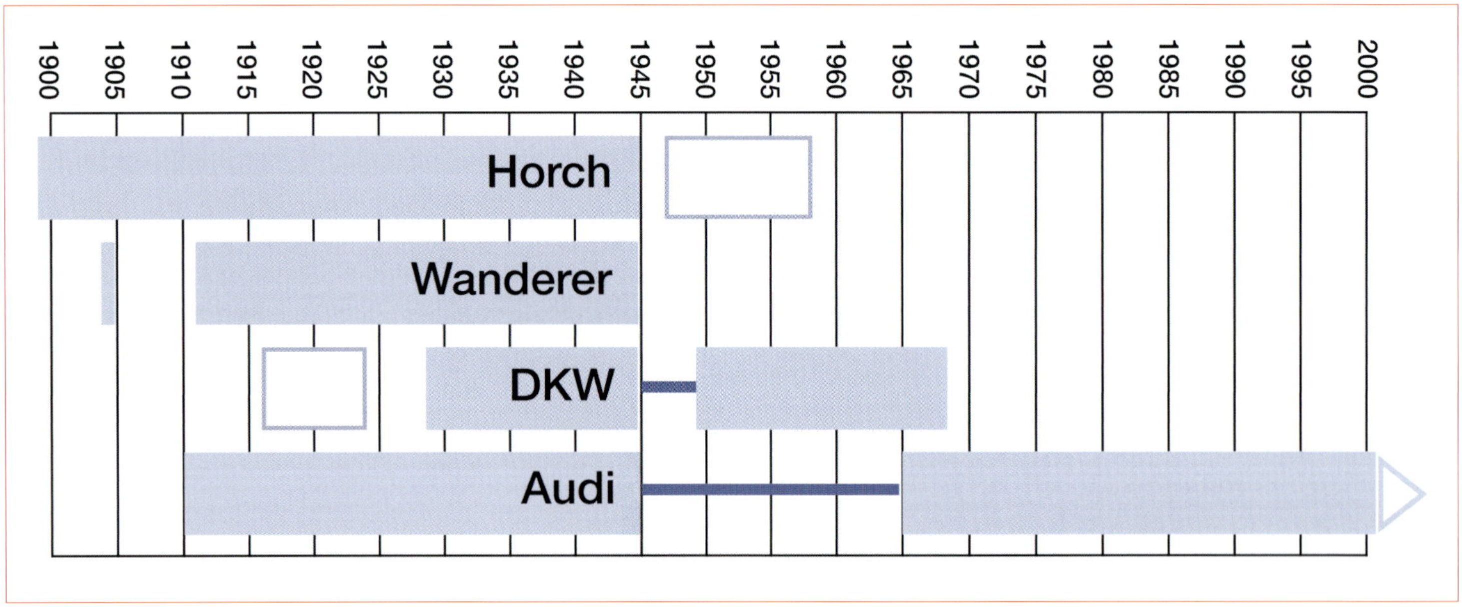

Die Firma hatte ihren Sitz in Chemnitz. Aufnehmende Gesellschaft waren die Zschopauer, die zugleich ihr Aktienkapital von 4,5 auf 10,5 Millionen Mark erhöht hatten; die Aktien von Audi befanden sich bereits in DKW-Besitz. Als nächstes hatte die Auto Union AG von den in Siegmar ansässigen Wanderer-Werken die Automobilabteilung in Chemnitz-Schönau mit allen Beständen und Verträgen erworben, damit auch die Konstruktion Ferdinand Porsches für einen neuen Pkw, sowie deren Fabrikationsanlagen gepachtet.

Die Auto Union und deren Potenzial auch international zu profilieren, war ein vordringliches Anliegen der Konzernleitung. Wie schon zur Anfangszeit der Motorisierung, erachtete man den sportlichen Wettbewerb als das beste Medium zu wirksamer Publizität und damit zur Absatzförderung. Durch Wanderer gab es eine Verbindung zu Ferdinand Porsche. Wanderer war sein erste Kunde gewesen, nachdem er sich mit seinem Konstruktionsbüro 1930 in Stuttgart etabliert hatte. Dieser Hersteller hatte durch seinen Verkaufsdirektor Baron Klaus Detlof von Oertzen,

Mann der ersten Auto Union-Stunde:

## Richard Bruhn

Nach seiner Ausbildung zum Elektrotechniker bei der Bremer AEG-Niederlassung ging Richard Bruhn (1886–1964) Anfang 1910 nach London, um bis zum Ausbruch des Ersten Weltkrieges die dortige Filiale zu leiten. Nach einem Studium der Volkswirtschaft promovierte er 1921 in Kiel und ging 1927 zum Motoren- und Flugzeughersteller Junkers in Dessau. 1929 wurde er Vorstandsmitglied beim Dynamohersteller Pöge in Chemnitz. Im Auftrag der Sächsischen Staatsbank übernahm Dr. Bruhn 1930 die Position des Finanzvorstands der Zschopauer Motorenwerke J. S. Rasmussen AG und war 1932 an der Gründung der Auto Union beteiligt, deren Vorstandsvorsitzender er wurde und bis zum Kriegsende 1945 blieb. Gemeinsam mit Carl Hahn initiierte Dr. Bruhn 1949 die Neugründung der Auto Union (zunächst als Ersatzteile-GmbH) in Ingolstadt und wurde ihr Geschäftsführer. Neben der Verleihung der Ehrendoktorwürde 1952 durch die TH Aachen für Verdienste um die deutsche Kraftfahrzeugindustrie erhielt Dr. Bruhn auch das Bundesverdienstkreuz. Am 6. November 1956 schied Bruhn aus der Geschäftsführung der Auto Union aus.

Bernd Rosemeyer im Auto Union 16-Zylinder beim Donington Park Grand Prix am 2. Oktober 1937, den er überlegen gewann.

Bei den 1934 bis 1939 in Chemnitz gebauten Renn- und Rekordwagen wurde der Konzernname Auto Union als Markenbezeichnung verwendet. Die V16- und ab 1938 eingesetzten 12-Zylinder fuhren in 79 Grand-Prix- und Bergrennen 43 Siege und 23 Zweite Plätze ein.

Rechts: Im Büro Porsche 1935 entworfener Straßensportwagen mit dem 16-Zylinder-Mittelmotor aus dem Grand-Prix-Rennwagen Typ C. Realisiert wurde ein solches Konzept nicht.

ein begeisterter Motorsportler, bei Porsche den Entwurf eines neuen Personenwagens in Auftrag gegeben. Generaldirektor Hermann Klee hatte auf dem Pariser Salon 1931 mit Porsche auch über ein Rennwagen-Projekt gesprochen.

Nun konstruierte Porsche für die Auto Union einen ersten Renn- und Rekordwagen, deren Duelle mit Mercedes-Benz bis zum Ausbruch des Zweiten Weltkrieges ein atemberaubendes Kapitel deutscher und auch internationaler Automobilgeschichte darstellen.

Mit der Markenbezeichnung Auto Union wurden aber nur die im Horch-Werk gebauten, ab 1934 eingesetzten Wettbewerbswagen mit Zwölf- und Sechzehnzylinder-Motoren versehen. Die Fahrzeuge der vier ursprünglichen Hersteller trugen zwar das Vier-Ringe-Emblem am Kühler, behielten aber ihre volle Namens-Eigenständigkeit.

Die Gewichtung der Stellenwerte innerhalb der Allianz lässt sich an den Stückzahlen der produzierten Fahrzeuge ablesen. 1933, dem ersten Kalenderjahr der Markengemeinschaft, entstanden 10.290 DKW-Wagen, gefolgt von 4652 Wanderer-, 1270 Horch- und nur 632 Audi-Automobilen. Jahresproduktionen, die aus heutiger Sicht geradezu abenteuerlich anmuten.

Als Generaldirektor der Auto Union AG amtierte bis 1945 Dr. Richard Bruhn, der 1930 von der Sächsischen Staatsbank als Finanzvorstand bei DKW eingesetzt worden war. Zum Technischen Vorstand der Auto Union AG berief man zunächst Jörgen Skafte Rasmussen, dem 1935 der seitherige Horch-Direktor und spätere Dr.-Ing. e. h. William Werner folgte.

# Horch V8 – eine Klasse für sich

Da es keine Dauerlösung sein konnte, in den schweren Horch 8 den auf 3,0 Liter und 65 PS reduzierten Reihenmotor (Typ 430) einzubauen, wie es Anfang der Dreißiger Jahre eine Zeit lang geschah, entwickelte man in Zwickau einen »kleinen« Horch. So wurde Anfang 1933 der Typ 830 vorgestellt, ein Wagen mit vergleichsweise bescheideneren Abmessungen und einem neuen 3,0-Liter-Motor in V-Bauart (Zylinderwinkel 66 Grad).

V8-Motoren hatten ihre Blütezeit in den USA, wo der Massenproduzent Ford seit 1932 als erfolgreichster V8-Autohersteller rangierte: Allein in den Jahren 1933–34–35 setzte Ford 1,83 Millionen Achtzylinder-Personenwagen ab. La Salle baute V8-Personenwagen bereits seit 1927, Lincoln seit 1923, Oldsmobile seit 1921, Cadillac sogar seit 1918. Doch schon 1905 hatte Darracq einen V8-Rennwagen (22,5 Liter Hubraum) an den Start gebracht, De Dion-Bouton kam 1910 mit einem V8-Serienwagen heraus. 1905 war auch bei Rolls-Royce ein erster V8-Prototyp entstanden.

Der Horch V8 fand gute Aufnahme, und die Folgetypen, deren Hubraum bald auf 3,3 und 3,5 Liter wuchs, gewannen zahlenmäßig im Lauf der Jahre viel größere Bedeutung als die Modelle mit Reihenmotor. Auch der kleine Horch, anfangs noch ein Starrachser, erhielt bald einzeln aufgehängte Vorderräder und ab 1935 eine Doppelgelenk-Hinterachse. Ein Qualitätsbeweis für den Horch 830 war auch die Tatsache, dass er als Gelände-Kübelwagen bei der Wehrmacht in hohem Ansehen stand, wobei er zu diesem Zweck allerdings mit starrer Vorder- und Hinterachse geliefert wurde.

**Horch 830 BL 3,5 bzw. 3,8 Liter als viertüriges Cabriolet, 1935–1940.**

Horch 830 BL Pullman-Cabriolet als Dienstwagen des deutschen Generals Waldemar Erfurth im Finnischen Hauptquartier bei seinem Eintreffen in Helsinki am 13. Juni 1941.

Horch 830 (3 Liter) Limousine, 1934.

Horch 830 BL Ambulanz 1935–1939, Karosserie Seegers & Sohn, Leipzig.

Horch 830 (3 Liter) Pullman-Limousine, 1933–1935.

## Horch Typ 830, 830B, 830Bk, 830BL (1933–1940) Horch Typ 930V (1937–1940)

Letzte Ausführung dieser Baureihe war der Typ 930V, der 1937 erschien. Seine Weiterentwicklung wurde durch den Krieg verhindert; noch im Februar 1939 war auf der Automobilausstellung in Berlin ein entsprechender Prototyp gezeigt worden, die Stromlinien-Limousine 930S.
Mehr als 30.000 Horch Achtzylinder sind insgesamt gebaut worden, wovon die Hälfte auf die kleineren V8-Typen entfiel. Den Krieg haben schätzungsweise 1000 Wagen überlebt, etwa 700 in Westdeutschland und vielleicht 300 in der Sowjetzone bzw. DDR und im Ausland. Doch die Masse des einst vorhandenen Bestands war im Krieg verschlissen worden.

Horch 830 BL (3,5 Liter) Pullman-Limousine, 1935.

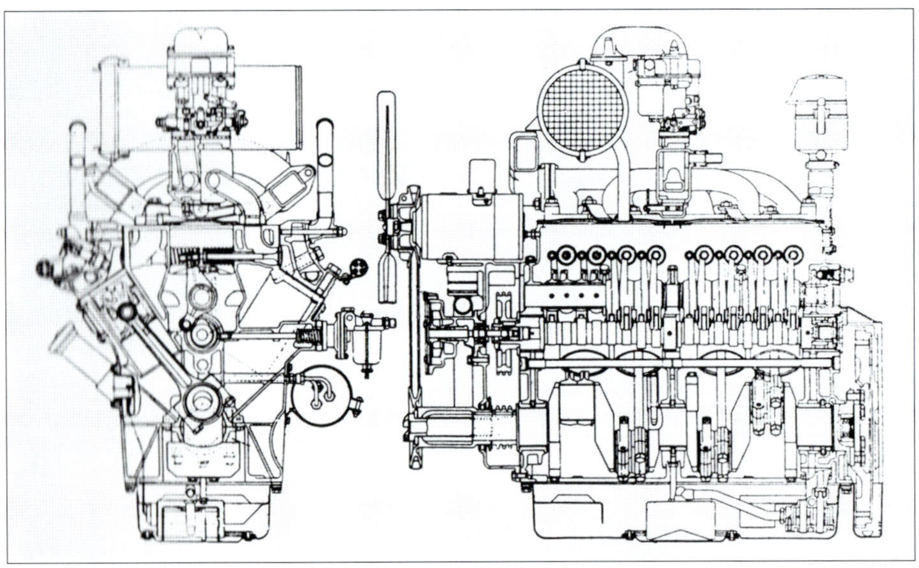

Horch Typ 830 B von 1935.

In verschiedenen Bohrung/Hub-Varianten gab es den von Werner K. Strobel konstruierten V8-Motor von 1933 bis 1945 mit 3004, 3250, 3517 und 3823 ccm Hubraum.

### Werner K. Strobel, Vater des Horch V8-Motors

Der gelernte Automechaniker Werner Karl Strobel, geboren 1904, war ein begeisterter Motorradfahrer, besuchte die Technische Hochschule München und ging 1927 als Ingenieur zu Horch. Bis 1938 war er für die 1932 zur Auto Union gekommene Marke tätig und konstruierte dort den ersten deutschen in Serie gebauten V8-Motor, ehe er zu BMW wechselte und dort unter Alexander von Falkenhausen bis Kriegsende tätig war. 1948 bis 1952 arbeitete er für Ford in Köln, anschließend wechselte er zur Opel AG nach Rüsselsheim. Dort wurde er Leiter der Produktentwicklung und gehörte ab Februar 1961 zum Entwicklungsteam, zuständig für die Konstruktion des Motors und des Fahrwerks vom Opel Kadett. Ende 1969 ging Strobel in Pension und verfasste einige Fachbücher über den Karosseriebau.

Oben: Horch 830 Sport-Cabriolet, vier Fenster, Karosserie Gläser, 1933.

Links: Horch 930 V (3,8 Liter) Roadster, Karosserie Gläser, 1937–1939.

Unten: Horch 930 V (3,8 Liter) Cabriolet vier Fenster, letzte Ausführung ohne vordere Dreieckfenster, 1938–1939.

IN T 930H

Horch 830V Cabriolet von Gläser (3,5 Liter V8), 1938.

| Horch 830<br>1933/34 | | Horch 830 B<br>1935 | Horch 830 Bk<br>1936 | Horch 830 BL<br>1935/36 |
|---|---|---|---|---|
| | | | | |
| V8 (66°-V-Form) | | V8 (66°-V-Form) | V8 (66°- V-Form) | |
| 75 x 85 mm | | 78 x 85 mm | 78 x 92 mm | |
| 3004 (Steuer 2984) ccm | | 3250 (Steuer 3227) ccm | 3517 (Steuer 3492) ccm | |
| 70 PS bei 3400 U/min | | 70 PS bei 3200 U/min | 75 PS bei 3600 U/min | |
| 1:5,6 | | 1:5,8 | 1:6,0 | |
| 1 Doppel-Fallstromvergaser Solex 32 JFFP | | | | |
| Stehend | | | | |
| Zentrale Nockenwelle | | | | |
| Antrieb durch Dreifach-Rollenkette | | | | |
| 3 | | | | |
| Pumpe, 21 Liter Wasser | | | | |
| Druckumlauf, 7 Liter Öl | | | | |
| 12 V 60 Ah | | | | |
| 90 W | | | | |
| 1,4 PS | | | | |
| Antrieb auf Hinterräder | | | | |
| Einscheibentrockenkupplung | | | | |
| Schalthebel Wagenmitte | | | | |
| 4 Gang ZF-Aphon | | | | |
| II – IV | | | | |
| I. 3,46 | | I. 3,46 | I. 3,46 / I. 4,10 | I. 3,46 / I. 4,85 |
| II. 1,88 | | II. 1,88 | II. 1,65 / II. 2,83 | II. 1,65 / II. 2,33 |
| III. 1,00 | | III. 1,00 | III. 1,00 / III. 1,48 | III. 1,00 / III. 1,41 |
| IV. 0,71 | | IV. 0,71 | IV. 0,71 / IV. 1,00 | IV. 0,71 / IV. 1,00 |
| 5,45, auf Wunsch 5,87 | | 5,45 auf Wunsch 5,87 | 5,45 / 3,75 | 5,87 / 3,75 |
| Kastenrahmen | Kastenrahmen | Kastenrahmen | Kastenrahmen | Kastenrahmen |
| starr | Querlenker oben | Querlenker oben | Querlenker oben | Querlenker oben |
| Halbfedern | 1 Querfeder unten | 1 Querfeder unten | 1 Querfeder unten | 1 Querfeder unten |
| starr | starr | starr | starr | Doppelgelenkachse |
| Underslung-Halbfedern | Unterslung-Halbfedern | Underslung-Halbfedern | Underslung-Halbfedern | Underslung-Halbfedern |
| Schnecke ZF-Roß | Schnecke ZF-Roß | Schnecke ZF-Roß | Schnecke ZF-Roß | Schnecke ZF-Roß |
| Mechanisch, 4 Räder | Mechanisch, 4 Räder | Hydraulisch, 4 Räder | Hydraulisch, 4 Räder | Hydraulisch, 4 Räder |
| Trommel-ø 356 mm | Trommel-ø 356 mm | Trommel-ø 356 mm | Trommel-ø 356 mm | Trommel-ø 350 mm |
| Mech., Hinterräder | Mech., Hinterräder | Mech., Hinterräder | Mech., Hinterräder | Mech., Hinterräder |
| Zentral | Zentral | Zentral | Zentral | Zentral |
| | | | | |
| 3200 mm | 3200 mm | 3200 mm | 3200 mm | 3350 mm |
| 1440/1470 mm | 1440/1470 mm | 1440/1470 mm | 1440/1470 mm | 1440/1500 mm |
| 4750 x 1780 x 1600 mm | 4750 x 1780 x 1650 mm | 4750 x 1780 x 1600 mm | 4750 x 1680 x 1600 mm | 5050 x 1780 x 1650 mm |
| Scheiben | Scheiben | Scheiben | Scheiben | Scheiben |
| 5,50 – 18 | 6,00 – 18 | 6,00 – 18 | 6,00 – 18 | 6,50 – 17 |
| 12 Meter | 12 Meter | 12 Meter | 12 Meter | 13,5 Meter |
| 1200 kg | 1200 kg | 1200 kg | 1200 kg | 1300 kg |
| 1650 kg | 1730 kg | 1650 kg | 1840 kg | 1950 kg |
| 550 kg | 550 kg | 550 kg | 550 kg | 550 kg |
| 115 km/h | 110 km/h | 115 km/h | 120 km/h | 115 km/h |
| 17 Liter | 18 Liter | 17 Liter | 17 Liter | 18 Liter |
| 65 Liter (im Heck) | 65 Liter (im Heck) | 65 Liter (im Heck) | 65 Liter (im Heck) | 75 Liter (im Heck) |
| Limousine 4 Sitze | Pullman-Limousine | Limousine 4 Sitze | Limousine 4 Sitze | Pullman-Limousine |
| RM 7500,– | RM 8900,– | RM 7750,– | RM 7750,– | RM 9750,– |
| mit Stromlinienheck | Tourenwagen 6 Sitze | Cabriolet 4 Fenster | Cabriolet 4 Fenster | Cabriolet 4 Türen |
| RM 8250,– | RM 8950,– | RM 9300,– | RM 9300,– | RM 10300,– |
| Cabriolet 4 Fenster | | | | Pullman-Cabriolet |
| RM 8900,– | | | | RM 12750,– |
| mit Stromlinienheck | | | | |
| RM 9300,– | | | | |

| Horch 930 V 1937/38 | Horch 830 BL 1937/38 | Horch 930 V 1938-1940 | Horch 830 BL 1938-1940 | |
|---|---|---|---|---|
| | | | | **Motor** |
| V8 (66 -V-Form) | | V8 (66 -V-Form) | | Zylinderzahl |
| 78 x 92 mm | | 78 x 100 mm | | Bohrung x Hub |
| 3517 (Steuer 3492) ccm | | 3823 (Steuer 3796) ccm | | Hubraum |
| 82 PS bei 3500 U/min | | 92 PS bei 3600 U/min | | Leistung |
| 1:6,3 | | 1:6,1 | | Verdichtung |
| 2 Flachstromvergaser Solex 30 BFHC 1 | | | | Vergaser |
| Stehend | | | | Ventile |
| Zentrale Nockenwelle | | | | |
| Antrieb durch Dreifach-Rollenkette | | | | |
| 3 | | | | Kurbelwellenlager |
| Pumpe, 21 Liter Waser | | | | Kühlung |
| Druckumlauf, 7 Liter Öl | | | | Druckumlauf |
| 12 V 66 Ah | | 12 V 62,5 Ah | | Batterie |
| 130 W | | 130 W | | Lichtmaschine |
| 1,4 PS | | 1,8 PS | | Anlasser |
| Antrieb auf Hinterachse | | | | **Kraftübertragung** |
| Einscheibentrockenkupplung | | | | Kupplung |
| Schalthebel Wagenmitte | | 2 Schalthebel Wagenmitte | | Schaltung |
| 4 Gang ZF-Aphon | | 4 Gang ZF AK 4 S mit Ferngang | | Getriebe |
| II – IV | | I – IV | | Synchronisierung |
| I. 4,85 | I. 3,46 / I. 4,85 | I. 3,89 | I. 3,89 | Übersetzungen |
| II. 2,33 | II. 1,65 / II. 2,33 | II. 2,165 | II. 2,165 | |
| III. 1,41 | III. 1,00 / III. 1,41 | III. 1,49 | III. 1,49 | |
| IV. 1,00 | IV. 0,71 / IV. 1,00 | IV. 1,00 Ferngang 0,714 | IV. 1,00 Ferngang 0,714 | |
| 3,90 | 5,87 / 3,75 | 4,10 | 4,10 | Antriebs-Übersetzung |
| Kastenrahmen | | | | **Fahrwerk** |
| Querlenker oben | | | | Vorderradaufhängung |
| 1 Querfeder unten | | | | |
| Doppelgelenkachse | | | | Hinterradaufhängung |
| Unterslung-Halbfedern | | | | |
| Schnecke ZF-Roß | | | | Lenkung |
| Hydraulisch, 4 Räder | | | | Fußbremse |
| Trommel-ø 350 mm | | | | |
| Mechanisch, Hinterräder | | | | Handbremse |
| Zentral | | | | Schmierung |
| | | | | **Allgemeine Daten** |
| 3100 mm | 3350 mm | 3100 mm | 3350 mm | Radstand |
| 1440/1470 mm | 1440/1500 mm | 1440/1470 mm | 1440/1500 mm | Spur vorn/hinten |
| 4920 x 1790 x 1625 mm | 5050 x 1780 x 1650 mm | 4920 x 1790 x 1625 mm | 5050 x 1780 x 1650 mm | Gesamtmaße |
| Scheiben | Scheiben | Scheiben | Scheiben | Räder |
| 6,50 – 17 | 6,50 oder 7,00 – 17 | 6.50 – 17 | 6.50 oder 7,00 – 17 | Reifen |
| 11,5 Meter | 13,5 Meter | 11,5 Meter | 13,5 Meter | Wendekreis-ø |
| 1300 kg | 1400 kg | 1350 kg | 1450 kg | Fahrgestellgewicht |
| 1900 kg | 2030 kg | 1960 kg | 2100 kg | Wagengewicht |
| 450 kg | 500 kg | 450 kg | 500 kg | Zuläss. Belastung |
| 125 km/h | 120 km/h | 130 km/h | 125 km/h | Höchstgeschwindigkeit |
| 19 Liter | 20 Liter | 19 Liter | 20 Liter | Verbrauch/100 km |
| 70 Liter (im Heck) | 75 Liter (im Heck) | 70 Liter (im Heck) | 75 Liter (im Heck) | Kraftstofftank |
| Limousine 4 Sitze | Pullman-Limousine | Limousine 4 Sitze | Pullman-Limousine | **Preise** |
| RM 8500,– | RM 9900,– | RM 8850,– | RM 10150,– | |
| Cabriolet 4 Fenster | Cabriolet 4 Türen | Cabriolet 4 Fenster | Cabriolet 4 Türen | |
| RM 9700,– | RM 10700,– | RM 10100,– | RM 11 050,– | |
| Roadster-Cabriolet | Tourenwagen 6 Sitze | Roadster-Cabriolet | Tourenwagen 6 Sitze | |
| RM 13750,– | RM 10750,– | RM 14000,– | RM 11 000,– | |
| | Pullman-Cabriolet | | Pullman-Cabriolet | |
| | RM 12900,– | | RM 14000,– | |

Horch 930 S Stromlinien-Limousine, Protoyp von 1939. Der Wagen hat überlebt und wurde vom Carrossier André Lecoq in Paris 1982 restauriert.

Unten: Der letzte Horch. Auf der Basis eines 830 BL enstand 1953 diese Limousine bei Spohn in Ravensburg im Auftrage der Auto Union in Ingolstadt als Geburtstagsgeschenk für Generaldirektor Dr. Richard Bruhn. Das Einzelstück gelangte später in die USA und kehrte 2008 nach Deutschland zurück; es gehört heute der Audi AG.

# Sehr groß, sehr stark, sehr schnell und bildschön

**Horch Typ 850 Sport (1935–1936)**
**Horch Typ 853, 853A, 855 (1938–1939)**
**Horch Typ 850-852 (1935–1938)**
**Horch Typ 951A (1938–1940)**

Erst Mitte der Dreißiger Jahre begann in Deutschland die Wirtschaft wieder aufzublühen. Die seit 1933 regierenden Nationalsozialisten hatten es verstanden, ihre politischen Ziele durch ein Programm des »Wohlstands für alle« zu kaschieren, das sich als trügerische Illusion erweisen sollte. Die Folge war bekanntlich Krieg mit dem totalen Zusammenbruch Deutschlands. Zunächst aber schien die Welt wieder in Ordnung zu kommen, eine neue völkische Ideologie verhieß neue Perspektiven, es gab Vollbeschäftigung (nicht zuletzt Dank forcierter Aufrüstung und einem immensen Autobahn-Bauprogramm) und das Versprechen auf soziale Sicherheit. Allerdings nicht für einige Minderheiten, die das Regime brutal ausgrenzte.

Horch 853 5,0 Liter Cabriolet, 1937.
Seit jeher zählt dieses Modell zu den gesuchtesten Sammlerstücken.

Oben: Horch Typ 853 Cabriolet, 1937.

Unten: Horch Typ 855 Spezial-Roadster, Karosserie Erdmann & Rossi, 1938–1939.

Horch Typ 851 (5,0 Liter) Pullman-Cabriolet Sonderausfg., 1935–1937.

Horch Typ 851 (5,0 Liter) Pullman-Cabriolet, Kaross. Gläser, 1937.

Für den Rennfahrer Bernd Rosemeyer 1937 von Erdmann & Rossi als Coupé spezialkarossierter Horch Typ 853 (5,0 Liter), genannt »Manuela«.

Die Automobilindustrie profitierte vom Aufschwung und kam zu neuer Blüte. Von 1935 an, nachdem die Hubraumsteuer weggefallen war, beschränkte sich Horch bei den großen Achtzylindern auf einen 5,0-Liter-Reihenmotor, zunächst mit 100, dann mit 120 PS ausgewiesen. Berühmteste und am meisten bewunderte Modelle waren das Sportcabriolet (Typ 850, 853 und 853A) sowie der in nur geringer Zahl gebaute Roadster 855. Zum faszinierenden Aussehen dieser Wagen und auch zum beträchtlichen Aufwand an Motor- und Fahrgestelltechnik standen das mäßige Temperament und bei höherer Geschwindigkeit eine kritische Straßenlage in einem krassen Missverhältnis. Cabriolet und Roadster eigneten sich am besten als Reisewagen auf den neuen Autobahnen und als Boulevard-Automobile, was den meisten Besitzern auch genügt haben mag. Immerhin wurden sie damals von der Film- und

Sportprominenz bevorzugt, während die großen Limousinen den Wirtschaftsbossen als Direktions- und Repräsentationsfahrzeuge dienten. Auch bei hohen Wehrmachtsoffizieren und im diplomatischen Dienst galt diesen Fahrzeugen gegenüber Mercedes-Benz häufig der Vorzug. Letzter Vertreter der großen 5,0-Liter-Familie war der 951 A, gebaut von 1938 bis 1940. Seine Besonderheit war ein ZF-Getriebe mit Ferngang, 0,714 untersetzt und für moderate Motordrehzahlen sorgend, wenn man auf einer der neuen Autobahnen mit 130 km/h unterwegs war. Als offener Sechssitzer kostete das Auto 23.500 Mark. Das war nicht mehr ausgesprochen preiswert und entsprach dem Betrag, den man auch für einen Mercedes-Benz 500K anzulegen hatte.

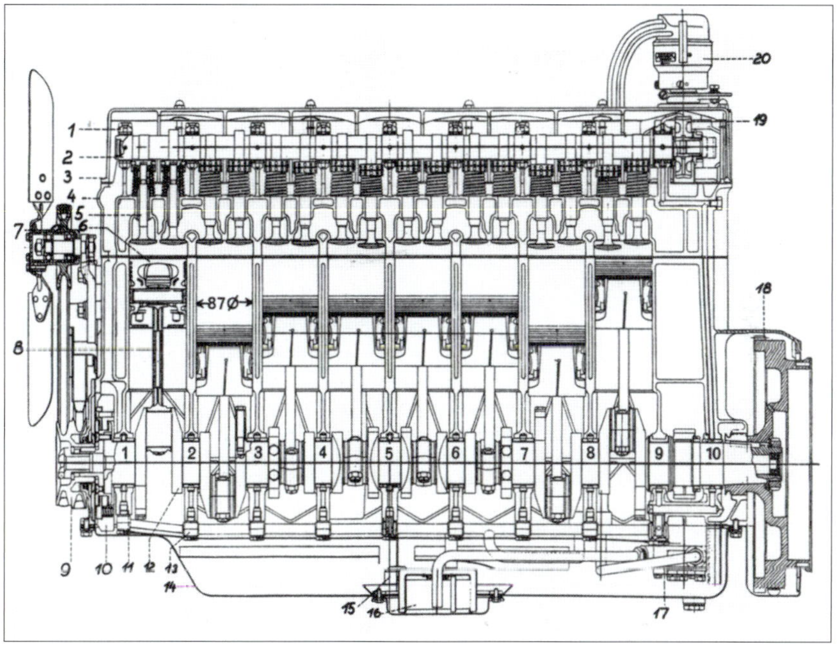


Horch 853 A von 1939. Sein von Fritz Fiedler konstruierter Achtzylinder-Königswellenmotor hatte 4944 ccm Hubraum und leistete 120 PS.
Unten: Von Voll & Ruhrbeck, Essen, etwas zu opulent karossierter 853 A.

| Horch 850-Sport 1935/36 | Horch 853 1937 | Horch 853 A 1938/39 | Horch 855 1938/39 | |
|---|---|---|---|---|
| | | | | |
| 8 (Reihe) | 8 (Reihe) | | | |
| 87 x 104 mm | 87 x 104 mm | | | |
| 4944 (Steuer 4911) ccm | 4944 (Steuer 4911) ccm | | | |
| 100 PS bei 3400 U/min | 120 PS bei 3600 U/min | | | |
| 1:5,8 | 1:6,1 | | | |
| 1 Doppel-Fallstromvergaser Solex 35 JFF | | | | |
| Hängend | | | | |
| 1 obenliegende Nockenwelle | | | | |
| Antrieb durch Königswelle und Kegelräder | | | | |
| 10 | | | | |
| Pumpe, 24 Liter Wasser | | | | |
| Druckumlauf, 10 Liter Öl | | | | |
| 12 V 75 Ah | | 12 V 75 Ah | | |
| 130 W | | 200 W | | |
| 1,4 PS | | 1,4 PS | | |
| Antrieb auf Hinterräder | | Antrieb auf Hinterräder | | |
| Einscheibentrockenkupplung | | Einscheibentrockenkupplung | | |
| Schalthebel Wagenmitte | | 2 Schalthebel Wagenmitte | | |
| 4 Gang ZF-Aphon | | 4 Gang ZF AK 4 S mit Ferngang | | |
| II – IV | | I – IV | | |
| I. 4,10 – II. 2,20 – III. 1,48 – IV. 1,00 | | I. 3,77 – II. 2,10 – II. 1,36 – IV. 1,00 | | |
| oder mit Schnellgang | | Ferngang 0,714 | | |
| I. 2,74 – II. 1,49 – III. 1,00 – IV. 0,67 | | | | |
| Ohne Schnellgang: 3,60 oder 3,90 | | 3,90 oder 4,17 | | |
| Mit Schnellgang: 4,90 | | | | |
| Kastenrahmen 2 Querfedern | | | | |
| 2 Querfedern | | | | |
| Doppelgelenkachse, Underslung-Halbfedern | | | | |
| Schnecke ZF-Roß | | | | |
| Hydraulisch mit Saugluftunterstützung | | | | |
| 4 Räder, Trommel- ø 400 mm | | | | |
| Mechanisch, Hinterräder | | | | |
| Zentral | | | | |
| | | | | |
| 3450 mm | | | 3300 mm | 3450 mm |
| 1510/1516 mm | | | 1510/1516 mm | 1510/1516 mm |
| 5350 x 1830 x 1580 mm | | | 5230 x 1810 x 1560 mm | 5350 x 1810 x 1560 mm |
| Drahtspeichen | | | Drahtspeichen | Drahtspeichen |
| 7,00 – 17 | | | 6,50 – 17 | 7,00 – 17 |
| 14,5 Meter | | | 13,5 Meter | 14,5 Meter |
| 1900 kg | | | | 1900 kg |
| 2600 kg | | | 2400 kg | 2450 kg |
| 350 kg | | | 350 kg | 350 kg |
| 130 km/h | 135 km/h | 135 km/h | 140 km/h | 140 km/h |
| 22 Liter | 22 Liter | 22 Liter | 22 Liter | 22 Liter |
| 95 Liter (im Heck) | 95 Liter (im Heck) | 95 Liter (im Heck) | 95 Liter (im Heck) | 95 Liter (im Heck) |
| Sport-Cabriolet | Sport-Cabriolet | Sport-Cabriolet | Sport-Roadster | Sport-Roadster |
| RM 13900,– | RM 14900,– | RM 15250,– | RM 22000,– | RM 22000,– |

| Horch 850<br>1935-1937 | Horch 851<br>1937/38 | Horch 951<br>1937 | Horch 951 A<br>1938-1940 | |
|---|---|---|---|---|
| | | | | **Motor** |
| 8 (Reihe) | 8 (Reihe) | | | Zylinderzahl |
| 87 x 104 mm | 87 x 104 mm | | | Bohrung x Hub |
| 4944 (Steuer 4911) ccm | 4944 (Steuer 4911) ccm | | | Hubraum |
| 100 PS bei 3400 U/min | 120 PS bei 3600 U/min | | | Leistung |
| 1:5,8 | 1:6,1 | | | Verdichtung |
| 1 Doppel-Fallstromvergaser Solex 35 JFF | | | | Vergaser |
| Hängend | | | | Ventile |
| 1 obenliegende Nockenwelle | | | | |
| Antrieb durch Königswelle und Kegelräder | | | | |
| 10 | | | | Kurbelwellenlager |
| Pumpe, 24 Liter Wasser | | | | Kühlung |
| Druckumlauf, 10 Liter Öl | | | | Schmierung |
| 12 V 75 Ah | | | | Batterie |
| 130 W bzw. (Typ 951 A) 200 W | | | | Lichtmaschine |
| 1,4 PS | | | | Anlasser |
| Antrieb auf Hinterräder | | | | **Kraftübertragung** |
| Einscheibentrockenkupplung | | | | Kupplung |
| Schalthebel Mitte | | | 2 Schalthebel Mitte | Schaltung |
| 4 Gang ZF-Aphon | | | 4 Gang ZF mit Ferngang | Getriebe |
| II – IV | | | I – IV | Synchronisierung |
| I. 4,10 – II. 2,20 – III. 1,48 – IV. 1,00 | | | 3,77 – 2,10 – 1,36 – 1,00 | Übersetzungen |
| oder mit Schnellgang | | | Ferngang 0,714 | |
| I. 2,74 – II. 1,49 – III. 1,00 – IV. 0,67 | | | | |
| Ohne Schnellgang: 3,60 oder 3,90 | | | 3,90 oder 4,17 | Antriebs-Übersetzung |
| Mit Schnellgang: 5,30 oder 4,90 | | | | |
| Kastenrahmen | | Kastenrahmen | | **Rahmen und Fahrwerk** |
| 2 Querfedern | | 2 Querfedern | | Vorderradaufhängung |
| starr, Underslung-Halbfedern | | Doppelgelenkachse, Underslung-Halbfedern | | Hinterradaufhängung |
| Schnecke ZF-Roß | | Schnecke ZF-Roß | | Lenkung |
| Hydraulisch mit Saugluftunterstützung | | Hydraulisch mit Saugluftunterstützung | | Fußbremse |
| 4 Räder, Trommel-ø 400 mm | | 4 Räder, Trommel-ø 400 mm | | Handbremse |
| Mechanisch, Hinterräder | | Mechanisch, Hinterräder | | Schmierung |
| Zentral | | Zentral | | |
| | | | | **Allgemeine Daten** |
| 3750 mm | | 3750 mm | | Radstand |
| 1470/1500 mm | | 1510/1516 mm | | Spur vorn/hinten |
| 5550 x 1820 x 1770 mm | | 5640 x 1840 x 1740 mm | | Gesamtmaße |
| Scheiben | | Lochscheiben oder Drahtspeichen | | Räder |
| 7,00 oder 7,50 – 17 | | 7,50 – 17 | | Reifen |
| 16,5 Meter | | 16,5 Meter | | Wendekreis |
| 1800 kg | | 1900 kg | | Fahrgestellgewicht |
| 2650 kg | | 2810 kg | | Wagengewicht |
| 500 kg | | 450 kg | | Zuläss. Belastung |
| 125 km/h | | 130 km/h | | Höchstgeschwindigkeit |
| 22 Liter | | 23 Liter | | Verbrauch/100 km |
| 95 Liter (im Heck) | | 95 Liter (im Heck) | | Kraftstofftank |
| Pullman-Limousine | Pullman-Limousine | Pullman-Limousine | Pullman-Limousine | **Preise** |
| RM 14900,– | RM 13950,– | RM 17500,– | RM 17850,– | |
| Sonderausführung | Pullman-Cabriolet | Pullman-Cabriolet | Pullman-Cabriolet | |
| RM 17500,– | RM 16650,– | RM 20500,– | RM 20850,– | |
| Pullman-Cabriolet | | | Cabriolet 4 Türen | |
| RM 17500,– | | | RM 20850,– | |
| Sonderausführung | | | Sechssitzer offen | |
| RM 20500,– | | | RM 23550,– | |

Unternehmer, die einen Subventions-Lastwagen kauften, erhielten vom Staat einen Zuschuss

# Horch baute auch Lastwagen und Omnibusse

Horch bot frühzeitig auch Nutzfahrzeuge an. Ihre Motoren besaßen schon damals wie in den Personenwagen obenliegende Einlass- und stehende Auslassventile. Ein weiteres Merkmal des Horch-Motors war die obere, verbreiterte Hälfte des Kurbelgehäuses, die auf den Längsträgern des Fahrgestells auflag und damit zu dessen Versteifung beitrug. Auch das zwischen Motor und Getriebe angeordnete Kardangelenk und das Stirnrad-Differenzial waren Horch-spezifisch.
Die deutschen Militärbehörden hatten 1898 begonnen, erstmals Informationen über Lastautomobile als Transportmittel zu sammeln – immerhin ein Jahr vor der Interessenbekundung am Personenwagen. Truppen- und Materialbewegungen geschahen bis dato ausschließlich per Bahn oder Pferdefuhrwerken.
Die Preußische Heeresverwaltung bereitete einen Katalog mit Regeln für den Bau militärischer Kraftwagen vor; der Begriff »Regelkraftwagen« kam auf. Doch es dauerte bis zum Frühjahr 1908, also zehn Jahre, ehe das Militär diesen Katalog mit Vorgaben für solchde Regel- bzw. Subventions-Lastwagen und -Lastzüge veröffentlichte. Indes, nicht das Ministerium kaufte nach solchen Parametern gebaute Fahrzeuge. Der Staat selbst investierte nicht in motorisierte Straßen-Transportmittel, sondern überließ dies seinen Untertanen, animierte sie dazu allerdings

Vom Horch Typ H 17/45 PS abgewandelter Lastwagen von 1914, den es mit 2,0 und 3,0 t Nutzlast gab.

Oben: Horch Lastwagen von 1914 im August Horch Museum, Zwickau.

Rechts: Horch Charabanc Ausflugswagen in Dresden, 1907.

| Marke, Modell, Bauzeit | **Horch 12/28 PS, Typ K, 1910-1911**<br>Personenwagen, Lastwagen | **Horch 8/24 PS, 1911-1922**<br>Lieferungswagen | **Horch 14/40 PS, Typ O, 1912-1922**<br>Lastwagen, Amublanz |
|---|---|---|---|
| **Motor** | | | |
| Bauart, Zylinder | Reihenmotor, 4 | Zweiblock-Reihenmotor, 4 | Zweiblock-Reihenmotor, 4 |
| Bohrung x Hub mm | 85 x 140 | 74,5 x 120 | 90 x 140 |
| Hubraum ccm | 3177 | 2080 | 3562 |
| Leistung PS U/min | 28/1750 | 24/1800 | 40/1600 |
| Ventilsteuerung | ioe | NW-Antrieb ü. Stirnräder sv i. L-Anordnung | ioe, NW-Antrieb d. gekapselte Stirnräder |
| Kurbelwellenlager | 3 | 3 Gleitlager | |
| Vergaser | | Cudell | Cudell |
| Kühlung | Wasser, Pumpe | Wasser, Thermosyphon, Pumpe | Wasser, Pumpe |
| Schmierung | Druckumlauf | Druckumlauf | |
| Zündung | Magnet | Eisemann-Magnet mit automat. Verstellung | Eisemann-Magnet mit automat. Verstellung |
| Kraftstofftank | | vorn, Förderung durch Gefälle | vorn, Förderung durch Gefälle |
| **Kraftübertragung** | | | |
| Kupplung, Schaltung | Konuskupplung, Kulissenschaltung | Konuskupplung, Kulissenschaltung | |
| Getriebe, Antrieb | 4-Gang, Kardan | 4-Gang m. Schubvorgel., separat, Kardan | |
| **Fahrwerk** | | | |
| Vorder-/Hinterradfederung | Halbelliptikfedern v, Dreiviertelelliptikfedern h | Halbelliptikfedern v/h | Halbelliptikfedern v/h |
| Bremsen | | Getriebebremse, Hinterrad-Innenbackenbremse | Getriebebremse, Hinterrad-Innenbackenbremse |
| Lenkung | | Schraubenspindellenkung | Schneckenlenkung |
| Räder, Reifen | Holzspeichenräder, 875 x 105 | Kronprinz-Stahlspeichenräder, 765 x 105 | Holzspeichenräder, 815 x 105 |
| **Chassis und Aufbau** | | | |
| Fahrgestell | Stahlblechrahmen | Stahlblechrahmen | Stahlblechrahmen |
| Karosserien | Pritschenwagen | Kastenwagen | Pritschenwagen |
| **Maße und Gewichte** | | | |
| Radstand mm | 3400 | 2950 | 3350 |
| Spur mm | 1400 / 1400 | 1250 / 1250 | 1300 / 1300 |
| Wagengewicht kg | | 1250 | |
| Nutzlast kg | | 1500 | 2500 |

| Marke, Modell, Bauzeit | **Horch 25/55 PS, Typ S, 1913-1915**<br>Lastwagen | **Horch 18/50 PS, Typ P, 1914-1922**<br>Lastwagen | **Horch 33/80 PS, Typ S, 1914-1922**<br>Lastwagen |
|---|---|---|---|
| **Motor** | | | |
| Bauart, Zylinder | Reihen-Blockmotor, 4 | Reihen-Blockmotor, 4 | Reihen-Blockmotor, 4 |
| Bohrung x Hub mm | 115 x 115 | 100 x 150 | 130 x 160 |
| Hubraum ccm | 4778 | 4712 | 8494 |
| Leistung PS U/min | 60/1800 | 50-55/1800 | 80/2000 |
| Ventilsteuerung | NW-Antrieb über Kette, sv in L-Anordnung | NW-Antrieb über Kette, sv in L-Anordnung | NW-Antrieb über Kette, sv in L-Anordnung |
| Kurbelwellenlager | 3 Gleitlager | 3 Gleitlager | 3 Gleitlager |
| Vergaser | Zenith | Horch-Vergaser mit Vorwärmung | Horch |
| Kühlung | Wasser, Pumpe, Ventilator | Wasser, Pumpe, Ventilator | Wasser, Pumpe, Ventilator |
| Schmierung | Druckumlauf | Druckumlauf | Druckumlauf |
| Zündung | Doppelzündung Bosch-Magnet u. Batterie | Doppelzündung Bosch-Magnet u. Batterie | Doppelzündung Bosch-Magnet u. Batterie |
| Kraftstofftank | hinten, Förderung d. Druck d. Auspuffgase | hinten, Förderung d. Druck d. Auspuffgase | hinten, Förderung d. Druck d. Auspuffgase |
| **Kraftübertragung** | | | |
| Kupplung, Schaltung | Lederkonuskupplung, Kulissenschaltung | Lederkonuskupplung, Kulissenschaltung | Lederkonuskupplung, Kulissenschaltung |
| Getriebe, Antrieb | 4+R m. Schubvorgel., sep., Kettenantrieb | 4+R m. Schubvorgelege, Kardan | 4+R m. Schubvorgelege, Kettenantrieb |
| **Fahrwerk** | | | |
| Vorder-/Hinterradfederung | Halbelliptikfederung v/h | Halbelliptikfederung v/h | Halbelliptikfederung v/h |
| Bremsen | Getriebebremse, Innenbackenbremsen an den Hinterrädern | Getriebebremse, Innenbackenbremsen an den Hinterrädern | Getriebebremse, Innenbackenbremsen an den Hinterrädern |
| Lenkung | Schraubenspindellenkung | Schraubenspindellenkung | Schneckenlenkung |
| Räder | Kronprinz-Stahlspeichenräder | Kronprinz-Stahlspeichenräder | Stahlspeichenräder |
| Reifen | 875 x 105 v, 880 x 125 h | 875 x 105 v, 880 x 125 h | |
| **Chassis und Aufbau** | | | |
| Fahrgestell | Stahlblechrahmen | Stahlblechrahmen | Stahlblechrahmen |
| Karosserien | Pritsche | Pritsche, Ambulanz | Pritsche |
| **Maße und Gewichte** | | | |
| Radstand mm | 3800 | 3280 | 3800 |
| Spur mm | 1400 / 1400 | 1300 / 1300 | |
| Leergewicht kg | 1600 | 1450 | 5000 |
| Nutzlast kg | 3500 | 2500-3000 | |
| Anmerkung | 11 Sück | 160 Lkw, 2 Krankenwagen | 330 Stück |

Horch Subventions-Lastzug, 1914. Auf dem Anhänger das übliche Bremserhäuschen.

Rechts: Horch 11/22 PS Kastenwagen, 1917.

Unten: Horch 33/55 PS Pritschenwagen, 1920.

durch finanzielle Beihilfen. In ihren Genuss kam man bei Anschaffung und Betrieb von Lastwagen und Anhängern, die bestimmten Kriterien entsprechen mussten, auch hatten sich die Käufer zu verpflichteten, sie zu Manöverzwecken und erst recht im Fall einer Mobilmachung der Armee (gegen Abgeltung des Zeitwertes) zu überlassen. Als der Erste Weltkrieg begann, setzte sich die Militärtransportflotte des Kaiserreichs also aus Second-hand-Material der unterschiedlichsten Beschaffenheit zusammen.

Die von Horch gebauten und verkauften Subventions-Lastwagen basierten auf dem Modell 25/42 PS; von diesem und seinen Nachfolgern entstanden in der Zeit von 1914 bis 1924 insgesamt 2073 Stück.

Doch es gab auch Horch-Lastwagen anderer Kategorien Nachdem der Firmengründer August Horch 1909 das Unternehmen verlassen hatte, traf die Geschäftsleitung Anstrengungen, die Mittelständler aus Industrie und Gewerbe, die schon Horch-Kunden waren, auch für so genannte »Geschäftswagen« zu gewinnen. Bald gab es gesonderte Kataloge für Nutzfahrzeuge. Ab 1911 wurden die Modelle C (6/18 oder 8/24 PS), N (10/30 PS) und O (14/40 PS) als leichte Lieferwagen mit ein- bis anderthalb Tonnen Nutzlast offeriert, ab 1913 intern in der Verkaufsstatistik sogar separat als Lieferwagen ausgewiesen. Aus den großen Vierzylindertypen H (17/45 PS) und S (22/55 PS) entwickelte man separate Chassis als Lastwagen für 2,0 bis 3,0 und 3,5 Tonnen Nutzlast. Sie besaßen Kardanantrieb.

Ab 1914 löste den Zwei- bis Dreitonner das Modell P mit 18/50 PS ab, und für den 25/55 PS starken S waren nun 5,0 Tonnen Nutzlast genannt. Bei letzterem setzte man jedoch auf den robusteren Kettenantrieb. Er entsprach damit den seit 1907 ausgelobten Bauvorschriften für Subventions-Lastwagen. Für die damals noch wenigen Omnibusaufbauten nutzte man wiederum eigens dafür vorgesehene Fahrgestelle, einmal das vom Modell H mit 17/45 PS abgeleitete für etwa 15 bis 17 Personen als auch das des Dreitonners, jedoch mit dem stärkeren 25/55-PS-Motor aus dem Modell S für etwa 22 Fahrgäste. Beide besaßen Kardanantrieb. Ihre Rahmen unterschieden sich jedoch von denen der Lastwagen und waren wegen besserer Federung vorn nach unten gekröpft, wenngleich sich das auf die Einstiegshöhe eher nachteilig auswirkte.

Nach Ausbruch des Krieges überarbeitete Horch den zunächst bis 1916 an das Heer gelieferten Dreitonner-Typ P und brachte einen den Bauvorschriften des Regel-Dreitonners entsprechenden »Kavallerie-Lastwagen« des Typs KL mit 25/42 PS heraus. Der Motor des Typs S wurde hier von 55 auf 42 PS gedrosselt. Bis heute weitgehend unbekannt ist, dass der Heerestyp KL allein bis 1920 in fast zweitausend Exemplaren gebaut wurde, bis 1923 waren es weitere 70 Stück. Es war mit Abstand der meistproduzierte Horch bis Mitte der 1920er-Jahre. Allein sein Ausstoß im Krieg entsprach dem gesamten Absatz aller Horch-Personenwagen der Vorkriegszeit. Vom großen Fünftonner, ab 1914 als Modell SL bezeichnet, wurden während des Ersten Weltkrieges jährlich jedoch nur rund ein Dutzend abgeliefert.

Nach Kriegsende waren aus dem Modellprogramm der Zwickauer vor allem die kleinen C-Typen und erst ab 1919 nach und nach die anderen Varianten wieder gefragt. Zivil ließen sich die Lastwagen längst nicht mehr so gut verkaufen wie zu Kriegszeiten. Immerhin 46 Chassis des KL 25/42 PS wurden größtenteils bei Lindner in Halle-Ammendorf mit Omnibusaufbauten für die Staatliche Kraftwagenverwaltung Sachsens versehen, der späteren KVG Sachsen. Mangels Nachfrage investierte Horch keine Mittel mehr in die Nutzfahrzeugentwicklung und stellte diese 1923 ein. Lediglich Lieferwagenaufbauten auf serienmäßigen Fahrgestellen sollte es noch geben, wobei hier der zwischen 1919 und 1923 in noch einmal 145 Eintonnen-Lieferwagen auf Basis des Typs N 10/30 PS den Schlusspunkt unter die speziellen Abwandlungen als Nutzfahrzeug setzen sollte. Vom Lkw-Modell 25/42 PS und seinen Nachfolgern entstanden in der Zeit von 1914 bis 1924 insgesamt 2073 Stück. Lastwagen der Marke Horch exportierte man in alle Welt.

In den 1920er- und 1930er-Jahren gab es nur vereinzelt Nutzfahrzeuge (z. B. Ambulanzen), gebaut auf Pkw-Fahrgestellen für besondere Einsatzwecke. Nur die Entwicklung eines Geländewagens mit Allrad-Lenkung und -antrieb wurde vorangetrieben, für militärische Zwecke natürlich.

Horch Liniendienst-Omnibus, 1914.

Horch Typ 830 BL Krankenwagen, 1939.

# Horch Militärfahrzeuge bei Reichswehr und Wehrmacht

Die nach dem Ersten Weltkrieg gebildete Reichswehr war zunächst kaum nennenswert motorisiert. Spezielle Militärfahrzeuge hatten nach 1918 ohnehin nicht gebaut werden dürfen. Erst als in den Jahren nach der Inflation der politische Druck auf Deutschland nachließ und die Militärkommissionen der Alliierten sich verabschiedet hatten, durfte und konnte sich die Reichswehr nach und nach motorisieren.

Drei Firmen wurden beauftragt, für die Nutzfahrzeugklassen 0,75, 1,5 und 3,0 t je einen geländegängigen Dreiachser zu entwickeln. In der 0,75-t-Klasse standen sich Selve, Horch und Daimler-Benz gegenüber, wobei schließlich der Achtzylinder-Geländewagen von Horch bei der Reichswehr eingeführt wurde. Rund 60 solcher Fahrzeuge wuren1926–1928 gebaut. Den Wagen hatte Paul Daimler beim Partner Argus entwickeln lassen.

Ebenfalls bei Argus entstand wenig später ein schwerer geländegängiger Horch-Personenwagen, ein Zweiachser mit Vierradantrieb und zwillingsbereiften Hinterrädern. Er war als Gefechtsfahrzeug für Kommandeure gedacht. Von 1932 bis 1934 gingen 25 Stück an die Reichswehr.

Als Hitlers Wehrmacht in großem Stil aufzurüsten begann, zählte bald der vom Horch 830 abgeleitete Kübelwagen 830R zu den bei der Truppe begehrtesten Fahr-

Links: Horch Kavallerie-Lastwagen Typ KL 25/42 PS, Regel- bzw. Subventions-3,0-Tonner von 1916.

Links unten: Horch 14/50 PS, 1915.

Unten: 80 PS starke Horch Artillerie-Zugmaschine, 1917.

zeugen dieser Art. von 1934 bis 1937 wurden mehr als 4500 Stück geliefert, wovon die ersten 564 noch den 62-PS-Motor besaßen. Viele fanden Verwendung als Funkwagen mit geschlossenen Holzaufbauten.
Weit verbreitet war der mittlere Einheits-Pkw von Horch, bekannt geworden als Kfz 15, 16 und 17. Er löste den 830R ab. Horch baute von 1937 bis 1942 gut 12.700 solcher Wehrmachtsfahrzeuge; weitere 10.000 entstanden unter Verwendung von Horch-V8-Motoren bei den Wanderer-Werken.
Ein nicht unerheblicher Faktor, der die Verwendung der stark motorisierten Personenwagen an der Front eingrenzte, war der verhältnismäßig hohe Kraftstoffverbrauch. Der Nachschub an in den Leuna-Werken produziertem synthetischen Benzin wurde im Verlauf des Krieges zusehends problematischer, auch wurden die Panzertruppen vorrangig versorgt. Kraft- weil saftlos liegengebliebene Stabswagen auf den Routen der Rückzugstrecks symbolisieten auf makabre Weise die Sinnlosigkeit Hitlers militärischer Operationen in Ost und West. Was an gut erhaltenen Horch-Wagen den Krieg überdauert hatte, wurde nichz selten als Beutegut in die USA verbracht – in amerikanischen Museen befinden sich erstaunlich viele ehemalige deutsche Militärfahrzeuge.
Als die Produktion von mittleren und auch von schweren Einheits-Pkw gedrosselt und 1942 schließlich ganz eingestellt wurde, mussten die Horch-Werke auf die Herstellung von Halbketten-Fahrgestellen für den mittleren Schützenpanzerwagen umstellen. Es handelte sich um den Lizenz-Nachbau des von der Firma Borgward (Hansa-Lloyd) entwickelten Typ HL kl16p. Auch der dafür benötigten Maybach-Motor wurde von Horch in Lizenz gefertigt. Gebaut wurden während der Kriegsjahre ferner Flak-Fahrgestelle, Torpedos und Flugzeugteile.

**Der »andere Horch«: Audi Typ C Militärambulanz an der Westfront, 1917.**

Links: Horch 901 Kübelwagen beim Überqueren einer Behelfsbrücke.

Als mittleres geländegängiges Kfz verfügte der Typ 901 über Allradantrieb.

An allen Fronten musste sich der Horch 901 V8 bewähren. Oben ein Foto mit Generalfeldmarschall Rommel aus Nordafrika, rechts eine Aufnahme aus der Ukraine.

Bei der Wehrmacht war der Horch Typ 901 als so genanntes Kfz 17 weit verbreitet, vorzugsweise als Funkkraftwagen.

Den Horch Typ 901 gab es mit 3517- und mit 3823-ccm-V8-Motor, in einigen Ausführungen mit mittleren Stützrädern und verschiedenen Bereifungen. In zwei separaten Kraftstofftanks konnten insgesamt bis zu 110 Liter Benzin mitgeführt werden. Der Verbrauch betrug 28 (Straße) bis 36 Liter (Gelände) auf 100 Kilometer.

# Sachsenring: Horch oder kein Horch?

Der erste im Horch-Werk gebaute Nachkriegswagen war ein Lkw, hieß H3 S4000 und entstand 1947, obwohl das Werk im Krieg weitgehend zerstört und anschließend von den Russen zum Teil demontiert worden war. Vom 1. Juli 1947 an gehörte der Betrieb zur Industrieverwaltung Fahrzeugbau der sowjetischen Besatzungszone, kurz IFA genannt. Der Lastwagen mit der Bezeichnung Horch H3 (H für Horch und 3 für 3,0 t Nutzlast) war eine Konstruktion aus dem Jahr 1943. Bei diesem Fahrzeug mit der kurzen, abgerundeten Motorhaube war der Sechszylinder-Vergasermotor (4,2 Liter) mit angeflanschtem Getriebe hinter der Vorderachse unter den Sitzen installiert.
Der Horch H3A, ab 1950 gebaut, wurde von einem 80-PS-Vierzylinder-Dieselmotor (6,1 Liter) angetrieben und als 3,5-Tonner vorgestellt. Testfahrten fanden in Tibet, in Ägypten und anderen Ländern statt. Kipperaufbauten wurden vorwiegend von den Walter Hunger Fahrzeugwerken in Frankenberg geliefert, die Fahrerhäuser wurden vom Karosseriewerk Meerane gebaut. Viele Aufbauten lieferte auch das Fahrzeugwerk Wilsdruff. Von 1950 bis 1958 wurde der Horch H3A in 31.362 Exemplare gefertigt. Vom S4000 wurden in den Jahren 1958/59 nur 2075 Einheiten produziert.
Es gab auch Omnibusse mit der Bezeichnung H3B, mit dem Motor und dem Niederrahmenfahrgestell des H3A, erstmals gezeigt auf der Leipziger Messe 1952.
Eine Weiterentwicklung des S4000 war der Typ S4000-1 mit 90-PS-Motor, der bei Sachsenring im Jahre 1959 die Produktion abschloss. Im Volkseigenen Betrieb (VEB) Ernst Grube in Werdau wurde anschließend der H6 gebaut, ein 6,0-Tonner mit Sechszylinder-Dieselmotor und 165 PS Leistung; ihm folgten der H6B, ein vom H6 abgeleiteter Frontlenkerbus, sowie der G5, ein 5,0-t-Dreiachser mit Allradantrieb. 1960 musste die Produktion dieser Fahrzeugtypen auf staatliche Anordnung aufgegeben werden, weil der Bau von Lastwagen innerhalb der Comecon-Ländergruppe nur mehr der UdSSR und Rumänien oblag.
Ende 1955 nahm man in Zwickau auch die Herstellung einer Repräsentationslimousine wieder auf, als Sachsenring P240 bezeichnet; das Fahrzeug besaß einen 2407-ccm-Sechszylindermotor von 80 PS, gut für etwa 140 km/h. Den Namen Sachsenring übertrug man 1957 auf das Werk, wovon man sich vor allem im Export etwas

**Der im Horch-Werk gebaute Sachsenring H3 S 4000 und dessen Nachfolger waren unentbehrliche Helfer beim Wiederaufbau.**

versprach; es hieß nun VEB Sachsenring Kraftfahrzeug- und Motorenwerk Zwickau.
Doch bereits Ende 1958 wurde die Produktion des P240 wieder eingestellt; Materialengpässe und der im Ostblock geringe Bedarf für ein solches Fahrzeug veranlassten diese Maßnahme. Die Gesamtproduktion hatte 1382 Fahrzeuge betragen, wovon einige Exemplare auch exportiert wurden. Jetzt genoss die Herstellung des Kleinwagens Trabant Priorität, dessen Bodengruppe und Karosserierahmen ab Mai 1958 im ehemaligen Horch-Werk fabriziert wurden.

Oben: Noch mit einer rundlichen Bugpartie präsentierte sich 1947 der erste Horch Lkw der Nachkriegszeit.

Links: Von einem entbehrungsreichen Arbeitsleben gezeichnete Horch-Sachsenring Doppelkabine H3 von 1949.

Unten: 1950er Horch Sachsenring H3 S4000 Zugmaschine.

Nur 1382 Wagen vom Typ P240 sind entstanden, darunter sieben Kombiwagen für die staatlichen Fernsehanstalt sowie fünf viertürige Cabriolets für politische Anlässe. Dennoch war es der Prominenz nicht häufig beschieden, mit dem P240 Staat zu machen. Hierfür taugten die russischen ZIM Sechszylinder und Tschaika Achtzylinder offenbar besser. Die ersten P240 hatten noch das geflügelte Horch-H-Emblem auf der Kühlerhaube, der Kofferklappe und den Radblenden. Ab Juli 1957 gab es einen etwas geänderten Kühlergrill, größere Blinkleuchten und ein neues Sachsenring-Emblem. Nach langer Pause entstanden noch einmal fünf Prototypen eines Sachsenring mit Sonderkarosserien vom Karosseriewerk Dresden (ehemals Gläser), die man anlässlich der Staatsfeier »20 Jahre DDR« im Oktober 1969

Sachsenring P240 als Kombiwagen, 1958 – stilistisch nicht sehr überzeugend …

1958er Sachsenring Cabriolet, fotografiert 1963 mit prominenten DDR-Staatsgästen aus Politik, Raumfahrt und Sport.

Sachsenring P240 als Limousine, Ausführung von 1957.

Rechts: Sachsenring P240 Cabriolet, angefertigt 1958.

vorführte. Es gab auch eine Geländewagen-Version mit dem Chassis und dem Motor des P240 als Sachsenring P3 für die DDR-Grenztruppen.

Bis April 1991 stellten die Sachsenring Automobilwerke den Trabant her, und dessen Markenzeichen deutet durch ein stilisiertes S im Ring auch darauf hin. Der Name Sachsenring blieb indes auch nach der Wiedervereinigung erhalten (Sachsenring Automobiltechnik GmbH, dann AG), er war aber nun nicht mehr der eines Kraftfahrzeugherstellers, sondern der einer Konstrukteurs- und Designer-Gemeinschaft. Nicht zuletzt gilt die Bezeichnung Sachsenring einer Rennstrecke in Hohenstein-Ernstthal, ein im Osten des Landkreises Zwickau seit 1927 bestehender und seitdem mehrmals geänderter Straßenkurs, auf dem noch heute Wettbewerbe und ADAC-Sicherheitstrainings ausgetragen werden – und der ja für den P240 Namensgeber gewesen war.

# WANDERER

Die 1885 von Adolf Jaenicke und Johann Baptist Winklhofer in Schönau bei Chemnitz gegründeten Wanderer-Werke konzentrierten sich anfangs auf die Herstellung von Fahrrädern. Eine Branche, in der sie sehr erfolgreich waren und immer blieben.
Im letzten Viertel des 19. Jahrhunderts hatte sich Radfahren zu einem Volkssport entwickelt – fast überall in Mitteleuropa. Durch den Radtourismus wurden in vielen Regionen neue Ausflugs- und Reiseziele (sehr zum Wohlgefallen des Gastronomiegewerbes) erschlossen, neue Bekleidungserfordernisse geschaffen und viele neue Industriezweige belebt, die Tausende zusätzlicher Arbeitsplätze zu besetzen hatten. Wer als Unternehmer die Zeichen der Zeit früh genug erkannt hatte, stieg in die Fahrradbranche ein.

Der prosperierende Fahrradproduzent Wanderer stellte ab 1899 auch Fräs- und ab 1903 Schreibmaschinen unter der Marke Continental her, beides Zweige, mit denen man ebenfalls recht bald Weltgeltung erlangen sollte. Aus dem Fahrradbau hatte sich ab 1902 auch die Fertigung von Motorrädern ergeben, wo man sich im Markt ganz vorn platzieren konnte, bis nach dem Stagnieren der Verkäufe diese Sparte Mitte 1929 aufgegeben wurde. Gegen die Dominanz der Konkurrenten DKW und NSU vermochte Wanderer nicht zu bestehen. Die Werksanlagen veräußerte man an einen Tschechen namens Janecek, womit die Marke Jawa (Janecek-Wanderer) geboren war. In den Dreißiger Jahren wandte sich Wanderer erneut dem Bau von motorisierten Zweirädern zu, diesmal jedoch im leichten Bereich der Motorfahrräder, zumeist mit den be-

| Marke, Modell, Bauzeit | Wanderer W1 Prototyp, 1905 | Wanderer 5/12 PS, 1912-1914 |
|---|---|---|
| **Motor** | | |
| Bauart, Zylinder | Reihenmotor, 2 | Reihen-Blockmotor, 4 |
| Bohrung x Hub mm | 100 x 120 | 62 x 95 |
| Hubraum ccm | 1870 | 1147 |
| Leistung PS U/min | 12/1200 | 12/1800 |
| Ventilsteuerung | seitl. stehende Ventile | NW-Antrieb über Kette, ioe |
| Kurbelwellenlager | | 3 Gleitlager |
| Vergaser | Spritzdüsenvergaser | Zenith-Vergaser |
| Kühlung | Wasser, Pumpe | Wasser, Pumpe |
| Schmierung | Druckumlauf | Druckumlauf, Zahnradpumpe |
| Zündung | Magnet | Bosch-Magnet |
| Kraftstofftank | | vorn, Förderung d. Gefälle |
| **Kraftübertragung** | | |
| Kupplung, Schaltung | Lederkonus, Kulissen | Lederkonus, Kulisse |
| Getriebe, Antrieb | 3-Gang | 3-Gang, angeblockt, Kardan |
| **Fahrwerk** | | |
| Vorder-/Hinterradfederung | Halbelliptik v, Dreiviertel h | Halbelliptik v, Dreiviertel h |
| Bremsen | Getriebebremse, Handbremse f. hinten | Getriebebremse, Handbremse f. hinten |
| Lenkung | Schneckenlenkung | Schraubenspindellenkung |
| Räder | Holzspeichenräder | Drahtspeichenräder |
| Reifen | 760 x 90 | 760 x 90 |
| **Chassis und Aufbau** | | |
| Fahrgestell | Stahlblechrahmen | Stahlblechrahmen |
| Karosserien | Zweisitzer | Tandem-Zweisitzer |
| **Maße und Gewichte** | | |
| Radstand mm | 2130 | 2050 |
| Spur mm | 1250 / 1250 | 1100 / 1100 |
| L x B x H mm | 3150 x 1550 x 2000 | |
| Leergewicht kg | 600 | 650 |
| Höchstgeschwindigkeit | 40 | 75 |

1905 veröffentlichte Anzeige der Wanderer-Fahrradwerke für die dort hergestellten Fräsmaschinen.

Das erste, 1905 auf die Räder gestellte Wanderer Automobil blieb ein Einzelstück, wie auch ein weiterer Versuchswagen.

Wanderer 5/12 PS von 1914
mit zwei Sitzplätzen nebeneinander.

Georg Suing 1973 am Lenkrad seines 5/12 PS Wanderer (Tandemsitze)
von 1912 – seither befand sich der Wagen im Familienbesitz.

kannten 98-er Sachs-Motoren bestückt und erneut erfolgreich wie ein Vierteljahrhundert zuvor, wenngleich es auch in diesem Segment einen starken Wettbewerb gab. Wanderers Firmenphilosophie bestand darin, nur wirklich ausgereifte Erzeugnisse aus bestem Material auf den Markt zu bringen, womit man zwangsläufig immer in der oberen Preisklasse landete. Der Einstieg in den Autobau vollzog sich daher recht langsam, weil ein gutes und zugleich preiswertes Fahrzeug für breite Käuferschichten entstehen sollte. 1903 wurde der Wanderer-Werkzeugmaschinenkonstrukteur Richard Schulze mit dem Entwurf eines solchen Automobils beauftragt, parallel dazu prüfte man aber auch diverse Möglichkeiten einer Lizenznahme. Nach dem Abbruch einer ersten, nicht zufrieden stellenden Entwicklung begann man 1905 von Neuem. Doch es scheint Wichtigeres gegeben zu haben, womit sich die Techniker beschäftigten, denn der erste komplette Versuchswagen wurde auch nicht vor Mai 1907 vollendet. Vorsorglich ließen sich die Chemnitzer im Mai 1906 den Namen »Wanderermobil« schützen. Auch ein weiterer, noch 1907 entstandener Vierzylinderwagen war zunächst als Versuchsfahrzeug zu betrachten, dem die Firmeninhaber keine Serienreife bemaßen. Vorerst ließ man den Einstieg in den Automobilbau ruhen.

## Kein Bugatti-Wanderer

1910 besuchte Ettore Bugatti die Wanderer-Werke und verhandelte über die Herstellung eines 600-ccm-Kleinwagens, den er entworfen hatte. Auch diese Konstruktion fand keine Realisierung; die zuweilen geäußerte Vermutung, Bugatti habe den Bau des ersten Wanderer in Serie angeregt, wird nirgendwo bestätigt. Die Geschichte klang interessant genug, so dass sie immer wieder kolportiert wurde. Aber der erste Wanderer war nun einmal kein Bugatti. Dass der Italiener aus dem Elsass Verbindungen zu anderen Herstellern zwecks Kooperation suchte, ist indessen belegt.

Links: Den als »Puppchen« bezeichneten Wanderer gab es im Ersten Weltkrieg in großer Zahl beim Militär.

Unten: Wanderer 5/15 PS in der Ausführung von 1921.

So machte man sich bei Wanderer ein halbes Jahr später an die Entwicklung eines eigenen Fahrzeugtyps, eine Konstruktion, die innerhalb von vier Monaten abgeschlossen werden konnte und zum Volltreffer geriet.

Die große Attraktion der Berliner Automobil-Ausstellung im Oktober 1911 war der kleine Wanderer 5/12 PS mit zwei hintereinander angeordneten Sitzen. Als Wanderer »Puppchen« gewann er große Popularität, man rühmte ihn bald als zuverlässigsten Wagen seiner Größenklasse. und schließlich sollte er zum berühmtesten und erfolgreichsten aller jemals gebauten Wanderer-Typen werden. Der wassergekühlte Vierzylinder-Blockmotor hatte im Kopf hängende Einlass- und stehende Auslassventile.

| Marke, Modell, Bauzeit | Wanderer W4 5/15 PS, 1914-1918 | Wanderer W5 5/15 PS, 1919-1921 | Wanderer W6 5/15 PS, 1920-1924 |
|---|---|---|---|
| **Motor** | | | |
| Bauart, Zylinder | Reihen-Blockmotor, 4 | Reihen-Blockmotor, 4 | Reihen-Blockmotor, 4 |
| Bohrung x Hub mm | 64 x 95 | 64 x 100 | 67 x 110 |
| Hubraum ccm | 1222 | 1280 | 1551 |
| Leistung PS | 15/1800 | 17/1800 | 18/1800 |
| Ventilsteuerung | NW-Antrieb über Kette, ioe | NW-Antrieb über Kette, ioe | NW-Antrieb über Kette, ioe |
| Kurbelwellenlager | 3 Gleitlager | 3 Gleitlager | 3 Gleitlager |
| Vergaser | automatischer Zenith-Vergaser | automatischer Zenith-Vergaser | automatischer Zenith-Vergaser |
| Kühlung | Wasser, Pumpe | Wasser, Pumpe | Wasser, Pumpe |
| Schmierung | Druckumlauf | Druckumlauf | Druckumlauf |
| Zündung | Magnet | Magnet | Magnet |
| Kraftstofftank | | vorn, Förderung durch Gefälle | vorn, Förderung durch Gefälle |
| **Kraftübertragung** | | | |
| Kupplung | Lederkonus | Lederkonus | Lederkonus |
| Schaltung | Kulissenschaltung | Kulissenschaltung innen | Kulissenschaltung innen |
| Getriebe | 3-Gang | 3-Gang | 4-Gang |
| Antrieb | | | |
| **Fahrwerk** | | | |
| Vorder-/Hinterradfederung | Halbelliptikfedern v, Dreiviertelelliptikfed. h | Halbelliptikfedern v, Dreiviertelelliptikfed. h | Halbelliptikfedern v, Dreiviertelelliptikfed. h |
| Bremsen | Getriebebremse, Handbremse auf Innenbacken hinten | Getriebebremse, Handbremse auf Innenbacken hinten | Getriebebremse, Handbremse auf Innenbacken hinten |
| Lenkung | Schraubenspindellenkung | Schraubenspindellenkung | Schraubenspindellenkung |
| Räder | Drahtspeichenräder | Drahtspeichenräder | Drahtspeichenräder |
| Reifen | 710 x 90 | 710 x 90 | 760 x 100 |
| **Chassis und Aufbau** | | | |
| Fahrgestell | Stahlblechrahmen | Stahlblechrahmen | Stahlblechrahmen |
| Karosserien | Tandem-Zweisitzer | Zweisitzer | Zwei- und Dreisitzer |
| **Maße und Gewichte** | | | |
| Radstand mm | 2350 | 2350 | 2750 |
| Spur mm | 1070 / 1070 | 1070 / 1070 | 1180 / 1180 |
| L x B x H mm | 3250 x 1330 x 1900 | 3250 x 1330 x 1900 | 3850 x 1390 x 1900 |
| Leergewicht kg | 600 | 650 | 950 |
| Höchstgeschwindigkeit km/h | 70 | 75 | 80 |

## Wanderer 5/12 PS, 5/15 PS und 5/20 PS (1912–1926)

Dem 3/12 PS W 1, der Anfang 1912 in Serie gegangen war, folgte schon 1913 der 5/15 PS W 2. Dieser war als Modell H (Hintereinander 2 Sitze) und als Modell N (Nebeneinander 2 Sitze) lieferbar. 1914 folgte der Typ W 3, bei dem es als dritte Karosserieausführung das Modell Nv mit drei Sitzen in gestaffelter Anordnung gab. Der Tandem-Zweisitzer (Modell H) stand ab 1919 nicht mehr auf dem Programm, und die letzte Serie, den Typ W 8, lieferte man nur noch als Drei- oder Viersitzer. Alle Aufbauten waren offen und besaßen ein vorklappbares Wetterdach. Beim Tandem-Zweisitzer erfolgte der Einstieg durch zwei kleine Türen auf der linken Seite, alle anderen Modelle begnügten sich mit einer Türe links.

Noch kurz vor Kriegsausbruch 1914 war der Motor des 5/12 PS optimiert worden. Er hatte jetzt ein Hubvolumen von 1222 ccm. Mit diesem Motor wurden sowohl die Zweisitzer (Modell H in Tandemanordnung, Modell N mit nebeneinander liegenden Sitzen) als auch ein neuer Dreisitzer (Modell Nv: mit den vorderen Sitzen nebeneinander, jedoch versetzt) angetrieben. Beim Heer diente so manches zuverlässige Wanderer »Puppchen« Meldefahrern als Transportgefährt.

Nach dem Krieg vervollkommnete man bei Wanderer das kleine Auto. Die zweisitzige Tandemanordnung hatte kaum noch Käufer gefunden, die dreisitzige Variante erhielt mehr Leistung. Diesmal vergrößerte man nicht die Zylinderbohrung, sondern verlängerte den Hub und verbesserte die Leistung um 2 auf 17 PS unter Beibehaltung der gleichen Steuerklasse. Die dritte Auflage des Puppchens bildete die Grundlage einer Reihe weiterer Wanderer-Wagen, die bis 1927 das Grundkonzept fortsetzten, als sich mit dem W 10 die Erfolgsgeschichte der Marke in einer neuen Etappe fortsetzen sollte.

Auch in den Krisenjahren vermochten die Wanderer-Werke gute Bilanzergebnisse zu realisieren – dank einer klugen Diversifizierung in mehreren Geschäftsbereichen. Fahrräder, Schreib- und Rechenmaschinen sowie Werkzeugbänke für Industrie und Gewerbe verzeichneten mit nur geringen Schwankungen zu jeder Zeit Konjunktur, so dass sich temporäre Flauten wie die in der Automobilbranche ausgleichen ließen. Wer bei den Wanderer-Werken beschäftigt war, hatte einen sicheren Arbeitsplatz.

## Motorsportliches Engagement

Für die Firma Wanderer stand außer Frage, sich werksseitig an motorsportlichen Wettbewerben zu beteiligen. Harte Zuverlässigkeitswettbewerbe mitzufahren, selbst wenn die Chancen auf einen vorderen Platz im Feld manchmal nur gering waren, sorgten für mediale Aufmerksamkeit. Auf jede Platzierung, erst recht auf einen Klassen- oder Mannschaftssieg, wurde in Werbebotschaf-

In Lima, Peru, entdeckte ein Sammler 1971 diesen Wanderer 5/12 PS Baujahr 1915, den er einer sorgfältigen Restaurierung unterzog.

Unten: Sonntägliche Ausfahrt im Mai 1921. Im Vordergrund ein Wanderer 5/12 PS von 1912–13.

ten Bezug genommen, denn Aussagen in den damals veröffentlichten Anzeigen hatten durchaus Informationswert und ließen sich belegen.
Eine besonders stark publizierte Veranstaltung war das seit 1906 ausgetragene Rennen um die Targa Florio auf Sizilien. Es gab – wie bei den meisten solcher Wettbewerbe – Rennwagen- und Tourenwagenklassen. Bei den Tourenwagen traten nur in der Karosserie etwas abgespeckte Serienwagen gegeneinander an, so wie 1921 selbst drei Ford T-Modelle mit von der Partie waren – und bei den

Kolorierte Abbildung aus einem Wanderer-Katalog von 1913.

| Produktion | | |
|---|---|---|
| Wanderer W 1, W 2, W 3, W 4, W 8 (»Puppchen«) | 1912-1926 | ca. 9000 |
| Wanderer W 6, W 9 | 1921-1925 | ca. 2000 |
| Wanderer W 10/I | 1926-1928 | ca. 6500 |
| Wanderer W 10/II | 1927-1929 | ca. 1500 |
| Wanderer W 10/IV | 1930-1932 | ca. 4500 |
| Wanderer W 11 | 1928-1933 | ca. 5200 |
| Wanderer W 11/I (Wehrmacht-Kübelwagen) | 1933-1941 | ca. 4500 |
| Wanderer W 14 | 1931-1932 | 24 |
| Wanderer W 15, W 17, W 20 | 1932-1933 | 750 |
| Wanderer W 21, W 22 | 1933-1934 | |
| Wanderer W 235, W 240, W 245, W 250 | 1933-1938 | 29111 |
| Wanderer W 35, W 40, W 45, W 50 | 1936-1938 | |
| Wanderer Spezial W 51 | 1936 | ca. 800 |
| Wanderer W 52 | 1937 | ca. 1400 |
| Wanderer W 25 K | 1936-1938 | 258 |
| Wanderer W 24 | 1937-1940 | ca. 23000 |
| Wanderer W 23 | 1937-1941 | ca. 8000 |
| Wanderer W 26 | 1937-1940 | ca. 1800 |

Fahrräder und Continental-Büromaschinen bildeten ebenso wichtige Geschäftszweige wie der Automobilbau.

Oben: Wanderer 5/15 PS Typ W 3 Modell H (= hintereinander angeordnete Sitze) von 1914.

Links: Wanderer 6/18 PS Typ W 6, 1921.

Oben: Wanderer 5/15 PS Typ W 3 Dreisitzer, gebaut 1914–1924.

Links: Wanderer 6/18 PS Typ W 6, wie es ihn 1921–1922 gab.

Rennwagen mischten am 2. April 1922 auch zwei getunte, vom Werk gemeldete Wanderer 5/15 PS mit.
Es war wie stets ein »Rennen der Reifen«, wie der Austro-Daimler-Fahrer Graf Kolowrat schrieb: »Auch die besten Reifen waren noch zwei Runden bis auf die Leinwand durchgescheuert … den Pneumatika wird eine doppelte Beanspruchung zugemutet, einmal beim Bremsen vor einer Kurve, und dann beim raschen Wiederlosfahren, wobei häufig die Wagenräder wie toll am Boden schleifen …«
Die beiden Wanderer vom Typ W4 auf ihren schmalen Reifen der Größe 710x90 wurden tapfer von Ferruccio Cercignani (Nr. 7) und Jakob School (Nr. 8) gesteuert, gehörten aber zu den zahlreichen Teilnehmern, die wegen verschiedener Defekte vorzeitig aufgeben mussten.

Ein Wagen des Wanderer-5/12-PS-Teams bei einer Durchfahrtskontrolle, Internat. Österreichische Alpenfahrt 1914.

## Wanderer 6/30 PS und 8/40 PS (1926–1932)

Wanderer zeigte auf der Berliner Automobil-Ausstellung Ende November 1925 den »Probewagen« (Prototyp würde man heute sagen) eines wesentlich moderneren Nachfolgers des Typs W 9. Im Bestreben, außer dem »Puppchen« auch ein »richtiges« Auto anbieten zu können, brachte Wanderer schon 1921 den 6/18 PS Typ W 6

Ferruccio Cercignani am Lenkrad eines gestrippten Wanderer, Targa Florio 1922.

1936 vom Auto Union-Importeur in Spanien produzierter Prospekt

Im Frühjahr 1922 veröffentlichte Anzeige.

Unten: Hauptgebäude der Wanderer-Werke in Schönau.

heraus, der 1923 zum 6/24 PS Typ W 9 weiterentwickelt worden war.
Dieser neue Wanderer 6/30 PS war der erste Wagen dieses Fabrikats mit Linkslenkung, Mittelschaltung und Vierradbremse. Er kam als Typ W 10/I im Laufe des Jahres 1926 zur Auslieferung. Seine Besonderheit war der von innen nach Vorklappen der Fondsitzlehne zugängliche Kofferraum in der ausgebauchten Rückwand der Karosserie bei der Limousine und beim offenen Wagen. Die mit Kunstleder bezogenen Weymann-Karosserien (elastisch verbundene Holzskelett-Teile) lieferte Gläser, die wahlweise angebotenen Stahlblech-Aufbauten die Firma Lindner.
Im Herbst des Jahres 1927 erschien der 8/40 PS Wanderer Typ W 10/II, der, vom größeren Motor abgesehen, mit dem Typ W10/I weitgehend identisch war. Ende 1928 wurde der 6/30 PS aufgegeben, so dass 1929 nur noch der 8/40er lieferbar blieb. Die Krisenzeit erforderte die Rückkehr zum sparsameren 6/30 PS, dessen Wiederauflage mit neuem Motor und neuer Karosserie im September 1930 erfolgte. Werkseitig wurden nur zwei Serienkarosserien, angeboten nämlich eine Viertüren-Limousine (auf Vermittlung durch Ferdinand Porsche von der Karosseriefirma Reutter in Stuttgart produziert) und ein Zweifenster-Cabriolet (Karosserie Gläser, Dresden).
Während die Modelle 1930/31 ziemlich bieder ausgefallen waren, zeichneten sich die Modelle 1931/32 durch eine recht elegante Linienführung aus. Eine Sonderausführung des Typs W10/IV war der Wanderer 6/30 PS als Droschke (Landaulet) mit 4+2 Sitzen. Radstand 3000 mm, Gesamtmaße 4500 x 1570 x 1760 mm, Wagengewicht 1450 kg, Hinterachse 6,11 statt 5,77.

Wanderer 6/30 PS bzw. 8/40 PS Typ W 10/I Cabriolet, 1926.

Wanderer 6/30 PS bzw. 8/40 PS Limousine, gebaut 1926–1928.

Die Rennfahrerin Else Metz im Wanderer W 10 Zweisitzer, 1927.

Wanderer Typ W 10 Cabriolet, Karosserie Zschau, 1925–1928.

| | Wanderer 5/12 PS<br>Typ W 1<br>1912/13 | Wanderer 5/15 PS<br>Typ W 2<br>1913/14 | Wanderer 5/15 PS<br>Typ W 3<br>1914-1919 |
|---|---|---|---|
| **Motor** | | | |
| Zylinderzahl | 4 (Reihe) | 4 (Reihe) | 4 (Reihe) |
| Bohrung x Hub | 62 x 95 mm | 64 x 95 mm | 64 x 100 mm |
| Hubraum | 1147 ccm | 1222 ccm | 1286 ccm |
| Leistung | 12 PS bei 1800 U/min | 15 PS bei 1800 U/min | 15 PS bei 1800 U/min |
| Verdichtung | | | |
| Vergaser | 1 Zenith | | |
| Ventile | Einlass-Ventile hängend, Stoßstangen und Kipphebel | | |
| | Auslass-Ventile seitlich stehend | | |
| | Seitliche Nockenwelle, Antrieb durch Kette | | |
| Kurbelwellenlager | 3 | | |
| Kühlung | Pumpe (Wasser) | | |
| Schmierung | Druckumlauf | | |
| Zündung | Magnetzünder | | |
| Batterie | 12 V | | |
| **Kraftübertragung** | Antrieb auf Hinterräder | | |
| Kupplung | Lederkonuskupplung | | |
| Schaltung | Schalthebel innen rechts | | |
| Getriebe | 3 Gang | | |
| Übersetzungen | I. 3,48 – II. 1,78 – III. 1,00 | | |
| Antriebs-Übersetzung | 4,60 | | |
| **Rahmen und Fahrwerk** | U-Profil-Pressstahl-Rahmen | | |
| Vorderradaufhängung | starr, Halbfedern | | |
| Hinterradaufhängung | starr, Dreiviertelfedern | | |
| Lenkung | Schraube/Spindel, Mitte bzw. rechts | | |
| Fußbremse | Mechanisch, Kardanwelle | | |
| Handbremse | Mechanisch, Hinterräder | | |
| Schmierung | Nippel | | |
| **Allgemeine Daten** | | | |
| Radstand | 2250 mm | 2250 mm | 2350 mm |
| Spur vorn/hinten | 1070 mm | 1070 mm | 1070 mm |
| Gesamtmaße | 3100 x 1330 x 1500 mm<br>(Höhe über Windschutzscheibe) | | |
| Räder | Drahtspeichen | Drahtspeichen | Drahtspeichen |
| Reifen | 760 x 90 | 710 x 90 | 710 x 90 |
| Fahrgestellgewicht | | | |
| Wagengewicht | Modell H: 500 kg | Modell H: 550 kg<br>Modell N: 600 kg | Modell H: 600 kg<br>Modell N: 650 kg<br>Modell Nv: 750 kg |
| Zuläss. Belastung | | | |
| Höchstgeschwindigkeit | 70 km/h | 70 km/h | 70 km/h |
| Verbrauch/100 km | 8 Liter | 8 Liter | 8 Liter |
| Kraftstofftank | im Motorraum | im Motorraum | im Motorraum |
| **Modelle** | Modell H: Tandem-Zweisitzer | Modell H: Tandem-Zweisitzer | Modell H: Tandem-Zweisitzer |
| | | Modell N: Zweisitzer offen | Modell N: Zweisitzer offen |
| | | | Modell Nv: Dreisitzer offen |
| | Preis: 4000 Mark | | |

<table>
<tr><th>Wanderer 5/15 PS<br>Typ W 4 (R 4)<br>1919-1924</th><th>Wanderer 5/20 PS<br>Typ W 8<br>1925/26</th><th>Wanderer 6/18 PS<br>Typ W 6<br>1921-1923</th><th>Wanderer 6/24 PS<br>Typ W 9 (S 4)<br>1923-1925</th></tr>
<tr><td></td><td></td><td></td><td></td></tr>
<tr><td>4 (Reihe)</td><td>4 (Reihe)</td><td>4 (Reihe)</td><td>4 (Reihe)</td></tr>
<tr><td>64,5 x 100 mm</td><td>64,5 x 100 mm</td><td>67 x 110 mm</td><td>67 x 110 mm</td></tr>
<tr><td>1306 ccm</td><td>1306 ccm</td><td>1551 ccm</td><td>1551 ccm</td></tr>
<tr><td>17 PS bei 2000 U/min</td><td>20 PS bei 2000 U/min</td><td>18 PS bei 1800 U/min</td><td>24 PS bei 2800 U/min</td></tr>
<tr><td colspan="2">1 Pallas</td><td colspan="2">1 Pallas</td></tr>
<tr><td colspan="2">Einlass- und Auslass-Ventile hängend</td><td colspan="2">Einlass- und Auslass-Ventile hängend</td></tr>
<tr><td colspan="2">Stoßstangen und Kipphebel</td><td colspan="2">Stoßstanden und Kipphebel</td></tr>
<tr><td colspan="2">Seitliche Nockenwelle, Antrieb durch Kette</td><td colspan="2">Seitliche Nockenwelle, Antrieb durch Kette</td></tr>
<tr><td colspan="2">3</td><td colspan="2">3</td></tr>
<tr><td colspan="2">Pumpe (Wasser)</td><td colspan="2">Pumpe (Wasser)</td></tr>
<tr><td colspan="2">Druckumlauf</td><td colspan="2">Druckumlauf</td></tr>
<tr><td colspan="2">Magnetzünder</td><td colspan="2">Magnetzünder</td></tr>
<tr><td colspan="2">12 V</td><td colspan="2">12 V</td></tr>
<tr><td colspan="2">Antrieb auf Hinterräder</td><td colspan="2">Antrieb auf Hinterräder</td></tr>
<tr><td colspan="2">Lederkonuskupplung</td><td colspan="2">Lederkonuskupplung</td></tr>
<tr><td colspan="2">Schalthebel innen rechts</td><td>Schalthebel innen rechts</td><td>Schalthebel Wagenmitte</td></tr>
<tr><td colspan="2">3 Gang</td><td colspan="2">4 Gang</td></tr>
<tr><td colspan="2">I. 3,48 – II. 1,78 – III. 1,00</td><td colspan="2">I. 3,48 – II. 2,15 – III. 1,62 – IV. 1,00</td></tr>
<tr><td colspan="2">4,60</td><td colspan="2">4,50</td></tr>
<tr><td colspan="2">U-Profil-Pressstahl-Rahmen</td><td colspan="2">U-Profil-Pressstahl-Rahmen</td></tr>
<tr><td colspan="2">starr, Halbfedern</td><td colspan="2">starr, Halbfedern</td></tr>
<tr><td colspan="2">starr, Ausleger-Halbfedern</td><td colspan="2">starr, Halbfedern</td></tr>
<tr><td colspan="2">Schraube/Spindel, rechts</td><td colspan="2">Schraube/Spindel, rechts</td></tr>
<tr><td colspan="2">Mechanisch, Kardanwelle bzw. (ab Ende 1925) 4 Räder</td><td colspan="2">Mechanisch, Kardanwelle</td></tr>
<tr><td colspan="2">Mechanisch, Hinterräder</td><td colspan="2">Mechanisch, Hinterräder</td></tr>
<tr><td colspan="2">Nippel</td><td colspan="2">Nippel</td></tr>
<tr><td colspan="2"></td><td colspan="2"></td></tr>
<tr><td>2395 mm</td><td>2395 mm</td><td>2750 mm</td><td>2750 mm</td></tr>
<tr><td>1080 mm</td><td>1080 mm</td><td>1180 mm</td><td>1180 mm</td></tr>
<tr><td>3250 x 1330 x 1420 mm</td><td></td><td>3850 x 1390 x 1420 mm</td><td></td></tr>
<tr><td>(Höhe über Windschutzscheibe)</td><td></td><td>(Höhe über Windschutzscheibe)</td><td></td></tr>
<tr><td>Drahtspeichen</td><td>Drahtspeichen</td><td>Drahtspeichen</td><td>Drahtspeichen</td></tr>
<tr><td>710 x 90</td><td>710 x 100 bzw. (ab Ende 1925)</td><td>760 x 100</td><td>765 x 105</td></tr>
<tr><td></td><td>730 x 130 Niederdruck</td><td></td><td></td></tr>
<tr><td>420 kg</td><td>610 kg</td><td>700 kg</td><td></td></tr>
<tr><td>Dreisitzer offen 650 kg</td><td>Dreisitzer offen 700 kg</td><td>Viersitzer offen 950 kg</td><td>Viersitzer offen 950 kg</td></tr>
<tr><td></td><td>Viersitzer offen 850 kg</td><td></td><td></td></tr>
<tr><td>250 kg</td><td>450 kg</td><td>400 kg</td><td></td></tr>
<tr><td>78 km/h</td><td>78 km/h</td><td>80 km/h</td><td>85 km/h</td></tr>
<tr><td>8,5 Liter</td><td>8,5 Liter</td><td>9 Liter</td><td>9,5 Liter</td></tr>
<tr><td>im Motorraum</td><td>im Motorraum</td><td>im Heck</td><td>im Heck</td></tr>
<tr><td>Modell N: Zweisitzer offen</td><td>Dreisitzer offen</td><td>Viersitzer offen</td><td>Viersitzer offen</td></tr>
<tr><td>Modell Nv: Dreisitzer offen</td><td>Viersitzer offen</td><td>Limousine</td><td>Limousine</td></tr>
<tr><td>Preis 7000 Mark</td><td></td><td></td><td></td></tr>
</table>

Wanderer 6/30 PS Typ W 10/III, Karosserie Zschau, 1928–1929.

Titelseite eines Prospekts für den Wanderer 6/30 PS Typ W 10/III, 1928.

Wanderer 8/40 PS Typ W 10/III Tourenwagen (auch als Phaëton bezeichnet), 1927–1928.

Wanderer 6/30 PS Typ W 10/IV Limousine, Karosserie Vereinigte Werkstätten, München, 1930–1932.

Wanderer 6/30 PS Typ W 10/IV Lieferwagen, Karosserie Wachsmuth, Chemnitz, 1932.

<table>
<tr><th></th><th>Wanderer 6/30 PS<br>Typ W 10/1<br>1926-1928</th><th>Wanderer 8/40 PS<br>Typ W 10/11<br>1927-1929</th><th>Wanderer 6/30 PS<br>Typ W 10/IV<br>1930-1932</th></tr>
<tr><td>Motor</td><td></td><td></td><td></td></tr>
<tr><td>Zylinderzahl</td><td>4 (Reihe)</td><td>4 (Reihe)</td><td>4 (Reihe)</td></tr>
<tr><td>Bohrung x Hub</td><td>67 x 110 mm</td><td>72 x 120 mm</td><td>72 x 96 mm</td></tr>
<tr><td>Hubraum</td><td>1551 ccm</td><td>1940 ccm</td><td>1563 ccm</td></tr>
<tr><td>Leistung</td><td>30 PS bei 2800 U/min</td><td>40 PS bei 2800 U/min</td><td>30 PS bei 3400 U/min</td></tr>
<tr><td>Verdichtung</td><td>1:5,3</td><td>1:5,3</td><td>1:5,6</td></tr>
<tr><td>Vergaser</td><td colspan="2">1 Steigstromvergaser Pallas SA II</td><td>1 Zenith 26 UP</td></tr>
<tr><td>Ventile</td><td colspan="2">Hängend</td><td>Hängend</td></tr>
<tr><td></td><td colspan="2">Seitliche Nockenwelle</td><td>Seitliche Nockenwelle</td></tr>
<tr><td></td><td colspan="2">Antrieb durch Zahnkette</td><td>Antrieb durch Zahnkette</td></tr>
<tr><td>Kurbelwellenlager</td><td colspan="2">3</td><td>3</td></tr>
<tr><td>Kühlung</td><td colspan="2">Pumpe (Wasser)</td><td>Pumpe, 10 Liter Wasser</td></tr>
<tr><td>Schmierung</td><td colspan="2">Druckumlauf</td><td>Druckumlauf, 5 Liter Öl</td></tr>
<tr><td>Zündung</td><td colspan="2">Magnetzünder</td><td>Batteriezündung</td></tr>
<tr><td>Batterie</td><td colspan="2">12 V 40 Ah</td><td>6 V</td></tr>
<tr><td>Kraftübertragung</td><td colspan="2">Antrieb auf Hinterräder</td><td>Antrieb auf Hinterräder</td></tr>
<tr><td>Kupplung</td><td colspan="2">Mehrscheibentrockenkupplung</td><td>Einscheibentrockenkupplung</td></tr>
<tr><td>Schaltung</td><td colspan="2">Schalthebel Wagenmitte</td><td>Schalthebel Wagenmite</td></tr>
<tr><td>Getriebe</td><td colspan="2">3 Gang (Wanderer)</td><td>3 Gang (ZF)</td></tr>
<tr><td>Übersetzungen</td><td colspan="2">I. 3,62</td><td>I. 3,40</td></tr>
<tr><td></td><td colspan="2">II. 1,73</td><td>II. 1,82</td></tr>
<tr><td></td><td colspan="2">III. 1,00</td><td>III. 1,00</td></tr>
<tr><td>Antriebs-Übersetzung</td><td colspan="2">5,33</td><td>5,77</td></tr>
<tr><td>Rahmen und Fahrwerk</td><td colspan="2">U-Profil-Pressstahl-Rahmen</td><td>U-Profil-Pressstahl-Rahmen</td></tr>
<tr><td>Vorderradaufhängung</td><td colspan="2">starr, Halbfedern</td><td>starr, Halbfedern</td></tr>
<tr><td>Hinterradaufhängung</td><td colspan="2">starr, Halbfedern</td><td>starr, Halbfedern</td></tr>
<tr><td>Lenkung</td><td colspan="2">Schraube/Spindel, links</td><td>Schnecke, links</td></tr>
<tr><td>Fußbremse</td><td colspan="2">Mechanisch, 4 Räder</td><td>Mechanisch, 4 Räder</td></tr>
<tr><td>Handbremse</td><td colspan="2">Mechanisch, Hinterräder</td><td>Mechanisch, 4 Räder</td></tr>
<tr><td>Schmierung</td><td colspan="2">Nippel</td><td>Zentralschmierung</td></tr>
<tr><td>Allgemeine Daten</td><td></td><td></td><td></td></tr>
<tr><td>Radstand</td><td colspan="2">2800 mm</td><td>2800 mm</td></tr>
<tr><td>Spur vorn/hinten</td><td colspan="2">1250/1250 mm</td><td>1250/1250 mm</td></tr>
<tr><td>Gesamtmaße</td><td colspan="2">4300 x 1500 x 1800 mm</td><td>4400 x 1570 x 1690 mm</td></tr>
<tr><td>Räder</td><td colspan="2">Stahlblechspeichen (5-Loch) bzw. ab 1928 Scheiben (4-Loch)</td><td>Scheiben (4-Loch)</td></tr>
<tr><td>Reifen</td><td colspan="2">730 x 130 oder 740 x 135 bzw. (ab 1927) 28 x 5,25 Niederdruck</td><td>5,00 – 18 Niederdruck</td></tr>
<tr><td>Wendekreis</td><td colspan="2"></td><td>12,5 Meter</td></tr>
<tr><td>Fahrgestellgewicht</td><td colspan="2">875 kg</td><td>920 kg</td></tr>
<tr><td>Wagengewicht</td><td colspan="2">Viersitzer offen 1100 kg</td><td>Limousine 1230 kg</td></tr>
<tr><td></td><td colspan="2">Limousine 1150 kg</td><td>Cabriolet 1300 kg</td></tr>
<tr><td>Zuläss. Belastung</td><td colspan="2">400 kg</td><td>350 kg</td></tr>
<tr><td>Höchstgeschwindigkeit</td><td>85 km/h</td><td>95 km/h</td><td>85 km/h</td></tr>
<tr><td>Verbrauch/100 km</td><td>10 Liter</td><td>11 Liter</td><td>11 Liter</td></tr>
<tr><td>Kraftstofftank</td><td>45 Liter (im Motorraum)</td><td>45 Liter (im Motorraum)</td><td>45 Liter (im Motorraum)</td></tr>
</table>

| **Preise** | | 1926 | 1927 | 1928 | 1928 | 1929 | 1930 | 1932 |
|---|---|---|---|---|---|---|---|---|
| Zweisitzer offen | RM | | | 6250,– | 6500,– | – | – | – |
| Viersitzer offen | RM | 7000,– | 6500,– | 6250,– | 6500,– | 6000,– | – | – |
| Limousine 2 Türen | RM | 7750,– | 7250,– | 6950,– | 7250,– | 6750,– | – | – |
| Limousine 4 Türen | RM | 8000,– | 7500,– | 7200,– | 7500,– | 7000,– | 5250,– | 4850,– |
| Cabriolet | RM | | | | 8000,– | 7500,– | 6450,– | 5950,– |

# Impulsgeber Ferdinand Porsche

### Wanderer 10/50 und 12/65 PS (1928–1933)

In den letzten Monaten des Jahres 1928 brachte Wanderer den 10/50 PS 2,5 Liter Sechszylinder Typ W 11 auf den Markt. Der zwar recht behäbige, dafür aber repräsentative Wagen erlangte vor allem dank seiner soliden Qualität und der formschönen Karosserien einen guten Ruf. Die Limousine des Typs W 11 gab es bis 1930 in drei Ausführungen, nämlich als Stahlblech-Limousine (Karosserie Lindner), als Weymann-Limousine (Karosserie Gläser) und als »halbstarre Limousine« (ebenfalls von Gläser), bei welcher das Holzgerippe herauf bis zur Gürtellinie mit Stahlblech, der Dachaufbau mit Kunstleder bezogen war.
Der Neubau eines Werkes in Siegmar hatte sich als doppelt so teuer wie veranschlagt erwiesen. Das Unternehmen war dadurch in finanzielle Schwierigkeiten geraten. Der Verkauf einer Lizenz zum Bau des W 11 durch die Firma Martini in der Schweiz sollte den Engpass überbrücken; Anfang 1930 kam es zum Abschluss eines Vertrages zwischen Martini in St. Blaise und der Wanderer Werke AG in Siegmar. Wanderer lieferte Motoren, Getriebe, Achsen und andere Komponenten für den neuen Martini, der die Bezeichnung KM bekam und von November 1929 bis Februar 1932 gebaut wurde.
In jener Zeit wurde auch das Konstruktionsbüro Porsche für die Wanderer-Werke aktiv, zunächst mit der Konzeption eines Grand-Prix-Rennwagens (ein Projekt, das später in der Regie der Auto Union konkretisiert wurde), dann mit dem Entwurf einer großen Limousine mit 3,5-Liter-Achtzylindermotor. Porsche entwarf auch einen 2,0-Liter-Sechszylindermotor, der im Wanderer W 21 und W 22 sowie ab 1933 im Audi UW Verwendung fand.

Zum Pariser Salon im Oktober 1930 wurde der Wanderer W 11 technisch modernisiert und mit einer Reihe eleganter Karosserien herausgebracht. Die Limousinen, nunmehr in Ganzstahlbauweise, lieferten das Werk Sindelfingen der Daimler-Benz AG und die Stuttgarter Firma Reutter. Die Cabriolets stammten von Gläser.
Durch die schlechte Wirtschaftslage bestand allerdings für Autos solcher Klassen nur geringe Nachfrage. Nachdem Ferdinand Porsche in Stuttgart sein selbständiges Kon-

In der »Wochenschrift des Gebildeten« konnte man die Titelseite mit einer Anzeige belegen (Wanderer, 1930).

Oben: Wanderer 10/30 PS Typ W 11 als zweitüriges Cabriolet von Gläser, 1930.

Unten: Wanderer 10/50 PS Typ W 11 als viertürige Ganzstahl-Limousine, Karosserie Ambi-Budd, 1929–1930.

Wanderer 10/50 PS Typ W 11 als Zweifenster-Cabriolet, 1931–1933.

Unten: Wanderer 10/50 PS Typ W 11, eine Limousine von 1930.

| | Wanderer 10/50 PS<br>Typ W 11<br>1928-1930 | Wanderer 10/50 PS<br>Typ W 11<br>1930-1933 | Wanderer 12/65 PS<br>Typ W 14<br>1931/32 |
|---|---|---|---|
| **Motor** | | | |
| Zylinderzahl | 6 (Reihe) | 6 (Reihe) | 6 (Reihe) |
| Bohrung x Hub | 72 x 104 mm | 72 x 104 mm | 75 x 112 oder 75 x 113 mm |
| Hubraum | 2540 ccm | 2540 ccm | 2970 oder 2995 ccm |
| Leistung | 50 PS bei 3400 U/min | 50 PS bei 3400 U/min | 65 PS bei 3400 U/min |
| Drehmoment | 14,5 mkg bei 2000 U/min | | |
| Verdichtung | 1:5,3 | 1:5,6 | 1:5,6 |
| Vergaser | 1 Steigstromvergaser<br>Pallas | 1 Steigstromvergaser<br>Zenith 30 UP | 1 Fallstromvergaser<br>Solex |
| Ventile | Hängend<br>Seitliche Nockenwelle<br>Antrieb durch Zahnkette | Hängend<br>Seitliche Nockenwelle<br>Antrieb durch Zahnkette | Hängend<br>Seitliche Nockenwelle<br>Antrieb durch Stirnräder |
| Kurbelwellenlager | 7 | 7 | 7 |
| Kühlung | Pumpe, 12 Liter Wasser | Pumpe, 12 Liter Wasser | Pumpe, 12 Liter Wasser |
| Schmierung | Druckumlauf, 8 Liter Öl | Druckumlauf, 8 Liter Öl | Druckumlauf, 10 Liter Öl |
| Zündung | Magnet | Batterie | Batterie |
| Batterie | 12 V 45 Ah | 12 V 45 Ah | 12 V 45 Ah |
| Lichtmaschine | 90 W | 90 W | 90 W |
| Anlasser | 1,2 PS | 1,2 PS | 1,2 PS |
| **Kraftübertragung** | Antrieb auf Hinterräder | Antrieb auf Hinterräder | Antrieb auf Hinterräder |
| Kupplung | Mehrscheibentrockenkupplung | Einscheibentrockenkupplung | Einscheibentrockenkupplung |
| Schaltung | Schalthebel Wagenmitte | Schalthebel Wagenmitte | Schalthebel Wagenmitte |
| Getriebe | 3 Gang (Wanderer) | 4 Gang (ZF-Aphon) | 4 Gang (ZF-Aphon) |
| Übersetzungen | I. 3,62 – II. 1,73 – III. 1,00 | I. 4,60 – II. 2,20 – III. 1,48 – IV. 1,00 | I. 3,65 – II. 2,68 – III. 1,34 – IV. 1,00 |
| Antriebs-Übersetzung | 5,77 | 4,80 | 4,40 |
| **Rahmen und Fahrwerk** | U-Profil-Pressstahl-Rahmen | U-Profil-Pressstahl-Rahmen | U-Profil-Pressstahl-Niederrahmen |
| Vorderradaufhängung | starr, Halbfedern | starr, Halbfedern | starr, Halbfedern |
| Hinterradaufhängung | starr, Underslung-Halbfedern | starr, Underslung-Halbfedern | starr, Underslung-Halbfedern |
| Lenkung | Schraube/Spindel, links | ZF-Roß Schnecke, links | ZF-Roß Schnecke, links |
| Fußbremse | Hydraulisch, 4 Räder | Hydraulisch, 4 Räder | Hydraulisch, 4 Räder |
| Handbremse | Mechanisch, Hinterräder | Mechanisch, Hinterräder | Mechanisch, Hinterräder |
| Schmierung | Zentral | Zentral | Zentral |
| **Allgemeine Daten** | | | |
| Radstand | 2920 mm<br>Pullman-Limousine 3170 mm | 3000 mm<br>Pullman-Limousine 3170 mm | 3100 mm |
| Spur vorn/hinten | 1420/1420 mm | 1420/1420 mm | 1420/1420 mm |
| Gesamtmaße | 4350 (mit Stoßstangen 4600) x 1720 x 1850 mm<br>Pullman-Limousine 4770 x 1720 x 1850 mm | | 5000 x 1720 x 1650 mm |
| Räder | Stahlblechspeichen oder<br>Scheiben (5-Loch) | Scheiben oder<br>Drahtspeichen (5-Loch) | Scheiben |
| Reifen | 1929: 30 x 6,00 Niederdruck<br>1930: 14 x 45 Niederdruck | 6,00 – 18 | 5,50 oder 6,00 – 18 |
| Wendekreis | | 12 Meter | |
| Fahrgestellgewicht | 1050 (Pullman 1070) kg | 1200 (Pullman 1220) kg | 1250 kg |
| Wagengewicht | Tourenwagen 1320 kg<br>Limousine 1350 kg | Limousine 1500 kg<br>Cabriolet 1600 kg | Cabriolet 1650 kg |
| Zuläss. Belastung | 500 kg | 450 kg | |
| Höchstgeschwindigkeit | 90 km/h | 97 km/h | 105 km/h |
| Verbrauch/100 km | 15 Liter | 15 Liter | 15 Liter |
| Kraftstofftank | 54 Liter (im Motorraum) | 54 Liter (im Motorraum) | 60 Liter (im Heck) |
| **Preise** | **1929** | **1932** | **1932** |
| Tourenwagen 4 Türen | RM 7000,– | RM 7250,– | – |
| Limousine 4 Türen | RM 8000,– | RM 7250,– | – |
| Roadster-Cabriolet | RM 8750,– | RM 7650,– | – |
| Pullmann-Limousine | RM 9320,– | RM 8450,– | – |
| Cabriolet 4 Sitze | RM 9600,– | RM 8450,– | RM 12900,– |

struktionsbüro etabliert hatte, war Wanderer die erste große Automobilfabrik, die ihm Entwicklungsaufträge erteilte. Vom W 11 leitete Porsche den Typ W 14 ab, der auf dem Pariser Salon im Oktober 1931 als »Wanderer Sport« vorgestellt wurde. Der Dreiliter-Motor und das Fahrwerk des bildschönen Gläser-Cabriolets, kalkweiß mit schwarzem Lacklederdach, entsprachen zwar dem herkömmlichen Standard, waren aber optimal verfeinert. Das Ergebnis freilich erwies sich als typisch Porsche: Ein Glanzstück deutschen Automobilbaus, das jedoch zu einem marktgerechten Preis überhaupt nicht realisiert werden konnte. Nur 24 Stück sind gebaut worden. Immerhin konnte Wanderer wenigstens den Dreiliter-Motor verwenden, nämlich in den etwa 4500 Wehrmacht-Kübelwagen Typ W 11/I der Jahre 1933 bis 1941. Außerdem rüstete man einige normale W 11 für Zuverlässigkeits- und Langstreckenfahrten 1932/33 mit dem Dreiliter-Motor aus.

## Wanderer 6/30, 7/35 und 8/40 PS (1932/33)

Als 1932 als Zusammenschluss der sächsischen Automobilindustrie von Audi, DKW und Horch die Auto Union

Oben: Limousine W 15 bzw. W 17 mit dem neuen Porsche-Sechszylinder, 1932.

Links: 8/30 PS Typ W 15, 1932–1933.

Unten: 10/50 PS Typ W 11, ein von Gläser karossiertes Cabriolet, 1930.

gegründet wurde, gliederte Wanderer seine Automobilabteilung ein. Die Auto Union AG erwarb von den Wanderer-Werken deren Autoschmiede in Chemnitz-Schönau mit allen Beständen und Verträgen, darunter die Konstruktionen Ferdinand Porsches, und pachtete deren Fabrikationsanlagen. Insgesamt zählte die Auto-Union-Belegschaft – man sprach von »Gefolgschaft« – 4500 Personen.
Die Rollen waren gut verteilt. Wanderer im Segment der oberen Mittelklasse spielte eine wichtige Rolle, und dort begann im März 1932 mit einem Zwischentyp der Übergang zu einer neuen Modellreihe. Als Ergänzung zum W 10/IV erschien eine Sechsfenster-Limousine (Karosserie Reutter) mit 3000 statt 2800 mm Radstand, dem 6/30 PS Vierzylindermotor und den seitherigen Starrachsen. In diesen Wagen wurde dann ab Oktober 1932 ein von Porsche entwickelter Sechszylinder-Leichtmetallmotor eingebaut, der je nach Laufbüchsenstärke entweder 1,7 oder 2,0 Liter Hubraum besaß. Außer der Limousine wurde für alle drei Zwischentypen das vom W 10/IV übernommene Gläser-Cabriolet angeboten. Im Februar 1933 erfolgte die Ablösung durch die Typen W 21 und W 22.

### Wanderer 1,7, 2,0 und 2,3 Liter (1933–1938)

Als Mercedes-Benz den Vollschwingachs-Sechszylinder Typ 170 herausbrachte, beeilte man sich bei Wanderer,

| Modell-Programm | 1933 | 1934 | 1935 | 1936 | 1937 | 1938 |
|---|---|---|---|---|---|---|
| **1,7 Liter** | | | | | | |
| Limousine 4 Türen 4 Fenster | W 21 | W 21 | W 235 | W 35 | – | – |
| Cabriolet 4 Sitze 2 Fenster | W 21 | W 21 | – | – | – | – |
| Tourenwagen 4 Türen 4 Sitze | – | – | W 235 | W 35 | – | – |
| **2 Liter** | | | | | | |
| Limousine 4 Türen 4 Fenster | – | – | W 240 | W 40 | W 40 | W 40 |
| Limousine 4 Türen 6 Fenster | W 22 | W 22 | – | – | – | – |
| Cabriolet 4 Sitze 2 Fenster | – | – | W 240 | W 40 | W 40 | W 40 |
| Cabriolet 4 Sitze 4 Fenster | W 22 | W 22 | – | – | – | – |
| Tourenwagen 4 Türen 4 Sitze | – | W 22 | W 240 | W 40 | – | – |
| Pullman-Limousine 6 Sitze | – | W 22 | – | – | – | – |
| **2,3 Liter** | | | | | | |
| Limousine 4 Türen 4 Fenster | – | – | W 245 | W 45 | W 45 | W 45 |
| Limousine 4 Türen 6 Fenster | – | – | W 250 | W 50 | W 50 | W 50 |
| Cabriolet 4 Sitze 2 Fenster | – | – | – | – | W 45 | W 45 |
| Cabriolet 4 Sitze 4 Fenster | – | – | W 250 | W 50 | W 50 | W 50 |
| Tourenwagen 4 Türen 4 Sitze | – | – | W 245 | W 50 | – | – |
| Pullman-Limousine 6 Sitze | – | – | W 250 | W 50 | – | – |

Ganz oben: Wanderer W 22 Gläser-Cabriolet, 1933–1934.

Oben: Viertürige Wanderer W 225 Limousine, 1935.

Rechts: Viertüriger Wanderer W 40 Tourenwagen, Karosserie Wachsmuth, 1936.

| | Wanderer 6/30 PS<br>Typ W 15<br>1932 | Wanderer 7/35 PS<br>Typ W 17<br>1932/33 | Wanderer 8/40 PS<br>Typ W 20<br>1932/33 |
|---|---|---|---|
| **Motor** | | | |
| Zylinderzahl | 4 (Reihe) | 6 (Reihe) | 6 (Reihe) |
| Bohrung x Hub | 72 x 96 mm | 65 x 85 mm | 70 x 85 mm |
| Hubraum | 1563 ccm | 1690 ccm | 1950 ccm |
| Leistung | 30 PS bei 3400 U/min | 35 PS bei 3400 U/min | 40 PS bei 3400 U/min |
| Verdichtung | 1:5,6 | 1:5,6 | 1:5,6 |
| Vergaser | 1 Zenith 26 UP | 1 Steigstromvergaser<br>Solex 30 0 | 1 Steigstromvergaser<br>Solex 30 0 |
| Ventile | Hängend<br>Seitliche Nockenwelle<br>Antrieb durch Zahnkette | Hängend<br>Seitliche Nockenwelle<br>Antrieb durch Stirnräder | Hängend<br>Seitliche Nockenwelle<br>Antrieb durch Stirnräder |
| Kurbelwellenlager | 3 | 7<br>Auswechselbare Laufbüchsen | 7<br>Auswechselbare Laufbüchsen |
| Kühlung | Pumpe, 10 Liter Wasser | Pumpe, 7,5 Liter Wasser | Pumpe, 7,5 Liter Wasser |
| Schmierung | Druckumlauf, 5 Liter Öl | Druckumlauf, 8 Liter Öl | Druckumlauf, 8 Liter Öl |
| Batterie | 12 V 45 Ah | 12 V 45 Ah | 12 V 45 Ah |
| **Kraftübertragung** | Antrieb auf Hinterräder | Antrieb auf Hinterräder | Antrieb auf Hinterräder |
| Kupplung | Einscheibentrockenkupplung | Halbnasse<br>Doppelscheibenkupplung | Halbnasse<br>Doppelscheibenkupplung |
| Schaltung | Schalthebel Wagenmitte | Schalthebel Wagenmitte | Schalthebel Wagenmitte |
| Getriebe | 3 Gang | 4 Gang | 4 Gang |
| Übersetzungen | I. 3,44 – II. 1,83 – III. 1,00 | I. 4,17 – II. 2,04 – III. 1,27 – IV. 1,00 | I. 4,17 – II. 2,04 – III. 1,27 – IV. 1,00 |
| Antriebs-Übersetzung | 5,77 | 5,00 | 5,00 |
| **Rahmen und Fahrwerk** | | U-Profil-Pressstahl-Rahmen | |
| Vorderradaufhängung | | starr, Halbfedern | |
| Hinterradaufhängung | | starr, Halbfedern | |
| Lenkung | | Schnecke | |
| Fußbremse | | Mechanisch, 4 Räder, Trommel-ø 300 mm | |
| Handbremse | | Mechanisch, 4 Räder | |
| Schmierung | | Zentral | |
| **Allgemeine Daten** | | | |
| Radstand | | 3000 mm | |
| Spur vorn/hinten | | 1300/1250 mm | |
| Gesamtmaße | | 4500 x 1570 x 1690 mm | |
| Räder | | Scheiben | |
| Reifen | | 5,00 – 18 | |
| Fahrgestellgewicht | | 920 kg | |
| Wagengewicht | | Limousine 1230 kg<br>Cabriolet 1300 kg | |
| Höchstgeschwindigkeit | 85 km/h | 90 km/h | 95 km/h |
| Verbrauch/100 km | 12 Liter | 12 Liter | 12 Liter |
| Kraftstofftank | 42 Liter (im Motorraum) | 42 Liter (im Motorraum) | 42 Liter (im Motorraum) |
| **Preise** | | | |
| Limousine 4 Türen | | RM 5250,– | RM 5250,– |
| Cabriolet 4 Sitze | | RM 6250,– | RM 6250,– |

dem Markt eine konkurrenzfähige Alternative zu bieten. Ferdinand Porsche entwickelte die Zwillinge W 21 und W 22 mit 1,7- und 2,0 Liter-Sechszylinder-Leichtmetallmotor und einer dem Steyr nachempfundenen Pendel-Schwingachse. Einzelaufhängung der Vorderräder hatte er im Gegensatz zum Mercedes noch nicht. Dafür war der neue Wanderer beträchtlich länger, wodurch sich dann doch eine etwa gleich gute Straßenlage ergab, und überdies präsentierte er sich bei etwa gleichem Preis und gleicher Qualität als das größere und geräumigere Auto.

Wanderer W 250 Sechsfenster-Limousine mit Sonnen-Rolldach, 1935.

Wanderer W 50 als Sechsfenster-Cabriolet von Gläser, 1936–1938.

Wanderer W 250 2,3 Liter Sechsfenster-Limousine von Ambi-Budd, 1935.

| | Wanderer W 21 (1933/34)<br>Wanderer W 235 (1935)<br>Wanderer W 35 (1936) | Wanderer W 22 (1933/34)<br>Wanderer W 240 (1935)<br>Wanderer W 40 (1936-1938) | Wanderer W 245, W 250 (1935)<br>Wanderer W 45, W 50 (1936-1938) |
|---|---|---|---|
| **Motor** | | | |
| Zylinderzahl | 6 (Reihe) | 6 (Reihe) | 6 (Reihe) |
| Bohrung x Hub | 65 x 85 mm | 70 x 85 mm | 71 x 95 mm |
| Hubraum | 1690 ccm | 1950 ccm | 2257 ccm |
| Leistung | 35 PS bei 3500 U/min | 40 PS bei 3500 U/min | 50 PS bei 3300 U/min bzw. (ab Sept. 1936) 55 PS bei 3800 U/min |
| Verdichtung | 1:6 bzw. (ab 1935) 6,4 | 1:6 bzw. (ab 1935) 6,4 | 1:6,1 bzw. (ab Sept. 1936) 1:6,4 |
| Vergaser | 1 Flachstromvergaser Solex 30 BFRV | | 1 Fallstromvergaser Solex 30 JFF |
| Ventile | Hängend. Stoßstangen und Kipphebel. Seitliche Nockenwelle. Antrieb durch Stirnräder | | |
| Kurbelwellenlager | 7 | | |
| Kühlung | Pumpe, 8 Liter Wasser | | |
| Schmierung | Druckumlauf, 8 Liter Öl | | |
| Batterie | 12 V 45 Ah | | |
| Lichtmaschine | 75 bzw. (ab 1935) 90 W | | |
| Anlasser | 0,6 PS | | |
| **Kraftübertragung** | Antrieb auf Hinterräder | | |
| Kupplung | Halbnasse Doppelscheibenkupplung | | |
| Schaltung | Schalthebel Wagenmitte | | |
| Getriebe | 4 Gang | | |
| Synchronisierung | Ohne | | |
| Übersetzungen | I. 4,50 – II. 2,40 – III. 1,49 – IV. 1,00 | | |
| Antriebs-Übersetzung | 5,75 | 5,30 | 4,90 |
| **Rahmen und Fahrwerk** | U-Profil-Pressstahl-Niederrahmen | | |
| Vorderradaufhängung | starr, Halbfedern bzw. (ab 1936) Doppel-Querlenker, 1 Querfeder | | |
| Hinterradaufhängung | Pendel-Schwingachse, Schwingarme, 1 Querfeder | | |
| Lenkung | ZF-Roß Schnecke | | |
| Fußbremse | Hydraulisch, 4 Räder | | |
| Handbremse | Mechanisch, Hinterräder | | |
| Schmierung | Zentral | | |

| **Allgemeine Daten** | | | | **Pullmann-Sechssitzer 1935/36** |
|---|---|---|---|---|
| Radstand | 3000 mm | 3000 mm | 3000 mm | 3150 mm |
| Spur vorn/hinten | 1350/1350 mm | 1350/1350 mm | 1350/1350 mm | 1350/1350 mm |
| Gesamtmaße | 4500 x 1670 x 1650 mm | 4500 x 1670 x 1650 mm | 4500 x 1670 x 1650 mm | 4650 x 1670 x 1670 mm |
| Räder | Scheiben | Scheiben | Scheiben | Scheiben |
| Reifen | 5,25 – 17 | 5,25 – 17 | 5,25 – 17 | 5,50 – 17 |
| Wendekreis | 12 Meter | 12 Meter | 12 Meter | 14,3 Meter |
| Fahrgestellgewicht | 900 kg | 900 kg | 900 kg | |
| Wagengewicht | Limousine 1250 kg | Limousine 1275 kg | Limousine 1275 kg | Pullmann 1350 kg |
| | Tourenwagen 1250 kg | Tourenwagen 1250 kg | Tourenwagen 1250 kg | |
| | Cabriolet 1300 kg | Cabriolet 1310 kg | Cabriolet 1310 kg | |
| Zuläss. Belastung | 450 kg | 450 kg | 450 kg | |
| Höchstgeschwindigkeit | 95 km/h | 100 km/h | 105 km/h | 100 km/h |
| Verbrauch/100 km | 12 Lter | 13 Liter | 14 Liter | 15 Liter |
| Kraftstofftank | 53 Liter (im Heck) | 53 Liter (im Heck) | 53 Liter (im Heck) | 53 Liter (im Heck) |

| **Preise** | **W 21** | **W 22** | **W 40** | **W 45, W 50** | **W 250, W 50** |
|---|---|---|---|---|---|
| Fahrgestell | RM 4660,– | – | RM 4800,– | RM 5000,– | – |
| Tourenwagen 4 Türen | – | RM 5250,– | – | RM 5250,– | – |
| Limousine 4 Türen | – | RM 5750,– | – | – | – |
| | RM 5800,– | – | RM 5350,– | RM 5550,– | – |
| | – | RM 6250,– | – | RM 6250,– | – |
| | – | – | – | – | RM 6500,– |

Wanderer erreichte zwar nie die Verkaufszahlen von Mercedes-Benz, blieb aber in der Mittelklasse auf dem deutschen Markt in den 1930er-Jahren bis zum Krieg dessen wichtigster Konkurrent.

## Wanderer Spezial W 51 (1936)
## Wanderer W 52 (1937)
## Wanderer W 23 und W 26 (1937–1941)

Wie 1932/33 vollzog Wanderer auch 1936 wieder den Übergang zu einem neuen Modell in drei Stufen. Zuerst erschien der W 51, der noch die Mechanik des W 50, aber eine völlig andere Karosserie besaß. 1937 kamen der W 52 und der W 23, beide mit einem neuen 2,6 Liter Seitenventil-Motor. Dessen Konstruktion war notwendig geworden, weil der seinerzeit von Porsche entworfene Leichtmetall-Sechszylinder keine Weiterentwicklung mehr zuließ. Er konnte weder weiter aufgebohrt noch wegen der damaligen Kraftstoffqualität höher verdichtet werden. Außerdem lohnte sich mehr Aufwand in der Technik nicht, wenn sie keine entsprechend höhere Leistung brachte. Ein simpler Seitenventil-Motor erzielte mit weit geringerem Aufwand den gleichen Effekt. Beim W 23 schließlich ersetzte man dann auch noch die teure Pendel-Hinterachse durch die von DKW übernommene Schwebeachse, was ebenfalls keinen spürbaren Qualitätsverlust verursachte. Dennoch baute Wanderer den Vollschwingachser W 52 parallel zum W 23, weil immerhin die Möglichkeit bestand, dass das Publikum auf die zu jener Zeit so hochgelobte Schwingachse nicht verzichten wollte. Doch schon nach einem Jahr verschwand der W 52, und der W 23 gedieh zu einem erfolgreichen Wagen. Äußeres Unterscheidungsmerkmal: W 51 und W 52 hatten eine reicher verzierte Kühlermaske sowie je ein Ersatzrad beiderseits in den Vorderkotflügeln, während beim W 23 das Ersatzrad im Gepäckraumdeckel eingelassen war.

Als Nachfolger der W 50 Pullmann-Limousine erschien 1937 der W 26, zunächst äußerlich unverändert, jedoch mit dem neuen 2,6-Liter-Motor. Außerdem ersetzte man

Oben: Wanderer W 52 Vierfenster-Cabriolet von Gläser, 1937.

Links oben: Wanderer W 51 Spezial, 1936.

Wanderer W 51 Spezial Vierfenster-Cabriolet von Gläser, 1936.

Wanderer W 23 als Sechsfenster-Limousine, noch ohne Ausstellfenster in den vorderen Türen, Anfang 1939.

Unten: Der sowjetische Major M- L- Kogan in einem erbeuteten Wanderer W 23 Cabriolet 1937. Das Foto entstand im Juli 1945.

Unten: Wanderer W 22 Cabriolet, 1934.

Oben: Wanderer W 25 S Farmerwagen (gedacht für den Export, keine Serienfertigung), 1941.

Unten: Wanderer W 23 Gläser-Cabriolet, 1941–1942.

| | Wanderer Spezial W 51<br>1936 | Wanderer W 52<br>1937 | Wanderer W 25 K<br>1936-1938 |
|---|---|---|---|
| **Motor** | | | |
| Zylinderzahl | 6 (Reihe) | 6 (Reihe) | 6 (Reihe) |
| Bohrung x Hub | 71 x 95 mm | 75 x 100 mm | 70 x 85 mm |
| Hubraum | 2257 ccm | 2651 ccm | 1950 ccm |
| Leistung | 55 PS bei 3800 U/min | 62 PS bei 3500 U/min | 85 PS bei 4000 U/min |
| Verdichtung | 1:6,4 | 1:6,4 | 1:6,4 |
| Vergaser | 1 Fallstromvergaser Solex 30 JFF | 1 Flachstromvergaser<br>Solex 35 BFH RC 1 | 1 Doppel-Steigstromvergaser S<br>Solex 32 FFVS<br>Roots-Kompressor hinter<br>Vergaser, nicht abschaltbar<br>2,3 x n = 9200 U/min |
| Ventile | Hängend<br>Seitliche Nockenwelle<br>Antrieb durch Stirnräder | Seitlich stehend<br>Seitliche Nockenwelle<br>Antrieb durch Rollenkette | Hängend<br>Seitliche Nockenwelle<br>Antrieb durch Stirnräder |
| Kurbelwellenlager | 7 | 4 | 7 |
| Kühlung | Pumpe, 8 Liter Wasser | Pumpe, 10,2 Liter Wasser | Pumpe, 8,2 Liter Wasser |
| Schmierung | Druckumlauf, 8 Liter Öl | Druckumlauf, 7 Liter Öl | Druckumlauf, 10 Liter Öl |
| Batterie | 12 V 45 Ah | 6 V 88 Ah | 12 V 55 Ah |
| Lichtmaschine | 90 W | 90 W | |
| Anlasser | 0,6 PS | 0,8 PS | |
| **Kraftübertragung** | Antrieb auf Hinterräder | Antrieb auf Hinterräder | Antrieb auf Hinterräder |
| Kupplung | Halbnasse<br>Doppelscheibenkupplung | Einscheibentrockenkupplung | Halbnasse<br>Doppelscheibenkupplung |
| Schaltung | Schalthebel Wagenmitte | Schalthebel Wagenmitte | Schalthebel Wagenmitte |
| Getriebe | 4 Gang | 4 Gang | 4 Gang |
| Synchronisierung | Ohne | III – IV | Ohne |
| Übersetzungen | I. 4,50 – II. 2,40 – III. 1,49 – IV. 1,00 | I. 4,10 – II. 2,40 – III. 1,49 – IV. 1,00 | I. 3,30 – II. 2,06 – III. 1,37 – IV. 1,00 |
| Antriebs-Übersetzung | 4,90 | 4,10 | 3,60, Cabriolet 3,80 |
| **Rahmen und Fahrwerk** | Kastenrahmen | Kastenrahmen | Kastenrahmen |
| Vorderradaufhängung | Doppel-Querlenker<br>1 Querfeder | Doppel-Querlenker<br>1 Querfeder | Doppel-Querlenker<br>1 Querfeder |
| Hinterradaufhängung | Pendel-Schwingachse<br>Schwingarme, 1 Querfeder | Pendel-Schwingachse<br>Schwingarme, 1 Querfeder | Starre »Schwebeachse«<br>1 Querfeder hochliegend |
| Lenkung | ZF-Roß Schnecke | ZF-Roß Schnecke | ZF-Roß (Schnecke) |
| Fußbremse | Hydraulisch, 4 Räder | Hydraulisch, 4 Räder | Hydraulisch, 4 Räder |
| Handbremse | Mechanisch, Hinterräder | Mechanisch, Hinterräder | Mechanisch, Hinterräder |
| Schmierung | Zentral | Zentral | Zentral |
| **Allgemeine Daten** | | | |
| Radstand | 3000 mm | 3000 mm | 2650 mm |
| Spur vorn/hinten | 1350/1350 mm | 1350/1350 mm | 1325/1330 mm |
| Gesamtmaße | 4700 x 1680 x 1650 mm | 4700 x 1680 x 1650 mm | 4220 x 1680 x 1400 (1550) mm |
| Räder | Scheiben | Scheiben | Drahtspeichen |
| Reifen | 5,25 – 17 | 5,25 – 17 | 5,25 – 17 |
| Wendekreis | 12 Meter | 12 Meter | 12,4 Meter |
| Fahrgestellgewicht | 1000 kg | 1030 kg | 800 kg |
| Wagengewicht | Limousine 1410 kg<br>Cabriolet 1470 kg | Limousine 1440 kg<br>Cabriolet 1500 kg | Sportwagen 1000 kg<br>Sport-Cabriolet 1070 kg |
| Zuläss. Belastung | | 400 kg | 250 kg |
| Höchstgeschwindigkeit | 105 km/h | 115 km/h | 145 km/h |
| Verbrauch/100 km | 15 Liter | 15 Liter | 20 Liter |
| Kraftstofftank | 53 Liter (im Heck) | 53 Liter (im Heck) | 80 Liter (im Heck) |
| **Preise** | Limousine 4 Türen 6 Fenster | Limousine 4 Türen 6 Fenster | Sport-Zweisitzer offen |
| | RM 5950,–<br>Cabriolet 4 Sitze 4 Fenster<br>RM 6950,– | RM 5550,–<br>Cabriolet 4 Sitze 4 Fenster<br>RM 6500,– | 1936: RM 6800,–<br>1937/38: RM 7950,–<br>Sport-Cabriolet 2 Sitze<br>1936: RM 7500,–<br>1937/38: RM 8250,– |

Wanderer W 25 K, 1936–1938. Unten ein von der Firma Baur in Stuttgart spezialkarossiertes Exemplar.

zum gleichen Zeitpunkt den Viersitzer-Tourenwagen W 50 durch den Sechssitzer W 26. Erst 1939 erhielt der W 26 auch das Gesicht des W 23. Im Übrigen behielt der W 26 die Pendel-Hinterachse, weil bei ihm der für die hochliegende Querfeder der Schwebeachse nötige Platz fehlte. Die Produktion des W 23 und des W 26 währte bis 1940, doch wurden Ende 1941/Anfang 1942 noch einmal 100 Cabrios W 23 für »Oberstabarbeitsführer« des Reichsarbeitsdienstes gebaut.

## Wanderer W 25 K (1936–1938)

1936 überraschte Wanderer mit dem als Konkurrenz zum BMW 328 gedachten Sportwagen W 25 K. Da sich hierfür der in der Entwicklung befindliche Seitenventil-Motor nicht geeignet hätte, sollte (auf weitere Sicht allein für diesen Wagen) Porsches Leichtmetall-Sechszylinder verwendet werden. Um die hier notwendige Leistung zu erzielen, baute man einen ständig mitlaufenden Kompressor an, wobei sich die Höchstleistung von 85 PS nach Angabe des Werks bei 4000 U/min ergab, in Wirklichkeit aber erst bei etwa 5000 U/min zur Verfügung stand. Jedenfalls wurde dem Motor mehr abverlangt, als er vertragen konnte. So fand und findet heute noch der W 25 K begeisterte Bewunderer wegen der brillanten Form seiner Karosserie, aber motorisch und leistungsmäßig erntete er keinen Ruhm. Gebaut wurden 149 Wagen im Jahr 1936, 72 Wagen im Jahr 1937, noch einmal 37 Wagen im Jahr 1938, insgesamt also 258 Exemplare. Die letzten wurden als W 25 (ohne K) ausgeliefert, wie überhaupt in die vorhandenen Wagen später großenteils entweder normale Wanderer- oder 2,5-Liter-Opel-Motoren eingebaut wurden.

## Wanderer W 24 (1937–1940)

So wie man 1933 mit dem W 21 und dem W 22 auf das Erscheinen des Mercedes-Benz 170 Sechszylinder reagiert hatte, so stellte Wanderer auch dem neuen 170 V Vierzylinder einen Konkurrenten gegenüber. Dies war der W 24, der dem Anspruch darauf durchaus gerecht wurde. Er bekam den seitengesteuerten Motor des W 23, der hier aber vier statt sechs Zylinder aufwies. Bei Karosserie und Fahrgestell hatte er Komponenten vom DKW Son-

Wanderer W 24 Limousine, Karosserie Reutter, 1937–1940.

Wanderer W 24 Vierfenster-Cabrio, Karosserie Reutter, 1937–1940.

Oben: Wanderer W 24 Sechsfenster-Limousine mit Golde-Sonnendach, 1937–1940.

| | Wanderer W 24<br>1937-1940 | Wanderer W 23<br>1937-1941 | Wanderer W 26<br>1937-1940 |
|---|---|---|---|
| **Motor** | | | |
| Zylinderzahl | 4 (Reihe) | 6 (Reihe) | |
| Bohrung x Hub | 75 x 100 mm | 75 x 100 mm | |
| Hubraum | 1767 ccm | 2651 ccm | |
| Leistung | 42 PS bei 3500 U/min | 62 PS bei 3500 U/min | |
| Verdichtung | 1:6,4 | 1:6,4 | |
| Vergaser | 1 Flachstromvergaser<br>Solex 30 BFRH | 1 Flachstromvergaser<br>Solex 35 BFRH | |
| Ventile | Seitlich stehend<br>Seitliche Nockenwelle<br>Antrieb durch Rollenkette | Seitlich stehend<br>Seitliche Nockenwelle<br>Antrieb durch Rollenkette | |
| Kurbelwellenlager | 3 | 4 | |
| Kühlung | Pumpe, 7 Liter Wasser | Pumpe, 10,2 Liter Wasser | |
| Schmierung | Druckumlauf, 5,5 Liter Öl | Druckumlauf, 7 Liter Öl | |
| Batterie | 6 V 75 Ah | 6 V 88 Ah bzw. (ab 1938) 12 V 50 Ah | |
| Lichtmaschine | 90 W | 90 W | |
| Anlasser | 0,6 PS | 0,8 bzw. (ab 1938) 1,0 PS | |
| **Kraftübertragung** | Antrieb auf Hinterräder | Antrieb auf Hinterräder | |
| Kupplung | Einscheibentrockenkupplung | Einscheibentrockenkupplung | |
| Schaltung | Schalthebel Wagenmitte | Schalthebel Wagenmitte | |
| Getriebe | 4 Gang | 4 Gang | |
| Synchronisierung | III – IV | III – IV | |
| Übersetzungen | I. 4,10 –II. 2,40 – III. 1,61 – IV. 1,00 | I. 4,10 – II. 2,40 – III. 1,61 – IV. 1,00 | |
| Antriebs-Übersetzung | 4,22, Gebirge 4,50 | 4,10, Gebirge 4,50 | 4,50, Gebirge 4,88 |
| **Rahmen und Fahrwerk** | Kastenrahmen | Kastenrahmen | |
| Vorderradaufhängung | Doppel-Querlenker<br>1 Querfeder | Doppel-Querlenker<br>1 Querfeder | |
| Hinterradaufhängung | Starre »Schwebeachse«<br>1 Querfeder hochliegend | Starre »Schwebeachse«<br>1 Querfeder hochliegend | Pendel-Schwingachse<br>Schwingarme, 1 Querfeder |
| Lenkung | ZF-Roß Schnecke | ZF-Roß Schnecke | |
| Fußbremse | Hydraulisch, 4 Räder | Hydraulisch, 4 Räder | |
| Handbremse | Mechanisch, Hinterräder | Mechanisch, Hinterräder | |
| Schmierung | Zentral | Zentral | |
| **Allgemeine Daten** | | | |
| Radstand | 2600 mm | 2900 mm | 3150 mm |
| Spur vorn/hinten | 1300/1330 mm | 1420/1450 mm | 1350/1350 mm |
| Gesamtmaße | 4300 x 1615 x 1650 mm | 4600 x 1700 x 1650 mm | 4800 x 1700 x 1750 mm |
| Räder | Scheiben | Scheiben | Scheiben |
| Reifen | 5,00 – 17 bzw.<br>(ab 1939) 5,25 – 16 | 5,25 – 17 bzw.<br>(ab 1939) 6,00 – 16 | 5,50 – 17 bzw.<br>(ab 1939) 6,50 – 16 |
| Wendekreis | 11,5 Meter | 12 Meter | 14,3 Meter |
| Fahrgestellgewicht | 820 kg | 1000 kg | 1050 kg |
| Wagengewicht | Limousine 1140/1170 kg<br>Cabriolet 1210 kg | Limousine 1390 kg<br>Cabriolet 1450 kg | Pullman 1470 kg |
| Zuläss. Belastung | 340, Cabriolet 320 kg | 400 kg | 470 kg |
| Höchstgeschwindigkeit | 105 km/h | 115 km/h | 105 km/h |
| Verbrauch/100 km | 11 Liter | 15 Liter | 15,5 Liter |
| Kraftstofftank | 43 Liter (im Heck) | 60 Liter (im Heck) | 53 Liter (im Heck) |
| **Preise** | | | |
| Fahrgestell | RM 3450,– | RM 4550,– | RM 4650,– |
| Limousine 2 Türen | RM 3875,– | – | – |
| Limousine 4 Türen | RM 3985,– | RM 5350,– | – |
| Cabrio-Limousine 2 Türen | RM 4100,– | – | – |
| Cabrio-Limousine 4 Türen | RM 4210,– | – | – |
| Cabriolet 4 Fenster | RM 4950,– | RM 6450,– | – |
| Tourenwagen 4 Türen | RM 4950,– bzw. (ab 1939) 4600,– | – | – |
| Pullman-Limousine 6 Sitze | – | – | RM 6500,– |
| Tourenwagen 6 Sitze | – | – | RM 6950,– |

derklasse übernommen. Das Ergebnis war ein leistungsstarker, gefällig aussehender und preiswerter Wagen, solide gebaut und wirtschaftlich. Er bewährte sich ausgezeichnet und hätte für eine Wiederaufnahme der Autoproduktion nach dem Krieg eine gute Basis darstellen können, doch dazu kam es nicht mehr.

## Wanderer Stromlinie Spezial (1938/39)

Für die Grand-Prix-Saison 1934, in der die neue 750-Kilogramm-Formel gelten sollte, plante Wanderer den Einsatz eines Sechzehnzylinder-Grand-Prix-Rennwagens, den das Konstruktionsbüro Porsche entwickelt hatte. Nach der Fusion übernahm dann die Auto Union den bei Horch in Zwickau gebauten Silberpfeil, während Wanderer als Submarke des neuen Konzerns bei Langstreckenrennen antreten sollte. Und da war keines berühmter als die Fernfahrt Lüttich – Rom – Lüttich.
Das Rennen war 1931 zum ersten Mal gestartet worden. Die ersten Jahre hatte Bugatti triumphiert, aber auch ein Hanomag hatte sich 1937 in die Siegerlisten eingetragen. Für die Teilnahme im Jahr 1938 baute unter Federführung des legendären Leiters der Auto-Union-Werksrennabteilung, August Momberger, Wanderer drei Spezial-Rennwagen nach neuesten aerodynamischen Erkenntnissen auf. Das Chassis spendierte der W 24, die Bremsen kamen vom Modell W 23 und der Zweiliter-Sechszylinder vom Typ 40. Anders aber als beim Kompressor-Typ W 25 K kam hier kein Kompressor, sondern eine Dreifach-Vergaseranlage zum Einsatz, die zunächst 60 PS bei 4800/min entwickelte. Aus Gewichtsgründen als Roadster ausgeführt, bestand die Karosserie aus Leichtmetall und war in Gummilagern am Rahmen befestigt. Sie ließ sich in ihrer Gesamtheit innerhalb von drei Minuten abnehmen.
Das Langstreckenrennen führte über 4700 Kilometer. Vorgeschrieben waren Stundenschnitte von mindestens 50 km/h, angehalten werden durfte nur zum Tanken. Das bedeutete mindestens 100 Stunden Dauerstress für Mensch und Maschine beim Parforceritt über Alpen, Apennin und zurück.
Die Höchstgeschwindigkeit der Wanderer Spezial lag bei 160 km/h, und dass der Sieg in der Konstrukteurswertung verfehlt wurde, lag an einem Nockenwellen-Defekt, der 30 km vor dem Ziel den in Führung liegenden Wanderer lahmlegte. 1939 kehrten die drei auf 70 PS erstarkten Langstrecken-Renner zurück, belegten zwei vierte sowie einen zwölften Platz und holten den Pokal nach Chemnitz.

Der Rahmen stammte vom W 24, die übrige Technik vom W 25 K.

Am 16. August 1939 ging die Auto Union mit drei Stromlinien-Fahrzeugen und einem Spezial-Sportwagen in Lüttich an den Start und qualifizierte sich für den »Coup des Constructeurs«.

Audi hat den 1938er Wanderer Stromlinien-Roadster (cw = 0,33) rekonstruiert; erste Probefahrten erfolgten im Juli 2003.

Der 1938 entstandene Wanderer Stromlinen-Roadster für das Straßenrennen Lüttich-Rom-Lüttich, das den gleichen Prestigewert wie die Mille Miglia genoss und seit 1931 gefahren wurde.

Beim ersten Einsatz 1938 konnte die Konstrukteurswertung noch nicht gewonnen werden – der in Führung liegende Wanderer fiel mit defekter Nockenwelle aus (zum 5. Mal siegte ein Bugatti).

In Anlehnung an die Aerodynamik-Roadster entwickelte dann die Auto Union, zum Teil auch im Windkanal, parallel weitgehend gleich aussehende Stromlinien-Coupés mit DKW-, Wanderer-, Horch- und Audi-Motoren für die geplante Fernfahrt Berlin-Rom. Die fand aber nie statt. Die Spur der Stromlinien-Wanderer hat sich im Krieg verloren. Die heute existierenden Fahrzeuge hat die Audi AG, soweit noch rekonstruierbar (schließlich waren lediglich Maße von Radstand und Spur gesichert), neu aufbauen lassen.

Durch einen Bombenangriff am 9. September 1944 fielen die Wanderer-Fabrikanlagen der Vernichtung anheim. Was übrig geblieben war, demontierten die Sowjets 1945 für den Abtransport in die UdSSR. In Chemnitz wurde die Firma am 5. Oktober 1948 aus dem IHK-Register gelöscht. In München begann Wanderer, jetzt eine Handelsgesellschaft, neue Kunden zu akquirieren. Man verkaufte zunächst Fahrräder und Mopeds der Marke Meister, ehe 1952 im Münchner Vorort Haar wieder die Fertigung von Werkzeugmaschinen aufgenommen wurde.

# DKW

Auf der Leipziger Frühjahrsmesse 1928 hatten die Zschopauer Motoren-Werke J.S. Rasmussen ihren ersten, in Berlin-Spandau gebauten Serienwagen präsentiert. Was wenig bekannt ist: Das Fahrzeug hatte einige Vorgänger.

Wie Horch hatte auch Rasmusen das Technikum in Mittweida besucht. Anschließend hatte der diplomierte Maschinenbau-Ingenieur sich in Chemnitz selbstständig gemacht und mit der Herstellung von Kondenstöpfen, Speisewasser-Vorwärmern, Kesselspeisepumpen, Farbenzerstäubern und Präzisionsgeräten begonnen. Offenbar sah der Däne in Deutschland bessere Chancen für eine geschäftliche Karriere als in seiner Heimat.

1907 erwarb Rasmussen im Zschopautal eine ehemalige Weberei, in der er eine Maschinen- und Armaturenfertigung einrichtete. Die Zschopau (Erzgebirgekreis) trieb damals eine große Zahl von Mühlenwerken an. Während des Ersten Weltkrieges musste sich Rasmussens Firma indessen auf Rüstungsarbeiten umstellen; es gab hierfür eine Anordnung vom Kriegsministerium, der sich Rasmussen auch als ausländischer Staatsbürger nicht entziehen konnte, ansonsten man ihn interniert hätte. Gleichwohl durfte er, weil Dänemark ein neutraler Staat war, ungehindert reisen. So sah Rasmussen 1916 in Kopenhagen einen Dampfwagen, der ihn bewog, in seiner Fabrik ein ähnliches Fahrzeug zu bauen. Zu Versuchen in dieser Richtung engagierte er den erfahrenen dänischen Ingenieur S. A. Mathiesen, der bereits Kenntnisse durch sein Mitwirken beim Bau des amerikanischen White Steamer gesammelt hatte. In Zschopau entstanden noch während der Kriegszeit etwa zehn bis zwölf Dampffahrzeuge als Personen- und Lastwagen. Ihr Markenzeichen war ein himmelblauer Kreis mit einem Vulkan, aus dessen Spitze eine rote Flamme mit weißem Dampf herausdrang. In diesem Emblem befanden sich die Buchstaben D, K und W für »Dampf-Kraft-Wagen«.

Der aus Dänemark stammende Ingenieur Rasmussen war einer der Väter der sächsischen Motorindustrie. Rechts: Rasmussens erster, 1916 gebauter Dampf-Kraft-Wagen.

Diese drei Buchstaben standen später auch für einen Spielzeugmotor mit der Bezeichnung »Des Knaben Wunsch«. Es handelte sich dabei um einen 18-ccm-Zweitakter als Lehrspielzeug, 1919 entstanden unter Mitwirkung des Technikers Hugo Ruppe (1897–1949), einem in der Branche weithin bekannten Motorenkonstrukteur.

Weitaus mehr Erfolg als mit Dampfwagen und Spielzeugmotoren hatte Rasmussen mit seinem ebenfalls 1919 entwickelten Hilfsmotor für Fahrräder. Im Herbst gleichen Jahres wurde der 122-ccm-Einzylinder-Zweitakter mit Schwungradzündung vorgestellt, der auf dem Gepäckträger eines gewöhnlichen Fahrrades zu montieren war. Der Antrieb des Hinterrades erfolgte über einen Keilriemen. Dieser von Ruppe gezeichnete Motor machte die Marke DKW berühmt – und wieder erfuhren die drei Buchstaben eine neue Interpretation: »Das Kleine Wunder«. Bis 1922 wurden in Zschopau 20.000 Motoren gebaut, bis Februar 1924 waren es 50.000. Die Idee, einen kleinen Wagen mit Ruppes Zweitakter anzutreiben, beschäftigte Rasmussen aber schon lange vor der Konstruktion des ersten DKW-Serienwagens aus Spandau von 1928. Er hatte 1919 die Bekanntschaft der Herren Slaby und Beringer gemacht, deren Elektro-Cyclecar ihn interessierte und für welchen er den Vertrieb übernehmen wollte. Inspiriert von diesem Kleinstwagen beauftragte er Techniker, ein ähnliches Fahrzeug mit DKW-Motor zu bauen. Der Tandem-Zweisitzer mit 4-PS-Motor auf dem linken Trittbrett und einer Sperrholzkarosserie wurde 1920 als »Der Kleine Bergsteiger« in Zeitungsinseraten angekündigt, ging dennoch nicht in Serie; er blieb ein Einzelstück.

## Hugo Ruppes kleiner Motor – Rasmussens großer Erfolg

Wie kaum ein anderer hat Hugo Paul Ruppe, geboren am 15. August 1879 in Apolda, der Entwicklung des Zweitaktmotors Impulse verliehen.

Hugo Ruppe und sein Bruder Arthur hatten im väterlichen Betrieb Bertold Ruppe in Apolda einen Kleinwagen mit luftgekühltem Viertaktmotor entwickelt, der den einprägsamen Namen Apollo Piccolo bekam. Als die Firma 1908 in eine Aktiengesellschaft umgewandelt wurde, schied der Juniorchef Hugo Ruppe aus und gründete in Markranstädt bei Leipzig sein eigenes Unternehmen – das war die Markranstädter Automobilfabrik (MAF), die ebenfalls Fahrzeuge mit luftgekühlten Motoren zu produzieren begann. Arthur Ruppe führte die Firma Apollo allein weiter, die 1912 in Apollo-Werke umbenannt wurde.

1921 vereinigten sich die Ruppe-Firmen Apollo und MAF, was aber beiden nicht viel nützte: Ende 1922 stellte man in Markranstädt, 1927 auch in Apolda mangels Rentabilität die Automobilherstellung ein.

Von Hugo Ruppe stammte jener kleine Zweitaktmotor, der die Marke DKW berühmt machte. Als Spiel- und Lehrgerät für technisch interessierte Knaben konzipiert, war der Zweitakter ein Gegenstück zu den damals allseits beliebten Modell-Dampfmaschinen.

Jørgen Skafte Rasmussen, der in Zschopau mit Dampfwagen experimentierende Wahlsachse, war von Hugo Ruppes Kleinmotor begeistert und begann 1919, das attraktive Knabenspielzeug in Serie zu produzieren. Schon bald erkannten beide, dass aus dem Motörchen mehr zu machen war: Man konnte es zur Motorisierung eines Fahrrades verwenden. Damit begann ein neues Kapitel deutscher Motorenbaugeschichte.

Die von Rasmussen gewählte Abkürzung DKW erst für »Dampf-Kraft-Wagen« und »Des Knaben Wunsch« hatte jetzt eine weitere Interpretation bekommen: »Das Kleine Wunder«. Trotz geschäftlicher Erfolge verließ der rastlose Ruppe 1922 Rasmussen; er gründete in Berlin die Berliner Kleinmotoren AG (Bekamo) und produzierte dort Motorräder – die ersten mit einem Ladepumpen-Zweitaktmotor. Dieses Unternehmen ging 1925 bankrott, und Ruppe begab sich nach Schlesien, wo er in Festenberg die Firma Kaehler & Ruppe ins Leben rief, die bis 1930 ebenfalls Zweitakt-Motorräder baute. Hugo Ruppe entwickelte anschließend einen weitern Fahrrad-Hilfsmotor, den bis zum Ausbruch des Krieges eine Ruppe Motor-Gesellschaft mbH herstellte. 1945 kehrte Hugo Ruppe als Flüchtling nach Zschopau zurück, wo er am 23. Januar 1949 verstarb.

Motorzweiräder hatten in den Zwanziger Jahren Hochkonjunktur, und Rasmussen gehörte zu denen, die im Motorradgeschäft zu den erfolgreichsten Herstellern preiswerter Zweitaktmaschinen und Fahrradhilfsmotoren gehörten. DKW-Maschinen waren bis 500 und später sogar 1000 ccm in allen Klassen zu bekommen, auch gab es Maschinen mit Wasserkühlung. Selbstverständlich wurden auch viele Rennen auf DKW gewonnen – oftmals bestand das gesamte Feld der 175er, 250er, 350er und 500er aus DKW. Zu den verantwortlichen Konstrukteuren gehörten Hugo Ruppe, August Prüssing und Arnold Zoller. 1930 galten die Zschopauer Motoren-Werke als der größte Motorradhersteller der Welt, die auch als erste Zweiradproduzenten die Fließbandfertigung eingeführt hatten.

Werbung für den DKW Front F7 Reichsklasse (Spezialmodell Cabriolimousine mit reichhaltiger Ausstattung), 1938.

## DKW Typ P 15 (1928/29)
## DKW Sportwagen Typ PS 600 (1930/31)

Rasmussens immenser Erfolg im Motorradgeschäft verlieh ihm ein hohes Maß an Selbstvertrauen, und er war davon überzeugt, mit dem gleichen Erfolg auch Autos verkaufen zu können. Sein Engagement im Automobilbau fand auf verschiedenen Sektoren statt.
Das erste DKW-Auto, entwickelt von Dr. Slaby und gebaut im Werk Berlin-Spandau, wurde am 7. Mai 1928 fertiggestellt. Der Wagen besaß einen 600 ccm großen Zweizylinder-Zweitaktmotor, Hinterradantrieb und eine selbsttragende Sperrholzkarosserie mit Kunstlederbezug. Die meisten Fachleute beurteilten ihn von Anfang an recht kritisch, zumal der DKW, gemessen am primitiven Aufbau und der einfachen Ausstattung, relativ teuer war. Er verbrauchte viel kostspieliges Zweitaktgemisch, der Motor lief laut und unkultiviert, der Verschleiß an Zünd-

kerzen war enorm, und eine lange Lebensdauer traute man dem Auto auch nicht zu. Mit Recht, wie sich bald herausstellte.
Dennoch fand der DKW-Wagen erstaunlich viele Käufer, die in der Mehrzahl vom Motorrad kamen und deshalb mit den Besonderheiten und Eigenarten des Zweitaktmotors vertraut waren. Den DKW Typ P 15 gab es zunächst als Roadster mit seitlichen Einsteckscheiben und herausklappbarer Sitzbank im Heck. Im Mai 1929 kamen das Drei- und das Viersitzer-Cabriolet hinzu, beide mit festem Türrahmen und Kurbelfenstern.
Ergänzt und gekrönt wurde das Anlaufprogramm durch den Zweisitzer-Sportwagen mit etwas höherer Motorleistung. Unter der langen Haube nahm sich das kleine Motörchen fast lächerlich aus, aber das Auto machte mit seiner geschickten Formgebung mit rennwagenmäßigem Spitzheck einen rasanten Eindruck.

Prospekt für den DKW Roadster Typ P 15, 1928–1929.

**DKW P 25 (1928–1929)**
**DKW 4=8 (1929–1932)**
**DKW V 800 (1930–1932)**
**DKW Sonderklasse V 1000, 1001 (1932–1934)**
**DKW Schwebeklasse (1934–1937)**
**DKW Sonderklasse (1937–1940)**

Weil der erste DKW motorisch nicht befriedigte, entwickelte man einen V-Vierzylinder-Ladepumpenmotor, der mit Druckladung und Schleuderschmierung arbeitete. Zwar geriet damit der Motorlauf etwas weniger lärmhaft, dafür aber ging die Einfachheit des Zweitaktmotors verloren, und unverändert hoch blieben sowohl der Benzin- als auch der Kerzenverbrauch. Überdies geriet das Kühlwasser leicht ins Kochen, und wenn es im Winter sehr kalt wurde, bedurfte es erheblicher Vorkehrungen, damit der Motor ansprang.
Als erstes Modell der Vierzylinder-Reihe wurde auf der Berliner Automobilausstellung im November 1928 der Typ P 25 vorgestellt, aber nur in wenigen Exemplaren gebaut. In regelrechter Serie folgten 1929 der 4=8 (die Bezeichnung sollte aussagen, dass der Vierzylinder-Zweitakter ebenso effizient arbeite wie ein Achtzylinder-Viertakter) sowie 1930 der Typ V 800 mit verringertem Hubraum, woraus aber nicht die erhoffte Verbrauchsminderung, sondern bloß ein recht lahmes Temperament resultierte. Man kehrte folglich beim Typ V 1000 wieder zu 1,0 Liter Hubraum zurück. Als Zwischentyp gab es von März bis Oktober 1932 die erste DKW Sonderklasse (Typ 432), die sich vom V 1000 hauptsächlich durch eine gefälligere Karosserie unterschied. Im Oktober 1932 erschien die DKW Sonderklasse 1001, technisch und karosseriemäßig im Vergleich zum Typ 432 kaum geändert, aber mit Kotflügelschürzen und fast 10 Zentimeter längerem Vorderwagen. Eine technische Notwendigkeit für diese Schönheitsoperation war nicht erkennbar, doch der Wagen gewann dadurch elegantere Proportionen – solange er neu war. Schon die rahmenlosen Sperrholzkarossen der Vorgängermodelle hingen recht bald durch. Bei der Sonderklasse V 1001 war der Bogen im wahrsten Sinn des Wortes überspannt: Früher oder später brachen alle in der Mitte durch oder auseinander, was besonders schlimm war, wenn es anlässlich eines Unfalls passierte.
Im Februar 1934 erschien die DKW Schwebeklasse, die nicht nur hinten, sondern auch vorn die so genannte Schwebeachse aufwies, vor allem aber eine monströse »Stromlinien«-Karosserie. Die Schwebeklasse besaß zunächst den Motor des Vormodells, bekam dann ab Januar 1935 zwei Vergaser und ab Juli 1935 mehr Hubraum. Die Schwebeklasse, in Produktion bis April 1937, war in der Karosseriestruktur stabiler als das Vormodell, verfiel aber immer noch viel früher als andere Autos.
Endausführung der großen DKW-Modelle aus dem Werk Berlin-Spandau war die im Februar 1937 herausgebrachte und bis Anfang 1940 produzierte Sonderklasse. Sie stimmte im Unterbau und in der Karosserie weitgehend mit dem Wanderer W 24 überein, besaß also ein richtiges Fahrgestell und eine Stahlblechkarosserie. Wichtigstes DKW-typisches Merkmal blieb der Vierzylinder-Ladepum-

pen-Zweitaktmotor, der all die Jahre her keinen nennenswerten Fortschritt gemacht hatte.
Durch ihre solidere Machart und dank des Umstandes, dass die Wehrmacht alle Zweitakter verschmähte, liefen ziemlich viele Sonderklassen auch noch in der Nachkriegszeit.
Die letzte DKW Sonderklasse wäre auch ohne Krieg der letzte Vierzylinder-DKW geblieben. Man hatte den ewigen Verdruss mit diesen Autos satt. Der DKW F9 mit Frontantrieb, Dreizylinder-Zweitaktmotor und Kunststoffkarosserie, der 1940 herauskommen sollte, war nicht nur als Nachfolger für die kleinen, sondern auch für die großen DKW-Typen gedacht. Bei der Auto Union ging man davon

| Ungefähre Produktionszahlen der DKW Wagen | | |
|---|---|---|
| PS 600 | 1928-1929 | ca. 2000 |
| 4 – 8 | 1929-1932 | ca. 3000 |
| Sonderklasse | 1932-1934 | ca. 7000 |
| Schwebeklasse | 1934-1937 | ca. 6000 |
| Sonderklasse | 1937-1940 | ca. 8000 |
| | | ca. 26000 |
| FA 600 | 1931-1932 | ca. 4000 |
| F2 | 1932-1935 | ca. 17000 |
| F4 | 1934-1935 | ca. 7000 |
| F5 | 1935-1937 | ca. 60000 |
| F7 | 1937-1938 | ca. 80000 |
| F8 | 1939-1942 | ca 50000 |
| | | ca. 218000 |

Zur Popularität der Marke DKW haben seit den Zwanziger Jahren Zweiräder den größten Beitrag geleistet. Mit nachträglich montierbaren Zweitakt-Hilfsmotoren für Fahrräder begann eine fast 50 Jahre andauernde Erfolgsstory.

## Meilensteine

1920 DKW-Fahrradhilfsmotor geht in Produktion
1921 Bau kompletter Motor-Fahrräder
1923 populäre Leichtmotorräder in großer Serie
1924 Herstellung des 50.000sten DKW-Motors
1927 DKW feiert das 100.000ste Motorrad
1929 Jahresproduktion 60.000 Maschinen
1930 DKW ist weltweit größte Motorradfabrik
1939 das 500.000ste DKW-Motorrad
1949 Fortsetzung der Fertigung in Ingolstadt
1952 erste Dreizylinder-Rennmaschine
1954 Vorstellung des Hobby Motorrollers
1958 Zweirad-Union übernimmt die Fertigung

Akten Nr. IV. 637 Uebertr. d. Kraftf.Ordnung.

Ausfertigung.

# Strafverfügung.

Der Studienrat Dr. Hermann R ü g g e b e r g zu C e l l e ~~hat~~ ist am 6. August d.Js., gegen 15 Uhr, mit dem Personenkraftwagen I S - 10108 - auf der Chaussee Boltenhagen - Wismar, in der Nähe von Mittel - Wendorf, A.Wismar, gefahren, ohne den Führerschein, die Zulassungsbescheinigung und Steuerkarte bei sich zu führen.

Beweismittel sind:

1. Eigenes Geständnis.
2. Zeugnis des Polizeioberwachtm. Dohr der Orpo Kdo. Wismar.
3.

Der Antrag auf Strafe ist von d ---------------------------------------- ~~am~~ ------------------------------ ~~gestellt.~~

Es wird deshalb hiermit gegen d en Beschuldigten auf Grund des § 21 des Ges. vom 3.V.1909 in Beihalt der §§ $15^1$ und $50^2$ der V.O. vom 15.VII.1930

eine **an die Amtskasse in Wismar innerhalb einer Woche** einzuzahlende Geldstrafe von 3.-RM(drei) Reichsmark an deren Stelle für den Fall, daß sie nicht beigetrieben werden kann, eine Haftstrafe von 1 ( einem ) Tage tritt, festgesetzt. ~~auch werden die~~ ---------------------------------- ~~eingezogen.~~

| | | |
|---|---|---|
| An Gebühren | 1 RM | -- Rpf |
| und an Auslagen | - RM | -- Rpf |
| fallen d em Beschuldigten | 1 RM | -- Rpf |
| zusammen | 4 RM | -- Rpf |

R. 1000

Nicht wegen zu schnellen Fahrens, sondern weil er auf einer Ausflugsfahrt an die Ostsee keine Papiere bei sich hatte, musste der DKW-F1-Fahrer Dr. Hermann Büggeberg aus Celle drei Mark Strafe zahlen …

| | DKW<br>Typ P 15<br>1928/29 | DKW Sportwagen<br>Typ PS 600-Sport<br>1930/31 |
|---|---|---|
| **Motor** | Zweitakt | Zweitakt |
| Zylinderzahl | 2 (Reihe) | 2 (Reihe) |
| Bohrung x Hub | 74 x 68 mm | 74 x 68 mm |
| Hubraum | 584 ccm | 584 ccm |
| Leistung | 15 PS bei 3500 U/min | 18 PS bei 4000 U/min |
| Drehmoment | | |
| Verdichtung | 1:5,5 | 1:5,7 |
| Vergaser | 1 Zweistufenvergaser<br>Meco M 2 N | 1 Doppelhebelvergaser<br>Amal-Spezial |
| Ventile | Ohne | Ohne |
| Kurbelwellenlager | 3 | 3 (Kurbelwelle verstärkt) |
| Kühlung | Thermosyphon | Thermosyphon |
| Schmierung | Zweitakt-Gemisch 1:25 | Zweitakt-Gemisch 1:25 |
| Zündung | Batterie | Batterie |
| Batterie | 6 V 45 Ah | 6 V 60 Ah |
| Lichtmaschine | 60 W | 60 W |
| Anlasser | 0,5 PS | 0,5 PS |
| **Kraftübertragung** | Antrieb auf Hinterräder | Antrieb auf Hinterräder |
| Kupplung | 1928: Mehrscheibenkupplung in Öl<br>1929: Einscheibentrockenkupplung | Einscheibentrockenkupplung |
| Schaltung | Schalthebel Wagenmitte | Schalthebel Wagenmitte |
| Getriebe | 3 Gang Prometheus | 3 Gang Prometheus |
| Synchronisierung | Ohne | Ohne |
| Übersetzungen | I. 3,06 – II. 1,75 – III. 1,00 | I. 3,35 – II. 1,47 – III. 1,00 |
| Antriebs-Übersetzung | 5,50 | 5,70 |
| **Rahmen und Fahrwerk** | Selbsttragende Sperrholzkarosserie mit Kunstlederbezug | |
| Vorderradaufhängung | starr, 1 Querfeder | |
| Hinterradaufhängung | starr, 1 Querfeder | |
| Lenkung | Schnecke, links | |
| Fußbremse | Mechanisch, 4 Räder | |
| Handbremse | Mechanisch, linkes Vorder- und rechtes Hinterrad | |
| Schmierung | Nippel | |
| **Allgemeine Daten** | | |
| Radstand | 2590 mm | 2400 mm |
| Spur vorn/hinten | 1100/1100 mm | 1100/1100 mm |
| Gesamtmaße | Zweisitzer 3600 x 1350 x 1600 mm<br>Drei- und Viersitzer 3600 x 1350 x 1700 mm | 3700 x 1330 x 1200 mm |
| Räder | Scheiben | Drahtspeichen |
| Reifen | 3,50 oder 4,00 – 26 | 4,00 – 27 |
| Wendekreis | | |
| Wagengewicht | Roadster 530 kg<br>Cabriolet 3 oder 4 Sitze 600 kg | 530 kg |
| Zuläss. Belastung | 250 bis 300 kg | 300 kg |
| Höchstgeschwindigkeit | 80 km/h | 100 km/h |
| Verbrauch | 10 Liter Gemisch | 10 Liter Gemisch |
| Kraftstofftank | 20 Liter (im Motorraum)<br>Ab Mai 1929: 30 Liter (im Motorraum) | 30 Liter (im Motorraum) |
| **Preise** | Roadster 2 (2) Sitze (ab Mai 1928)<br>RM 2300,–<br>Cabriolet 2 (2) Sitze (ab Mai 1928)<br>RM 2500,–<br>Cabriolet 3 Sitze (ab Mai 1929)<br>RM 2800,–<br>Cabriolet 4 Sitze (ab Mai 1929) RM 3200-<br>RM 3200,– | Sport-Zweisitzer offen RM 2500,– |

| **DKW 4 – 8<br>Typ P 25<br>1929** | **DKW 4 – 8<br>Typ V 800<br>1930/31** | **DKW 4 – 8<br>Typ V 1000<br>1931/32** | **DKW Sonderklasse<br>Typ 432<br>1932** |
|---|---|---|---|
| Zweitakt | | | |
| 4 Arbeits- und 2 Ladepumpen-Zylinder (90°-V-Form) | | | |
| 68 x 68 mm | 60 x 68 mm | 68 x 68,5 mm | 68 x 68,5 mm |
| 980 ccm | 782 ccm | 990 ccm | 990 ccm |
| 25 PS bei 3200 U/min | 20 PS bei 3500 U/min | 25 PS bei 3200 U/min | 25 PS bei 3200 U/min |
| 6,5 mkg bei 2200 U/min | | | |
| 1:4,8 | 1: 5,5 | 1:5,2 | 1:5,9 |
| 1 Flachstromvergaser | 1 Flachstromvergaser | 1 Flachstromvergaser | 1 Flachstromvergaser |
| Zenith | Solex FH 26 | Solex FH 26 | Solex FHR 26 |
| Ohne | Ohne | Ohne | Ohne |
| 2 | 2 | 2 | 2 |
| Thermosyphon, 11 Liter Wasser | Thermosyphon, 11 Liter Wasser | Thermosyphon, 11 Liter Wasser | Thermosyphon, 11 Liter Wasser |
| Schleuderschmierung | Schleuderschmierung | Schleuderschmierung | Schleuderschmierung |
| 3,5 Liter Öl | 3,5 Liter Öl | 3,5 Liter Öl | 3,5 Liter Öl |
| Batterie | Batterie | Batterie | Batterie |
| 6 V 80 Ah | 6 V 45 Ah | 6 V 75 Ah | 6 V 75 Ah |
| | (auf Trittbrett links) | (auf Trittbrett links) | (auf Trittbrett links) |
| 90 W | 90 W | 90 W | 90 W |
| 0,5 PS | 0,5 PS | 0,5 PS | 0,5 PS |
| Antrieb auf Hinterräder | Antrieb auf Hinterräder | Antrieb auf Hinterräder | Antrieb auf Hinterräder |
| Einscheibentrockenkupplung | Einscheibentrockenkupplung | Einscheibentrockenkupplung | Einscheibentrockenkupplung |
| | | | |
| Schalthebel Wagenmitte | Schalthebel Wagenmitte | Schalthebel Wagenmitte | Schalthebel Wagenmitte |
| 3 Gang Prometheus | 3 Gang Prometheus | 3 Gang Prometheus | 4 Gang Prometheus |
| I. 3,06 – II. 1,75 – III. 1,00 | I. 3,60 – II. 2,20 – III. 1,00 | I. 3,50 – II. 1,72 – III. 1,00 | I. 3,68 – II. 1,80 – III. 1,00 – IV. 0,79 |
| 5,25 | 5,70 | 5,90 | 5,90 |
| Selbsttragende Sperrholzkarosserie mit Kunstlederbezug | | | |
| starr, 1 Querfeder | | | |
| starr. 1 Ouerfeder | | | |
| Schnecke, links | | | |
| Mechanisch, 4 Räder | Mechanisch, 4 Räder | Hydraulisch, 4 Räder | Hydraulisch, 4 Räder |
| Mechanisch, linkes Vorder- und rechtes Hinterrad | Mechanisch, Kardanwelle | Mechanisch, Kardanwelle | Mechanisch, Kardanwelle |
| Nippel | Nippel | Nippel | Nippel |
| 2800 mm | 2700 mm | 2700 mm | 2760 mm |
| 1100/1200 mm | 1110/1120 mm | 1120/1170 mm | 11201170 mm |
| 3600 x 1450 x 1620 mm | 3680 x 1380 x 1620 mm | 3680 x 1380 x 1620 mm | 4000 x 1400 x 1650 mm |
| | | | |
| Scheiben | Scheiben | Scheiben | Scheiben |
| 4,40 – 26 | 4,40 – 26 | 4,50 – 18 | 4,50 – 18 |
| | | | 12 Meter |
| 780 kg | 750 kg | 780 kg | 800 kg |
| | | | |
| 350 kg | 350 kg | 350 kg | 350 kg |
| 90 km/h | 85 km/h | 90 km/h | 95 km/h |
| 10 Liter | 10 Liter | 10 Liter | 11 Liter |
| 30 Liter (im Motorraum) | 30 Liter (im Motorraum) | 30 Liter (im Motorraum) | 30 Liter (im Motorraum) |
| Limousine 2 Türen | Cabrio-Limousine 2 Türen | Cabrio-Limousine 2 Türen | Cabrio-Limousine 2 Türen |
| RM 3200,– | RM 3300,– | RM 3300,– | RM 3500,– |
| | Cabriolet 2 (2) Sitze | Cabriolet 2 (2) Sitze | |
| | RM 3300,– | RM 3300,– | |
| | | Limousine 2 Türen | |
| | | RM 3300,– | |

aus, dass die Reichs- und Meisterklassen mit dem kommenden Volkswagen kaum mehr würden konkurrieren können. Wenn aber der Nachfolgetyp F9 so viel mehr Leistung mitbekam, dass er selbst dem Vierzylinder überlegen war, dann hatte letzterer sowieso die Daseinsberechtigung verloren. Vierzylinder spielten bei DKW nach dem Krieg auch keine Rolle mehr.

Gerhard Macher und Gustav Menz wurden mit ihrem DKW Typ P 15 in der Rallye Monte-Carlo 1929 Klassensieger.

DKW Sport Typ PS 600 in Serienausführung, dahinter als Rennwagen, beide mit 500-ccm-Ladepumpenmotor für Rekordfahrten am 4. und 5. April 1930 in Montlhéry.

DKW Roadster Typ PS 600 Sport, 1930–1931.

Links: DKW 4=8 Limousine Typ V 800, 1930–1931.

Unten: DKW 4=8 Cabriolimousine Typ V 800 oder V 1000, 1930–1932.

DKW Typ P 15. Links Jörgen Skafte Rasmussen an seinem 50. Geburtstag, 1928. Der uns den Rücken zukehrende Herr ist Rudolf Slaby.

DKW Typ PS 600 mit aufgesetztem Coupédach, Einzelanfertigung eines Karosseriebauers in Helsinki.

Katalog für den DKW Sonderklasse 1001, 1933.

Rechts: DKW Sonderklasse Typ 1001 in der Ausführung als Cabriolimousine, 1932–1934.

Unten: DKW Sonderklasse Typ 1001 ebenfalls als Cabriolimousine. Baujahr 1932–1934.

Gustav Menz als einer der Fahrer im Team der DKW Schwebeklasse (Vorserienwagen) bei der Deutschlandfahrt 1934. Mit fünf Stunden Vorsprung wurde er Klassensieger.

Links: Unglückliches Ende einer Fahrt mit einer DKW Schwebeklasse, 1937.

Unten: DKW Sonderklasse 1937–1940.

**Motor**

Zylinderzahl
Bohrung x Hub
Hubraum
Leistung

Verdichtung
Vergaser

Ventile
Kurbelwellenlager
Kühlung
Schmierung
Zündung
Batterie
Lichtmaschine
Anlasser

**Kraftübertragung**

Kupplung
Schaltung
Getriebe

Synchronisierung
Übersetzungen
Antriebs-Übersetzung

**Rahmen und Fahrwerk**

Vorderradaufhängung

Hinterradaufhängung
Lenkung
Fußbremse

Handbremse
Schmierung

**Allgemeine Daten**

Radstand
Spur vorn/hinten
Gesamtmaße
Räder
Reifen

Wagengewicht
Zuläss. Belastung
Höchstgeschwindigkeit
Verbrauch/100 km
Kraftstofftank

**Preise**

| DKW Sonderklasse 1001 1932-1934 | DKW Schwebeklasse 1934/35 | DKW Schwebeklasse 1935-1937 | DKW Sonderklasse 1937-1940 |
|---|---|---|---|
| Zweitakt | | | |
| 4 Arbeits- und 2 Ladepumpen-Zylinder (90°-V-Form) | | | |
| 68 x 68,5 mm | 68 x 68,5 mm | 70 x 68,5 mm | |
| 990 ccm | 990 ccm | 1054 ccm | |
| 26 PS bei 3500 U/min | 26 PS bei 3500 U/min<br>Januar bis Juli 1935:<br>30 PS bei 3500 U/min | 32 PS bei 3800 U/min | |
| 1:5,8 | 1:5,8 | 1:6,0 | |
| 1 Flachstromvergaser<br>Solex FH 26 S | 1 Flachstromvergaser<br>Solex FH 26 S bzw. (Januar bis Juli 1935) 2 Flachstrom vergaser Solex 26 BFH | 2 Flachstromvergaser<br>Solex 26 BFH | |
| Ohne | | Ohne | |
| 2 | | 2 | |
| Thermosyphon, 12 Liter Wasser | | Thermosyphon, 12 Liter Wasser | |
| Schleuderschmierung, 3,5 Liter Öl | | Schleuderschmierung, 4,5 Liter Öl | |
| Batterie | | Batterie | |
| 6 V 75 Ah (im Motorraum) | | 6 V 75 Ah (im Motorraum) | |
| 90 W | | 90 W | |
| 0,4 PS | | 0,4 PS | |
| Antrieb auf Hinterräder | | | Antrieb auf Hinterräder |
| Einscheibentrockenkupplung | | | Einscheibentrockenkupplung |
| Schalthebel Wagenmitte | | | Schalthebel Wagenmitte |
| 4 Gang Prometheus | | | 4 Gang Hurth |
| mit abschaltbarem Freilauf | | | mit abschaltbarem Freilauf |
| Ohne | | | Ohne |
| I. 4,52 – II. 2,40 – III. 1,38 – IV. 1,00 | | | I. 4,08 – II. 2,38 – III. 1,47 – IV. 1,00 |
| 4,90 | | | 4,88 |
| Selbsttragende Sperrholzkarosserie<br>mit Kunstlederbezug | | | Eng beisammenliegende<br>Kastenlängsträger<br>Holz-Stahl-Karosserie |
| starr, 1 Querfeder | starr, 1 Querfeder hochliegend (»Schwebeachse«) | | Querlenker oben<br>1 Querfeder unten |
| | starr, 1 Querfeder hochliegend (»Schwebeachse«) | | |
| | Schnecke, links | | |
| Hydraulisch, 4 Räder | Hydraulisch, 4 Räder | | Hydraulisch, 4 Räder |
| Trommel-ø 250 mm | Trommel-ø 250 mm | | Trommel-ø 225 mm |
| | Mechanisch, Kardanwelle | | |
| | Nippel | | |
| | | | |
| 2850 mm | 2850 mm | | 2600 mm |
| 1250/1250 mm | 1300/1250 mm | | 1300/1320 mm |
| 4150 x 1500 x 1560 mm | 4300 x 1590 x 1560 mm | | 4150 x 1600 x 1510 mm |
| Scheiben oder Drahtspeichen | Scheiben oder Drahtspeichen | | Scheiben |
| 5,00 – 17 | 5,00 – 17 | | 5,00 – 17 bzw.<br>(ab 1938) 5,25 – 16 |
| 980 kg | 1000 kg | | 975 kg |
| 400 kg | 400 kg | | 400 kg |
| 90 km/h | 90 km/h | 95 km/h | 95 km/h |
| 12 Liter | 12,5 Liter | 13 Liter | 13 Liter |
| 35 Liter (im Motorraum) | 35 Liter (im Motorraum) | 35 Liter (im Motorraum) | 40 Liter (im Heck) |
| **1933** **1934** | | | |
| Cabrio-Limousine 2 Türen<br>RM 3100,– RM 3000,–<br>Limousine 4 Türen<br>RM 3400,– RM 3000,–<br>Phaeton<br>– RM 3000,– | Cabrio-Limousine 2 Türen<br>RM 3350,–<br>Limousine 2 Türen<br>RM 3350,– | Cabrio-Limousine 2 Türen<br>RM 3000,–<br>Limousine 2 Türen<br>RM 3000,– | Limousine 2 Türen<br>RM 3100,–<br>Cabrio-Limousine 2 Türen<br>RM 3200,– |

## DKW Front (1931/32)
## DKW Reichsklasse (1933–1940)
## DKW Meisterklasse (1932–1942)

Im Oktober 1930 beauftragte Rasmussen das Konstruktionsbüro seiner Audi-Werke, schnellstens einen Kleinwagen mit 500-ccm-DKW-Motorradmotor, Vorderradantrieb und Querfeder-Radaufhängungen zu entwickeln. Innerhalb von sechs Wochen sollten nicht nur die Konstruktion, sondern auch bereits drei Versuchswagen fertig sein! Diese knappe Zeitvorgabe wurde auf den Tag genau eingehalten.

Die Versuchswagen liefen überraschend gut, weshalb Rasmussen sofort den Serienbau vorbereiten ließ und das kleine Auto auf der Berliner Automobilausstellung im Februar 1931 der Öffentlichkeit vorstellte. Dort erregte es ungeheures Aufsehen. Publikum und Fachwelt waren begeistert vom netten Aussehen des Wagens, von seiner modernen Technik und vom niedrigen Preis. Als offener Zweisitzer sollte der DKW Front mit 500-ccm-Motor nur 1685 RM kosten.

Von diesem Typ FA 500 wurde allerdings kein einziges Exemplar ausgeliefert, denn in die Serie ging nur der Typ FA 600 mit einem etwas größeren Motor. In Inseraten und Prospekten wurde der DKW Front allerdings auch im Sommer 1932 noch wahlweise mit 500 oder 600 ccm angeboten, um mit dem niedrigen Grundpreis zu werben. Vorgesehen hatte man für den kleinen Roadster (zwei Sitze plus Notsitz) eine Stahlblechkarosserie der Firma Schneider & Korb (Bernsbach), doch wurden davon nur

Vorstellung des neuen DKW Front FA 600 auf der IAMA in Berlin, Februar 1931.

DKW Front FA 600 (F1) 1931–1932. Das Foto entstand 1959 an der Düsseldorfer Rheinpromenade.

165 Stück abgenommen. Man ging auch hier zu der mit Kunstleder bespannten Holzkarosserie aus dem DKW-Werk Spandau über, denn sie war billiger, leichter und geräuschdämpfender. Außerdem waren hier günstigere Voraussetzungen als bei den Vierzylindern gegeben, denn der DKW Front besaß ja ein richtiges Rahmenfahrgestell. Dieses gab es schon Ende 1931 auch in längerer Ausführung. Viersitzer-Cabrios aus Spandau und Ganzstahl-Limousinen von Ambi-Budd. Letztere gerieten jedoch zu schwer, weshalb es bei einer Serie von nur 200 Stück blieb. Als Vorläufer des späteren Typs Meisterklasse liefen einige DKW Front versuchsweise als Typ FA 700 mit 700-ccm-Motoren.

Im April 1932 kam zum DKW Front die DKW Meisterklasse 601, noch mit gleichem Motor, aber wiederum verlängertem Radstand und sehr elegant gestalteter Karosserie. Für das Modelljahr 1933 erfolgte der Übergang zum Dreikanal-Zweitakter mit Umkehrspülung (System Adolf Schnürle), was übrigens während der zehnjährigen Laufzeit dieser Modellreihe in Bezug auf den Zweitaktmotor zum einzigen Mal eine nennenswerte Weiterentwicklung darstellte. Ab Sommer 1933 gab es nebeneinander die 600 ccm Reichsklasse und die 700 ccm Meisterklasse. Diese Gliederung wurde bis zum Krieg beibehalten, wobei sich die Stückzahlen beider Typen stets in etwa die Waage hielten.

1934 kam der Typ F4, den es ausschließlich als Meisterklasse mit einer neuen, wiederum sehr gut geformten Karosserie gab. Die Reichsklasse lief weiter unverändert als Typ F2.

Beim Typ F5 erhielten alle Reichs- und Meisterklassen ab 1935 mit dem Zentralkastenrahmen endlich ein stabiles

Rückgrat, und die hintere Querfeder-Aufhängung wurde durch die so genannte Schwebeachse ersetzt.
Eine vom DKW-Publikum beifällig aufgenommene Bereicherung des Programms brachte 1936 das Luxus-Cabriolet mit zwei und 1937 mit vier Sitzen. Die Anlaufserie lieferte die Firma Hornig (Meerane). Die Masse der F5, F7 und F8 Cabriolets stammte indessen von der Karosseriefabrik Karl Baur (Stuttgart), die von 1936 bis 1940 etwa 15.000 Stück lieferte, sowie von den Horch-Werken, die schätzungsweise eine Stückzahl in ähnlicher Größenordnung beigetragen haben dürften. Die F7 und F8 Cabriolets beider Firmen unterscheiden sich in gewissen Einzelheiten, woraus der Kenner die jeweilige Herkunft ohne weiteres zu bestimmen vermag.
Eine weitere Attraktion war der DKW Front F5 Luxus Sport, ein bestechend aussehender Roadster mit Stahlblechkarosserie – und diese fertigte wiederum die Firma Hornig.
Beim Typ F7, der 1937 erschien, erhielten Reichs- und Meisterklasse die gleiche Karosserie, so dass sich beide äußerlich nur noch in der Ausstattung unterschieden. Der F8 von 1939 hingegen besaß einen breiteren Rahmen und eine andere Vorderradaufhängung. Diese Fahrgestelländerungen gehörten bereits zur Vorbereitung auf den Typ F9, der 1940 mit Dreizylindermotor und Kunststoffkarosserie erscheinen sollte. Erst nach 1945 begann die F9-Produktion in Fortführung dieser Konstruktion in der so genannen »Ostzone«, der späteren DDR, unter neuen politischen, wirtschaftlichen, gesellschaftlichen und technischen Gegebenheiten. Zu ihnen zählten auch die Änderung der Markenidentität DKW in IFA. Auf diesen Prozess näher einzugehen, gehört indes nicht zum Anliegen dieser Dokumentation; im Übrigen ist die IFA-Typengeschichte von kompetenter Seite mehrfach und in aller Ausführlichkeit dargestellt worden.

**Zweizylindermotor des DKW Front Typ F 7 (20 PS/3500), 1937.**

**DKW Front FA 600 (F 1) mit einer viersitzigen Cabriolet-Sonderkarosserie von Hornig (Meerane), angefertigt für J. S. Rasmussen**

DKW Front Typ F5 K 600 Reichsklasse (Einheits-Zweisitzer), 1936.

DKW Front Typ F5 Cabriolimousine, 1936

DKW Meisterklasse 601 Typ F2 Cabriolimousine, 1932–1934.

| | DKW Front<br>Typ FA 600<br>1931/32 | | DKW Meisterklasse 601<br>Typ F 2<br>1932/33 |
|---|---|---|---|
| **Motor** | Zweitakt<br>(Zweikanalsystem mit Nasenkolben) | | |
| Zylinderzahl | 2 (Reihe) | | |
| Bohrung x Hub | 74 x 68 mm | | |
| Hubraum | 584 ccm | | |
| Leistung | 15 PS bei 3500 U/min | | |
| Drehmoment | | | |
| Verdichtung | 1:5,5 | | |
| Vergaser | 1 Flachstromvergaser Solex FH 26 | | |
| Ventile | Ohne | | |
| Kurbelwellenlager | 5 | | |
| Kühlung | Thermosyphon, 6 Liter Wasser | | |
| Schmierung | Zweitakt-Gemisch 1:25 | | |
| Batterie | 6 V 45 Ah (im Motorraum) | | |
| Lichtmaschine | Dynastart 90 W | | |
| **Kraftübertragung** | Frontantrieb<br>Motor-Getriebe-Block quer hinter Vorderachse | | |
| Kupplung | Mehrscheibenkupplung in Öl | | |
| Schaltung | Krückstockschaltung an Armaturentafel | | |
| Getriebe | 3 Gang | | |
| Synchronisierung | Ohne | | |
| Übersetzungen | I. 3,17 – II. 1,69 – III. 1,00 | | |
| Übersetzung Motor/Getriebe | 2:1 (Doppelkette in Öl) | | |
| Antriebs-Übersetzung | 3,05 | 3,05 | 3,26 |
| **Rahmen und Fahrwerk** | Hilfsrahmen<br>(eng beisammenliegende<br>U-Profil-Längsträger)<br>Roadster 2 Sitze:<br>Sperrholzkarosserie mit Kunstlederbezug<br>Roadster 2-3 Sitze:<br>Holz-Stahl-Karosserie | Hilfsrahmen<br>(eng beisammenliegende<br>U-Profil-Längsträger)<br>Cabrio 2 und 4 Sitze:<br>Sperrholzkarosserie mit Kunstlederbezug<br>Limousine:<br>Ganzstahlkarosserie | Hilfsrahmen<br>(eng beisammenliegende<br>U-Profil-Längsträger)<br>Sperrholzkarosserie mit<br>Kunstlederbezug |
| Vorderradaufhängung | achslos, 2 Querfedern | achslos, 2 Querfedern | achslos, 2 Querfedern |
| Hinterradaufhängung | achslos, 2 Querfedern | achslos, 2 Querfedern | achslos, 2 Querfedern |
| Lenkung | Schnecke | Schnecke | Schnecke |
| Fußbremse | Mechanisch, 4 Räder, Trommel-ø180 mm | Mechanisch, 4 Räder, Trommel-ø180 mm | Mechanisch, 4 Räder, Trommel-ø 210 mm |
| Handbremse | Mechanisch, Hinterräder | Mechanisch, Hinterräder | Mechanisch, Hinterräder |
| Schmierung | Daueröler | Daueröler | Nippel |
| **Allgemeine Daten** | | | |
| Radstand | 2100 mm | 2400 mm | 2610 mm |
| Spur vorn/hinten | 1100/1100 mm | 1100/1100 mm | 1100/1100 mm |
| Gesamtmaße | 3100 x 1300 x 1250 mm | 3400 x 1300 x 1370<br>(Viersitzer) 1480 mm | 3895 x 1480 x 1500 mm |
| Räder | Scheiben | Scheiben | Scheiben |
| Reifen | 3,50 – 19 | 4,00 – 19 | 4,00 – 19 |
| Wendekreis | | | 12 Meter |
| Wagengewicht | 450 kg | Cabrio 2 (2) Sitze 500 kg<br>Cabrio-Limousine 580 kg<br>Limousine 500 kg | 690 kg |
| Zuläss. Belastung | 250 kg | 300 bis 350 kg | 320 kg |
| Höchstgeschwindigkeit | 75 km/h | 75 km/h | 75 km/h |
| Verbrauch/100 km | 8 Liter Gemisch | 8 Liter Gemisch | 8 Liter Gemisch |
| Kraftstofftank | 25 Liter (im Motorraum) | 25 Liter (im Motorraum) | 28 Liter (im Motorraum) |
| **Preise** | Roadster 2 Sitze (1931/32)<br>RM 1750,–<br>Roadster 2-3 Sitze (1931/32)<br>RM 1825,– | Cabrio 2 (2) Sitze (1931/32)<br>RM 1985,–<br>Cabrio-Limousine (1932)<br>RM 2100,–<br>Limousine 2 Türen (1932)<br>RM 2400,– | Cabrio-Limousine 2 Türen<br>RM 2495,–<br>Cabrio 2 (2) Sitze (1933)<br>RM 2495,– |

| DKW Reichsklasse<br>Typ F 2<br>1933-1935 | DKW Meisterklasse 701<br>DKW Front Zweisitzer Typ F 2<br>1933/34 (1935) | DKW Meisterklasse<br>Typ F 4<br>1934/35 | DKW Front Zweisitzer<br>Typ F 5 K-600<br>1936 | DKW Reichsklasse<br>Typ F 5 K-600<br>1935/36 |
|---|---|---|---|---|
| Zweitakt | | | | |
| (Dreikanalsystem mit Umkehrspülung und Flachkolben) | | | | |
| 2 (Reihe) | 2 (Reihe) | | 2 (Reihe) | |
| 74 x 68 mm | 76 x 76 mm | | 74 x 68 mm | |
| 584 ccm | 692 ccm | | 584 ccm | |
| 18 PS bei 3500 U/min | 20 PS bei 3500 U/min | | 18 PS bei 3500 U/min | |
| | 5,8 mkg bei 2300 U/min | | | |
| 1:5,7 | 1:5,7 | | 1:5,9 | |
| 1 Flachstromvergaser Solex 26 BFL | | | | |
| Ohne | | | | |
| 3 x 2 | | | | |
| Thermosyphon, 8 Liter Wasser | | | | |
| Zweitakt-Gemisch 1:25 | | | | |
| 6 V 45 Ah (im Motorraum) | 6 V 60 Ah (im Motorraum) | | 6 V 45 Ah (im Motorraum) | |
| Dynastart 90 W | Dynastart 90 W | | Dynastart 90 W | |
| Frontantrieb | | | | |
| Motor-Getriebe-Block quer hinter Vorderachse | | | | |
| Mehrscheibenkupplung in Öl | | | | |
| Krückstockschaltung an Armaturentafel | | | | |
| 3 Gang | 3 Gang mit sperrbarem Freilauf | | 3 Gang | |
| Ohne | Ohne | | Ohne | |
| I. 3,17 – II. 1,69 – III. 1,00 | I. 3,17 – II. 1,69 – III. 1,00 | | I. 3,17 – II. 1,69 – III. 1,00 | |
| 2:1 (Doppelkette in Öl) | 2:1 (Doppelkette in Öl) | | 2:1 (Doppelkette in Öl) | |
| 3,26 | 3,05 | | 3,26 | |
| Hilfsrahmen | | | Zentralkastenrahmen | |
| (eng beisammenliegende | | | Sperrholzkarosserie mit | |
| U-Profil-Längsträger) | | | Kunstlederbezug | |
| Sperrholzkarosserie mit | | | | |
| Kunstlederbezug | | | | |
| achslos, 2 Querfedern | | | achslos, 2 Querfedern | |
| achslos, 2 Querfedern | | | starr, 1 Querfeder hochliegend (»Schwebeachse«) | |
| Schnecke | | | Schnecke | |
| Mechanisch, 4 Räder, Trommel-ø 210 mm | | | Mechanisch, 4 Räder, Trommel-ø 210 mm | |
| Mechanisch, Hinterräder | | | Mechanisch, Hinterräder | |
| Nippel | Zentral | Zentral | Nippel | Nippel |
| | | | | |
| 2610 mm | 2610 mm | 2610 mm | 2400 mm | 2610 mm |
| 1100/1100 mm | 1110/1220 mm | 1110/1220 mm | 1110/1220 mm | 1110/1220 mm |
| 3895 x 1480 x 500 mm | 3985 x 1480 x 1500 bzw. | 3985 x 1465 x 1500 mm | 3450 x 1450 x 1440 mm | 3750 x 1430 x 1480 |
| | 3750 x 1450 x 1465 mm | | | |
| Scheiben | Scheiben oder Drahtspeichen | | Scheiben | Scheiben |
| 4,00 – 19 | 4,00 – 19 oder 4,50 – 17 | 4,50 – 17 | 400 – 19 | 4,00 – 19 |
| 12 Meter | 12 Meter | 12 Meter | | 12 Meter |
| 690 kg | 750 kg | 750 kg | 650 kg | 700 kg |
| | Zweisitzer 700 kg | | | |
| 350 kg | 350 kg | 350 kg | | 350 kg |
| 80 km/h | 85 (90) km/h | 85 km/h | 80 km/h | 80 km/h |
| 7 Liter Gemisch | 7 Liter Gemisch | 7 Liter Gemisch | 7 Liter Gemisch | 7 Liter Gemisch |
| 28 Liter (Motorraum) | 28 Liter (Motorraum) | 28 Liter (Motorraum) | 28 Liter (Motorraum) | 28 Liter (Motorraum) |
| Limousine 2 Türen | Cabrio-Limousine | Limousine 2 Türen | Cabrio 2 Sitze | Limousine 2 Türen |
| RM 1865,– | RM 2495,– | RM 2500,– | RM 1750,– | RM 1795,– |
| Cabrio-Limousine | Cabrio 2 (2) Sitze | Cabrio-Limousine | | Cabrio-Limousine |
| RM 1990,– | RM 2250,– | RM 2600,– | | RM 1880,– |

DKW Front F2 Roadster für die Fernfahrt Lüttich-Rom-Lüttich, 1933. Weiße Kotflügelkanten sollten zur besseren Wahrnehmung im Dunkeln dienen.

DKW Front F4 Meisterklasse Cabriolimousine, 1934–1935.

DKW Front F5-700 Cabriolet, 1935–1936.

| | DKW Meisterklasse<br>Typ F 5 – 700<br>1935/36 | DKW Front Luxus Cabriolet<br>Typ F 5 – 700<br>1936/37 | DKW Front Luxus Sport<br>Typ F 5 K – 700<br>1936/37 |
|---|---|---|---|
| **Motor** | Zweitakt | | |
| | (Dreikanalsystem m Umkehrspülung und Flachkolben) | | |
| Zylinderzahl | 2 (Reihe) | | |
| Bohrung x Hub | 76 x 76 mm | | |
| Hubraum | 692 ccm | | |
| Leistung | 20 PS bei 3500 U/min | | |
| Drehmoment | 5,8 mkg bei 2300 U/min | | |
| Verdichtung | 1:5,9 | | |
| Vergaser | 1 Flachstromvergaser Solex 30 BFLH/44 | | |
| Ventile | Ohne | | |
| Kurbelwellenlager | 3 x 2 | | |
| Kühlung | Thermosyphon, 8 Liter Wasser | | |
| Schmierung | Zweitakt-Gemisch 1:25 | | |
| Batterie | 6 V 60 Ah (im Motorraum) | | |
| Lichtmaschine | Dynastart 90 W | | |
| **Kraftübertragung** | Frontantrieb | | |
| | Motor-Getriebe-Block quer hinter Vorderachse | | |
| Kupplung | Mehrscheibenkupplung in Öl | | |
| Schaltung | Krückstockschaltung an Armaturentafel | | |
| Getriebe | 3 Gang mit sperrbarem Freilauf | | |
| Synchronisierung | Ohne | | |
| Übersetzungen | I. 3,17 – II. 1,69 – III. 1,00 | | |
| Übersetzung Motor/Getriebe | 2:1 (Doppelkette in Öl) | | |
| Antriebs-Übersetzung | 3,05 | | |
| **Rahmen und Fahrwerk** | Zentralkastenrahmen | Zentralkastenrahmen | Zentralkastenrahmen |
| | Sperrholzkarosserie mit Kunstlederbezug | Holz-Stahl-Karosserie | Holz-Stahl-Karosserie |
| Vorderradaufhängung | achslos, 2 Querfedern | | |
| Hinterradaufhängung | starr, 1 Querfeder hochliegend (»Schwebeachse«) | | |
| Lenkung | Schnecke | | |
| Fußbremse | Mechanisch, 4 Räder | | |
| | Trommel-ø 210 mm | | |
| Handbremse | Mechanisch, Hinterräder | | |
| Schmierung | Nippel | | |
| **Allgemeine Daten** | | | |
| Radstand | 2610 mm | 2610 mm | 2500 mm |
| Spur vorn/hinten | 1110/1220 mm | 1110/1220 mm | 1110/1220 mm |
| Gesamtmaße | 3985 x 1465 x 1500 mm | 3995 x 1480 x 1440 mm | 3745 x 1440 x 1410 mm<br>(Höhe mit Verdeck) |
| Räder | Scheiben oder Drahtspeichen | Drahtspeichen | Drahtspeichen |
| Reifen | 4,50 – 17 | 4,50 – 17 | 4,50 – 17 |
| Wendekreis | 12 Meter | 12 Meter | |
| Wagengewicht | 770 kg | Cabriolet 2 Sitze 790 kg<br>Cabriolet 4 Sitze 820 kg | 700 kg |
| Zuläss. Belastung | 330 kg | | |
| Höchstgeschwindigkeit | 85 km/h | 85 km/h | 90 km/h |
| Verbrauch/100 km | 7 Liter Gemisch | 7 Liter Gemisch | 7 Liter Gemisch |
| Kraftstofftank | 32 Liter (im Motorraum) | 28 Liter (im Motorraum) | 50 Liter (im Motorraum) |
| **Preise** | Limousine 2 Türen | Cabriolet 2 Sitze | Zweisitzer offen |
| | RM 2350,–<br>Cabrio-Limousine 2 Türen<br>RM 2450.– | 1936/37: RM 3350,–<br>Cabriolet 4 Sitze<br>1937: RM 3500,– | 1936/37: RM 3000,– |

DKW F5 K-700 Luxus Sportzweisitzer, 1936–1937.

Demonstration einer Belastungsprobe (kein Klemmen der Türen) des hölzernen Karosseriekörpers bei einem DKW F7, 1937.

DKW Front Typ F5-700, Cabriolet zweisitzig, 1936–1937.
Zu den Besonderheiten zählten Speichenfelgen und Chromstoßstangen.

| | DKW Reichsklasse<br>Typ F 7 – 600<br>1937/38 | DKW Meisterklasse<br>Typ F 7 – 700<br>1937/38 | DKW Front Luxus Cabriolet<br>Typ F 7 – 700<br>1938 |
|---|---|---|---|
| **Motor** | | Zweitakt | |
| | | (Dreikanalsystem mit Umkehrspülung und Flachkolben) | |
| Zylinderzahl | | 2 (Reihe) | |
| Bohrung x Hub | 74 x 68 mm | 76 x 76 mm | 76 x 76 mm |
| Hubraum | 584 ccm | 692 ccm | 692 ccm |
| Leistung | 18 PS bei 3500 U/min | 20 PS bei 3500 U/min | 20 PS bei 3500 U/min |
| Drehmoment | | 5,8 mkg bei 2300 U/min | 5,8 mkg bei 2300 U/min |
| Verdichtung | 1:5,9 | 1:5,9 | 1:5,9 |
| Vergaser | 1 Flachstromvergaser<br>Solex 30 BFLH/55 | 1 Flachstromvergaser<br>Solex 30 BFLH/44 | 1 Flachstromvergaser<br>Solex 30 BFLH/44 |
| Ventile | Ohne | Ohne | Ohne |
| Kurbelwellenlager | 3 x 2 | 3 x 2 | 3 x 2 |
| Kühlung | Thermosyphon, 8 Liter Wasser | Thermosyphon, 8 Liter Wasser | Thermosyphon, 8 Liter Wasser |
| Schmierung | Zweitakt-Gemisch 1:25 | Zweitakt-Gemisch 1:25 | Zweitakt-Gemisch 1:25 |
| Batterie | 6 V 45 Ah (im Motorraum) | 6 V 60 Ah (im Motorraum) | 6 V 60 Ah (im Motorraum) |
| Lichtmaschine | Dynastart 150 W | Dynastart 150 W | Dynastart 150 W |
| **Kraftübertragung** | | Frontantrieb | |
| | | Motor-Getriebe-Block quer hinter Vorderachse | |
| Kupplung | | Mehrscheibenkupplung in Öl | |
| Schaltung | | Krückstockschaltung an Armaturentafel | |
| Getriebe | 3 Gang | 3 Gang<br>mit sperrbarem Freilauf | 3 Gang<br>mit sperrbarem Freilauf |
| Synchronisierung | Ohne | Ohne | Ohne |
| Übersetzungen | I. 3,17 – II. 1,69 – III. 1,00 | I. 3,17 – II. 1,69 – III. 1,00 | I. 3,17 – II. 1,69 – III. 1,00 |
| Übersetzung Motor/Getriebe | 2:1 (Doppelkette in Öl) | 2:1 (Doppelkette in Öl) | 2:1 (Doppelkette in Öl) |
| Antriebs-Übersetzung | 3,26 | 3,05 | 3,05 |
| **Rahmen und Fahrwerk** | Zentralkastenrahmen | Zentralkastenrahmen | Zentralkastenrahmen |
| | Sperrholzkarosserie mit<br>Kunstlederbezug | Sperrholzkarosserie mit<br>Kunstlederbezug | Holz-Stahl-Karosserie |
| Vorderradaufhängung | | achslos, 2 Querfedern | |
| Hinterradaufhängung | | starr,1 Querfeder hochliegend (»»Schwebeachse«) | |
| Lenkung | | Schnecke | |
| Fußbremse | | Mechanisch, 4 Räder<br>Trommel-ø 210 mm | |
| Handbremse | | Mechanisch, Hinterräder | |
| Schmierung | | Nippel | |
| **Allgemeine Daten** | | | |
| Radstand | 2610 mm | 2610 mm | 2610 mm |
| Spur vorn/hinten | 1150/1250 mm | 1150/1250 mm | 1150 x 1250 mm |
| Gesamtmaße | 3895 (3985) x 1480 x 1500 mm<br>Cabrio 2 (2) Sitze:<br>3895 (3985) x 1480 x 1440 mm | 3985 x 1480 x 1500 mm<br>Cabrio 2 (2) Sitze:<br>3985 x 1480 x 1440 mm | 3995 x 1480 x 1440 mm |
| Räder | Scheiben | Scheiben oder Drahtspeichen | Drahtspeichen |
| Reifen | 4,00 – 19 | 4,50 – 17 | 4,50 – 17 |
| Wendekreis | 12 Meter | 12 Meter | 12 Meter |
| Wagengewicht | 700 kg | 750 kg | Cabriolet 2 Sitze 790 kg<br>Cabriolet 4 Sitze 820 kg |
| Zuläss. Belastung | 320 kg | 350 kg | |
| Höchstgeschwindigkeit | 80 km/h | 85 km/h | 85 km/h |
| Verbrauch/100 km | 7 Liter Gemisch | 7 Liter Gemisch | 7 Liter Gemisch |
| Kraftstofftank | 32 Liter (im Motorraum) | 32 Liter (im Motorraum) | 32 Liter (im Motorraum) |
| **Preise** | Cabrio 2 Sitze | Cabrio 2 (2) Sitze | Cabriolet 2 Sitze |
| | RM 1650,–<br>Limousine 2 Türen<br>RM 1795,–, Spezial RM 1895,–<br>Cabrio Limousine 2 Türen<br>RM 1880,–, Spezial RM 1980,– | RM 2175,–<br>Limousine 2 Türen<br>RM 2350,–<br>Cabrio-Limousine 2 Türen<br>RM 2450,– | RM 3350,–<br>Cabriolet 4 Sitze<br>RM 3500,– |

DKW Front Typ F8-700 Meisterklasse Limousine, 1939–1942. Die Aufnahme entstand in Ungarn.

Links: DKW Front Typ F8-700 Meisterklasse Limousine, 1939. Das Foto wurde 1941 in Amsterdam gemacht.

Unten: Für das geplante Langstreckenrennen Berlin-Rom 1939 (das nicht stattfand) entstanden drei DKW-Coupés mit Aluminiumkarosserie nach Entwürfen des Aerodynamikers Paul Jaray; die Fahrzeuge glichen denen von Wanderer. Zur Motorisierung dienten 40 PS starke Zweizylinder-Ladepumpen-Zweitakter.

| | DKW Reichsklasse<br>Typ F 8 – 600<br>1939/40 | DKW Meisterklasse<br>Typ F 8 – 700<br>1939 -1942 | DKW Front Luxus Cabriolet<br>Typ F 8 – 700<br>1939/40 |
|---|---|---|---|
| **Motor** | Zweitakt | | |
| | (Dreikanalsystem mit Umkehrspülung und Flachkolben) | | |
| Zylinderzahl | 2 (Reihe) | | |
| Bohrung x Hub | 74 x 68,5 mm | 76 x 76 mm | 76 x 76 mm |
| Hubraum | 589 ccm | 692 ccm | 692 ccm |
| Leistung | 18 PS bei 3500 U/min | 20 PS bei 3500 U/min | 20 PS bei 3500 U/min |
| Drehmoment | | 5,8 mkg bei 2300 U/min | 5,8 mkg bei 2300 U/min |
| Verdichtung | 1:5,9 | 1:5,9 | 1:5,9 |
| Vergaser | Flachstromvergaser<br>Solex 30 BFLH | 1 Flachstromvergaser<br>Solex 30 BFLH | 1 Flachstromvergaser<br>Solex 30 BFLH |
| Ventile | Ohne | Ohne | Ohne |
| Kurbelwellenlager | 3 x 2 | 3 x 2 | 3 x 2 |
| Kühlung | Thermosyphon, 8 Liter Wasser | Thermosyphon, 8 Liter Wasser | Thermosyphon, 8 Liter Wasser |
| Schmierung | Zweitakt-Gemisch 1:25 | Zweitakt-Gemisch 1:25 | Zweitakt-Gemisch 1:25 |
| Batterie | 6 V 45 Ah (im Motorraum) | 6 V 60 Ah (im Motorraum) | 6 V 60 Ah (im Motorraum) |
| Lichtmaschine | Dynastart 150 W | Dynastart 150 W | Dynastart 150 W |
| **Kraftübertragung** | Frontantrieb | | |
| | Motor-Getriebe-Block quer hinter Vorderachse | | |
| Kupplung | Mehrscheibenkupplung in Öl | | |
| Schaltung | Krückstockschaltung an Armaturentafel | | |
| Getriebe | 3 Gang | 3 Gang<br>mit sperrbarem Freilauf | 3 Gang<br>mit sperrbarem Freilauf |
| Synchronisierung | Ohne | Ohne | Ohne |
| Übersetzungen | I. 3,43 – II. 1,69 – III. 1,00 | I. 3,43 – II. 1,69 – III. 1,00 | I. 3,43 – II. 1,69 – III. 1,00 |
| Übersetzung Motor/Getriebe | 2:1 (Doppelkette in Öl) | 2:1 (Doppelkette in Öl) | 2:1 (Doppelkette in Öl) |
| Antriebs-Übersetzung | 3,26 | 3,05 | 3,05 |
| **Rahmen und Fahrwerk** | Kastenprofil-Rahmen | Kastenprofil-Rahmen | Kastenprofil-Rahmen |
| | Sperrholzkarosserie mit<br>Kunstlederbezug | Sperrholzkarosserie mit<br>Kunstlederbezug | Holz-Stahl-Karosserie |
| Vorderradaufhängung | achslos, 1 Querfeder oben, Querlenker unten | | |
| Hinterradaufhängung | starr, 1 Querfeder hochliegend (»Schwebeachse«) | | |
| Lenkung | Zahnstange | | |
| Fußbremse | Mechanisch, 4 Räder<br>Trommel-ø 200 mm | | |
| Handbremse | Mechanisch, Hinterräder | | |
| Schmierung | Nippel | | |
| **Allgemeine Daten** | | | |
| Radstand | 2600 mm | 2600 mm | 2600 mm |
| Spur vorn/hinten | 1190/1250 mm | 1190/1250 mm | 1190/1250 mm |
| Gesamtmaße | 3900 x 1490 x 1480 mm | 3990 x 1490 x 1480 mm | 4000 x 1490 x 1480 mm |
| Räder | Scheiben | Scheiben oder Drahtspeichen | Drahtspeichen |
| Reifen | 4,00 – 19 | 5,00 – 16 | 5,00 – 16 |
| Wendekreis | 12 Meter | 12 Meter | 12 Meter |
| Wagengewicht | 700 kg<br>Cabrio 2 (2) Sitze 680 kg | 750 kg<br>Cabrio 2 (2) Sitze 710 kg | Cabriolet 2 Sitze 790 kg<br>Cabriolet 4 Sitze 830 kg |
| Zuläss. Belastung | 340 kg | 370 kg | |
| Höchstgeschwindigkeit | 80 km/h | 85 km/h | 85 km/h |
| Verbrauch/100 km | 7 Liter Gemisch | 7 Liter Gemisch | 7 Liter Gemisch |
| Kraftstofftank | 32 Liter (im Motorraum) | 32 Liter (im Motorraum) | 32 Liter (im Motorraum) |
| **Preise** | Cabrio 2 Sitze | Cabrio 2 (2) Sitze | Cabriolet 2 Sitze |
| | RM 1650,–<br>Limousine 2 Türen<br>RM 1795,–, Spezial RM 1895,–<br>Cabrio-Limousine 2 Türen<br>RM 1880,–, Spezial RM 1980,– | RM 2175,–<br>Limousine 2 Türen<br>RM 2350,–<br>Cabrio-Limousine 2 Türen<br>RM 2450,– | RM 3350,–<br>Cabriolet 4 Sitze<br>RM 3500,– |

# DKW Automobile aus Düsseldorf und Ingolstadt

Als nach dem Zweiten Weltkrieg die Werke der Auto Union von der sowjetischen Besatzungsmacht großenteils als Reparation demontiert und in die UdSSR verbracht wurden, ging für die Zschopauer eine Ära zu Ende, denn vom Motoren- und Fahrzeugbau lebte die Stadt. Doch schon bald wurde dort angeknüpft, wo man bei Kriegsbeginn aufgehört hatte.
Die wirtschaftlich interessanteren Aspekte verhieß nach dem Kriege jedoch der Westen. Dort entstand auf Initiative ehemaliger führender Auto Union-Mitarbeiter zunächst ein Zentraldepot für DKW-Ersatzteile, und zwar in Ingolstadt. Hier wurde auch das Zschopauer Motorrad-Vorkriegsmodell, die DKW RT 125, wieder aufgelegt, gleichzeitig produzierte man es auch in Zschopau. Ferner entstand in Ingolstadt ab 1949 ein Lieferwagen in Frontlenker-Bauweise, der DKW Schnelllaster, der sich vor dem Erscheinen des VW Transporters großer Beliebtheit erfreute. In Düsseldorf fand sich ein ehemaliger Rüstungsbetrieb, den man ab 1950 ebenfalls zur Produktion und Unterbringung von Verwaltungsabteilungen nutzte. Die Marke DKW erlebte eine neue Blütezeit, die allerdings nicht von langer Dauer sein sollte, denn die Ära des Zweitakt-Autos ging unaufhaltsam ihrem Ende entgegen.
1958 wurde die Auto Union GmbH von der Daimler-Benz AG aufgekauft; nun gab man die Herstellung des Transporters auf und trat den Motorradbau an die Nürnberger Zweirad-Union ab. Die Automobilproduktion fasste man in Ingolstadt zusammen, wo an der Ettinger Straße parallel zum Bahngelände ein großer Fabrikkomplex entstand. In Düsseldorf baute die Daimler-Benz AG jetzt ihren eigenen Transporter.
Anfang 1967 verkaufte Daimler-Benz die Auto Union an Volkswagen, behielt aber das Werk Düsseldorf. VW stellte die Produktion des letzten AU-Zweitaktmodells, des DKW F 102, im Februar 1966 ein, denn inzwischen gab es den Audi, der sich sehr gut verkaufen ließ. Lediglich der Munga blieb noch im Programm, solange ihn die Bundeswehr kaufte. Mit dem letzten Geländewagen, der im Dezember 1968 fertiggestellt wurde, endete die fast fünfzigjährige Geschichte der Zweitaktmotors bei der Auto Union.

## DKW F 89 P Meisterklasse (1950–1954)
## DKW F 89 U Meisterklasse Universal (1951–1954)

Der Typ F 89 P (ursprünglich F 10) war das erste Personenwagenmodell der in der Bundesrepublik neu gegründeten Auto Union GmbH. Im Werk Düsseldorf wurde die Limousine ab August 1950 bis April 1954 gebaut. Zudem fertigte Karmann 5010 Exemplare des Viersitzer-Cabriolets

| Preis | | | |
|---|---|---|---|
| | 1950/51 | 1951/52 | 1953/54 |
| Limousine 2 Türen | DM 5830,– | DM 6030,– | DM 5640,– |
| Cabriolet 4 Sitze | DM 7585,– | DM 7730,– | — |
| Cabriolet 2 Sitze | — | DM 9100,– | — |
| Coupé 2 Sitze | — | DM 9100,– | — |

ab August 1950 bis Ende 1952 sowie Hebmüller in kleiner Stückzahl Zweisitzer-Cabriolets und Coupés ab April 1951 bis Ende 1952. Gesamtproduktion 59.475 Wagen.
Universal: Typ F 89 U: Karosserie zunächst in Holz-Stahl-Gemischtbauweise, ab März 1953 Ganzstahl. Gebaut wurden ab Oktober 1951 bis April 1954 insgesamt 6415 Wagen. Preis des zweitürigen Kombiwagensi DM 6600.

## DKW F 91 Sonderklasse (1953–1955)
## DKW F 91 Sonderklasse Universal (1953–1957)

Der Typ F 91 entsprach als erster serienmäßig gebauter DKW-Dreizylinder weitgehend dem für das Jahr 1940 geplant gewesenen Modell. Gebaut wurden ab März 1953 bis September 1955 insgesamt 57.407 Wagen, darunter

| | DKW Meisterklasse 1950–1954 | DKW Meisterklasse Universal 1951–1954 | DKW Sonderklasse 1953–1955 | DKW Sonderklasse Universal 1953–1957 |
|---|---|---|---|---|
| **Motor** | Zweitakt-Vergasermotor | Zweitakt-Vergasermotor | Zweitakt-Vergasermotor | Zweitakt-Vergasermotor |
| Zylinderzahl | 2 (Reihe) | 2 (Reihe) | 3 (Reihe) | 3 (Reihe) |
| Bohrung x Hub | 76 x 76 mm | 76 x 76 mm | 71 x 76 mm | 71 x 76 mm |
| Hubraum | 684 ccm | 684 ccm | 896 ccm | 896 ccm |
| Leistung | 23 PS bei 4200 U/min | 23 PS bei 4200 U/min | 34 PS bei 2000 U/min | 34 PS bei 2000 U/min |
| Drehmoment | 4,6 mkg bei 2500 U/min | 4,6 mkg bei 2500 U/min | 7 mkg bei 2000 U/min | 7 mkg bei 2000 U/min |
| Verdichtung | 1:6,25 | 1:6,25 | 1:6,5 | 1:6,5 |
| Vergaser | 1 Fallstromvergaser Solex 32 PBJ | 1 Fallstromvergaser Solex 32 PBJ | 1 Fallstromvergaser Solex 40 PBIC | 1 Fallstromvergaser Solex 40 PBIC |
| Ventile | Ohne | Ohne | Ohne | Ohne |
| Kurbelwellenlager | 3 | 3 | 4 | 4 |
| Kühlung | Thermosyphon, 8 Liter Wasser | Thermosyphon, 8 Liter Wasser | Thermosyphon, 9 Liter Wasser | Thermosyphon, 9 Liter Wasser |
| Schmierung | Zweitakt-Gemisch 1: 25 | Zweitakt-Gemisch 1: 25 | Zweitakt-Gemisch 1: 25, ab Juli 1954: Shell-Mixer | Zweitakt-Gemisch 1: 25, ab Juli 1954: Shell-Mixer |
| Batterie | 6 V 75 Ah (im Motorraum) | 6 V 75 Ah (im Motorraum) | 6 V 75 Ah (im Motorraum) | 6 V 75 Ah (im Motorraum) |
| Lichtmaschine | Dynastart-Anlage 150/180 W | Dynastart-Anlage 150/180 W | Lichtmaschine 130 W | Lichtmaschine 130 W |
| **Kraftübertragung** | Frontantrieb, Motor-Getriebe-Block quer vor Vorderachse | Frontantrieb, Motor-Getriebe-Block quer vor Vorderachse | Frontantrieb, Motor-Getriebe-Block quer vor Vorderachse | Frontantrieb, Motor-Getriebe-Block quer vor Vorderachse |
| Kupplung | Ölbad-Mehrscheibenkupplung, ab Januar 1953: Einscheibentrockenkupplung, | Ölbad-Mehrscheibenkupplung, ab Januar 1953: Einscheibentrockenkupplung, | Einscheibentrockenkupplung, | Einscheibentrockenkupplung, |
| Schaltung | Krückstockschaltung an Armaturentafel | Krückstockschaltung an Armaturentafel | Lenkradschaltung | Lenkradschaltung |
| Getriebe | 3 Gang, ab Januar 1953: 4 Gang, Freilauf abschaltbar | 3 Gang, ab Januar 1953: 4 Gang, Freilauf abschaltbar | 3 Gang, alle Modell außer Normal-Limousine ab November 1953: 4 Gang, Freilauf abschaltbar | 3 Gang, alle Modell außer Normal-Limousine ab November 1953: 4 Gang, Freilauf abschaltbar |
| Synchronisierung | Ohne | Ohne | I–II bzw. I–IV | I–II bzw. I–IV |
| Übersetzungen | I. 3,44 II. 1,69 III. 1,00, 4 Gang: I 4,97 II. 2,94 III. 1,63 IV. 1,00 | I. 3,44 II. 1,69 III. 1,00, 4 Gang: I 4,97 II. 2,94 III. 1,63 IV. 1,00 | I. 3,36 II. 1,59 III. 0,93 4 Gang: I 3,82 II. 2,22 III. 1,31 IV. 0,913 | I. 3,36 II. 1,59 III. 0,93 4 Gang: I 3,82 II. 2,22 III. 1,31 IV. 0,913 |
| Antriebs-Übersetzung | 5,72, Universal 6,46 ab Januar 1953: 5,17, Universal 5,82 | 5,72, Universal 6,46 ab Januar 1953: 5,17, Universal 5,82 | 4,72 | 4,72 |
| **Fahrwerk** | Kastenprofil-Rahmen, Ganzstahlkarosserie, Meisterklasse Universal bis März 1953: Karosserie in Holz-Stahl-Gemischtbauweise | Kastenprofil-Rahmen, Ganzstahlkarosserie, Meisterklasse Universal bis März 1953: Karosserie in Holz-Stahl-Gemischtbauweise | Kastenprofil-Rahmen, Ganzstahlkarosserie, Meisterklasse Universal bis März 1953: Karosserie in Holz-Stahl-Gemischtbauweise | Kastenprofil-Rahmen, Ganzstahlkarosserie, Meisterklasse Universal bis März 1953: Karosserie in Holz-Stahl-Gemischtbauweise |
| Vorderradaufhängung | Querlenker unten, 1 Querfeder oben | Querlenker unten, 1 Querfeder oben | Querlenker unten, 1 Querfeder oben | Querlenker unten, 1 Querfeder oben |
| Hinterradaufhängung | Rohr-Starrachse („Schwebeachse"), 1 Querfeder hochliegend | Rohr-Starrachse („Schwebeachse"), 1 Querfeder hochliegend | Rohr-Starrachse („Schwebeachse"), 1 Querfeder hochliegend | Rohr-Starrachse („Schwebeachse"), 1 Querfeder hochliegend |
| Lenkung | Zahnstange (15,35:1), 2,4 Lenkraddrehungen | Zahnstange (15,35:1), 2,4 Lenkraddrehungen | Zahnstange (15,35:1), 2,4 Lenkraddrehungen | Zahnstange (15,35:1), 2,4 Lenkraddrehungen |
| Fußbremse | Hydraulik, Trommel-Ø 230 mm, Bremsfläche 544 cm² | Hydraulik, Trommel-Ø 230 mm, Bremsfläche 544 cm² | Hydraulik, Trommel-Ø 230 mm, Bremsfläche 544 cm² | Hydraulik, Trommel-Ø 230 mm, Bremsfläche 544 cm² |
| Handbremse | Seilzug auf Hinterräder | Seilzug auf Hinterräder | Seilzug auf Hinterräder | Seilzug auf Hinterräder |
| **Allgemeine Daten** | | | | |
| Radstand | 2350 mm | 2450 mm | 2350 mm | 2450 mm |
| Spur vorn/hinten | 1190/1250 mm | 1190/1250 mm | 119011250 mm | 119011250 mm |
| Gesamtmaße | 4200 x 1600 x 1450 mm | 4055 x 1520 x 1555 mm | 4200 x 1600 x 1450 mm | 4120 x 1520 x 1555 mm |
| Felgen | Bis Juni 1952: 3,50 D x 16, ab Juni 1952: 4 J x 15 | Bis Juni 1952: 3,50 D x 16, ab Juni 1952: 4 J x 15 | 4 J x 15 | 4 J x 15 |
| Reifen | Bis Juni 1952: 5,50-16, ab Juni 1952: 5,20-15, ab Jan. 1953: 5,60-15 | Bis Juni 1952: 5,50-16, ab Juni 1952: 5,60-15 | 5.60-15 | 5,60-15 |
| Wendekreis | 11,7 Meter | 12 Meter | 11,7 Meter | 12 Meter |
| Wagengewicht | 860 kg, Cabriolet 890 kg | 900 kg | 910 kg, Cabriolet 940 kg | 925 kg |
| Zuläss. Gesamtgewicht | 1280 kg | 1300 kg | 1260 kg | 1325 kg |
| Höchstgeschwindigkeit | 100 km/h | 95 km/h | 120 km/h | 110 km/h |
| Beschleunigung 0–100 km/h | 55 sec | — | 34 sec | |
| Verbrauch/100 km | 8,5 Liter | 9 Liter | 10 Liter | 10,5 Liter |
| Kraftstofftank | 32 Liter (im Heck) | 32 Liter (im Heck) | 32 Liter (im Heck) | 32 Liter (im Heck) |

1550 Cabriolets bei der Firma Karmann. Die Limousinen-Karosserie war bis Sommer 1954 mit Meisterklasse identisch, während ab Juli 1954 nur noch die Karosserie mit Panorama-Heckscheibe produziert wurde. Das Luxus-Coupé (kein Coupé im eigentlichen Sinn) unterschied sich von der Limousine durch pfostenlose Seitenfenster sowie reichere Ausstattung.
Der DKW F 91 U Universal Kombiwagen wurde vom September 1953 bis Juni 1957 in einer Stückzahl von 15.193 gebaut. Das Fahrzeug kostete DM 6600, ab September 1955 nur mehr DM 6270.

### Großer DKW F 93 / F 94 3=6 (1955–1959)<br>DKW F 93 / F 94 Universal 3=6 (1957–1959)

Um zehn Zentimeter breiter gemachte DKW Sonderklasse mit entsprechend erhöhter Motorleistung. Vom 38 PS

| Preis | | | |
|---|---|---|---|
| | 1953/54 | ab Juli 1954 | 1955 |
| Normal-Limousine 2 Türen | DM 6040,– | DM 5440,– | DM 5170,– |
| Spezial-Limousine 2 Türen | DM 6290,– | DM 5940,– | DM 5670,– |
| Luxus-Coupé 4 Sitze | DM 7000,– | DM 6440,– | DM 6070,– |
| Cabriolet 4 Sitze | DM 7800,– | DM 7440,– | DM 7440,– |
| Cabriolet 2 Sitze | DM 8800,– | DM 8800,– | DM 8800,– |
| Coupé 2 Sitze | DM 8800,– | DM 8800,– | DM 8800,– |

starken Typ F 93 (September 1955 bis Januar 1957) und vom 40-PS-Typ F 94 (Januar 1957 bis Juli 1959) wurden insgesamt 137.800 Wagen gebaut. F-94-Coupé und -Zweitüren-Limousine ab September 1957 mit vorn statt hinten angeschlagenen Türen. Von den beiden F-93-Cabriolets, gebaut bei Karmann, wurden nur noch 667 Stück

| Preis | | | |
|---|---|---|---|
| | F 93 1955/56 | F 94 1957 | F94 1958/59 |
| Normal-Limousine 2 Türen | DM 5455,– | DM 5570,– | 1958/59 |
| Spezial-Limousine 2 Türen | DM 5855,– | DM 5970,– | — |
| Luxus-Coupé 4 Sitze | DM 6155,– | DM 6350,– | DM 5775,– |
| Limousine 4 Türen | DM 6655,– | DM 6670,– | DM 6475,– |
| Cabriolet 4 Sitze | DM 7455,– | — | DM 6775,– |
| Cabriolet 2 Sitze | DM 8055,– | — | — |

ausgeliefert. Universal: Typ F 94 U. (Einen dem Typ F 93 entsprechenden Universal gab es nicht.) Gebaut wurden ab Februar 1957 bis Juli 1959 insgesamt 19.531 Wagen. Preis des zweitürigen Kombiwagens: DM 6670.

### DKW 3=6 Monza (1956–1958)

Der Monza war ein Sport-Coupé, zweisitzig, mit Kunststoff-Karosserie auf dem unveränderten Fahrgestell des Großen DKW 3=6 bzw. des Auto Union 1000. Gebaut wurden 1956 etwa zehn Einzel-Exemplare bei Dannenhauer & Stauss (Stuttgart) und 1957/58 eine kleine Serie von etwa 100 Wagen durch die DKW-Vertretung Fritz

Oben: DKW Meisterklasse Cabriolet (Karosserie Karmann), viersitzig, 1950–1952.

Links: DKW Meisterklasse Limousine, noch mit Dreiganggetriebe (vier Gänge erst ab Januar 1953), 1950–1952.

Oben: DKW Meisterklasse Luxus-Coupé (Hebmüller), 1951–1952.

Unten: DKW Meisterklasse Universal, 1951–1952.

DKW F 91 Meisterklasse Cabriolet (Karosserie Karmann), 1955. Der Wagen ist ein Exponat im Audi Forum, Ingolstadt.

DKW Sonderklasse Luxus-Coupé, 1953–1955.

DKW Sonderklasse Limousine, 1953–1954.

DKW Sonderklasse Cabriolet (Karosserie Karmann), 1953–55.

DKW Sonderklasse Luxus-Cabriolet (Karosserie Karmann), 1953–1955.

DKW Meisterklasse Universal, 1953–1954, äußerlich identisch mit Sonderklasse Universal, 1953–1957.

Rechts oben: Großer DKW 3=6 F 93 Luxus-Coupé von 1955, rechts daneben Sonderklasse Spezial-Limousine, 1953–1955.

Rechts unten: DKW 3=6 Sonderklasse viertürig, 1955.

R849-213
R851-323

R848-356

Rechts: Großer DKW 3=6 (F 93) Spezial-Limousine, 1955–1956.

Links: Großer DKW 3=6 (F 94) Luxus-Coupé, 1957.

Unten: Großer DKW 3=6 (F 94) als viertürige Limousine, gebaut von 1957 bis 1959.

Unten: Armaturentafel des DKW Typ F 94.

| | Großer DKW 3=6, 1955–1959<br>DKW Universal 3=6, 1957–1959<br>Zweitüren-Modelle | Großer DKW 3=6, 1955–1959<br>DKW Universal 3=6, 1957–1959<br>Viertüren-Modelle | Großer DKW 3=6, 1955–1959<br>DKW Universal 3=6, 1957–1959<br>Universal |
|---|---|---|---|
| **Motor** | Zweitakt-Vergasermotor | Zweitakt-Vergasermotor | Zweitakt-Vergasermotor |
| Zylinderzahl | 3 (Reihe) | 3 (Reihe) | 3 (Reihe) |
| Bohrung x Hub | 71 x 76 mm | 71 x 76 mm | 71 x 76 mm |
| Hubraum | 996 ccm | 996 ccm | 996 ccm |
| Leistung | 38 PS bei 4200 U/min | 38 PS bei 4200 U/min | 38 PS bei 4200 U/min |
| Drehmoment | 7,25 mkg bei 3000 U/min | 7,25 mkg bei 3000 U/min | 7,25 mkg bei 3000 U/min |
| Verdichtung | 1:6,5 | 1:6,5 | 1:6,5 |
| Vergaser | 1 Fallstromvergaser Solex 40 JCB | 1 Fallstromvergaser Solex 40 JCB | 1 Fallstromvergaser Solex 40 JCB |
| Ventile | Ohne | Ohne | Ohne |
| Kurbelwellenlager | 4 | 4 | 4 |
| Kühlung | Thermosyphon, 8 Liter Wasser | Thermosyphon, 8 Liter Wasser | Thermosyphon, 8 Liter Wasser |
| Schmierung | Zweitakt-Gemisch 1: 25, Shell-Mixer | Zweitakt-Gemisch 1: 25, Shell-Mixer | Zweitakt-Gemisch 1: 25, Shell-Mixer |
| Batterie | 6 V 75 Ah (im Motorraum) | 6 V 75 Ah (im Motorraum) | 6 V 75 Ah (im Motorraum) |
| Lichtmaschine | 160 W | 160 W | 160 W |
| **Kraftübertragung** | Frontantrieb, Motor vor, Getriebe hinter der Vorderachse | Frontantrieb, Motor vor, Getriebe hinter der Vorderachse | Frontantrieb, Motor vor, Getriebe hinter der Vorderachse |
| Kupplung | Einscheibentrockenkupplung,<br>ab Februar 1957 auf Wunsch: Saxomat | Einscheibentrockenkupplung,<br>ab Februar 1957 auf Wunsch: Saxomat | Einscheibentrockenkupplung,<br>ab Februar 1957 auf Wunsch: Saxomat |
| Schaltung | Lenkradschaltung | Lenkradschaltung | Lenkradschaltung |
| Getriebe | Normal-Limousine: 3 Gang, alle Modelle außer<br>Normal-Limousine: 4 Gang, Freilauf abschaltbar | Normal-Limousine: 3 Gang, alle Modelle außer<br>Normal-Limousine: 4 Gang, Freilauf abschaltbar | Normal-Limousine: 3 Gang, alle Modelle außer<br>Normal-Limousine: 4 Gang, Freilauf abschaltbar |
| Synchronisierung | I–III bzw. I–IV. | I–III bzw. I–IV. | I–III bzw. I–IV. |
| Übersetzungen | I. 3,36 II. 1,59 III. 0,913<br>4 Gang: I. 3,82 II. 2,22 III. 1,31 IV. 0,915 | I. 3,36 II. 1,59 III. 0,913<br>4 Gang: I. 3,82 II. 2,22 III. 1,31 IV. 0,915 | I. 3,36 II. 1,59 III. 0,913<br>4 Gang: I. 3,82 II. 2,22 III. 1,31 IV. 0,915 |
| Antriebs-Übersetzung | 4,72 | 4,72 | 4,72 |
| **Fahrwerk** | Kastenprofil-Rahmen, Ganzstahlkarosserie | Kastenprofil-Rahmen, Ganzstahlkarosserie | Kastenprofil-Rahmen, Ganzstahlkarosserie |
| Vorderradaufhängung | Querlenker unten, 1 Querfeder oben | Querlenker unten, 1 Querfeder oben | Querlenker unten, 1 Querfeder oben |
| Hinterradaufhängung | Rohr-Starrachse („Schwebeachse"),<br>1 Querfeder hochliegend | Rohr-Starrachse („Schwebeachse"),<br>1 Querfeder hochliegend | Rohr-Starrachse („Schwebeachse"),<br>1 Querfeder hochliegend |
| Lenkung | Zahnstange (16,7:1), 2,5 Lenkraddrehungen | Zahnstange (16,7:1), 2,5 Lenkraddrehungen | Zahnstange (16,7:1), 2,5 Lenkraddrehungen |
| Fußbremse | Hydraulik, Trommel-Ø 230 mm, Bremsfläche 678 cm² | Hydraulik, Trommel-Ø 230 mm, Bremsfläche 678 cm² | Hydraulik, Trommel-Ø 230 mm, Bremsfläche 678 cm² |
| **Allgemeine Daten** | Zweitüren-Modelle | Viertüren-Modelle | Universal |
| Radstand | 2350 mm | 2450 mm | 2450 mm |
| Spur vorn/hinten | 1290/1350 mm | 1290/1350 mm | 1290/1350 mm |
| Gesamtmaße | 4225 x 1695 x 1465 mm | 4325 x 1695 x 1490 mm | 4170 x 1640 x 1565 mm |
| Felgen | 4 J x 15 | 4 J x 15 | 4 J x 15 |
| Reifen | 5,60-15 | 5,60-15 | 5,60-15 |
| Wendekreis | 11,6 Meter | 12 Meter | 12 Meter |
| Wagengewicht | 930 kg, Cabriolet 950 kg | 970 kg | 950 kg |
| Zuläss. Gesamtgewicht | 1305 kg | 1350 kg | 1455 kg |
| Höchstgeschwindigkeit | 123 km/h | 115 km/h | 115 km/h |
| Beschleunigung 0–100 km/h | F 93: 29 sec, F 94: 27 sec | | |
| Verbrauch/100 km | 10 Liter | 10,5 Liter | 10,5 Liter |
| Kraftstofftank | 45 Liter (im Heck) | 45 Liter (im Heck) | 45 Liter (im Heck) |

Wenk (Heidelberg). 1956: 38-PS-900-ccm-Motor. Modell 1957/58: 40-PS-900-ccm- oder 44-PS-1000-ccm-Motor. Besondere Daten: Gesamtmaße 4090 x 1710 x 1350 mm. Gewicht 820 kg. 54-Liter Tank. Höchstgeschwindigkeit 135 km/h. Beschleunigung 0–100 km/h in 22 Sekunden. Verbrauch 10 Liter. Preis DM 10.500.

## DKW AU 1000, AU 1000 S (1958–1963)

Gleicher Wagen wie Großer DKW 3=6, jedoch mit auf 1000 ccm vergrößertem Motor. Ab August 1959 bei

| Preis | | |
|---|---|---|
| AU 1000 Coupé de Luxe | (Januar 1958-August 1959) | DM 7125,– |
| AU 1000 Limousine 4 Türen | (Februar 1959-August 1959) | DM 7225,– |
| AU 1000 Limousine 2 Türen | (August 1959-März 1963) | DM 6000,– |
| AU 1000 Coupé 2 Türen | (August 1959-April 1960) | DM 6625,– |
| AU 1000 Universal Kombi | (August 1959-November 1962) | DM 6725,– |
| AU 1000 S Coupé 2 Türen | (August 1959-März 1963) | DM 6700,– |
| AU 1000 S Limousine 4 Türen | (August 1959-November 1962) | DM 7050,– |
| AU 1000 S de Luxe Coupé | (Februar 1962-Juli 1963) | DM 7125,– |

DKW 3=6 Monza Sport-Coupé, Ausführung Dannenhauer & Stauß, 1956–58. Günther Ahrens und Albrecht W. Mantzel hatten das Fahrzeug auf Basis des 3=6 mit extrem leichter Kunststoffkarosserie konstruiert.

DUNLOP

Rekorde in Monza
mit
DKW
3=6
AUTO UNION
Die neuen Rekorde:
4000 Meilen mit 140,839 km/h (bisher 123,13 km/h)
48 Stunden mit 140,961 km/h (bisher 124,83 km/h)
5000 Meilen mit 138,656 km/h (bisher 123,34 km/h)
10000 Kilometer mit 139,453 km/h (bisher 123,89 km/h)
72 Stunden mit 139,459 km/h (bisher 123,14 km/h)
(Diese Zeiten bedürfen noch der Anerkennung durch die FIA
In 72stündiger Vollgasfahrt stellten
GÜNTHER AHRENS - KARLSRUHE
HEINZ MEIER - DUSSELDORF
ROBERTO BARBAY - LUGANO
GEORG THEILER - ZURICH
fünf internationale Automobil-Rekorde
der Klasse G (bis 1100 ccm) auf.
Der DKW-Rekordwagen mit Kunststoff-Karosserie
hatte schlauchlose DUNLOP-Reifen.
AUTO UNION

DKW
10 000 km
Geschichte einer Rekordfahrt
12/1956

Coupé und Zweitüren-Limousine Panorama-Windschutzscheibe sowie (von Mercedes übernommener) Balken-Tachometer mit senkrechter Skala. Hergestellt wurden im Werk Düsseldorf von Januar 1958 bis Juli 1963 insgesamt 171.008 Wagen der Typen AU 1000 und AU 1000 S, dazu von August 1959 bis November 1962 16.421 AU 1000–Universal. Der DKW AU 1000 S war das ausgereifteste Modell der Dreizylinder-Baureihe, bot zeitgemäßen Komfort (ab Herbst 1961 auch vordere Scheibenbremsen) sowie gute Platz- und Sichtverhältnisse, war auch mit Kupplungsautomatik »Saxomat« erhältlich und fand auch außerhalb Deutschlands viele Käufer, besonders in den Niederlanden, in Österreich und in der Schweiz.

DKW AU 1000 Limousine, 1959–1963, Nachfolger des 3=6.

## DKW AU 1000 Sp (1958–1965)

Sportlicher Zweisitzer im Heckflossenstil des amerikanischen Ford Thunderbird 1955–57. Vorgestellt wurde das Modell auf der IAA im September 1957. Gebaut wurden in Zusammenarbeit mit der Karosseriefabrik Karl Baur in Stuttgart von 1958 bis April 1965 insgesamt 5000 Coupés sowie von September 1961 bis April 1965 außerdem

| Preis | |
|---|---|
| Coupé 2 Sitze | DM 11.950,– bzw. (ab August 1959) DM 10.750,– |
| Roadster 2 Sitze | DM 10.750,– |

DKW AU 1000 Coupé de Luxe, 1958–1959, noch ohne Panoramascheibe.

Oben: DKW AU 1000 S viertürig, 1959–1962.

Links: DKW AU 1000 S Coupé de Luxe, 1962–1963, zweifarbig und mit verchromten Radzierblenden.

Unten: Fischereihafen Volendam, Holland, mit DKW AU 1000 Universal Kombiwagen, 1959–1962.

DKW AU 1000 Sp Roadster in der ersten Ausführung mit spitzen Heckflossen, vorgestellt 1958. Die Karosserie wurde bei Baur in Stuttgart gefertigt.

1640 Roadster. Ein überzeugender Sportwagen war der AU 1000 Sp nicht, sollte es wohl auch nicht sein; ein ernst zu nehmender Konkurrent zum Mercedes-Benz 190 SL war er ebenso wenig wie zum VW Karmann-Ghia.

### Vemag-DKW (1953–1968)

Die 1945 gegründete Veículos e Máquinas Agricolas S.A. war eine brasilianische Firma, die Maschinen für die Landwirtschaft herstellte. Sie montierte aber auch Studebaker Personenwagen, bevor 1953 die Lizenzfertigung des DKW F 91 Universal aufgenommen wurde, die bis 1958 währte; etwa 1500 Stück wurden gebaut. Es folgte der F 94 mit Dreizylindermotor. Mit der in Deutschland eher seltenen viertürigen Version des AU 1000 S rechnete man sich ebenfalls gute Absatzchancen (Verwendung meist als Taxis) in Südamerika aus. Im September 1962 wurde auf der Automobilausstellung in São Paulo ferner

| | Auto Union 1000, 1957–1960<br>Auto Union 1000 Universal, 1959–1962 | Auto Union 1000 S, 1959–1963<br>Auto Union 1000 S de Luxe, 1959–1962 | Auto Union 1000 Sp<br>1958–1965 |
|---|---|---|---|
| **Motor** | Zweitakt-Vergasermotor | Zweitakt-Vergasermotor | Zweitakt-Vergasermotor |
| Zylinderzahl | 3 (Reihe) | 3 (Reihe) | 3 (Reihe) |
| Bohrung x Hub | 74 x 76 mm | 74 x 76 mm | 74 x 76 mm |
| Hubraum | 980 ccm | 980 ccm | 980 ccm |
| Leistung | 44 PS bei 4500 U/min | 50 PS bei 4500 U/min | 55 PS bei 4500 U/min |
| Drehmoment | 8 mkg bei 3000 U/min | 8 mkg bei 3000 U/min | 9 mkg bei 3500 U/min |
| Verdichtung | 1:7,25 | 1:7,25 | 1:8,2 |
| Vergaser | 1 Fallstromvergaser Solex40CIB | 1 Fallstromvergaser Solex40CIB | 1 Doppel-Fallstromvergaser Zenith 32/36 NDIX |
| Ventile | Ohne | Ohne | Ohne |
| Kurbelwellenlager | 4 | 4 | 4 |
| Kühlung | Thermosyphon, 8 l Wasser | Thermosyphon, 8 l Wasser | Thermosyphon, 7,5 l Wasser |
| Schmierung | Zweitakt-Gemisch 1:40 Shell-Mixer | Zweitakt-Gemisch 1:40 Shell-Mixer, (ab Sept. 1961) Frischöl-Automatik | Zweitakt-Gemisch 1:40 Shell-Mixer, (ab Sept. 1961) Frischöl-Automatik |
| Batterie | 6 V 75 Ah (im Motorraum) | 6 V 75 Ah (im Motorraum) | 6 V 75 Ah (im Motorraum) |
| Lichtmaschine | 160 W | 160 W | 160 W |
| **Kraftübertragung** | Frontantrieb, Motor vor, Getriebe hinter der Vorderachse | Frontantrieb, Motor vor, Getriebe hinter der Vorderachse | Frontantrieb, Motor vor, Getriebe hinter der Vorderachse |
| Kupplung | Einscheibentrockenkupplung, auf Wunsch (jedoch nicht für 1000 Sp): Saxomat | Einscheibentrockenkupplung, auf Wunsch (jedoch nicht für 1000 Sp): Saxomat | Einscheibentrockenkupplung, auf Wunsch (jedoch nicht für 1000 Sp): Saxomat |
| Schaltung | Lenkradschaltung | Lenkradschaltung | Lenkradschaltung |
| Getriebe | 4 Gang mit Freilauf abschaltbar | 4 Gang mit Freilauf abschaltbar | 4 Gang mit Freilauf abschaltbar |
| Synchronisierung | II–IV, ab Aug. 1959: I–IV | II–IV, ab Aug. 1959: I–IV | II–IV, ab Aug. 1959: I–IV |
| Übersetzungen | I 3,82 II. 2,22 III. 1,31 IV. 0,913 | I 3,82 II. 2,22 III. 1,31 IV. 0,913 | I 3,82 II. 2,22 III. 1,31 IV. 0,913 |
| Antriebs-Übersetzung | 4,72 | 4,72 | 4,375 |
| **Fahrwerk** | Kastenprofil-Rahmen, Ganzstahlkarosserie | Kastenprofil-Rahmen, Ganzstahlkarosserie | Kastenprofil-Rahmen, Ganzstahlkarosserie |
| Vorderradaufhängung | Querlenker unten, 1 Querfeder oben | Querlenker unten, 1 Querfeder oben | Querlenker unten, 1 Querfeder oben |
| Hinterradaufhängung | Rohr-Starrachse („Schwebeachse"), 1 Querfeder hochliegend | Rohr-Starrachse („Schwebeachse"), 1 Querfeder hochliegend | Rohr-Starrachse („Schwebeachse"), 1 Querfeder hochliegend |
| Lenkung | Zahnstange (19,2:1), 2,75 Lenkraddrehungen | Zahnstange (19,2:1), 2,75 Lenkraddrehungen | Zahnstange (19,2:1), 2,75 Lenkraddrehungen |
| Fußbremse | Hydraulik, Trommel-Ø 230 mm, Bremsfläche 6728 cm² bzw. (ab Aug. 1959) 715 cm² | Hydraulik, Trommel-Ø 230 mm, Bremsfläche 6728 cm² bzw. (ab Aug. 1959) 715 cm², Auto Union 1000 S de Luxe: Scheibenbr. vorn 275 mm | Hydraulik, Trommel-Ø 230 mm, Bremsfläche 6728 cm² bzw. (ab Aug. 1959) 715 cm², ab März 1963: Scheibenbr. vorn 275 mm |
| **Allgemeine Daten** | | | |
| Radstand | Modelle 2 Türen: 2350 mm, Limousine 4 Türen: 2450 mm, Universal: 2450 mm | Modelle 2 Türen: 2350 mm, Limousine 4 Türen: 2450 mm | 2350 mm |
| Spur vorn/hinten | 1290/1350 mm | 1290/1350 mm | 1290/1350 mm |
| Gesamtmaße | Modelle 2 Türen:4225 x 1695 x 1465 mm, Limousine 4 Türen: 4325 x 1695 x 1490 mm, Universal: 4210 x 1640 x 1565 mm | Modelle 2 Türen: 4225 x 1695 x 1465 mm, Limousine 4 Türen: 4325 x 1695 x 1490 mm | 4170 x 1680 x 1325 |
| Felgen | 2 Türen: 4 J x 15, 4 Türen und Universal: 4½ J x 15 | 2 Türen: 4 J x 15, 4 Türen und Universal: 4½ J x 15 | 4 J x 15 |
| Reifen | 5,60-15 L (6 PR), Universal: 6,00-15 L (6 PR) | 5,60-15 L (6 PR) | 155 SR 15 |
| Wendekreis | 2 Türen: 11,7 Meter, 4 Türen: 12 Meter, Universal: 12 Meter | 2 Türen: 11,7 Meter, 4 Türen: 12 Meter | 11,5 Meter |
| Wagengewicht | 2 Türen: 930 kg, 4 Türen: 970 kg, Universal: 950 kg | 2 Türen: 930 kg, 4 Türen: 970 kg | 960 kg |
| Zuläss. Gesamtgewicht | 2 Türen: 1305 kg, 4 Türen: 1350 kg, Universal: 1455 kg | 2 Türen: 1305 kg, 4 Türen: 1350 kg | 1200 kg |
| Höchstgeschwindigkeit | 2 Türen: 130 km/h, 4 Türen: 120 km/h, Universal: 120 km/h | 2 Türen: 135 km/h, 4 Türen: 125 km/h | 140 km/h |
| Beschleunigung 0–100 km/h | 26 sec | 24 sec | 23 sec |
| Verbrauch/100 km | 10 bzw. 10,5 Liter | 10 bzw. 10,5 Liter | 10,5 Liter |
| Kraftstofftank | 45 Liter (im Heck) | 45 Liter (im Heck) | 50 Liter (im Heck) |

Links: DKW AU 1000 Sp, Sonderkarosserie Fissore, 1961.
Unten: Geringen Erfolg brachte das Bemühen, den AU 1000 Sp amerikanischen Sportwagen-Liebhabern anzudienen …

DKW AU 1000 Sp in der Ausführung 1961–1965, Heckflossen abgerundet.

Unten: DKW AU 1000 Sp, Händler-Präsentation in Wiesbaden 1961.

Das DKW AU 1000 Sp Coupé gab es von 1958 bis 1965, ab März 1963 mit vorderen Scheibenbremsen. Die Nachfrage war stets gering.

Oben: Vemag-DKW Typ F 94 als Viertürer, 1959.

Links: Vemag-DKW Kombiwagen, 1961.

Rechts: Aus brasilianischer Produktion stammender AU 1000 Baujahr 1957 in einem Museum in den USA.

der in Brasilien gebaute Vemag-Fissore gezeigt. Der Stufenheck-Wagen war in Zusammenarbeit mit dem italienischen Designstudio Fissore entstanden. In Abwandlung der deutschen Karosserien wiesen die von Fissore etwas elegantere und zeitgemäßere Linien auf. In Brasilien hießen die DKW-Lizenzversionen Belcar, Elcar und Vemaguet. Von letzterem kam 1963 eine vereinfachte Version als Typ Caicara hinzu; 1965 folgte das Modell Pracinha. Auch vom Geländewagen DKW Munga (s. Seite 159) gab es eine Vemag-Lizenzversion, die in rund 7500 Exemplaren gebaut wurde und zuerst Jipe, später Candango hieß. Die meisten Allradfahrzeuge taten auf Plantagen und im Vermessungswesen Dienst. Es gab den Vemag-Munga auch in einer Ausführung nur mit Frontantrieb.
Die Vemag SA wurde Ende 1966 von Volkswagen do Brasil übernommen; Anfang 1968 wurde die DKW-Fertigung zugunsten der VW-Produktreihen eingestellt.

## DKW Junior (1959–1962)
## DKW Junior de Luxe (1961–1963)

Der Prototyp des DKW Junior mit 660-ccm-Zweizylindermotor war auf der IAA im September 1957 zu sehen. Endgültige Ausführung mit 750-ccm-Dreizylindermotor im neu errichteten Werk Ingolstadt gebaut ab August 1959 bis Ende 1962, insgesamt 118.968 Wagen. In seiner Konzeption entsprach das Auto den Vorkriegsmodellen, indem es für wenig Geld viel Mobilitätsvergnügen bot; es wies sportliche Qualitäten auf. war ein dankbares Tuningobjekt und wurde auch häufig im Rallyesport und bei Rundstreckenrennen eingesetzt; es gab eine aktive Clubszene. Die weitgehend problemlose Zweitüren-Limousine (einen Viertürer hat es nie gegeben) kostete DM 4950. Etwas attraktiver war der DKW Junior de Luxe mit 800 statt 750 ccm sowie Frischölautomatik und besserer Ausstattung. Von Juli 1961 bis August 1963 wurden 118.619 Wagen gebaut. Preis: DM 5225; ab März 1962 DM 5375.

## DKW F 11, F 12 (1963–1965)

F 11: Einfach ausgestattetes Standardmodell mit der Karosserie des F 12 und der Mechanik des Junior de Luxe. Ab September 1963 bis Juni 1965 wurden 30.738 Wagen gebaut. Preis der zweitürigen Limousine: DM 5100.
F 12: Nachfolger des Junior de Luxe, jedoch mit etwas größerer Karosserie und 900-ccm-Motor. Von Januar 1963 bis Juni 1965 wurden (einschließlich einer Roadster-Version) 82.506 Wagen gebaut. Die letzten 8000 Limousinen, genannt F 12/65, wurden ab Februar 1965 mit dem höher verdichteten 45-PS-Motor des Roadsters versehen. Preis der Limousine: DM 5375; ab August 1963 DM 5690.

DKW Junior de Luxe, 1961–1963.

F 12 Roadster: Vorgestellt im September 1963. Kleine Serie von Anfang 1964 bis Anfang 1965. Das schmucke Auto war vergleichbar mit dem BMW 700 Cabrio 1961-64, ebenfalls mit Baur-Karosserie. Preis: DM 7250.

DKW Junior Limousine, 1959–1962.

DKW Junior am Brandenburger Tor, 1963. Unten; DKW F 12, 1963–1965.

| | DKW Junior 1959–1962 | DKW Junior de Luxe 1961–1963 | DKW F11 1963–1965 | DKW F12 1963–1965 |
|---|---|---|---|---|
| **Motor** | Zweitakt-Vergasermotor | Zweitakt-Vergasermotor | Zweitakt-Vergasermotor | Zweitakt-Vergasermotor |
| Zylinderzahl | 3 (Reihe) | 3 (Reihe) | 3 (Reihe) | 3 (Reihe) |
| Bohrung x Hub | 68 x 68 mm | 70,5 x 68 mm | 70,5 x 68 mm | 74,5 x 68 mm |
| Hubraum | 741 ccm | 796 ccm | 796 ccm | 889 ccm |
| Leistung | 34 PS bei 4300 U/min | 34 PS bei 4300 U/min | 34 PS bei 4300 U/min | 40 PS bei 4300 U/min |
| Drehmoment | 6,5 mkg bei 2500 U/min | 7,25 mkg bei 2500 U/min | 7,25 mkg bei 2500 U/min | 8 mkg bei 2250 U/min |
| Verdichtung | 1:8 bis 8,25 | 1:7 bis 7,25 | 1:7 bis 7,25 | 1:7 bis 7,25 |
| Vergaser | 1 Fallstromvergaser Solex 40 CIB | 1 Fallstromvergaser Solex 40 CIB | 1 Fallstromvergaser Solex 40 CIB | 1 Fallstromvergaser Solex 40 CIB |
| Ventile | Ohne | Ohne | Ohne | Ohne |
| Kurbelwellenlager | 4 | 4 | 4 | 4 |
| Kühlung | Thermosyphon, 7,25 l Wasser Zweitakt-Gemisch | Thermosyphon, 7,25 l Wasser Frischöl-Automatik | Thermosyphon, 7,25 l Wasser Frischöl-Automatik | Thermosyphon, 7,25 l Wasser Frischöl-Automatik |
| Schmierung | 1:40 Shell-Mixer | Ölbehälter 3,8 Liter | Ölbehälter 3,8 Liter | Ölbehälter 3,8 Liter |
| Batterie | 6 V 56 Ah (im Motorraum) | 6 V 56 Ah (im Motorraum) | 6 V 56 Ah (im Motorraum) | 6 V 56 Ah (im Motorraum) |
| Lichtmaschine | 160 W | 160 W | 160 W | 200 W |
| **Kraftübertragung** | Frontantrieb, Motor vor, Getriebe hinter Vorderachse | Frontantrieb, Motor vor, Getriebe hinter Vorderachse | Frontantrieb, Motor vor, Getriebe hinter Vorderachse | Frontantrieb, Motor vor, Getriebe hinter Vorderachse |
| Kupplung | Einscheibentrockenkupplung, auf Wunsch: Saxomat | Einscheibentrockenkupplung, auf Wunsch: Saxomat | Einscheibentrockenkupplung, auf Wunsch: Saxomat | Einscheibentrockenkupplung, auf Wunsch: Saxomat |
| Schaltung | Lenkradschaltung | Lenkradschaltung | Lenkradschaltung | Lenkradschaltung |
| Getriebe | 4 Gang, kein Freilauf | 4 Gang, kein Freilauf | 4 Gang, ab Aug.1963; auf Wunsch: mit Freilauf, abschaltbar | 4 Gang ab Aug. 1963; auf Wunsch: mit Freilauf, abschaltbar |
| Synchronisierung | I–IV | I–IV | I–IV | I–IV |
| Übersetzungen | I. 3,75 II. 2,23 III. 1,41 IV. 0,94 | I. 3,75 II. 2,23 III. 1,41 IV. 0,94 | I. 3,75 II. 2,23 III. 1,41 IV. 0,94 | I. 3,75 II. 2,23 III. 1,41 IV. 0,94 |
| Antriebs-Übersetzung | 3,875 | 4,125 | 4,125 | 4,125 |
| **Fahrwerk** | Kastenprofil-Rahmen, Ganzstahlkarosserie in Schalenbauweise | Kastenprofil-Rahmen, Ganzstahlkarosserie in Schalenbauweise | Kastenprofil-Rahmen, Ganzstahlkarosserie in Schalenbauweise | Kastenprofil-Rahmen, Ganzstahlkarosserie in Schalenbauweise |
| Vorderradaufhängung | Doppel-Querlenker, Federstäbe längs | Doppel-Querlenker, Federstäbe längs | Doppel-Querlenker, Federstäbe längs | Doppel-Querlenker Federstäbe längs Stabilisator |
| Hinterradaufhängung | Rohr-Starrachse, Längslenker, Federstab quer, Panhardstab | Rohr-Starrachse, Längslenker, Federstab quer, Panhardstab | Rohr-Starrachse, Längslenker, Federstab quer, Panhardstab | Rohr-Starrachse Längslenker Federstab quer Panhardstab |
| Lenkung | Zahnstange (15,75:1), 2,25 Lenkraddrehungen | Zahnstange (15,75:1), 2,25 Lenkraddrehungen | Zahnstange (15,4:1), 2,75 Lenkraddrehungen | Zahnstange (15,4:1), 2,75 Lenkraddrehungen |
| Fußbremse | Hydraulik Trommelbr. vorn 200 mm Ø (innen am Differential), Trommelbr. hinten 180 mm Ø | Hydraulik Trommelbr. vorn 200 mm Ø (innen am Differential), Trommelbr. hinten 180 mm Ø | Hydraulik Trommelbr. vorn 200 mm Ø (innen am Differential), Trommelbr. hinten 200 mm Ø | Hydraulik Scheibenbr. vorn 270 mm Ø (innen am Differential), Trommelbr. hinten 200 mm Ø |
| Handbremse | Seilzug auf Vorderräder | Seilzug auf Vorderräder | Seilzug auf Hinterräder | Seilzug auf Hinterräder |
| **Allgemeine Daten** | | | | |
| Radstand | 2175 mm | 2175 mm | 2250 mm | 2250 mm |
| Spur vorn/hinten | 1180/1210 mm | 1180/1210 mm | 1200/1280 mm | 1200/1280 mm |
| Gesamtmaße | 3965 x 1575 x 1430 mm | 3968 x 1575 x 1440 mm | 3968 x 1575 x 1453 mm | 3968 x 1575 x 1453 mm |
| Felgen | 3,50 x 12 | 4J x 13 | 4J x 13 | 4 J x 13 |
| Reifen | 5,20-12 | 5,50-13 | 5,50-13 | 5,50-13 |
| Wendekreis | 10,7 Meter | 10,7 Meter | 10,7 Meter | 10,7 Meter |
| Wagengewicht | 700 kg | 710 kg | 730 kg | 750 kg |
| Zuläss. Gesamtgewicht | 1015, ab Herbst 1961: 1080 kg | 1095 kg | 1120 kg | 1120 kg |
| Höchstgeschwindigkeit | 114 km/h | 116 km/h | 116 km/h | 124 km/h |
| Beschleunigung 0–100 km/h | 31 sec | 30 sec | 30 sec | 25 sec |
| Verbrauch/100 km | 9 Liter | 9,5 Liter | 9,5 Liter | 10 Liter |
| Kraftstofftank | 33 Liter (im Heck) | 33 Liter (im Heck) | 33 Liter (im Heck) | 33 Liter (im Heck) |

Werbeaufnahmen mit dem DKW F 12 in den Dolomiten und auf dem Flughafen München-Riem, 1964.

DKW F 12 Cabriolet (Roadster), 1965,

Armaturentafel des DKW F12, mit Vinyl in Holzmaserung bezogen.

Für jeden der drei Zylinder gab es eine separate 6-Volt-Zündspule.

Zweifellos war der DKW F 12 als Cabrio die reizvollste Variante, wurde 1964–1965 aber nur in geringer Zahl gebaut (Karosserie Baur, Stuttgart).

| | DKW F 12 Roadster<br>1964 | DKW F 12 (45 PS)<br>1965 | DKW F 102<br>1964–1966 |
|---|---|---|---|
| **Motor** | Zweitakt-Vergasermotor | Zweitakt-Vergasermotor | Zweitakt-Vergasermotor |
| Zylinderzahl | 3 (Reihe) | 3 (Reihe) | 3 (Reihe) |
| Bohrung x Hub | 74,5 x 68 mm | 74,5 x 68 mm | 81 x 76 mm |
| Hubraum | 889 ccm | 889 ccm | 1175 ccm |
| Leistung | 45 PS bei 4500 U/min | 45 PS bei 4500 U/min | 60 PS bei 4500 U/min |
| Drehmoment | 8 mkg bei 2500 U/min | 8 mkg bei 2500 U/min | 10,5 mkg bei 2250 U/min |
| Verdichtung | 1:7,25 bis 7,5 | 1:7,25 bis 7,5 | 1:7,25 bis 7,5 |
| Vergaser | 1 Fallstromvergaser Solex 40 CIB | 1 Fallstromvergaser Solex 40CIB | 1 Fallstromvergaser Solex 45 CIB |
| Ventile | Ohne | Ohne | Ohne |
| Kurbelwellenlager | 4 | 4 | 4 |
| Kühlung | Thermosyphon, 7,25 l Wasser Frischöl-Automatik | Pumpe, 6 l Wasser | Pumpe, 5,8 l Wasser |
| Schmierung | Ölbehälter 3,8 Liter | Frischöl-Automatik Ölbehälter 4,5 Liter | Frischöl-Automatik, Ölbehälter 4,5 Liter |
| Batterie | 6 V 56 Ah (im Motorraum) | 6 V 56 Ah (im Motorraum) | 6 V 66 Ah (im Motorraum) |
| Lichtmaschine | 200 W | 200 W | 200 W |
| **Kraftübertragung** | Frontantrieb, Motor vor, Getriebe hinter Vorderachse | Frontantrieb, Motor vor, Getriebe hinter Vorderachse | Frontantrieb, Motor vor, Getriebe hinter Vorderachse |
| Kupplung | Einscheibentrockenkupplung | Einscheibentrockenkupplung | Einscheibentrockenkupplung, auf Wunsch: Saxomat |
| Schaltung | Lenkradschaltung | Lenkradschaltung | Lenkradschaltung |
| Getriebe | 4 Gang mit Freilauf, abschaltbar | 4 Gang mit Freilauf, abschaltbar | 4 Gang mit Freilauf, abschaltbar |
| Synchronisierung | I–IV | I–IV | I–IV |
| Übersetzungen | I. 3,75 II. 2,23 III. 1,41 IV. 0,94 | I. 3,75 II. 2,23 III. 1,41 IV. 0,94 | I. 3,600 II. 1,882 III. 1,160 IV. 0,880 |
| Antriebs-Übersetzung | 4,125 | 4,125 | 4,125 |
| **Fahrwerk** | Kastenprofil-Rahmen, Ganzstahlkarosserie in Schalenbauweise | Kastenprofil-Rahmen, Ganzstahlkarosserie in Schalenbauweise | Kastenprofil-Rahmen, Ganzstahlkarosserie |
| Vorderradaufhängung | Doppel-Querlenker Federstäbe längs Stabilisator | Doppel-Querlenker Federstäbe längs Stabilisator | Doppel-Querlenker Federstäbe längs Stabilisator |
| Hinterradaufhängung | Rohr-Starrachse Längslenker Federstab quer Panhardstab | Rohr-Starrachse Längslenker Federstab quer Panhardstab | Rohr-Starrachse Längslenker Federstab quer Panhardstab |
| Lenkung | Zahnstange (15,4:1), 2,75 Lenkraddrehungen | Zahnstange (15,4:1), 2,75 Lenkraddrehungen | Zahnstange (20,0:1), 3,75 Lenkraddrehungen |
| Fußbremse | Hydraulik Scheibenbr. vorn 270 mm Ø (innen am Differential), Trommelbr. hinten 200 mm Ø | Hydraulik Scheibenbr. vorn 270 mm Ø (innen am Differential), Trommelbr. hinten 200 mm Ø | Hydraulik Scheibenbr. vorn 280 mm Ø (innen am Differential), Trommelbr. hinten 200 mm Ø |
| Handbremse | Seilzug auf Hinterräder | Seilzug auf Hinterräder | Seilzug auf Hinterräder |
| **Allgemeine Daten** | | | |
| Radstand | 2250 mm | 2250 mm | 2480 mm |
| Spur vorn/hinten | 1200/1280 mm | 1200/1280 mm | 1330/1326 mm |
| Gesamtmaße | 3968 x 1575 x 1375 mm | 3968 x 1575 x 1453 mm | 4280 x 1618 x 1459 mm |
| Felgen | 4 J x 13 | 4 J x 13 | 4½ J x 13 |
| Reifen | 5,50 x 13 | 5,50-13 | 6,00-13 |
| Wendekreis | 10,7 Meter | 10,7 Meter | 11,4 Meter |
| Wagengewicht | 740 kg | 770 kg | 910, 4 Türen 945 kg |
| Zuläss. Gesamtgewicht | 1020 kg | 1140 kg | 1335, 4 Türen 1350 kg |
| Höchstgeschwindigkeit | 128 km/h | 127 km/h | 135 km/h |
| Beschleunigung 0–100 km/h | 23 sec | 24 sec | 20,5 sec |
| Verbrauch/100 km | 10 Liter | 10 Liter | 11 Liter |
| Kraftstofftank | 33 Liter (im Heck) | 33 Liter (im Heck) | 45 Liter (im Heck) |

## DKW F 102 (1964–1966)

Als letzter Zweitakt-Personenwagen unter der Marke DKW entstand Ende 1963 der F 102, der ab März 1964 zunächst als zweitürige, ab Januar 1965 auch als viertürige Limousine zu bekommen war. Während die Konstruktion seines Vorgängers, des DKW AU 1000, im Wesentlichen aus den späten 1930er-Jahren stammte, war der F 102 ein völlig neu konstruiertes Fahrzeug mit selbsttragender Karosserie und – dem Zeitgeschmack entsprechend – mit großen Glasflächen.
Das Fahrzeug besaß eine moderne Vorderradaufhängung an Doppelquerlenkern mit Drehstabfederung, während die hintere Starrachse als Torsionskurbelachse ausgebildet war und an längs eingebauten Traghebeln (Längslenkern) hing, die von einem quer liegenden Drehstab gefedert wurden. Bei ungleichem Einfedern verdrehte sich der Achskörper und wirkte zugleich als Stabilisator.
Doch die Frischölautomatik des Zweitaktmotors, die es auch im F12 gab, verursachte Probleme: Nach kalten Winternächten war das Öl im Vorratsbehälter so zähflüssig, dass die Schmierung des Motors nicht sichergestellt war, ebenso bei längerem Schiebebetrieb (Bergabfahrten), so dass viele Motoren Schäden davontrugen. Garantie- und Kulanzleistungen belasteten die Bilanzen und das Kundenvertrauen. Überdies war der Dreizylinder mit 400 ccm Hubraum pro Zylinder am Ende seiner Entwicklungsmöglichkeiten angelangt. Die Ära der Zweitaktmotoren im westdeutschen Automobilbau lief mit dem F 102 endgültig aus. Mit einigen Styling-Retuschen und einem in Stuttgart konstruierten Mitteldruck-Viertakter mutierte der F 102 dann zum ersten Nachkriegs-Audi.

DKW F 102, zweitürige Limousine, 1964–1966.

Eigens für die Verwendung als Titelmotiv wurde im Auftrag des ADAC im August 1963 auf dem AU-Werksgelände dieses Foto mit einem der ersten Vorserienwagen vom Typ F 102 und »geliehenen« Kindern gestellt (IAA-Berichtsheft). Ausgeliefert wurde der DKW F 102 erst ab Ende Januar 1964.

Dieses Foto entstand im Mai 1964, um die Auwahl der Lackierungen beim DKW F 102 zu demonstrieren. Die Künstlerin mit der Palette ist dieselbe junge Dame, die auf dem Foto links zum Wagenfenster hereinschaut.

Den DKW F 102 gab es als Zwei- wie als Viertürer. In der Preisklasse entsprach der Wagen dem Opel Rekord.

Erster Prospekt für den DKW F 102 von 1963.

## DKW Munga 4, Munga 6 (1954–1968)

Bis 1968 weitergebaut wurde der DKW-Gelände-Kübelwagen Munga mit seinem Dreizylinder-Zweitakter, ein wie die Personenwagen motorisierter 4x4, der 1954 zum Standardfahrzeug der jungen Bundeswehr erkoren worden war. Der auch an Zivilkunden (Land- und Forstwirtschaft, Industrie) abgegebene Wagen mit zuschaltbarem Heckantrieb sollte erst VZ 1000 heißen, ehe man sich für Munga entschied: Der Name stand für Mehrzweck-Universal-Gelände-Allrad. Wegen seiner Zweitakt-Qualmfahne genoss der Munga in der Bundeswehr allerdings keine große Beliebtheit beim Fahren im Konvoi.
Gebaut wurde eine viersitzige Version mit breitem Einstieg sowie ein Sechssitzer mit weiter nach vorn gezogenen Seitenwänden für je zwei Sitzplätze in Längsrichtung sowie seitlich montiertem Reserverad, beide offen mit Textilverdeck. Die vier Ringe auf der Kühlerfront wurden erst 1960 eingeführt. Der Verkaufspreis auf dem Zivilmarkt betrug 9500 bzw. 11.000 DM. Auch im Export wurde der Munga angeboten (dort Bronco genannt). Der ebenfalls in Ingolstadt gebaute VW Iltis löste ihn 1968 ab.

Der für die Bundeswehr gebaute DKW Munga fand auch Abnehmer bei Behörden, in der Industrie sowie in der Land- und Forstwirtschaft.

DKW Munga 4 bei der Bergwacht in Oberbayern.

DKW Munga 4 als Konvoi-Begleiter bei den britischen Streitkräften.

Der Munga 6 (sechs Sitzplätze) wurde in geringerer Zahl gebaut als der Munga 4. Dieses Fahrzeug tat Dienst bei der Feuerwehr.

| | Auto Union/DKW F91/4 Geländewagen Munga, 1954–1956 | Auto Union/DKW F91/4 Geländewagen Munga, 1957 | Auto Union/DKW F91/4 Geländewagen Munga, 1958–1962 | Auto Union/DKW F91/4 Geländewagen Munga, 1963–1965 |
|---|---|---|---|---|
| **Motor** | 1954–1956 Zweitakt-Vergasermotor | 1957 Zweitakt-Vergasermotor | 1958–1962 Zweitakt-Vergasermotor | 1963–1968 Zweitakt-Vergasermotor |
| Zylinderzahl | 3 (Reihe) | 3 (Reihe) | 3 (Reihe) | 3 (Reihe) |
| Bohrung x Hub | 71 x 76 mm | 71 x 76 mm | 74 x 76 mm | 74 x 76 mm |
| Hubraum | 896 ccm | 896 ccm | 980 ccm | 980 ccm |
| Leistung | 38 PS bei 4200 U/min | 40 PS bei 4250 U/min | 44 PS bei 4500 U/min | 44 PS bei 4500 U/min |
| Drehmoment | 7,25 mkg bei 3000 U/min | 7,5 mkg bei 3000 U/min | 8,0 mkg bei 3000 U/min | 8,0 mkg bei 3000 U/min |
| Verdichtung | 1:6,5 | 1:7,0 | 1:7,2 | 1:7,2 |
| Vergaser | 1 Doppel-FallstromGeländevergaser Zenith 32 NDIX | 1 Doppel-FallstromGeländevergaser Zenith 32 NDIX | 1 Doppel-FallstromGeländevergaser Zenith 32 NDIX | 1 Doppel-FallstromGeländevergaser Zenith 32 NDIX |
| Ventile | Ohne | Ohne | Ohne | Ohne |
| Kurbelwellenlager | 4 | 4 | 4 | 4 |
| Kühlung | Thermosyphon, 9,5 l Wasser | Thermosyphon, 9,5 l Wasser | Thermosyphon, 9,5 l Wasser | Thermosyphon, 9,5 l Wasser |
| Schmierung | Zweitakt-Gemisch 1:40 Shell-Mixer | Zweitakt-Gemisch 1:40 Shell-Mixer | Zweitakt-Gemisch 1:40 Shell-Mixer | Frischöl-Automatik, Ölbehälter 2 Liter |
| Batterie | 12 V 45 Ah (Motorraum), auf Wunsch: 2 x 12 V 45 Ah | 12 V 45 Ah (Motorraum), auf Wunsch: 2 x 12 V 45 Ah | 12 V 45 Ah (Motorraum), auf Wunsch: 2 x 12 V 45 Ah | 12 V 45 Ah (Motorraum), auf Wunsch: 2 x 12 V 45 Ah |
| Lichtmaschine | 160, 300 oder 600 W | 160, 300 oder 600 W | 160, 300 oder 600 W | 160, 300 oder 600 W |
| Anlasser | 0,4 PS | 0,4 PS | 0,4 PS | 0,4 PS |
| **Kraftübertragung** | Frontantrieb, (Hinterrad-Antrieb bis 1956 abschaltbar, später nicht mehr), Motor vor, Getriebe hinter der Vorderachse | Frontantrieb, (Hinterrad-Antrieb bis 1956 abschaltbar, später nicht mehr), Motor vor, Getriebe hinter der Vorderachse | Frontantrieb, (Hinterrad-Antrieb bis 1956 abschaltbar, später nicht mehr), Motor vor, Getriebe hinter der Vorderachse | Frontantrieb, (Hinterrad-Antrieb bis 1956 abschaltbar, später nicht mehr), Motor vor, Getriebe hinter der Vorderachse |
| Kupplung | Einscheibentrockenkupplung | Einscheibentrockenkupplung | Einscheibentrockenkupplung | Einscheibentrockenkupplung |
| Schaltung | Schalthebel Wagenmitte, Schaltgriff für Vorgelege an der Armaturentafel | Schalthebel Wagenmitte, Schaltgriff für Vorgelege an der Armaturentafel | Schalthebel Wagenmitte, Schaltgriff für Vorgelege an der Armaturentafel | Schalthebel Wagenmitte, Schaltgriff für Vorgelege an der Armaturentafel |
| Getriebe | 4 Gang + Vorgelege zuschaltbar | 4 Gang + Vorgelege zuschaltbar | 4 Gang + Vorgelege zuschaltbar | 4 Gang + Vorgelege zuschaltbar |
| Synchronisierung | II–IV | II–IV | II–IV | II–IV |
| Übersetzungen | I. 3,818 II. 2,411 III. 1,478 IV. 0,915 | I. 3,818 II. 2,411 III. 1,478 IV. 0,915 | I. 3,818 II. 2,411 III. 1,478 IV. 0,915 | I. 3,818 II. 2,411 III. 1,478 IV. 0,915 |
| Vorgelege-Übersetzung | 1,604 | 1,604 | 1,604 | 1,604 |
| Antriebs-Übersetzung | 6,333 | 6,333 | 6,333 | 6,333 |
| **Fahrwerk** | Kastenprofil-Rahmen, Ganzstahlkarosserie | Kastenprofil-Rahmen, Ganzstahlkarosserie | Kastenprofil-Rahmen, Ganzstahlkarosserie | Kastenprofil-Rahmen, Ganzstahlkarosserie |
| Vorderradaufhängung | Querlenker unten, 1 Querfeder oben | Querlenker unten, 1 Querfeder oben | Querlenker unten, 1 Querfeder oben | Querlenker unten, 1 Querfeder oben |
| Hinterradaufhängung | Querlenker unten, 1 Querfeder oben, Vorder- und Hinterradaufhängungen baugleich | Querlenker unten, 1 Querfeder oben, Vorder- und Hinterradaufhängungen baugleich | Querlenker unten, 1 Querfeder oben, Vorder- und Hinterradaufhängungen baugleich | Querlenker unten, 1 Querfeder oben, Vorder- und Hinterradaufhängungen baugleich |
| Lenkung | Zahnstange (15,5:1) | Zahnstange (15,5:1) | Zahnstange (15,5:1) | Zahnstange (15,5:1) |
| Fußbremse | Hydraulik, Trommel-Ø 230 mm, Bremsfläche 678 cm² | Hydraulik, Trommel-Ø 230 mm, Bremsfläche 678 cm² | Hydraulik, Trommel-Ø 230 mm, Bremsfläche 678 cm² | Hydraulik, Trommel-Ø 230 mm, Bremsfläche 678 cm² |
| **Allgemeine Daten** | | | | |
| Radstand | 2000 mm | 2000 mm | 2000 mm | 2000 mm |
| Spur vorn/hinten | 1206/1206 mm | 1206/1206 mm | 1206/1206 mm | 1206/1206 mm |
| Gesamtmaße | Mit Verdeck: 3445 x 1810 x 1735, ohne Verdeck, ohne Außenspiegel, Frontscheibe abgeklappt: 3450 x 1500 x 1335 mm | Mit Verdeck: 3445 x 1810 x 1735, ohne Verdeck, ohne Außenspiegel, Frontscheibe abgeklappt: 3450 x 1500 x 1335 mm | Mit Verdeck: 3445 x 1810 x 1735, ohne Verdeck, ohne Außenspiegel, Frontscheibe abgeklappt: 3450 x 1500 x 1335 mm | Mit Verdeck: 3445 x 1810 x 1735, ohne Verdeck, ohne Außenspiegel, Frontscheibe abgeklappt: 3450 x 1500 x 1335 mm |
| Felgen | 5,00 F x 16 | 5,00 F x 16 | 5,00 F x 16 | 5,00 F x 16 |
| Reifen | 6,00-16 extra M | 6,00-16 extra M | 6,00-16 extra M | 6,00-16 extra M |
| Bodenfreiheit | 240 mm | 240 mm | 240 mm | 240 mm |
| Watfähigkeit | 500 mm | 500 mm | 500 mm | 500 mm |
| Spurkreis | 11,25 Meter | 11,25 Meter | 11,25 Meter | 11,25 Meter |
| Wendekreis | 12 Meter | 12 Meter | 12 Meter | 12 Meter |
| Wagengewicht | 1110 kg | 1110 kg | 1110 kg | 1110 kg |
| Zuläss. Gesamtgewicht | 1450 kg | 1450 kg | 1450 kg | 1450 kg |
| Höchstgeschwindigkeit | 98 km/h | 98 km/h | 98 km/h | 98 km/h |
| Mindestgeschwindigkeit | 3 km/h | 3 km/h | 3 km/h | 3 km/h |
| Verbrauch/100 km | Straße 13, Gelände 17 Liter | Straße 13, Gelände 17 Liter | Straße 13, Gelände 17 Liter | Straße 13, Gelände 17 Liter |
| Kraftstofftank | 45 Liter (im Heck) | 45 Liter (im Heck) | 45 Liter (im Heck) | 45 Liter (im Heck) |

Munga 6 (links) und Munga 4 (oben) bei der Erfüllung ziviler Aufgaben.

Ein Landvermessungs-Team 1962 unterwegs in den Anden; die Fahrzeuge sind bei Vemag in Brasilien gebaute Lizenz-Mungas.

# AUDI

Dass »Audi« der ins Lateinische übersetzte Imperativ »höre!« und gleichbedeutend mit »horch!« ist, darf als bekannt vorausgesetzt werden. August Horch, Jahrgang 1868, war im Frühsommer 1909 aus dem von ihm knapp zehn Jahre zuvor in Köln gegründeten, dann nach Reichenbach verlegten und ab 1904 in Zwickau ansässigen Unternehmen ausgeschieden und hatte die Auflage erhalten, bei der Neugründung eines Unternehmens auf die Nennung seines Namens in der Firmenbezeichnung zu verzichten. Aber nicht nur die Lateiner unter den Automobilisten bekamen schnell heraus, wer hinter dem neuen Fabrikat Audi steckte.

Denn es hatte für Horch außer Frage gestanden, nach seinem Ausscheiden aus den Horch-Werken weiterhin Automobile zu bauen. Gründe für Horchs Demission bildeten harte Vorwürfe, die man dem Firmengründer machte. Zum einen hielt ihm der Aufsichtsrat vor, er habe, ohne sich mit der Geschäftsleitung abzustimmen, kostspielige Sechszylinder-Experimente betrieben, deren Sinn und Zweck die Herren nicht zu erkennen vermochten. Schwerer aber wog der Vorwurf, die von ihm in diverse Wettbewerbe geschickten Fahrzeuge seien entgegen seiner Behauptung technisch nicht ausgereift und zu wenig erprobt gewesen. In der Tat hatten Horch-Wagen in der Herkomer-Fahrt 1907, im Kaiserpreisrennen desselben Jahres sowie in der Prinz-Heinrich-Fahrt 1908 enttäuschend abgeschnitten. Die Vorbereitung der Rennwagen, so hieß es, sei nicht nur unzulänglich gewesen, sondern habe unverhältnismäßig viel Geld gekostet, was man

Der älteste erhalten gebliebene Audi: ein 14/35 PS (»Kaiserwagen«), 1912, Sammlung Heinrich Goldhann, Wien.

Horch als Verschwendung vorwarf. Alles dies sei zu Lasten der Serienfabrikation erfolgt; für den daraus entstandenen geschäftlichen Schaden sei allein Herr Direktor Horch verantwortlich.
Nachlassende Umsätze beim Automobilhersteller Horch waren aber keineswegs auf mangelnde Sporterfolge zurückzuführen, ebenso wenig auf eine vom Technischen Direktor Horch eigenmächtig verfügte, »unbotmäßige« Verlagerung größerer Fertigungsaktivitäten vom Serien- auf den Sportwagenbau. Vielmehr standen unkarossierte Horch-Wagen 1907–1908 in großer Zahl auf Halde und warteten auf Käufer. Die Branche verzeichnete nämlich in allen europäischen Ländern einen Rückgang der Umsätze, in dessen Folge es Insolvenzen und Preiseinbrüche gab,

## ... made in Germany? made in Saxony!

Der Automobilbau im Sachsen hat eine Tradition, die auf Bergbau und Textilerzeugung gründet. Die zahlreichen Wirtschaftsstandorte in Sachsen und vor allem im Erzgebirge entwickelten sich aus einem seit mehr als 800 Jahre betriebenen Erzbergbau und den ihm nachfolgenden verarbeitenden Industrien.
Vergleichbar mit dem Elsass, den englischen Midlands oder dem Ruhrgebiet, wuchs die sächsische Region im 19. Jahrhundert zu einem der wichtigsten deutschen Industriegebiete heran. So befanden sich schon um 1800 allein in Chemnitzer Betrieben an die 2000 Spinnmaschinen, die mit Wasser- und Pferdekraft und bald per Dampfkraft angetrieben wurden, zumal der Kohleabbau in Sachsen eine lange Tradition hatte. Rauchende Fabrikschornsteine gehörten vielerorts zum neuen Landschaftsbild.
Chemnitz und Zwickau, auch andere Industriestädte, vergrößerten sich schnell. Steigende Einwohnerzahlen sowie der Ausbau der Textil- und Maschinenbauindustrie vitalisierten sich gegenseitig. Webereien, Spinnereien, Tuchfabriken, Walzwerke und Lokomotivenbauer sowie Hersteller von Werkzeug-Automaten wie zum Beispiel Bohr-, Fräs- und Hobelmaschinen, anfangs noch nach englischen Vorbildern konstruiert, arbeiteten effizient und äußerst profitabel – wenn auch großenteils zulasten schlecht bezahlter Arbeitnehmer, nicht zuletzt Frauen und Kinder, wie sie einst vielerorts in Heimarbeit zu Hungerlöhnen beschäftigt wurden oder als Kleinstunternehmer am Existenzminimum lebten. Viele kleinere Betriebe erlangten durch die Herstellung von Teilen wie Schrauben, Muttern, Nadeln, Scharniere, Beschläge und Armaturen aber auch ihre industrielle Bedeutung als Zulieferer. Blechspielzeug- und Porzellanfabrikanten, die optische Industrie, Uhren- und Instrumentenhersteller sowie unzählige Manufakturen anderer Branchen in Sachsen, etwa Kutschenbauer, die zu angesehenen Karosseriefabrikanten avancierten, standen mit ihren Erzeugnissen in ebenso gutem Ruf – weit über die sächsischen Landesgrenzen hinaus.
Als August Horch sich 1903 in Reichenbach und 1904 in Zwickau niederließ, fand er optimale Bedingungen vor, und als er 1909 die Audi-Werke gründete, verfügte er bereits über entsprechende Erfahrungen im regionalen Wirtschaftsgefüge. Und gleich ihm orientierten sich in mehr oder weniger großem zeitlichen Abstand weitere Fahrzeug- bzw. Motorenhersteller im sächsischen Industriegebiet oder waren dort bereits vor ihm – teils auf anderen Gebieten – aktiv, etwa Nacke in Coswig sowie Presto in Chemnitz (1901), die Zschopauer Motorenwerke J. S. Rasmussen (1903, in Zschopau ab 1907), Phänomen sowie Hille in Zittau (1907), Wanderer in Schönau (gegründet 1885, Automobilbau ab 1911), VOMAG in Plauen (1916), die Elite Motorenwerke in Brand-Erbisdorf (1920), Pilot in Bannewitz (1921), Framo in Hainichen (1923), die Moll-Werke in Chemnitz (1923) und etliche andere. Die Herkunftsbezeichnung »made in Germany«, Innovationsgeist, hohes Qualitätsniveau und technischen Fortschritt kennzeichnend, verstand sich oft als ein »made in Saxony«. Ein Marketingbegriff, den zu verwenden sich allerdings die Uhren- und nicht die Automobilindustrie gesichert hatte.

unabhängig von der Reputation einzelner Marken. Und Horch galt als ein Spitzenfabrikat.
Es sei hier angemerkt, dass man den Terminus »Sportwagen« vor 1908 noch nicht benutzte. Motorsportliche Wettbewerbe fasste man unter dem Sammelbegriff »Rennen« oder »Konkurrenzen« zusammen. Die an den beliebten Zuverlässigkeitsfahrten teilnehmenden Automobile hatten weitgehend der Serie zu entsprechen (oder was der Hersteller als Serienausführung spezifizierte).
August Horch war es leid, sich vor Kaufleuten, die vom Auto nicht viel verstanden, rechtfertigen und vorhalten lassen zu müssen, er verschwende das Geld seiner Teilhaber. Es blieb ihm kaum eine andere Wahl, als seinen Abschied zu nehmen. Seine Widersacher beeilten sich der Presse mitzuteilen, August Horch sei keineswegs aus eigenem Entschluss gegangen, vielmehr sei ihm fristlos gekündigt worden. Ungeachtet dessen hatte er viele Sympathien auf seiner Seite.
Spontan entschlossen sich einige seiner engeren Mitarbeiter, ihrem früheren Chef zu folgen. Ein paar Straßenzüge von den Horch-Werken entfernt fand sich ein Industrieobjekt, das zum Verkauf stand. Horch erwarb diese einstige Bauholzfirma, investierte sein gesamtes Privatvermögen (und einen Bankkredit) in neue Maschinen und Werkzeuge und gründete am 16. Juli 1909, nur einen Monat später, die August Horch Automobilwerke GmbH – die aber, wie erwähnt, kurze Zeit danach umbenannt werden mussten. August Horch hatte einen diesbezüglichen und kostspieligen Prozess beim Reichsgericht Leipzig verloren und firmierte anschließend als Audi Automobilwerke GmbH. Zwei Fabrikate namens Horch durfte es nicht geben.
Unverzüglich machte sich der damals erst einundvierzigjährige, voller Dynamik steckende Ingenieur an die Konstruktion eines neuen Modells, und schon Anfang 1910 kam dieses als Audi 10/22 PS beziehungsweise Modell A

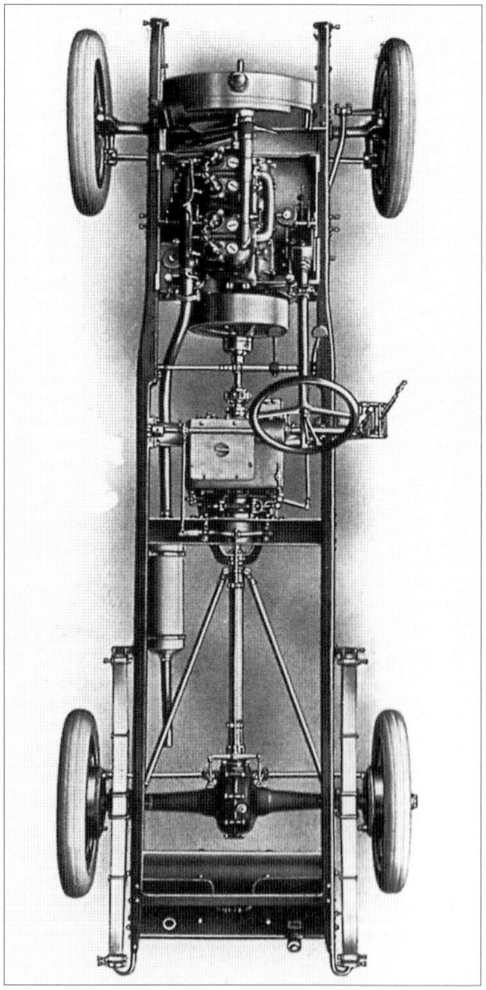

Oben: Das Audi-Werk in einer Katalogabbildung von 1913.

Rechts: Chassis Audi 10/28 PS Typ B, 1912.

Links: Audi Typ A vor dem Start zu einem Blumenkorso, 1910.

Der Audi Typ E wurde von 1911 bis 1924 in einer Auflage von 301 Stück gebaut.

Der Audi Typ B, 1912. Kinder spielen »Ankurbeln« (ein Jahr später war ein elektrischer Anlasser erhältlich).

auf den Markt – eigentlich ein echter Horch, nur weiterentwickelt und im Aussehen moderner.
Bis dahin hatte man sich seit der Gründung mit Autoreparaturen über Wasser gehalten, auch von Fremdfabrikaten, denn zu verkaufen gab es noch nichts. Aber es musste investiert werden, in Maschinen, Werkzeuge, Material, und Personalkosten schlugen ebenfalls hoch zu Buche. Alle Erfahrungen, vor allem die negativen in den Rennen der vergangenen zwei Jahre, fanden im ersten Audi ihren Niederschlag. Der Freiraum, den der geniale Techniker Horch bei der Konstruktion und beim Bau dieses Automobils in Anspruch nehmen konnte, wäre ihm bei den Horch-Werken niemals zugestanden worden.

## Reichhaltiges Modellprogramm

Das 10/22 PS-Modell wurde schon 1911 durch das (bei gleichem Hubraum) leistungsgesteigerte 10/29 PS-Modell B abgelöst; ferner gelang es Horch, ein Jahr nach seinem Neuanfang seine Vierzylinder-Wagen zu einem breiten Modellprogramm auszubauen. Es folgten weitere, stärker motorisierte Wagen, so ein 14/35 PS (Typ C), ein 18/45 PS (Typ D) sowie als Spitzenmodell der 22/55 PS leistende Typ E. Hierbei hatte man die Vergrößerung der Hubräume, beginnend bei 2,6 Liter, über 3,5, 4,7 bis 5,7 Liter nicht nur durch vergrößerte Zylinderbohrungen, sondern auch durch gestaffelte Hublängen erreicht. Kennzeichnend war ferner ein einfacher, klarer Aufbau des Fahrgestells, bei welchem der Motor eine mittragende Funktion hatte, indem das obere, nach beiden Seiten ausladende Teil des Kurbelgehäuses die Rahmenvorderpartie versteifte und Querträger entbehrlich machte. Das Dreiganggetriebe war an drei Punkten aufgehängt und elastisch mit dem Rahmen verbunden, so dass Rahmenverwindungen sich nicht auf die Kraftübertragung auswirken konnten. Der Stahlblechrahmen war hinten gekröpft, was dem Fahrzeug einen tiefen Schwerpunkt gab. Durch die Verwendung eines von August Horch konstruierten Stirnrad-Differenzials ließ sich der Achsantrieb in einem verhältnismäßig kleinen Gehäuse unterbringen, was den Federungseigenschaften (Horch verwendete Halb- statt Dreiviertelelliptikfedern) und damit der Straßenlage zugute kam.
Bei der Konstruktion des Audi-Motors war Horch seinem Prinzip treu geblieben, die Einlassventile nach oben zu verlegen. Sie saßen in Taschen oberhalb der Auslassventile. In thermischer Hinsicht erwies sich diese ioe-Anordnung günstiger als bei früheren Horch-Motoren, die das Einlassventil direkt über dem Kolben aufwiesen. Ferner waren die Auslassventile nicht senkrecht, sondern schräg gestellt, was kürzere Gaswege ergab. Die Einlassventile besaßen auswechselbare Führungen und waren durch eine abnehmbare Kappe staub- und öldicht verschlossen; auch die Auslassventile waren durch Abdeckungen geschützt. Die in drei Gleitlagern geführte, sehr kräftig dimensionierte Kurbelwelle war um 14 mm zur Zylinderachse desaxiert, die Zylinder, wie es in der Branche allgemein üblich war, paarweise zusammengegossen.
Es sprach sich schnell herum, dass der neue Audi dem Horch technisch überlegen war. Und dass er mehr Leis-

1912: Audi gewinnt die Internationale Alpenfahrt.

Audi Typ C »Alpensieger« 1912 im Besitz des Deutschen Museums, München.

August Horch als Gewinner des Alpenpokals, 1914.

tung hatte, verstand sich von selbst, zumal Horch ein begeisterter Sportfahrer war und den Ehrgeiz hatte, seinen Audi so bald wie möglich mit der Konkurrenz (vor allem mit der von nebenan) zu messen. Die nächste gute Gelegenheit hierzu bot sich bei der von der Presse stark beachteten Internationalen Österreichischen Alpenfahrt 1911. Drei Audi vom Typ 10/28 PS nahmen daran teil, gelenkt von August Horch sowie seinen Ingenieuren Alexander Graumüller und Hermann Lange. Der Auftritt war von Erfolg gekrönt: Das Team blieb über die gesamte, 1424 km lange Gebirgsstrecke völlig strafpunktfrei.
Der Automobilhistoriker Freiherr von Löw schrieb dazu 1924: »Die Alpenfahrt war der bedeutendste Wettbwerb von Tourenwagen, der je veranstaltet worden war, weil unter strengster Aufsicht Forderungen an die Fahrzeuge gestellt wurden, wie sie in früheren Wettstreiten nicht vorgekommen sind. Es wurden an acht Fahrtagen annähernd zusammen 3000 km zurückgelegt. Der Motor durfte vom Morgen bis zum Abend nicht abgestellt werden, auch nicht bei Bereifungsschäden mit Felgenwechsel. Die Wagen mussten im Freien übernachten und sich morgens innerhalb einer Minute andrehen lassen. Die Straßen waren die steilsten und die Pässe die höchsten, die sich in den östlichen Alpen zusammenstellen ließen: Katschberg, Kreuzberg, Turracher Höhe, Loibelpass, Wurzenpass, Pordoijoch, Rollepass, Broconnepass, Felzaregopass, Mendelpass, Jaufenpass u. a. Oft waren besonders schlechte Wege mit Hunderten von tiefen Querrastem gewählt, die bei den erheblichen Fahrgeschwindigkeiten (es waren an jedem Tage ungefähr 400 Kilometer zurückzulegen) ungeheuere Beanspruchungen bedeutete...« Die Strapazen waren immens, für die Fahrer wie für ihre Automobile. Inspekteure und Kontrolleure der beteiligten Clubs überwachten die Einhaltung der Regeln auf das Genaueste, für jedes Fahrzeug war ein »Offizieller« zuständig.
Von Jahr zu Jahr wurden die Bedingungen härter und die gewählten Strecken schwieriger; um so mehr ist es anzuerkennen, dass die Audi-Werksmannschaft auch in den Jahren 1913 und 1914 den Alpenpreis zu erringen vermochte. 1912 hatten allerdings nur zwei der drei Wagen die Fahrt strafpunktfrei absolvieren können – den Preis erhielt das Opel-Team.
Hatte man 1911 und 1912 den 10/28 PS eingesetzt, trat Horch 1913 und 1914 mit dem Typ 14/35 PS an, ein Fahrzeug, dessen Motor beachtliche 40 PS leistete, gut für 100 km/h. Dieser später »Alpensieger« (und intern auch »Anneliese«) genannte Audi galt als eines der leistungsfähigsten Autos seiner Klasse.

Der 1912er Audi »Alpensieger« vor adaquater Bergkulisse.

Doch nicht nur die erfolgreiche Teilnahme an sportlichen Wettbewerben, die ja nur sporadisch stattfanden und keineswegs in so dichter Folge wie in jeder Saison unserer heutigen Zeit, verhalf der jungen Marke Audi zu einer guten Reputation. Sie basierte vielmehr auf der hervorragenden Fertigungsqualität, die bislang auch jeden Wagen der Marke Horch ausgezeichnet hatte und die einzuhalten für Audi geradezu zwingend war, wollte man im Wettbewerb und im motorsportlichen Vergleich mit der Konkurrenz bestehen. Selbstverständlich gab man sich auch beim Stammwerk Horch alle Mühe, der guten Reputation der Marke weiterhin gerecht zu werden und dem neuen Rivalen Paroli zu bieten.
Doch von der in räumlicher Nähe ausgetragenen Konfrontation profitierten die Kunden beider Fabrikate. Und mit höheren Vergütungen und anderen Versprechungen versuchten beide Werke, sich gegenseitig leitende Arbeitskräfte abzuwerben. An Arbeitern ohne spezielle Ausbildung herrschte in der Region zwar kein Mangel, aber Horch traf seine Auswahl nach strengen Gesichtspunkten. Anders als beim Konkurrenten hielt man sich bei Audi anfänglich an eine alphabetische Reihenfolge der Typenbezeichnungen. Im Sommer 1914 ergänzte ein kleinerer Audi 8/22 PS als Modell G das Programm, doch zunächst blieb er wie das Spitzenmodell E mit 22/50 PS ein Außenseiter und entwickelte sich erst gegen Ende des Ersten Weltkrieges zu einem Erfolgstyp. Die Lücke des entfallenen Modells F schloss der 1913 forcierte Einstieg in den Nutzfahrzeugbau.
Horch als Technik- und Sportbegeistertem sicher weniger ans Herz gewachsen, für die Existenz der Fabrik jedoch eine wichtige Säule, hatten sich Last- und Lieferfahrzeuge bereits in Horchs erster Firma als gute Umsatzträger erwiesen. Schon vom mittelstarken Modell C gab es ab 1912 die Lieferwagenvariante Ct, wobei das angehängte t wohl für Transport oder Tonnage gestanden haben mag. Überliefert ist die eigentliche Bedeutung dieses Buchstabens nirgendwo.

Werbung 1910; 1912.

Links: Die gesamte Belegschaft des Audi-Werks hat sich für ein Gruppenfoto mit dem Alpensiegerteam 1912 aufgestellt.

Mit Ausbruch des Krieges verließen mehr als die Hälfte der produzierten Autos immerhin noch als Personenwagen die Werkstore, und zwar als »Offizierswagen«. Bis auf den Lkw wiesen jetzt alle Audi einen Spitzkühler auf.
Ab Ende 1913 bot man Audi-Kunden die Möglichkeit, ihren Wagen mit einer Licht- und Anlasseranlage von Bosch ausrüsten zu lassen, und die meisten machten Gebrauch davon – entfiel damit doch das beschwerliche Ankurbeln und die umständliche Bedienung der Acetylengasanlage für die Beleuchtung, die zudem das Handicap

| Typ<br>Modell<br>Bauzeitraum | A<br>10/22 PS<br>1910-1912 | B<br>10/28 PS<br>1911-1917 | C<br>14/35 PS<br>1911-1925 | D<br>18/45 PS<br>1911-1920 | E<br>22/55 PS<br>1911-1924 | G<br>8/22 PS<br>1914-1926 | Ct<br>14/35 PS<br>1912-1928 | BT 1000 Bt<br>25/28 PS<br>1913-1914 | FB 1500<br>Fb<br>25/28 PS<br>1913-1914 | FC 1500<br>Fc<br>35/36 PS<br>1913-1916 | Hc<br>35/36 PS<br>1916-1928 |
|---|---|---|---|---|---|---|---|---|---|---|---|
| | **Audi Personenwagen** | | | | | | | **Audi Last- und Lieferwagen** | | | |
| **Produktion** | | | | | | | | | | | |
| 1910 | 32 | | | | | | | | | | |
| 1911 | 82 | 1 | 28 | 1 | 1 | | | | | | |
| 1912 | 23 | 66 | 67 | 13 | | | 1 | | | | |
| 1913 | | 94 | 90 | 14 | 9 | | | 4 | 3 | 2 | |
| 1914 | | 50 | 90 | 12 | 25 | 19 | | 4 | 3 | 22 | |
| 1915 | | 31 | 69 | 6 | 30 | 2 | | | | 143 | |
| 1916 | | 58 | 47 | | 1 | 57 | 40 | | | 54 | 1 |
| 1917 | | 50 | 114 | 2 | | 114 | 70 | | | | 30 |
| 1918 | | | 10 | | | 259 | 135 | | | | 51 |
| 1919 | | | 110 | 2 | 18 | 90 | 26 | | | | 9 |
| 1920 | | | 129 | 3 | 30 | 91 | | | | | 16 |
| 1921 | | | 179 | | 63 | 95 | 11 | | | | 35 |
| 1922 | | | 108 | | 68 | 115 | 3 | | | | 22 |
| 1923 | | | 41 | | 34 | 106 | 1 | | | | 54 |
| 1924 | | | 33 | | 22 | 124 | 25 | | | | 33 |
| 1925 | | | 1 | | | 37 | 7 | | | | 55 |
| 1926 | | | | | | 13 | | | | | 3 |
| 1927 | | | | | | | 2 | | | | 17 |
| 1928 | | | | | | | 5 | | | | 6 |
| **Gesamt** | **137** | **350** | **1116** | **53** | **301** | **1122** | **326** | **8** | **6** | **221** | **332** |

Links: Werbung 1913.

Oben: Audi Tourenwagen Typ B, 1912.

aufwies, bei Minustemperaturen nicht zu funktionieren, wenn nämlich das Wasser, das dem Karbid zur Gaserzeugung zuzuführen war, gefror.

Nach dem Kriege lag zunächst der Bedarf auf dem bewährten Mittelklassewagen C (14/35 PS) und dem sich daneben als ebenso umsatzstarkes Modell entwickelnden Kleinwagen G (8/22 PS), letzterer wurde bis 1926 gebaut. Das 55 PS-Modell E blieb stückzahlenmäßig hinter beiden zurück. Ein Comeback erlebte das Modell C als Lieferwagen. August Horch wechselte 1920 vom Vorstand in den

Audi 14/35 PS Typ C mit kriegsbedingter Behelfsbereifung, 1916.

Der König von Sachsen besucht den deutschen Kronprinzen in einem Audi Typ D 18/45 PS, 1915.

Audi Typ Bt an der Ostfront, 1913–1914.

Aufsichtsrat seiner Firma und durfte es noch erleben, dass sich Audi und Horch friedlich (wenn auch nicht ganz freiwillig) vereinigten – nämlich 1932, als gemeinsam mit den Marken DKW und Wanderer die Auto Union gegründet wurde. Am Zustandekommen der Fusion hatte August Horch indes keinen Anteil. Seine Kompetenz stand jedoch nach wie vor in so hoher Wertschätzung, dass man auf ihn nicht verzichten wollte.

| Marke, Modell, Bauzeit | Audi Typ A 10/22 PS, 1910-1912 | Audi Typ B 10/28 PS, 1910-1914 | Audi Typ C 14/35 PS, 1912-1921 |
|---|---|---|---|
| **Motor** | | | |
| Bauart, Zylinder | Zweiblock-Reihenmotor, 4 | Zweiblock-Reihenmotor, 4 | Zweiblock-Reihenmotor, 4 |
| Bohrung x Hub mm | 80 x 130 | 80 x 130 | 90 x 140 |
| Hubraum ccm | 2612 | 2612 | 3563 |
| Leistung PS | 22/1600 | 28/1800 | 35 bis 40/1700 |
| Ventilsteuerung | NW-Antrieb d. ungekapselte Stirnräder, ioe | NW-Antrieb durch ungekapselte Stirnräder, ioe | NW-Antrieb d. ungekapselte Stirnräder, ioe |
| Kurbelwellenlager | 3 Gleitlager | KW desaxiert, 3 Gleitlager | KW desaxiert, 3 Gleitlager |
| Vergaser | 1 Zenith | 1 Zenith | 1 Zenith |
| Kühlung | Wasser, Thermosyphon, Ventilator | Wasser, Thermosyphon, Ventilator | Wasser, Thermosyphon, Ventilator |
| Schmierung | Druckumlauf durch Zahnradpumpe | Druckumlauf durch Zahnradpumpe | Druckumlauf durch Zahnradpumpe |
| Zündung | Bosch-Magnet | Doppelzündung Magnet u. Batterie, Bosch | Bosch-Magnet |
| Kraftstofftank | hinten, Förderung d. Druck d. Auspuffgase | hinten, Förderung d. Druck d. Auspuffgase | hinten, Förderung d. Druck d. Auspuffgase |
| **Kraftübertragung** | | | |
| Kupplung | Lederkonus | Lederkonus | Lederkonus |
| Schaltung | außenliegende Kulisse | außenliegende Kulisse | außenliegende Kulisse |
| Getriebe | 4-Gang | 4-Gang 4 – 2,7 – 1,75 – 1 | 4-Gang 4 – 2,7 – 1,75 – 1 |
| Antrieb | Kardan | Kardan | Kardan |
| **Fahrwerk** | | | |
| Vorder-/Hinterradfederung | Halbelliptikfedern v/h | Halbelliptikfedern v/h | Halbelliptikfedern v/h |
| Bremsen | Außenbacken-Getriebebremse, keine Vorderradbremse | Außenbacken-Getriebebremse, keine Vorderradbremse | Außenbacken-Getriebebremse, innenbackenbremse Hinterräder |
| Lenkung | Schraubenspindel | Schraubenspindel | Schraubenspindel |
| Räder und Reifen | Holzspeichenräd. m. abnehmb. Felgen oder Drahtspeichenräder, 815 x 105 | Holzspeichenräder mit abnehmb. Felgen oder Drahtspeichenräder, 815 x 105 | Holzspeichenräder mit abnehmbaren Felgen oder Drahtspeichenräder, 820 x 120 |
| **Chassis und Aufbau** | | | |
| Fahrgestell | Stahlblechrahmen | Stahlblechrahmen | Stahlblechrahmen |
| Karosserien | Zweisitzer, Phaëton | Zweisitzer, Phaëton, Tourenwagen | Tourenwagen |
| **Maße und Gewichte** | | | |
| Radstand mm | 2900 | 2900, 3050 | 2900, 3010, 3200 |
| Spur mm | 1300 / 1300 | 1300 / 1300 | 1300 / 1300 |
| Leergewicht kg | | 830 (Fahrgestell) | 920 (Fahrgestell) |
| Höchstgeschwindigkeit km/h | | 75 | 90 - 100 |

| Marke, Modell, Bauzeit | Audi Typ D 18/45 PS, 1912-1920 | Audi Typ E 22/50 PS, 1912-1920 | Audi Typ G 8/22 PS, 1914-1926 |
|---|---|---|---|
| **Motor** | | | |
| Bauart, Zylinder | Zweiblock-Reihenmotor, 4 | Zweiblock-Reihenmotor, 4 | Reihenmotor, 4 |
| Bohrung x Hub mm | 100 x 150 | 110 x 150 | 75 x 118 |
| Hubraum ccm | 4712 | 5702 | 2971 |
| Leistung PS | 45/1650 | 55/1650 | 22/1900 |
| Ventilsteuerung | NW-Antrieb d. ungekapselte Stirnräder, ioe | NW-Antrieb d. ungekapselte Stirnräder, ioe | ioe |
| Kurbelwellenlager | KW desaxiert, 3 Gleitlager | KW desaxiert, 3 Gleitlager | 3 Gleitlager |
| Vergaser | 1 Zenith | 1 Zenith | 1 Zenith |
| Kühlung | Wasser, Thermosyphon, Ventilator | Wasser, Thermosyphon, Ventilator | Wasser, Thermosyphon, Ventilator |
| Schmierung | Druckumlauf durch Zahnradpumpe | Druckumlauf durch Zahnradpumpe | Druckumlauf durch Zahnradpumpe |
| Zündung | Doppelzünd. Magnet u. Batterie, Bosch | Doppelzündung Magnet u. Batterie, Bosch | Bosch-Magnet |
| Kraftstofftank | hinten, Förderung d. Druck d. Auspuffgase | hinten, Förderung d. Druck d. Auspuffgase | hinten, Förderung d. Druck d. Auspuffgase |
| **Kraftübertragung** | | | |
| Kupplung | Lederkonus | Lederkonus | Lederkonus |
| Schaltung | außenliegende Kulisse | außenliegende Kulisse | außenliegende Kulisse |
| Getriebe | 4-Gang 4 – 2,64 – 1,75 – 1 | 4-Gang 4 – 2,64 – 1,75 – 1 | 4-Gang |
| Antrieb | Kardan | Kardan | Kardan |
| **Fahrwerk** | | | |
| Vorder-/Hinterradfederung | Halbelliptikfedern v/h | Halbelliptikfedern v/h | Halbelliptikfedern v/h |
| Bremsen | Außenbacken-Getriebebremse innenbackenbremse Hinterräder | Außenbacken-Getriebebremse innenbackenbremse Hinterräder | |
| Lenkung | Schraubenspindel | Schraubenspindel | |
| Räder und Reifen | Holzspeichenräder m. abnehmb. Felgen oder Drahtspeichenräder, 880 x 120 | Holzspeichenräder mit abnehmb. Felgen oder Drahtspeichenräder, 880 x 120 | Holzspeichenräder mit abnehmbaren Felgen oder Drahtspeichenräder, 815 x 105 |
| **Chassis und Aufbau** | | | |
| Fahrgestell | Stahlblechrahmen | Stahlblechrahmen | Stahlblechrahmen |
| Karosserien | Zweisitzer, Phaëton, Tourenwagen | Tourenwagen, Limousine | Tourenwagen, Limousne |
| **Maße und Gewichte** | | | |
| Radstand mm | 3170 oder 3320 | 3320 | 2995 |
| Spur mm | 1400 / 1400 | 1400 / 1400 | 1250 / 1250 |
| Leergewicht kg | 1225 | | 1250 (Zweisitzer) |
| Höchstgeschwindigkeit km/h | 105 | | 65 |

**Audi Typ G 8/22 PS (1914/20–1922)**
**Audi Typ K 14/50 PS (1922–1925)**
**Audi Typ M 18/70 PS (1924–1927)**

Audi präsentierte zur Internatonalen Automobilausstellung in Berlin im September 1921 – es war die erste nach dem Krieg auf deutschem Boden – den technisch fortschrittlichen 14/50 PS Typ K, der mit seinem Aluminium-Motorblock samt eingepressten Laufbüchsen aus Chromnickelstahl, Kugelschaltung und Vierradbremsen als einer der modernsten Wagen seiner Zeit gelten durfte. Doch in Anbetracht der wirtschaftlich schwierigen Situation in Deutschland ließ sich der Typ K nur in geringer Zahl absetzen: Lediglich 192 Stück verließen zwischen 1921 und 1926 das Werk.
Zwei Jahre nach Vorstellung des Typ K erschien der 18/70 PS Sechszylinder-Typ M, von der Presse als Glanz- und Paradestück der Berliner Ausstellung im September/Oktober 1923 bezeichnet. Obenliegende Nockenwelle, achtfach gelagerte Kurbelwelle, Zwangsschmierung mit Ölkühler, thermostatisch geregelter Wasserumlauf, hydraulische Vierradbremsen, Eindruckzentralschmierung des Fahrgestells waren aufsehenerregende Neuerungen. Stolz verkündet eine Pressemitteilung: »Die Audi-Werke zählen zu jenen deutschen Automobilfabriken, welche die Preisfrage hinter die konstruktive Aufgabe zurückstellen.« Mit diesem anspruchsvollen Grundsatz geriet man allerdings in eine Sackgasse. Der fabelhaft konstruierte, üppig ausgestattete, leistungsfähige und schnelle, solide und dauerhafte Typ M war viel zu teuer geraten.
1927 drohte Audi die Insolvenz. Mit nur 228 Fahrzeugen in 24 Monaten bei einer Belegschaft von mehr als 1000 Mitarbeiten gab es kaum Überlebenschancen. Man versuchte, mit einem einfacheren Modell die Situation zu retten. Der Typ R Imperator sah äußerlich dem Typ M zum Verwechseln ähnlich, war mit seinem seitengesteuerten Achtzylindermotor, dem Dreiganggetriebe und der einfacheren Grundausstattung jedoch wesentlich billiger als sein Vorgänger. Doch er fand bei weitem nicht den erhofften Anklang. Nur 145 Exemplare ließen sich bis 1929 verkaufen.
Wesentlich besser standen die von Jørgen Skafte Rasmussen geleiteten Zschopauer Motorenwerke da. Er war mit seinen DKW-Motorzweirädern sehr erfolgreich und entsprechend liquide; eine Übernahme des Audi-Werks sollte ihm weitere Produktionskapazitäten erschließen. Rasmussen nahm die sich ihm bietende Gelegenheit wahr und sicherte sich die Majorität der jetzt günstig angebotenen Audi-Aktien, was auch einen Erhalt vieler Arbeitsplätze bedeutete.
Rasmussen hatte schon lange mit dem Gedanken gespielt, auch in die Automobilherstellung einzusteigen.

Rasmusssens Versuch einer Globalisierung:

# Dänisches Management, amerikanisches Drehmoment

Bereits Ende des Jahres 1927 hatte Rasmussen aus einer Konkursmasse die Produktionseinrichtungen für amerikanische Rickenbacker-Motoren erworben, nach Deutschland verschiffen lassen und in das Werk Scharfenstein der Zschopauer Motorenwerke verlegt. Anfänglich wollte er mit diesen Sechs- und Achtzylindern andere deutsche Automobilfabriken beliefern, hatte aber keine Abnehmer gefunden. Rasmussen, bislang stets nur Erfolge gewohnt, musste seine Pläne ändern. Es schien, als habe er zu hoch gepokert...
Edward Vernon Rickenbacker begann seine Karriere als Rennmechaniker. Die Eltern hatten noch den Namen Reichenbacher geführt. Seine deutsch-schweizerische Herkunft hinderte Eddie nicht daran, als Pilot der US Air Force während des Ersten Weltkrieges zwei Dutzend deutsche Flugzeuge und drei Ballons abzuschießen.

Oben: Rickenbacker E Six Roadster, 1926.

Rechts daneben: Rickenbacker Six 50 HP Limousine, 1924.

Rechts: Rickenbacker Eight Super Sport Coupé, 1926.

Rickenbackers Name wurde damit in Amerika ein Begriff, man feierte den Draufgänger als Kriegshelden. Anschließend wandte er sich dem Automobilbau zu. Ende 1921 gründete er mit Barney Everitt in Detroit die Rickenbacker Motor Company.. Die Konstruktion des 1922 vorgestellten Rickenbacker Six stammte von Harry L. Cunningham und E. R. Evans, dem Rickenbacker-Chefkonstrukteur, der zuvor in Europa die renommiertesten Motorenhersteller besucht hatte.

Der 3482-ccm-Motor wies zur Unterbindung von Vibrationen an beiden Enden der Kurbelwelle ein Schwungrad auf. Der Wagen war gut gebaut und obendrein preisgünstig, so dass schon nach kurzer Zeit zehn, bald sogar 50 Stück pro Tag fabriziert und abgesetzt werden konnten.

Ab Ende 1923 erhielt der Rickenbacker Vierradbremsen, mit denen damals nicht viele Wagen der Preiskategorie unter 2000 Dollar aufwarteten. Mit 60 statt bisher 58 PS und einem auf 4180 ccm erweiterten Hubraum trat der Rickenbacker Six 1925 an, und mit neuem Karosserie-Design sahen die Wagen auch ausgezeichnet aus.

Doch im September 1926 sah Captain Rickenbacker sich gezwungen, Konkurs anzumelden; die anfänglichen Erfolge hatten sich nicht fortgesetzt. So gut wie zahlungsunfähig war die Firma bereits zu Jahresbeginn gewesen. Zwei nachgeschobene Achtzylindermodelle hatten sich als Flops erwiesen. Im Januar 1927 wurden die letzten Autos der Marke Rickenbacker ausgeliefert. 27.500 Stück waren insgesamt produziert worden.

Messestand des Audi- (und Lancia-) Importeurs in den Niederlanden auf der RAI, Amsterdam 1924.

## Audi Typ R 19/100 PS Imperator (1928–1932)
## Audi Typ SS 20/100 PS Zwickau (1929–1932)
## Audi Typ T 15/75 PS Dresden (1931–1932)

Rasmussen hatte gehört, dass die Rickenbacker-Konkursmasse günstig zur Disposition stand und sah in deren Übernahme eine Gelegenheit, nicht nur Motoren, sondern auch komplette, preisgünstige »Amerikaner« zu bauen, wie sie damals in Europa en vogue waren. Ein Überseefrachter transportierte das Rickenbacker-Inventar nach Bremen, per Bahn kam es nach Zwickau. Eine neue Fertigungshalle wurde eingerichtet. Die Begeisterung für amerikanische Autos war groß, und etliche US-Hersteller hatten in Deutschland Dependancen zur Versorgung der europäischen Kontinentalmärkte . General Motors produzierte von 1927 bis 1931 als Montagewagen bei uns zahlreiche Cadillac, Chevrolet und Buick, ebenso wurden Fahrzeuge der Fabrkate Durant sowie Hudson/Essex in Berlin montiert. Damit umging man auch die Einfuhrabgaben. Gern wurden von deutschen Karosseriegestaltern amerikanische Stilmerkmale kopiert. So betrachtet, war es nicht verkehrt gewesen, sich des Rickenbacker anzunehmen.

14/50 PS Audi Typ K Tourenwagen, Karosserie Gläser, 1923.

18/70 PS Audi Typ M Pullman-Limousine, Karosserie Gustav Winter, Zittau, 1924.

Audi 19/100 PS Typ R als Krankenwagen, Karosserie Schumann, Zwickau, 1928–1929.

Audi 28/100 PS Typ SS Zwickau Cabriolet, Karosserie Gläser, 1928–1929.

Audi 19/100 PS Typ R Imperator Tourenwagen, 1930–1932.

Audi 5/30 PS Typ P (Peugeot-Vierzylindermotor, 1931–1932.

Rasmussen drängte zur Eile. Mit den von ihm produzierten Motoren erschienen jedoch nicht vor 1929 der Sechszylinder-Typ T (»Dresden«) und 1930 der Achtzylindertyp SS (»Zwickau«). Der erstere war zu teuer, der letztere verkaufte sich leidlich gut. Zu einer Rendite reichte es bei beiden nicht; im Frühjahr 1932 stellte Rasmussen ihre verlustreiche Fertigung ein – er hatte sich verschätzt und viel Geld verloren... das zehrte an der Substanz, die das Motorradgeschäft erwirtschaftet hatte. Die Weltwirtschaftskrise tat ihr Übriges: Die Kraftfahrzeugindustrie dies- und jenseits des Atlantiks arbeitete im Leerlauf.

### Audi Typ P 5/30 PS (1931–1932)

Das Rickenbacker-Intermezzo hatte sich als Fehlschlag erwiesen. Um die Kapazität seiner Fabrik auszulasten, ließ Rasmussen jetzt in den unveränderten DKW 4=8 preisgünstig erworbene Peugeot-Motoren einbauen, um auch Käufer bedienen zu können, die dem Zweitakter ablehnend gegenüberstanden. Doch der Audi Typ P 5/30 PS fand nur wenig Interessenten, es dürften kaum 400 gewesen sein, während vom als DKW vermarkteten 4=8 in identischer Erscheinung gut 3000 Exemplare verkauft wurden.

Werbung für die großen Audi-Modelle 1926 (oben) und 1930 (links) unter Herausstellung der »1« – wobei die Kühlerfigur auf dem Schraubverschluss mit einem Temperaturfühler versehen war, denn die dem Fahrer zugekehrte Seite der Skulptur barg ein Thermometer.

Audi Front 225 Sport-Cabriolet, Karosserie Gläser, Modell 1935.

**Audi Typ Front UW (1933–1934)**
**Audi Typ 225 (1936–1938)**
**Audi Typ 920 (1938–1940)**

Mit seinen kleinen Frontantriebs-Zweitaktern hatte Rasmussen erheblich mehr Erfolg als mit Audi-Wagen. Er wandte sich deshalb seinem ursprünglichen Vorhaben zu, das Audi-Werk in Zwickau für eine Erweiterung der DKW-Fertigung zu nutzen und verlegte dorthin die Assemblage des gut verkäuflichen DKW FA 600. Doch das Rickenbacker- wie auch das Audi-Abenteuer hatten den stets risikobereiten Unternehmer viel zu viel Geld gekostet, auch hatte er in zahlreiche kleine und nicht rentable Zulieferbetriebe investiert – ab Mitte 1931 vermochte er seinen finanziellen Verpflichtungen kaum mehr nachzukommen. Rasmussens Hausbank sah sich außerstande, Kredite zu prolongieren und erwartete von ihm Vorschläge zu einer raschen Lösung seiner Probleme.
Im Jahr 1932 brachte sich Rasmussen mit seinen Marken DKW und Audi daher in die Auto Union AG ein, die an der Börse frisches Kapital generierte und damit nicht nur alle Verbindlichkeiten ihrer Gründer übernahm, sondern auch für eine neue Gesamtbonität stand. Klar, dass Rasmussen an Einfluss verlor. Das Sagen hatten jetzt von der Bank nominierte Betriebs- und Volkswirte. Audi baute weiterhin die kleinen DKW-Wagen, brachte aber wenig später auch einen eigenen, größeren Fronantriebswagen auf den Markt, für den der Antriebsblock und teilweise auch die Karosserien von Wanderer übernommen wurden. Der Zentralkastenrahmen wies vordere Einzelradfederung (Querblattfeder) sowie eine Willy-Vogel-Schmierfettverteilung auf, die man mit dem linken Fuß betätige, die Bremsen arbeiteten über ein Gestänge mechanisch.
Kein Geringerer als Ferdinand Porsche, als externer Berater von Wanderer jetzt auch von erheblichem Einfluss auf die Auto-Union-Geschäftspolitik, hatte die Anregung gegeben, unter der Marke Audi einen sportlichen Mittelklassewagen mit Wanderer-Technik auf den Markt zu bringen. Schließlich war auch der 40 PS leistende, kopfgesteuerte 2,0-Liter-Sechszylindermotor des Wanderer W20 (70 x 85 mm) eine Porsche-Konstruktion. Da im Gegensatz zum Wanderer der Audi aber ein Auto mit Vorderradantrieb war, fand das Aggregat samt Getriebe hier um 180 Grad gedreht seinen Einbau, was eine Schaltung wie beim DKW am Armaturenbrett bedingte und das Suffix UW in der Typenbezeichnung des neuen Audi Front erklärte: »umgekehrter Wanderer-Motor«.

| | **8/22 PS Audi Typ G 1914-1923** | **14/35 PS Audi Typ C 1911-1921** | **22/55 PS Audi Typ E 1913-1921** |
|---|---|---|---|
| Zylinderzahl | 4 | 4 | 4 |
| Bohrung x Hub | 75 x 118 mm | 90 x 140 mm | 110 x 150 mm |
| Hubraum | 2084 ccm | 3560 ccm | 5699 ccm |
| Leistung | 22 PS bei 1900 U/min | 35 PS bei 1800 U/min | 55 PS bei 1750 U/min |
| Getriebe | 4 Gang | 4 Gang | 4 Gang |
| Schaltung | außen rechts | außen rechts | außen rechts |
| Fußbremse | Mechanisch, Kardanwelle | Mechanisch, Kardanwelle | Mechanisch, Kardanwelle |
| Radstand | 2995 mm | 3300 mm | 3465 mm |
| Spur vorn/hinten | 1250 mm | 1400 mm | 1400 mm |
| Wagengewicht | Sport-Zweisitzer 1250 kg | Tourenwagen 1700 kg | Limousine 2050 kg |
| Höchstgeschwindigkeit | 65 km/h | 85 km/h | 90 km/h |
| | **14/50 PS Audi Typ K 1922-1925** | **18/70 PS Audi Typ M 1924-1927** | **19/100 PS Audi Typ R 1928/29 Audi Imperator Typ R 1930-1932** |
| Zylinderzahl | 4 | 6 | 8 |
| Bohrung x Hub | 90 x 140 mm | 90 x 122 mm | 80 x 122 mm |
| Hubraum | 3560 ccm | 4655 ccm | 4872 ccm |
| Ventile | Hängend | Hängend | Seitlich stehend |
| | Seitliche Nockenwelle | Obenliegende Nockenwelle | Seitliche Nockenwelle |
| Leistung | 50 PS bei 2200 U/min | 70 PS bei 3000 U/min | 100 PS bei 3300 U/min |
| Getriebe | 4 Gang | 4 Gang | 3 Gang |
| Schaltung | Mitte | Mitte | Mitte |
| Fußbremse | Mechanisch, Hinterräder | Hydraulisch, 4 Räder | Mechanisch, 4 Räder |
| Radstand | 3530 mm | 3750 mm | 3620 mm |
| Spur vorn/hinten | 1450 mm | 1450 mm | 1450 mm |
| Wagengewicht | Fahrgestell 1400 kg | Pullman-Limousine 2500 kg | Pullman-Limousine 2300 kg |
| Höchstgeschwindigkeit | 95 km/h | 120 km/h | 120 km/h |
| Preis | | Pullman-Limousine RM 22300,– | Pullman-Limousine RM 16575,– |
| | **Audi Dresden 15/75 PS Typ T 1931/32** | **Audi Zwickau 20/100 PS Typ SS 1929-1932** | **5/30 PS Audi Typ P 1931/32** |
| Motor | vorm. Rickenbacker | vorm. Rickenbacker | Peugeot |
| Zylinderzahl | 6 | 8 | 4 |
| Bohrung x Hub | 82,55 x 120,65 mm | 82,55 x 120,65 mm | 63 x 90 mm |
| Hubraum | 3838 ccm | 5130 ccm | 1122 ccm |
| Ventile | Seitlich stehend | Seitlich stehend | Seitlich stehend |
| Leistung | 75 PS bei 3200 U/min | 100 PS bei 3000 U/min | 30 PS bei 3200 U/min |
| Getriebe | 4 Gang | 4 Gang | 3 Gang |
| Schaltung | Mitte | Mitte | Mitte |
| Fußbremse | Hydraulisch, 4 Räder | Hydraulisch, 4 Räder | Hydraulisch, 4 Räder |
| Radstand | 3100 mm | 3500 mm | 2700 mm |
| Spur vorn/hinten | 1440/1480 mm | 1440/1480 mm | 1120/1170 mm |
| Gesamtmaße | 4480 x 1780 x 1760 mm | 4965 x 1780 x 1870 mm | 3680 x 1400 x 1650 mm |
| Wagengewicht | Limousine 1800 kg | Pullman-Limousine 2100 kg | Limousine 750 kg |
| Höchstgeschwindigkeit | 100 km/h | 110 km/h | 80 km/h |
| Preis | Limousine 4 Türen | Pullman-Limousine | Limousine 2 Türen |
| | RM 9350,– | RM 12950,– | RM 3385,– |

| Produktion | | |
|---|---|---|
| Audi Typ K | 1922-1925 | max. ca. 750 |
| Audi Typ M | 1924-1927 | max. ca. 300 |
| Audi Typ R (Imperator) | 1928-1932 | max. ca. 150 |
| Audi Typ T (Dresden) | 1931-1932 | max. ca. 100 |
| Audi Typ SS (Zwickau) | 1929-1932 | max. ca. 400 |
| Audi Typ P (5/30 PS) | 1931-1932 | max. ca. 400 |
| Audi Front Typ UW | 1933-1934 | ca. 2000 |
| Audi Front Typ UW 225 | 1935-1938 | ca. 2600 |
| Audi 3,2 Liter Typ 920 | 1938-1940 | ca. 1200 |

Die DKW-Produktion beanspruchte allerdings bald die gesamte Kapazität des Werks, so dass der Audi Front UW bei Horch gebaut bzw. montiert werden musste.
Dessen Stückzahlen waren nicht groß, denn der Audi Front war ein Auto für Liebhaber und Individualisten. 1935 erweiterte man den Hubraum des Motors auf 2257 ccm, was die Leistung auf 50 PS anhob (ab 1937: 55PS), aber ohne wesentliche Auswirkung auf die Höchstgeschwindigkeit blieb.
Im April 1938 wurde die Herstellung des 2,3 Liter Audi beendet, im November 1938 lief die Fertigung der 3,2 Liter Audi Typ 920 an, dessen Sechszylindermotor vom Horch Reihenachtzylinder abgeleitet war. Dieser technisch und formal sehr geglückte Wagen sollte ursprünglich als »kleiner Horch« auf den Markt kommen. Nun erschien er als Audi, dazu bestimmt, die Lücke zwischen Wanderer und Horch zu schließen. Der ohc-Königswellen-Motor leistete 75 PS, gut für 130 km/h. Den großen Erfolg, der dem Audi 3,2 Liter wohl sicher gewesen wäre, hat der Kriegsausbruch vereitelt.

Audi Front 2,0 Liter UW Sport-Cabriolet, Karosserie Gläser, 1933.

Audi Front 225 Limousine viertürig, Karosserie Ambi-Budd, 1935.

Audi Front 2,0 Liter UW Sport-Limousine viertürig, Karosserie Ambi-Budd, 1933.

Der bekannte Porsche-Rennfahrer Richard von Frankenberg am Steuer seines Audi Front 2,0 Liter, den er viele Jahre besaß, hegte und pflegte.

| | Audi Front 2 Liter<br>Typ UW<br>1933/34 | Audi Front 225<br>Typ UW 225<br>1935-1938 | Audi 3,2 Liter<br>Typ 920<br>1938-1940 |
|---|---|---|---|
| **Motor** | Wanderer | Wanderer | Horch |
| Zylinderzahl | 6 (Reihe) | 6 (Reihe) | 6 (Reihe) |
| Bohrung x Hub | 70 x 85 mm | 71 x 95 mm | 87 x 92 mm |
| Hubraum | 1950 ccm | 2257 ccm | 3281 ccm |
| Leistung | 40 PS bei 3500 U/min | 50 PS bei 3300 U/min<br>bzw. (ab 1937) 55 PS bei 3800 U/min | 75 PS bei 3000 U/min |
| Drehmoment | | | 21 mkg |
| Verdichtung | 1:6 | 1:6,1 bzw. (ab 1937) 6,4 | 1:6 |
| Vergaser | 1 Flachstromvergaser<br>Solex 30 BFRV | 1 Fallstromvergaser<br>Solex 30 JFF | 1 Steigstrom-Registervergaser<br>Solex 35 MMOVS |
| Ventile | Hängend<br>Seitliche Nockenwelle<br>Antrieb durch Stirnräder | Hängend<br>Seitliche Nockenwelle<br>Antrieb durch Stirnräder | Hängend<br>Obenliegende Nockenwelle<br>Antrieb durch Königswelle |
| Kurbelwellenlager | 7 | 7 | 8 |
| Kühlung | Pumpe, 14 Liter Wasser | Pumpe, 14 Liter Wasser | Pumpe, 18 Liter Wasser |
| Schmierung | Druckumlauf, 8 Liter Öl | Druckumlauf, 8 Liter Öl | Druckumlauf, 8 Liter Öl |
| Batterie | 12 V 45 Ah (im Motorraum) | 12 V 45 Ah (im Motorraum) | 12 V 62,5 Ah |
| **Kraftübertragung** | Frontantrieb. Motor-Getriebe-Block hinter Vorderachse | | Antrieb auf Hinterräder |
| Kupplung | Halbnasse Doppelscheibenkupplung | | Einscheibentrockenkupplung |
| Schaltung | Schaltstock an Armaturentafel | | Schalthebel Wagenmitte |
| Getriebe | 4 Gang | | 4 Gang |
| Synchronisierung | Ohne | | III-IV |
| Übersetzungen | I. 4,50 – II. 2,40 – III. 1,49 – IV. 1,00 | | I. 3,89 – II. 2,165 – III. 1,49 – IV.1,00 |
| Antriebs-Übersetzung | 5,25 | | 3,80 |
| **Rahmen und Fahrwerk** | Zentralkastenrahmen | | Kastenrahmen |
| Vorderradaufhängung | Querlenker oben<br>1 Querfeder unten | | Querlenker oben<br>1 Querfeder unten |
| Hinterradaufhängung | Schwingarme, 1 Querfeder | | starr, »Schwebeachse«<br>1 Querfeder oben |
| Lenkung | ZF-Roß Schnecke | | ZF-Roß Schnecke |
| Fußbremse | Mechanisch, 4 Räder | | Hydraulisch, 4 Räder |
| Handbremse | Mechanisch, Hinterräder | | Mechanisch, Hinterräder |
| Schmierung | Zentral | | Zentral |
| **Allgemeine Daten** | | | |
| Radstand | 3050 bzw. 3100 mm | 3100 mm | 3100 mm |
| Spur vorn/hinten | 1350/1350 mm | 1350/1400 mm | 1435/1465 mm |
| Gesamtmaße | 4375 (4500) x 1650 x 1575 mm | 4500 x 1650 x 1575 mm | 4900 x 1720 x 1620 mm |
| Räder | Scheiben | Scheiben | Scheiben |
| Reifen | 5,25-17 | 5,25-17 | 6,00-16 |
| Wendekreis | 12,5 Meter | 12,5 Meter | 11,5 Meter |
| Wagengewicht | Limousine 1275 kg, Cabriolet 1300 kg | Limousine 1325 kg, Cabriolet 1350 kg | Limousine 1640 kg, Cabriolet 1665 kg |
| Zuläss. Belastung | 450 kg | 450 kg | 365 kg |
| Höchstgeschwindigkeit | 100 km/h | 105 km/h | 130 km/h |
| Beschleunigung 0-100 km/h | | | 30 sec |
| Verbrauch/100 km | 13 Liter | 14 Liter | 16 Liter |
| Kraftstofftank | 48 Liter (im Motorraum) | 50 Liter (im Heck) | 70 Liter (im Heck) |
| **Preise** | Sport-Limousine 4 Türen<br>(Radst. 3050 mm) RM 5750,–<br>Limousine 6 Fenster<br>(Radst. 3100 mm) RM 5900,–<br>Sport-Cabriolet 2 Fenster<br>(Radst. 3050 mm) RM 6675,–<br>Cabriolet 4 Fenster<br>(Radst. 3100 mm) RM 6875,– | Sport-Limousine 4 Türen<br>(nur 1935) RM 5750,–<br>Limousine 6 Fenster<br>(1935-1938) RM 5900,–<br>Sport-Cabriolet 2 Fenster<br>(1935-1937) RM 6675,–<br>Cabriolet 4 Fenster<br>(1935-1938) RM 6875,–<br>Spezial-Roadster (nur 1935)<br>Spezial-Cabriolet 2/3 Sitze<br>(nur 1937) RM 8500,– | Limousine 6 Fenster<br>RM 7600,–<br>Cabriolet 4 Fenster<br>RM 8750,– |

Audi Front 225 Cabriolet Gläser, 1935–1938. Die Aufnahme entstand 1945 in Den Haag vor dem Dienstsitz des Bürgermeisters.

Unten links: Audi Front 225 Spezial-Roadster, 1935.

Unten rechts: Audi Front 225, dreisitziges Cabriolet von Gläser, 1937.

Ganz unten: Audi 3,2 Liter Typ 920 Cabriolet, Karosserie Gläser, 1938–1940.

...mit 3 Audi-Front-Wagen sehr zufrieden....

**HAMMER & CO.**

Berlin-Lichterfelde-West, Undine-Straße 16

Telefon: Sammel-Nr. G 6. Breitenbach 2241

Gegründet 1906

Bank-Konto: Berliner Stadtbank, Giro-Kasse Nr. 141, Berlin-Steglitz. | Grösstes Spezialhaus | Postscheck-Konto: Berlin Nr. 16506, Bahnstation: Steglitz (Bahnlagernd)

Firma
Benno Krawielitzki
B e r l i n W 15.
Fasanenstr. 69

4.1.1936.

Bezugnehmend auf Jhr heutiges Telefongespräch teilen wir Jhnen folgendes mit:

Es ist uns eine Freude, Jhnen mitzuteilen, dass wir mit den von Jhnen gelieferten Audi-Front-Wagen ( es sind im ganzen 3 ) sehr zufrieden sind. Wir haben mit denselben schon sehr grosse Touren unternommen und können über die Fahreigenschaft derselben nur das Allerbeste berichten.

Besonders hervorheben möchten wir die ausserordentlich gute Kurvenlage des Wagens, durch die man einen ausserordentlich hohen Durchschnitt bei längeren Reisen erzielen kann.

Wir fahren Jhren Wagen 9/5o PS Audi-Front-Cabriolet jetzt bereits 15 ooo km und können Jhnen mitteilen, dass unsere Wünsche an diesem Wagen weit übertroffen wurden.

Jn der angenehmen Erwartung, dass sich der Wagen noch einer grösseren Beliebtheit erfreut und es für die Folge in dieser Wagenstärke nur noch Audi-Fahrer gibt, zeichnen wir

mit deutschem Gruss

... rutscht weder bei Regen, Schnee und Eis....

ING. HERBERT REIS

HEIDELBERG 28.März 1936
BERGHEIMER STRASSE 31, FERNRUF 3500
BANK-KONTO: DDB, HEIDELBERG
POSTSCHECK-KONTO: KARLSRUHE 11878

An die
AUTO UNION A-G
Werk AUDI
Zwickau/Sa.

Es ist mir ein Bedürfnis, auch beim zweiten und stärkeren Audi-Frontwagen meine volle Anerkennung aussprechen zu dürfen.

Seit dem Jahre 19o7 bin ich Autofahrer und war in der Zwischenzeit bis zum Kriegsausbruch Fachmann in der Autobranche. Jch darf behaupten, alle möglichen Wagen im Aussendienst gefahren zu haben. Als Audi vor wenigen Jahren mit dem 4o PS Wagen mit Frontantrieb herauskam, war ich genau so skeptisch wie alle anderen Fahrer, jedoch mit dem Unterschied, ich hörte als Fachmann nicht auf die vielen Erzählungen, sondern wartete einen regelrechten Wolkenbruch ab, um auf dem Audi alle möglichen Kurven - und Bremsversuche zu fahren. Nach dieser ausserordentlichen Probefahrt wurde ich Audi-Fahrer.Persönliche Sicherheit ist wichtiger als alle übrigen Eigenschaften, da das Tempo der Zeit absolut gute und sichere Strassenlage erfordert.

Ebenso ist es auch bei der Reichsautobahn. Fahrsicherheit bei allen Wetterlagen und gutes Durchhalten des Tempos. Hierfür sorgt die serienmässig hergestellte und gut arbeitende Oelkühlung. Audi wird von vielen Autokennern gefahren, denn der Audi-Front rutscht weder bei Regen, Schnee und Eis.

Mit deutschem Gruss

Reis

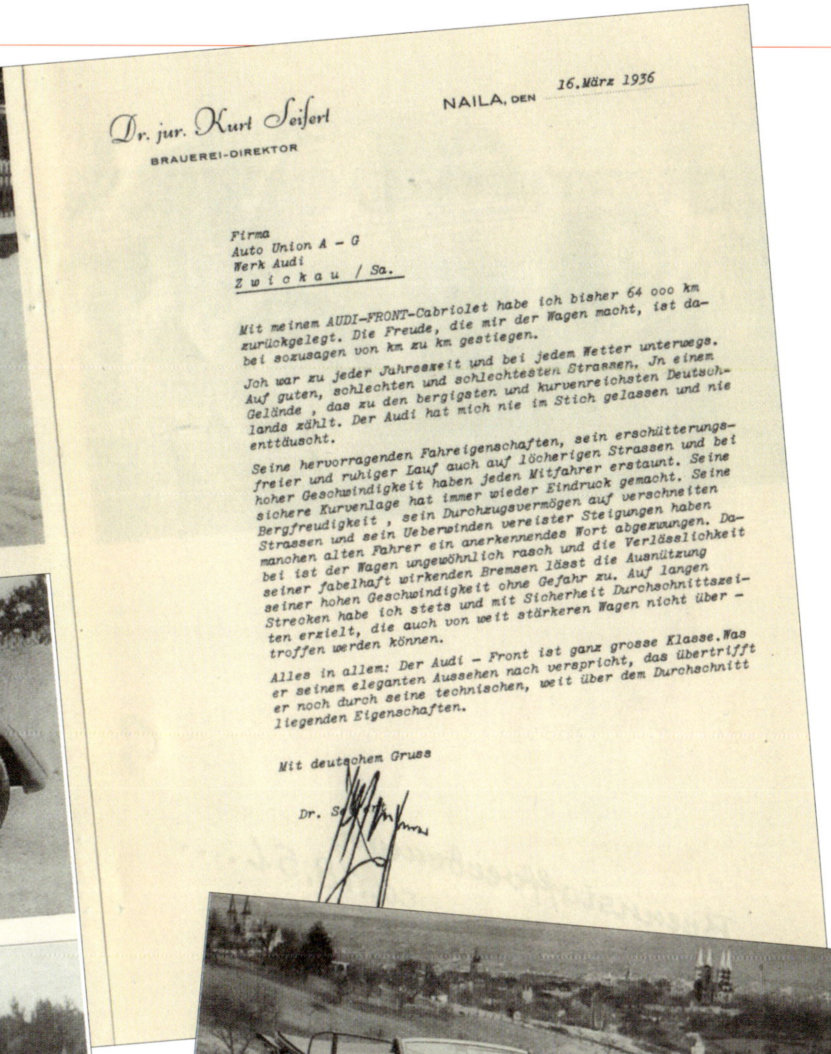

Dr. jur. Kurt Seifert

BRAUEREI-DIREKTOR

NAILA, DEN 16.März 1936

Firma
Auto Union A - G
Werk Audi
Z w i c k a u / Sa.

Mit meinem AUDI-FRONT-Cabriolet habe ich bisher 64 ooo km zurückgelegt. Die Freude, die mir der Wagen macht, ist dabei sozusagen von km zu km gestiegen.

Joh war zu jeder Jahreszeit und bei jedem Wetter unterwegs. Auf guten, schlechten und schlechtesten Strassen. Jn einem Gelände , das zu den bergigsten und kurvenreichsten Deutschlands zählt. Der Audi hat mich nie im Stich gelassen und nie enttäuscht.

Seine hervorragenden Fahreigenschaften, sein erschütterungsfreier und ruhiger Lauf auch auf löcherigen Strassen und bei hoher Geschwindigkeit haben jeden Mitfahrer erstaunt. Seine sichere Kurvenlage hat immer wieder Eindruck gemacht. Seine Bergfreudigkeit , sein Durchzugsvermögen auf verschneiten Strassen und sein Ueberwinden vereister Steigungen haben manchen alten Fahrer ein anerkennendes Wort abgezwungen. Dabei ist der Wagen ungewöhnlich rasch und die Verlässlichkeit seiner fabelhaft wirkenden Bremsen lässt die Ausnützung seiner hohen Geschwindigkeit ohne Gefahr zu. Auf langen Strecken habe ich stets und mit Sicherheit Durchschnittszeiten erzielt, die auch von weit stärkeren Wagen nicht über - troffen werden können.

Alles in allem: Der Audi - Front ist ganz grosse Klasse.Was er seinem eleganten Aussehen nach verspricht, das übertrifft er noch durch seine technischen, weit über dem Durchschnitt liegenden Eigenschaften.

Mit deutschem Gruss

Dr. Seifert

Auszüge aus einer 1936 von der Auto Union veröffentlichten Werbebroschüre. Eine ähnliche Publikation entstand für Horch mit Briefen zeitgenössischer Künstler, Schriftsteller und Industrieller.

Wiedergeburt einer Marke mit großer Tradition

# Audi ante portas: Vorsprung durch High Technology

Auf Geheiß des damaligen Großaktionärs Friedrich Flick musste Daimler-Benz im Jahr 1958 die schlapp gewordene Auto Union GmbH übernehmen. 1965 verkauften die Stuttgarter das traditionsreiche Unternehmen mit dem Werk Ingolstadt an den VW-Konzern, behielten aber das Werk Düsseldorf. In VW-Regie kam im September 1965 erstmals wieder ein Audi auf den Markt. und im Frühjahr 1966 wurde die Produktion des letzten DKW-Zweitakt-Modells F 102 beendet. Dessen Nachfolger war der Audi 72; die – ihm erst nachträglich verliehene – Zahl bezog sich auf den PS-Wert. Ende 1968 erschien der von Oberingenieur Ludwig Kraus im Daimler-Benz-Auftrag entwickelte Audi 100, der zum Bestseller der wiedererstandenen Marke Audi avancierte.

Der erste, 1965 entstandene Viertakter aus Ingolstadt namens Audi. Äußerlich entspricht er weitgehend dem DKW F 102.

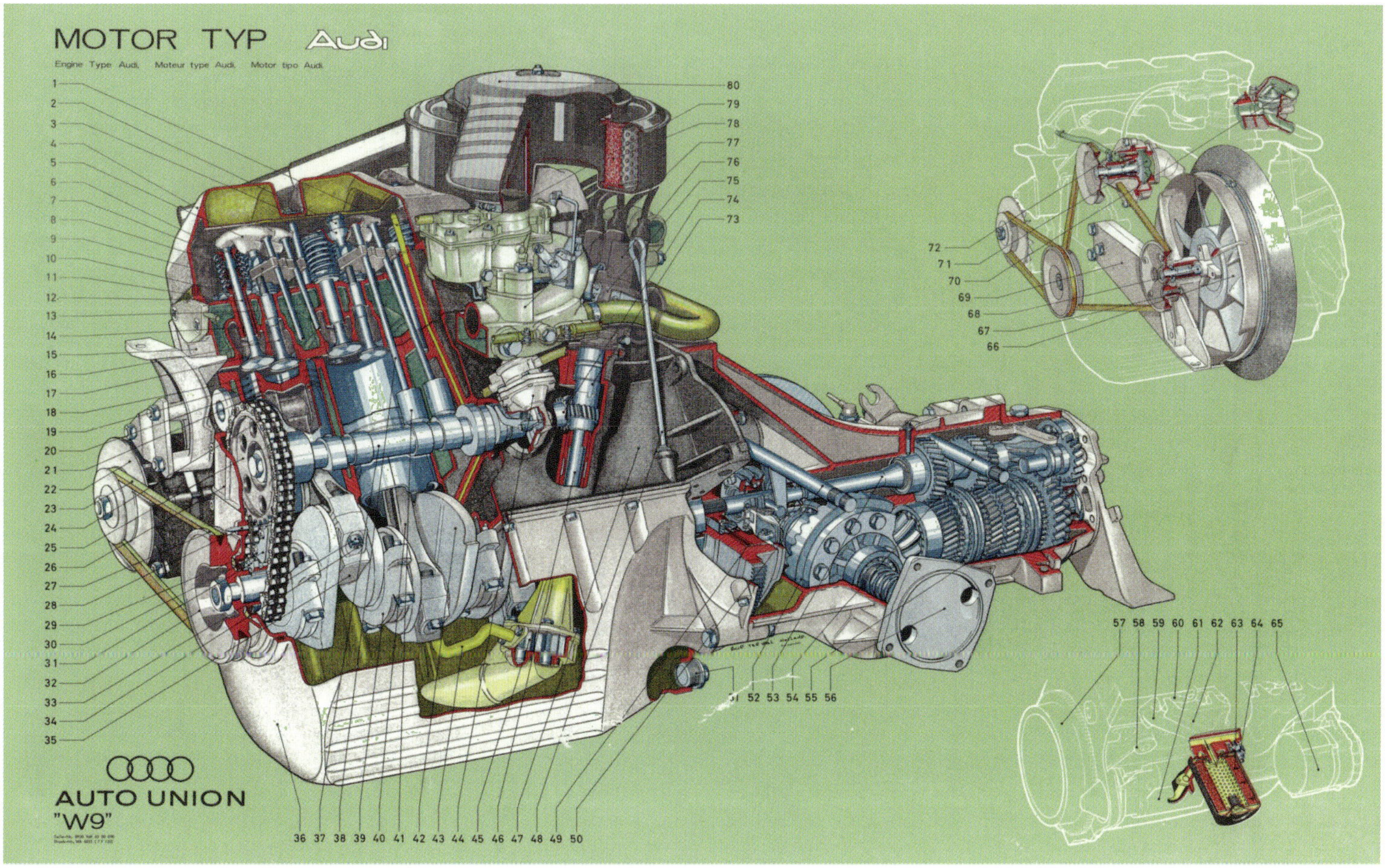


**Schnitt durch den Viertakt-Vierzylindermotor des neuen Audi, 1:11,2 verdichtet (»Mitteldruck«), 1696 ccm, 72 PS bei 5000 U/min, Drehmoment 13,0 mkg bei 2800 U/min.**

Im März 1969 wurden die Auto Union (Ingolstadt) und die NSU Motorenwerke (Neckarsulm) zur Audi NSU Auto Union AG zusammengeschlossen, die nunmehr 26.000 Mitarbeiter zählte.
Zum Jahresende 1973 verließ »Audi-Vater« Ludwig Kraus (Ehrendoktor seit 1974) aus gesundheitlichen Gründen das Unternehmen. Sein Nachfolger als Entwicklungsvorstand und ab Ende 1987 Vorsitzender des Vorstands wurde Porsche-Enkel Dr-Ing. Ferdinand Piëch, der es schaffte, Audi unter seiner souveränen Führung zu einer wahren Top-Marke zu machen. Seit 1984 heißt die Firma kurz und bündig Audi AG.

## Audi 72 (1965–1968)
## Audi 80 (1966–1968)

Die Auto Union verwandelte den DKW F102 zum F103, indem sie der äußerlich nur geringfügig veränderten Limousine (Scheinwerfer, Rückleuchten) einen Viertaktmotor spendierte. Das 72 PS starke 1696-ccm-Aggregat wurde wegen seiner Verdichtung von 1 zu 11,2 als »Mitteldruckmotor« bezeichnet. In den ersten beiden Jahren litt der Motor noch an Kinderkrankheiten, so dass man seine hohe Verdichtung wieder zurücknahm. Der Serienbeginn des Zwei- und auch des Viertürers erfolgte im September 1965 nach den Werksferien. Ab Mai 1966 war auch der dreitürige Variant (Kombiwagen) erhältlich.
Die Typenbezeichnung 72 hat der neue Audi offiziell übrigens nie erhalten; die gab man dem Wagen erst später und auch nicht vonseiten des Werkes.
Trotz gewisser Anfangsschwierigkeiten kam der neue Audi gut an. In der Werbung nahm die Auto Union Bezug auf die lateinische Herkunft des Namens Audi und erfreute die Absolventen des Großen Latinums mit ins Lateinische übersetzten technischen Botschaften … Fahrleistungen und Verarbeitung wurden allgemein gelobt, so dass es

Schichtwechsel im Audi-Werk Ingolstadt, 1967. Auf dem gegenüberliegenden Parkplatz wartet eine Omnibusflotte auf ihre Feierabend-Fahrgäste.

Der erfolgreiche Maschinenbau-Ingenieur **Ludwig Kraus** (1911–1997) gilt als der Vater des wiedergeborenen Audi. Er war zunächst Motorenkonstrukteur bei Daimler-Benz und gehörte zu den maßgeblichen Entwicklern des Mercedes 300/300 SL sowie des Rennwagens W196 von 1954. Ende 1963 wurde er Konstruktionschef bei der Auto Union AG, die von Daimler-Benz übernommen worden war, und führte unter der Marke Audi eine neue Motorengeneration ein. 1968 präsentierte Dr.-Ing. Kraus der VW-Konzernleitung den Audi 100, der ohne Wissen der Wolfsburger sowie als erster Audi als eine computergestützte Konstruktion (CAD) entstanden war und zu einem Erfolgsmodell wurde. Kraus war es, in dessen Regie alle Audi-Modelle entsprechend ihren PS-Werten neue Bezeichnungen erhielten (Audi 50, Audi 80, Audi Super 90). 1973 verließ Kraus das Unternehmen, sein Nachfolger bei Audi wurde Ferdinand Piëch.

gelang, den seit langem nicht mehr benutzten Markennamen positiv zu belegen. Bereits im September 1966 folgte das etwas stärker motorisierte und wieder höher verdichtete Modell Audi 80, und gegen Aufpreis von 275 bis 500 DM gab es für beide eine bessere L-Ausstattung. Den 72-PS-Motor konnte man ab September 1967 – auf nur mehr 1 zu 9,1 verdichtet – auch mit Normal- statt mit Superbenzin fahren.

## Audi Super 90 (1966–1971)
## Audi 75 (1968–1972)
## Audi 60 (1968–1972)

Der Ursprung der Audi 60, 75 und Super 90 ging auf das Jahr 1966 zurück. Die modern und mit prägnanter Front versehenen Mittelklassewagen wurden als zwei- und viertürige Stufenhecklimousinen und Kombi Variant hergestellt. Zum Modelljahr 1971 umfasste das Motorenangebot drei ohv-Vierzylinder; die kleinste Einheit leistete im Typ 60 55 PS und im 60 Export 65 PS. Beim 75 und Super 90 stimmte die PS-Zahl mit der Typenbezeichnung überein. Das Vierganggetriebe wurde mit serienmäßig Lenkrad-, auf Wunsch mit Stockschaltung ausgerüstet. Für die Radführung dienten vorn obere Dreieckquerlenker, untere einfache Querlenker mit elastischen Schubstreben, ein Querstabilisator sowie Längstorsionsfederstäbe. Hinten wurde eine Starrachse mit Längslenkern und Panhardstab sowie Quertorsionsfedern verwendet. Auf Wunsch gab es Servobremsen (beim Super 90 im Export serienmäßig). Die Audi boten eine Zahnstangenlenkung,

Audi L Limousine 1967-1968 (äußerlich identisch: Audi 75 L 1966–1970 und Audi 80 L 1966–1968).

| | Audi (72 PS), 1965–1968<br>Audi L (72 PS), 1966–1968<br>Audi Variant (72 PS), 1966 | Audi 80 L Audi 80 Variant<br>1966–1968 | Audi 60 L Audi 60 Variant<br>1968–1972 |
|---|---|---|---|
| **Motor** | | | |
| Zylinderzahl | 4 (Reihe), Block um 40° rechts seitlich geneigt | 4 (Reihe), Block um 40° rechts seitlich geneigt | 4 (Reihe), Block um 40° rechts seitlich geneigt |
| Bohrung x Hub | 80 x 84,4 mm | 80 x 84,4 mm | 80 x 74,4 mm |
| Hubraum | 1696 ccm | 1696 ccm | 1496 ccm |
| Leistung | 72 PS bei 5000 U/min | 80 PS bei 5000 U/min | 55 PS bei 4750 U/min |
| Drehmoment | 13,0 mkg bei 2800 U/min | 13,5 mkg bei 3000 U/min | 11,5 mkg bei 2500 U/min |
| Verdichtung | 1:11,2 bzw. (ab Sept. 1967) 1:9,1 | 1:11,0 | 1:9,1 |
| Vergaser | 1965: 1 Fallstromvergaser Solex 38 PDSI-1,<br>ab Jan. 1966: 34 PDSIT-1 mit Startautomatik,<br>ab März 1966: 35 PDSIT-5 mit Startautomatik | 1 Fallstromvergaser Solex 35 PDSIT-5<br>mit Startautomatik | 1 Fallstromvergaser Solex 35 PDSIT-5<br>mit Startautomatik |
| Ventile | Hängend, Stoßstangen und Kipphebel,<br>seitliche Nockenwelle, Antrieb Duplexkette | Hängend, Stoßstangen und Kipphebel,<br>seitliche Nockenwelle, Antrieb Duplexkette | Hängend, Stoßstangen und Kipphebel,<br>seitliche Nockenwelle, Antrieb Duplexkette |
| Kurbelwellenlager | 5 | 5 | 5 |
| Kühlung | Pumpe, 7,5 Liter Wasser | Pumpe, 7,5 Liter Wasser | Pumpe, 7,5 Liter Wasser |
| Schmierung | Druckumlauf, 4 Liter Öl | Druckumlauf, 4 Liter Öl | Druckumlauf, 4 Liter Öl |
| Batterie | 12 V 55 Ah (im Motorraum) | 12 V 55 Ah (im Motorraum) | 12 V 45 Ah (im Motorraum) |
| Lichtmaschine | Drehstrom 35 A (490 W) | Drehstrom 35 A (490 W) | Drehstrom 35 A (490 W) |
| **Kraftübertragung** | Frontantrieb, Motor vor, Getriebe hinter der Vorderachse | Frontantrieb, Motor vor, Getriebe hinter der Vorderachse | Frontantrieb, Motor vor, Getriebe hinter der Vorderachse |
| Kupplung | Einscheibentrockenkupplung | Einscheibentrockenkupplung | Einscheibentrockenkupplung |
| Schaltung | Lenkradschaltung | Lenkradschaltung | Lenkradschaltung ab Okt. 1969<br>auf Wunsch: Schaltstock Wagenmitte |
| Getriebe | 4 Gang | 4 Gang | 4 Gang |
| Synchronisierung | I–IV | I–IV | I–IV |
| Übersetzungen | I. 3,40 II. 1,944 III. 1,32 IV. 0,966 | I. 3,40 II. 1,944 III. 1,32 IV. 0,966 | I. 3,40 II. 1,944 III. 1,32 IV. 0,966 (Super 90: 0,933) |
| Antriebs-Übersetzung | 3,888 (35:9) | 3,888 (35:9) | 4,111 (37:9) |
| **Fahrwerk** | Selbsttragende Ganzstahlkarosserie | Selbsttragende Ganzstahlkarosserie | Selbsttragende Ganzstahlkarosserie |
| Vorderradaufhängung | Doppel-Querlenker, Federstäbe längs, Querstabilisator | Doppel-Querlenker, Federstäbe längs, Querstabilisator | Doppel-Querlenker, Federstäbe längs, Querstabilisator |
| Hinterradaufhängung | Rohr-Starrachse (selbststabilisierend), Längslenker, Feder-<br>stab quer, Panhardstab | Rohr-Starrachse (selbststabilisierend), Längslenker, Feder-<br>stab quer, Panhardstab | Rohr-Starrachse (selbststabilisierend), Längslenker, Feder-<br>stab quer, Panhardstab |
| Lenkung | Zahnstange (20,0:1), 5 Lenkraddrehungen | Zahnstange (20,0:1), 5 Lenkraddrehungen | Zahnstange (20,0:1), 4 Lenkraddrehungen |
| Fußbremse | Hydraulik, ab Sept. 1967 bei Audi L, Audi 80 L und Audi Variant Zweikreis-Hydraulik und auf Wunsch Servohilfe, Scheibenbremsen vorn 280 mm Ø (innen am Differential), Trommelbremsen hinten 200 mm Ø | Hydraulik, ab Sept. 1967 bei Audi L, Audi 80 L und Audi Variant Zweikreis-Hydraulik und auf Wunsch Servohilfe, Scheibenbremsen vorn 280 mm Ø (innen am Differential), Trommelbremsen hinten 200 mm Ø | Audi 60 (Variant): Hydraulik, 60 L: Zweikreis-Hydraulik, a.W. Servohilfe, Scheibenbremsen vorn 280 mm Ø (innen am Differential), Trommelbremsen hinten 200 mm Ø |
| Handbremse | Mechanisch (Seilzug) auf Hinterräder | Mechanisch (Seilzug) auf Hinterräder | Mechanisch (Seilzug) auf Hinterräder |
| **Allgemeine Daten** | | | |
| Radstand | 2490 mm | 2490 mm | 2490 mm |
| Spur | 1335/1326 mm, Variant 1343/1326 mm | 1335/1326 mm, Variant 1343/1326 mm | 1335/1326 mm, Variant 1343/1326 mm |
| Gesamtmaße | 4380 x 1626 x 1451 (Variant 1456) mm | 4380 x 1626 x 1451 (Variant 1456) mm | 4380 x 1626 x 1451 (Variant 1456) mm |
| Felgen | 4½J x 13 | 4 ½ J x 13 | 4½Jx13 |
| Reifen | 6,45/165-13 (4 PR, Variant 6 PR),<br>ab 1966 auf Wunsch: 6,45/165 SR 13 | 6,45/165-13 (4 PR, Variant 6 PR),<br>auf Wunsch: 6,45/165 SR 13 | Audi 60: 6,15/155-13 (4 PR), Audi 60 L: 6,45/165-13 (4 PR),<br>Audi 60 Variant: 6,45/165-13 (6 PR),<br>auf Wunsch: 6,45/165 SR 13 |
| Wendekreis | 11,3 Meter | 11,3 Meter | 11,3 Meter |
| Wagengewicht | Limousine 2 Türen 980 kg, 4 Türen 1025 kg,<br>Variant 970 kg, Schiebedach + 15 kg | Limousine 2 Türen 980 kg, 4 Türen 1025 kg,<br>Variant 970 kg, Schiebedach + 15 kg | Audi 60: 2 Türen 960, 4 Türen 1005 kg,<br>Audi 60 L: 2 Türen 980, 4 Türen 1025 kg,<br>Audi 60 Variant: 970 kg, Schiebedach + 15 kg |
| Zuläss. Gesamtgewicht | Limousine 2 Türen 1430 kg, 4 Türen 1475 kg,<br>Variant 1615 kg | Limousine 2 Türen 1430 kg, 4 Türen 1475 kg,<br>Variant 1615 kg | Lim. 2 Türen 1395, 4 Türen 1420 kg,<br>Variant 1615 kg |
| Höchstgeschwindigkeit | 148 km/h | 152 km/h | 137 km/h |
| Beschleunigung 0–100 km/h | 16, Variant 16,5 sec | 14, Variant 14,5 sec | 18 sec |
| Verbrauch/100 km | Verd. 1:11,2: 10,5 Liter,<br>Variant 11 Liter Super Verd. 1: 9,1: 11 Liter,<br>Variant 11,5 Liter Normal | 11, Variant 11,5 Liter Super | 10, Variant 10,5 Liter N |
| Kraftstofftank | 53 Liter (im Heck) | 53 Liter (im Heck) | 55 Liter (im Heck) |

| Preise | | | | | | |
|---|---|---|---|---|---|---|
| | | Audi Li. 2 Türen | | | Audi Variant | |
| Sept. 1965 | | DM 7700,– | | | — | |
| Mai 1966 | | DM 7700,– | | | DM 8300,– | |
| | Audi 60 Li. 2 Türen | Audi Li. 2 Türen | Audi L Li. 2 Türen | Audi 80 L Li. 2 Türen | Audi 80 Variant | Audi Super 90 Li. 2 Türen |
| Sept. 1966 | — | DM 7400,– | — | DM 7700,– | DM 8300,– | DM 8400,– |
| Sept. 1967 | — | DM 7400,– | DM 7675,– | DM 7800,– | DM 8300,– | DM 8400,– |
| März 1968 | DM 7000,– | DM 7400,– | DM 7675,– | DM 7800,– | DM 8300,– | DM 8400,– |
| | | Audi 60 L Li. 2 Türen | Audi 60 Variant | Audi 75 L Li. 2 Türen | Audi 75 Variant | Audi Super 90 Li. 2 Türen |
| Dez. 1968 | DM 7055,– | DM 7335,– | DM 7700,– | DM 7675,– | DM 8000,– | DM 8090,– |
| Dez. 1969 | DM 7355,– | DM 7655,– | DM 8000,– | DM 8075,– | DM 8300,– | DM 8540,– |
| Dez. 1970 | DM 8000,– | DM 8300,– | DM 8600,– | DM 8700,– | DM 8900,– | DM 9200,– |
| Aug. 1971 | DM 8045,– | DM 8345,– | DM 8645,– | DM 8945,– | DM 8945,– | — |

und zu den L-Ausführungen zählten u. a. Liegesitze. Im August 1970 hatten die Modelle 60 bis 90 einige Detailverfeinerungen erfahren: Neu gestaltete Rückleuchten ließen das Heck optisch breiter erscheinen; das Armaturenbrett wurde jenem des größeren Typs 100 angeglichen (zwei große, kreisrunde Anzeigeinstrumente mit dazwischen liegender Uhr); das Heiz/Lüftungssystem und die Sitze wurden verbessert. Für den Jahrgang 1972 wurde der Super 90 indes aufgegeben.

Audi L Limousine 1967–1968 (äußerlich identisch: Audi 75 L 1966–1970 und Audi 80 L 1966–1968).

## Audi 100 (1969–1976)
## Audi 100 Coupé S (1970–1976)
## Audi 100 GL (1971–1976)

Das große Mittelklassemodell 100 war im November 1968 vorgestellt worden; es handelte sich um eine stilistisch durchaus geglückte Extrapolation der kleineren Modelle. Dem Antrieb diente der 1760-ccm-Vierzylindermotor in drei Leistungsstufen. Die 100-PS-Variante des LS ließ sich anstatt mit dem Vierganggetriebe (Lenkrad- oder Stockschaltung) auch mit Dreistufen-Automatikgetriebe kombinieren. Während die Hinterachse mit jener in den kleineren Audi übereinstimmte, wurden vorn Trapez-Dreieckquerlenker und Federbeine über den oberen Querlenkern montiert. Die Bremsen mussten nur beim Grundmodell ohne Servo auskommen. Die Zahnstangenlenkung hatte eine variierende Untersetzung. S und LS boten Liegesitze. Für die Schweiz gab es einen 100 LS Special mit angereicherter Ausstattung, dessen Motor bei 1782 statt 1760 ccm 107 statt 100 PS leistete (andere Lärmgrenzwerte).

Mit dem Jahrgang 1972 kam der Audi 100 GL mit 1871 ccm und 112 PS hinzu. Bei ihm zählten Halogen-Doppelscheinwerfer, Stockschaltung, Mittelkonsole, Drehzahlmesser, Holzverkleidung des Armaturenbretts, vergrößerte Lüftungsdüsen, hintere Mittelarmlehne zur Serienausrüstung. Auf Wunsch gab es zudem ein Vinyldach. Beim Basis-100 wurde die Leistung auf 85 PS angehoben, während der 100 S mit 90 PS entfiel.
Der Jahrgang 1974 zeigte eine an die Audi 80 GL/GT angepasste Kühlergittereinfassung (mit etwas tieferem Außenknick) und vergrößerte Rückleuchten mit integrierbarer Nebelschlussleuchte. Neu war auch die Intervallschaltung für die Scheibenwischer, und auf Wunsch waren nun Servolenkung und Klimaanlage lieferbar (beim 100 GL serienmäßig mit Kopfstützen und Automatikgurten). Nicht sichtbar waren viele Struktur- und Fahrwerksverbesserungen.

| | Audi 75 L Audi 75 Variant<br>1968–1972 | Audi Super 90<br>1966–1971 |
|---|---|---|
| **Motor** | | |
| Zylinderzahl | 4 (Reihe), Block um 40° rechts seitlich geneigt | 4 (Reihe), Block um 40° rechts seitlich geneigt |
| Bohrung x Hub | 80 x 84,4 mm | 81,5 x 84,4 mm |
| Hubraum | 1696 ccm | 1770 ccm |
| Leistung | 75 PS bei 5000 U/min | 90 PS bei 5200 U/min |
| Drehmoment | 13,0 mkg bei 3000 U/min | 15,0 mkg bei 3000 U/min |
| Verdichtung | 1:9,1 | 1:10,6 |
| Vergaser | 1 Fallstromvergaser Solex 35 PDSIT-5 mit Startautomatik | 1 Register-Fallstromvergaser Solex 32/32 DIDTA mit Startautomatik |
| Ventile | Hängend, Stoßstangen und Kipphebel, seitliche Nockenwelle, Antrieb Duplexkette | Hängend, Stoßstangen und Kipphebel, seitliche Nockenwelle, Antrieb Duplexkette |
| Kurbelwellenlager | 5 | 5 |
| Kühlung | Pumpe, 7,5 Liter Wasser | Pumpe, 7,5 Liter Wasser |
| Schmierung | Druckumlauf, 4 Liter Öl | Druckumlauf, 4 Liter Öl |
| Batterie | 12 V 55 Ah (im Motorraum) | 12 V 55 Ah (im Motorraum) |
| Lichtmaschine | Drehstrom 35 A (490 W) | Drehstrom 35 A (490 W) |
| **Kraftübertragung** | Frontantrieb, Motor vor, Getriebe hinter der Vorderachse | Frontantrieb, Motor vor, Getriebe hinter der Vorderachse |
| Kupplung | Einscheibentrockenkupplung | Einscheibentrockenkupplung |
| Schaltung | Lenkradschaltung ab Okt. 1969 auf Wunsch: Schaltstock Wagenmitte | Lenkradschaltung ab Okt. 1969 auf Wunsch: Schaltstock Wagenmitte |
| Getriebe | 4 Gang | 4 Gang |
| Synchronisierung | I–IV | I–IV |
| Übersetzungen | I. 3,40 II. 1,944 III. 1,32 IV. 0,966 (Super 90: 0,933) | I. 3,40 II. 1,944 III. 1,32 IV. 0,966 (Super 90: 0,933) |
| Antriebs-Übersetzung | 3,888 (35:9) | 3,888 (35:9) |
| **Fahrwerk** | Selbsttragende Ganzstahlkarosserie | Selbsttragende Ganzstahlkarosserie |
| Vorderradaufhängung | Doppel-Querlenker, Federstäbe längs, Querstabilisator | Doppel-Querlenker, Federstäbe längs, Querstabilisator |
| Hinterradaufhängung | Rohr-Starrachse (selbststabilisierend), Längslenker, Federstab quer, Panhardstab | Rohr-Starrachse (selbststabilisierend), Längslenker, Federstab quer, Panhardstab |
| Lenkung | Zahnstange (20,0:1), 4 Lenkraddrehungen | Zahnstange (20,0:1), 4 Lenkraddrehungen |
| Fußbremse | Zweikreis-Hydraulik, a.W. Servohilfe, Scheibenbremsen vorn 280 mm Ø (innen am Differential) , Trommelbremsen hinten 200 mm Ø | Zweikreis-Hydraulik, ab Mai 1967 a.W. Servohilfe, Scheibenbremsen vorn 280 mm Ø (innen am Differential), Trommelbremsen hinten 200 mm Ø |
| Handbremse | Mechanisch (Seilzug) auf Hinterräder | Mechanisch (Seilzug) auf Hinterräder |
| **Allgemeine Daten** | | |
| Radstand | 2490 mm | 2490 mm |
| Spur | 1335/1326 mm, Variant 1343/1326 mm | 1335/1326 mm |
| Gesamtmaße | 4380 x 1626 x 1451 (Variant 1456) mm | 4380 x 1626 x 1451 mm |
| Felgen | 4½Jx13 | 4½Jx13 |
| Reifen | Audi 75 L: 6,45/165-13 (4 PR),<br>Audi 75 Variant: 6,45/165-13 (6 PR),<br>auf Wunsch: 6,45/165 SR 13 | 6,45/165 S 13 auf Wunsch: 6,45/165 SR 13 |
| Wendekreis | 11,3 Meter | 11,3 Meter |
| Wagengewicht | Lim. 2 Türen 1010, 4 Türen 1055 kg, Variant 1000 kg, Schiebedach + 15 kg | Lim. 2 Türen 1020, 4 Türen 1065 kg, Schiebedach + 15 kg |
| Zuläss. Gesamtgewicht | 1430 kg, Variant 1615 kg | 1430 kg |
| Höchstgeschwindigkeit | 150 km/h | 163 km/h |
| Beschleunigung 0–100 km/h | 15 sec | 13 sec |
| Verbrauch/100 km | 11,5, Variant 12 Liter N | 12 Liter Super |
| Kraftstofftank | 55 Liter (im Heck) | 53 Liter (im Heck), ab Sept. 1968: 55 Liter (im Heck) |

Oben: Audi L Limousine, 1970-1972. Für attraktive Pressefotos war der erfahrene PR-Stratege Arthur Westrup zuständig.

Links: Audi Super 90 Limousine viertürig, 1966–1971.

Links: Zweitüriger Audi Variant Kombiwagen, 1966–1972.

Das viersitzige Fastback-Coupé 100 S war 1969 auf der Frankfurter IAA präsentiert worden und eroberte sich rasch einen großen Liebhaberkreis. Dies hatte es seinem guten Aussehen ebenso zu verdanken wie seiner Leistungsfähigkeit: Aus 1871 ccm wurden mit zwei Solex-Vergasern 115 PS herausgeholt. Das Coupé wurde ausschließlich mit Stockschaltung geliefert. Seine vorn eingebauten Bremsscheiben waren belüftet, ansonsten entsprach es technisch dem Audi 100 LS. Bei der Ausrüstung kam eine Heckscheibenheizung hinzu. Mit dem Modelljahrgang 1972 wurde nur noch ein Registervergaser verwendet, womit die Leistung auf 112 PS fiel. Für das Modelljahr 1974 erhielt auch das Coupé serienmäßig Kopfstützen und Automatikgurte.
Seit der Fusion der VW-Tochter Auto Union mit NSU im Jahr 1969 war Wolfsburg mit 59,5 Prozent am Kapital der daraus entstandenen Audi NSU Auto Union AG beteiligt. Anfang 1971 waren es bereits 75 Prozent und Mitte des gleichen Jahres wurde von der Aktionärsversammlung von Audi NSU eine volle Integration in den Volkswagenkonzern akzeptiert. Jedoch musste die von den freien Aktionären formierte harte Opposition abgefunden werden. Im Herbst 1971 war Audi-NSU-Generaldirektor Rudolf Leiding zum Volkswagen-Konzernchef aufgerückt – schon nach fünf Wochen verkündete er, dass die VW- und Audi-Modelle künftig in vier Typenreihen nach dem Baukastenprinzip entstehen würden... Leidings Nachfolger bei Audi NSU wurde Dr. Gerhard Prinz, der dann als VW-Vorstand Mitte 1973 den Hut nahm und per 1. Januar 1974 Einkaufschef bei Daimler-Benz wurde.

## Audi 80 (1972–1978)

Bereits im Juli 1972 wurde ein erstes Modell vorgestellt, das dem Baukastensystem entsprechen sollte: der Audi 80. Diese Neukonstruktion war unter Chefkonstrukteur Ludwig Kraus binnen vier Jahren auf die Räder gestellt worden. Es handelte sich um eine zwei- und viertürig gebaute Mittelklasselimousine mit Frontantrieb, die stilistisch dem Audi 100 entsprach. Sie gefiel durch ihre klaren, die Horizontale unterstreichenden Linien. Im Vergleich zu den Modellen 60 und 75 war der Audi 80 bei einem um 2 cm verkürzten Radstand um 20 cm kompakter geworden. Er war jedoch kaum weniger geräumig, aber immerhin 100 kg leichter.
Auch die Motoren mit obenliegender Nockenwelle waren neu. Sie waren um 20 Grad nach rechts geneigt vor

Audi 100 LS Cabriolet, ein 1969 von Karmann gebautes Einzelstück.

Audi 100 als viertürige Limousine, 1968–1972.

Audi 100 LS als viertürige Limousine, 1968–1972.

| | Audi 100<br>1968–1971 | Audi 100 S<br>1968–1971 | Audi 100 LS<br>1968–1971 | Audi 100 Coupé S<br>1970–1971 |
|---|---|---|---|---|
| **Motor** | | | | |
| Zylinderzahl | 4 (Reihe),<br>Block um 40° rechts seitlich geneigt | 4 (Reihe),<br>Block um 40° rechts seitlich geneigt | 4 (Reihe),<br>Block um 40° rechts seitlich geneigt | 4 (Reihe),<br>Block um 40° rechts seitlich geneigt |
| Bohrung x Hub | 81,5 x 84,4 mm | 81,5 x 84,4 mm | 81,5 x 84,4 mm | 84,0 x 84,4 mm |
| Hubraum | 1760 ccm | 1760 ccm | 1760 ccm | 1871 ccm |
| Leistung | 80 PS (59 kW) b. 5000 U/min | 90 PS (66 kW) b. 5500 U/min | 100 PS (74 kW) b. 5500 U/min | 115 PS (84 kW) b. 5500 U/min |
| Drehmoment | 13,8 mkg bei 3000 U/min | 14,5 mkg bei 3000 U/min | 15,3 mkg bei 3500 U/min | 16,2 mkg bei 4000 U/min |
| Verdichtung | 1:9,1 | 1:10,2 | 1:10,2 | 1:10,2 |
| Vergaser | 1 Fallstromvergaser Solex 35 PDSIT-5<br>mit Startautomatik | 1 Fallstromvergaser Solex 35 PDSIT-5<br>mit Startautomatik | 1 Register-Fallstromvergaser Solex 32/32<br>TDID bzw. (ab Okt. 1969) 32/35 TDID<br>mit Startautomatik | 2 Register-Fallstromvergaser Solex 32/35<br>TDID mit Startautomatik |
| Ventile | Hängend, Stoßstangen und Kipphebel,<br>seitliche Nockenwelle,<br>Antrieb durch Duplexkette | Hängend, Stoßstangen und Kipphebel,<br>seitliche Nockenwelle,<br>Antrieb durch Duplexkette | Hängend, Stoßstangen und Kipphebel,<br>seitliche Nockenwelle,<br>Antrieb durch Duplexkette | Hängend, Stoßstangen und Kipphebel,<br>seitliche Nockenwelle,<br>Antrieb durch Duplexkette |
| Kurbelwellenlager | 5 | 5 | 5 | 5 |
| Kühlung | Pumpe, 7,5 Liter Wasser | Pumpe, 7,5 Liter Wasser | Pumpe, 7,5 Liter Wasser | Pumpe, 7,5 Liter Wasser |
| Schmierung | Druckumlauf, 4 Liter Öl | Druckumlauf, 4 Liter Öl | Druckumlauf, 4 Liter Öl | Druckumlauf, 4 Liter Öl |
| Batterie | 12 V 45 Ah (im Motorraum) | 12 V 45 Ah (im Motorraum) | 12 V 45 Ah (im Motorraum) | 12 V 45 Ah (im Motorraum) |
| Lichtmaschine | Drehstrom 490 W | Drehstrom 490 W | Drehstrom 490 W | Drehstrom 490 W |
| Anlasser | 0,8 PS | 0,8 PS | 0,8 PS | 0,8 PS |
| **Kraftübertragung** | Frontantrieb, Motor vor,<br>Getriebe hinter der Vorderachse | Frontantrieb, Motor vor,<br>Getriebe hinter der Vorderachse | Frontantrieb, Motor vor,<br>Getriebe hinter der Vorderachse | Frontantrieb, Motor vor,<br>Getriebe hinter der Vorderachse |
| Kupplung | Einscheibentrockenkupplung | Einscheibentrockenkupplung | Einscheibentrockenkupplung | Einscheibentrockenkupplung |
| Schaltung | Lenkradschaltung, auf Wunsch bzw.<br>(bei Coupé) Serie: Schaltstock Wagenmitte | Lenkradschaltung, auf Wunsch bzw.<br>(bei Coupé) Serie: Schaltstock Wagenmitte | Lenkradschaltung, auf Wunsch bzw.<br>(bei Coupé) Serie: Schaltstock Wagenmitte | Lenkradschaltung, auf Wunsch bzw.<br>(bei Coupé) Serie: Schaltstock Wagenmitte |
| Getriebe | 4 Gang | 4 Gang | 4 Gang | 4 Gang |
| Synchronisierung | I–IV | I–IV | I–IV | I–IV |
| Übersetzungen | I. 3,399 II. 1,944 III. 1,36 IV. 0,966 | I. 3,399 II. 1,944 III. 1,36 IV. 0,966 | I. 3,399 II. 1,944 III. 1,36 IV. 0,966 | I. 3,399 II. 1,944 III. 1,36 IV. 0,966 |
| Antriebs-Übersetzung | 4,111 (37:9) | 3,888 (35:9) | 3,888, Automatik 3,727 | 3,727 |
| **Fahrwerk** | Selbsttragende Ganzstahlkarosserie | Selbsttragende Ganzstahlkarosserie | Selbsttragende Ganzstahlkarosserie | Selbsttragende Ganzstahlkarosserie |
| Vorderradaufhängung | Doppel-Querlenker, Federbeine,<br>Schraubenfedern, Querstabilisator | Doppel-Querlenker, Federbeine,<br>Schraubenfedern, Querstabilisator | Doppel-Querlenker, Federbeine,<br>Schraubenfedern, Querstabilisator | Doppel-Querlenker, Federbeine,<br>Schraubenfedern, Querstabilisator |
| Hinterradaufhängung | Rohr-Starrachse (selbststabilisierend),<br>Längslenker, Federstab quer, Panhardstab | Rohr-Starrachse (selbststabilisierend),<br>Längslenker, Federstab quer, Panhardstab | Rohr-Starrachse (selbststabilisierend),<br>Längslenker, Federstab quer, Panhardstab | Rohr-Starrachse (selbststabilisierend),<br>Längslenker, Federstab quer, Panhardstab |
| Lenkung | Zahnstange (progressiv 21,5-14,4),<br>3,75 Lenkraddrehungen | Zahnstange (progressiv 21,5-14,4),<br>3,75 Lenkraddrehungen | Zahnstange (progressiv 21,5-14,4),<br>3,75 Lenkraddrehungen | Zahnstange (progressiv 21,5-14,4),<br>3,75 Lenkraddrehungen |
| Fußbremse | Zweikreis-Hydraulik, Scheibenbr.<br>vorn 280 mm Ø (innen am Differential),<br>Trommelbr. hinten 200 mm Ø | Zweikreis-Hydraulik, Servohilfe, Scheibenbr.<br>vorn 280 mm Ø (innen am Differential),<br>Trommelbr. hinten 200 mm Ø | Zweikreis-Hydraulik, Servohilfe, Scheibenbr.<br>vorn 280 mm Ø (innen am Differential),<br>Trommelbr. hinten 200 mm Ø | Zweikreis-Hydraulik, Servohilfe, Scheibenbr.<br>vorn 291 mm Ø (innen am Differential),<br>Trommelbr. hinten 200 mm Ø |
| **Allgemeine Daten** | | | | |
| Radstand | 2675 mm | 2675 mm | 2675 mm | 2560 mm |
| Spur | 1420/1425 mm | 1420/1425 mm | 1420/1425 mm | 1440/1440 mm |
| Gesamtmaße | 4590 x 1729 x 1421 mm | 4590 x 1729 x 1421 mm | 4625 x 1729 x 1421 mm | 4398 x 1750 x 1370mm |
| Felgen | 4½ J x 14 | 4½ J x 14 | 4½ J x 14 | 5 J x 14 |
| Reifen | 165 SR 14 | 165SR 14 | 165SR 14 | 185/70 HR 14 |
| Wendekreis | 11,5 Meter | 11,5 Meter | 11,5 Meter | 11,3 Meter |
| Wagengewicht | 1050 kg | 1060 kg | 1080, Automatik 1100 kg | 1100 kg |
| Zuläss. Gesamtgewicht | 1530 kg | 1530 kg | 1530 kg | 1450 kg |
| Höchstgeschwindigkeit | 156 km/h | 162 km/h | 172, Automatik 170 km/h | 185 km/h |
| Beschleunigung<br>0–100 km/h | 15 sec | 13 sec | 13, Automatik 14 sec | 11 sec |
| Verbrauch/100 km | 12 Liter | 12 Liter Super | 12,5, Automatik 13,5 l Super | 13,5 Liter Super |
| Kraftstofftank | 58 Liter (im Heck) | 58 Liter (im Heck) | 58 Liter (im Heck) | 58 Liter (im Heck) |

| Preise | | | | | |
|---|---|---|---|---|---|
| | Audi 100 Li. 4 Türen | Audi 100 LS Li. 2 Türen | Audi 100 LS Li. 4 Türen | Audi 100 GL Li. 4 Türen | Audi 100 Coupé S |
| Dez. 1968 | DM 8900,– | — | DM 9600,– | — | — |
| Dez. 1969 | DM 9600,– | DM 10300,– | DM 10300,– | — | — |
| Okt. 1970 | DM 9600,– | DM 10300,– | DM 10300,– | — | DM 14400,– |
| Aug. 1971 | DM 10320,– | DM 10920,– | DM 10920,– | DM 11720,– | DM 14400,– |
| Jan. 1972 | DM 10950,– | DM 11200,– | DM 11550,– | DM 12350,– | DM 14700,– |
| Febr. 1973 | DM 11365,– | DM 11675,– | DM 12050,– | DM 12900,– | DM 15000,– |
| Aug. 1973 | DM 11425,– | DM 11735,– | DM 12110,– | DM 13075,– | DM 15090,– |
| März 1974 | DM 12100,– | DM 12450,– | DM 12850,– | DM 13840,– | DM 16000,– |
| | Audi 100 L Li. 4 Türen | | | | |
| Jan. 1975 | DM 13150,– | DM 13560,– | DM 14000,– | DM 15100,– | DM 17420,– |
| April 1975 | DM 13980,– | DM 14860,– | DM 14860,– | DM 16010,– | DM 18300,– |

Audi 100 GL Limousine, zweitürig, 1971–1973; ein schwarzes Vinyldach war als Option zu jener Zeit auch bei anderen Fabrikaten (Ford, Opel) sehr beliebt.

Unten: Audi 100 Coupé S, 1970–1973. Eine stilistische Adaption des OSI 20 M TS von 1967 ist sicher kein Zufall.

| | Audi 100 L(S) ab 1974 | Audi 100 (LS) 1971–1974 | Audi 100 LS ab 1971 |
|---|---|---|---|
| **Motor** | | | |
| Zylinderzahl | 4 (Reihe) Block um 40° rechts seitlich geneigt | 4 (Reihe) Block um 40° rechts seitlich geneigt | 4 (Reihe) Block um 40° rechts seitlich geneigt |
| Bohrung x Hub | 79,5 x 80 mm | 81,5 x 84,4 mm | 81,5 x 84,4 mm |
| Hubraum | 1588 ccm | 1760 ccm | 1760 ccm |
| Leistung | 85 PS (63 kW) bei 5800 U/min | 85 PS (63 kW) bei 5100 U/min | 100 PS (74 kW) bei 5500 U/min |
| Drehmoment | 12,4 mkg bei 3500 U/min | 13,8 mkg bei 3000 U/min | 15,3 mkg bei 3500 U/min |
| Verdichtung | 1:8,2 | 1:8,5 | 1:9,7 |
| Vergaser bzw. Einspritzung | 1 Register-Fallstromvergaser Solex 32/35 DIDTA mit Startautomatik | 1 Fallstromvergaser Solex 35 PDSIT-5 mit Startautomatik | 1 Register-Fallstromvergaser Solex 32/35 TDID mit Startautomatik |
| Zündung | Hängend, obenliegende Nockenwelle, Antrieb durch Zahnriemen | Hängend, seitliche Nockenwelle, Antrieb durch Duplexkette | Hängend, seitliche Nockenwelle, Antrieb durch Duplexkette |
| Ventile | 5 | 5 | 5 |
| Kurbelwellenlager | Pumpe, 7,5 Liter Wasser | Pumpe, 7,5 Liter Wasser | Pumpe, 7,5 Liter Wasser |
| Kühlung | Druckumlauf, 4 Liter Öl | Druckumlauf, 4 Liter Öl | Druckumlauf, 4 Liter Öl |
| Schmierung | 12 V 36 oder 54 Ah (im Motorraum) | 12 V 45 oder 54 Ah (im Motorraum) | 12 V 45 oder 54 Ah (im Motorraum) |
| Batterie | Drehstrom 490 oder 770 W | Drehstrom 490 oder 770 W | Drehstrom 490 oder 770 W |
| Lichtmaschine | 0,8 PS | 0,8 PS | 0,8 PS |
| **Kraftübertragung** | Frontantrieb, Motor vor, Getriebe hinter der Vorderachse | Frontantrieb, Motor vor, Getriebe hinter der Vorderachse | Frontantrieb, Motor vor, Getriebe hinter der Vorderachse |
| Kupplung | Einscheibentrockenkupplung | Einscheibentrockenkupplung | Einscheibentrockenkupplung |
| Schaltung | Schaltstock Wagenmitte | Lenkradschaltung. Auf Wunsch bzw. (ab Okt. 1974) Serie: Schaltstock Mitte | Lenkradschaltung. Auf Wunsch bzw. (ab Okt. 1974) Serie: Schaltstock Mitte |
| Getriebe | 4 Gang | 4 Gang | 4 Gang |
| Synchronisierung | I–IV | I–IV | I–IV |
| Übersetzungen | I. 3,454 II. 1,944 III. 1,370 IV. 0,969 | I 3,399 II. 1,944 III. 1,360 IV. 0,966 | I. 3,399 II. 1,944 III. 1,360 IV. 0,966, auf Wunsch: Automatik (VW) Hydraulischer Wandler + 3 Gang-Planetengetriebe, Wählhebel Wagenmitte I. 2,65 II. 1,59 III. 1,0, Wandler 2,2 fach |
| Antriebs-Übersetzung | 4,111 (37 :9) | 4,111 (37 :9) | 3,888, Automatik 3,727 |
| **Fahrwerk** | Selbsttragende Ganzstahlkarosserie | Selbsttragende Ganzstahlkarosserie | Selbsttragende Ganzstahlkarosserie |
| Vorderradaufhängung | Doppel-Querlenker, Federbeine, Schraubenfedern, Querstabilisator | Doppel-Querlenker, Federbeine, Schraubenfedern, Querstabilisator | Doppel-Querlenker, Federbeine, Schraubenfedern, Querstabilisator |
| Hinterradaufhängung | Rohr-Starrachse (selbststabilisierend), Längslenker, Panhardstab, Federbeine, Schraubenfedern | Rohr-Starrachse (selbststabilisierend), Längslenker, Panhardstab, bis Aug. 1973: Federstab quer, ab Sept. 1973: Federbeine, Schraubenfedern | Rohr-Starrachse (selbststabilisierend), Längslenker, Panhardstab, bis Aug. 1973: Federstab quer, ab Sept. 1973: Federbeine, Schraubenfedern |
| Lenkung | Zahnstange (progressiv 21,6-17,8:1) 3,75 Lenkraddrehungen | Zahnstange (progressiv 21,6-17,8:1) 3,75 Lenkraddrehungen auf Wunsch: Servohilfe (17,3:1), 3 Lenkraddrehungen | Zahnstange (progressiv 21,6-17,8 :1) 3,75 Lenkraddrehungen, auf Wunsch: Servohilfe (17,3 :1) 3 Lenkraddrehungen |
| Fußbremse | Diagonal-Zweikreis-Hydraulik, Servohilfe, Scheibenbremsen vorn 257 mm Ø (außenliegend), Trommelbremsen hinten 200 mm Ø | Zweikreis-Hydraulik, Servohilfe, Scheibenbremsen vorn 280 mm Ø (innen am Differential), Trommelbremsen hinten 200 mm Ø | Bis Sept. 1974: Zweikreis-Hydraulik, Servohilfe. Scheibenbremsen vorn bei 100 LS 280 mm Ø bzw. bei 100 LS Automatik, 100 GL und Coupé 291 mm Ø (innen am Differential). Trommelbremsen hinten 200 mm Ø ab Sept. 1974: Diagonal-Zweikreis-Hydraulik, Servohilfe Scheibenbremsen vorn 257 mm Ø (außenliegend), Trommelbremsen hinten 200 mm Ø |
| Handbremse | Seilzug auf Hinterräder | Seilzug auf Hinterräder | Seilzug auf Hinterräder |
| **Allgemeine Daten** | | | |
| Radstand | 2675 mm | 2675 mm | 2675 mm |
| Spur vorn/hinten | 1448/1425 mm | 1420/1425 mm | 1420/1425 mm bzw. (ab Sept. 1974) 1448/1425 mm |
| Gesamtmaße | 4590 (LS 4635) x 1729 x 1421 mm | 4590 (LS 4635) x 1729 x 1421 mm | 4635 x 1729 x 1421 mm |
| Felgen | 5J x 14 | 4½J x 14 | 4½ bzw. (ab Sept. 1974) 5J x 14 |
| Reifen | 155 SR 14. LS: 165 SR 14 | 165 SR 14 | 165 SR 14 |
| Wendekreis links/rechts | 11,5 Meter | 11,5 Meter | 11,5 Meter |
| Wagengewicht | 1050 kg | 1060 kg | 1090, Automatik 1110 kg |
| Zuläss. Gesamtgewicht | L: 1500 kg. LS: 1550 kg | 1550 kg | 1550, Automatik 1570 kg |
| Höchstgeschwindigkeit | 163 km/h | 160 km/h | 172, Automatik 170 km/h |
| Beschleunigung 0–100 km/h | 14 sec | 14 sec | 13, Automatik 14 sec |
| Verbrauch/100 km | 12 Liter | 12 Liter | 12,5, Automatik 13,5 Liter Super |
| Kraftstofftank | 58 Liter (im Heck) | 58 Liter (im Heck) | 58 Liter (im Heck) |

| | Audi 100 GL ab 1971 | Audi 100 Coupé S ab 1971 |
|---|---|---|
| **Motor** | | |
| Zylinderzahl | 4 (Reihe) | 4 (Reihe) |
| Bohrung x Hub | Block um 40° rechts seitlich geneigt | Block um 40° rechts seitlich geneigt |
| Hubraum | 84,0 x 84,4 mm | 84,0 x 84,4 mm |
| Leistung | 1871 ccm | 1871 ccm |
| Drehmoment | 112 PS (82 kW) bei 5800 U/min | 112 PS (82 kW) bei 5800 U/min |
| Verdichtung | 16,3 mkg bei 3500 U/min | 16,3 mkg bei 3500 U/min |
| Vergaser bzw. Einspritzung | 1:10,0. Ab 1974: 1:9,7 | 1:10,0. Ab 1974: 1:9,7 |
| Zündung | 1 Register-Fallstromvergaser Solex 32/35 TDID mit Startautomatik | 1 Register-Fallstromvergaser Solex 32/35 TDID mit Startautomatik |
| Ventile | 5 | 5 |
| Kurbelwellenlager | Pumpe, 7,5 Liter Wasser | Pumpe, 7,5 Liter Wasser |
| Kühlung | Druckumlauf, 4 Liter Öl | Druckumlauf, 4 Liter Öl |
| Schmierung | 12 V 54 Ah (im Motorraum) | 12 V 54 Ah (im Motorraum) |
| Batterie | Drehstrom 770 W | Drehstrom 770 W |
| Lichtmaschine | 0,8 PS | 0,8 PS |
| **Kraftübertragung** | Frontantrieb, Motor vor, Getriebe hinter der Vorderachse | Frontantrieb, Motor vor, Getriebe hinter der Vorderachse |
| Kupplung | Einscheibentrockenkupplung | Einscheibentrockenkupplung |
| Schaltung | Schaltstock Wagenmitte | Schaltstock Wagenmitte |
| Getriebe | 4 Gang | 4 Gang |
| Synchronisierung | I–IV | I–IV |
| Übersetzungen | I. 3,399 II. 1,944 III. 1,360 IV. 0,966, auf Wunsch: Automatik (VW) Hydraulischer Wandler + 3 Gang-Planetengetriebe, Wählhebel Wagenmitte I. 2,65 II. 1,59 III. 1,0, Wandler 2,2 fach | I. 3,399 II. 1,944 III. 1,360 IV. 0,966, auf Wunsch: Automatik (VW) Hydraulischer Wandler + 3 Gang-Planetengetriebe, Wählhebel Wagenmitte I. 2,65 II. 1,59 III. 1,0, Wandler 2,2 fach |
| Antriebs-Übersetzung | 3,727 | 3,727 |
| **Fahrwerk** | Selbsttragende Ganzstahlkarosserie | Selbsttragende Ganzstahlkarosserie |
| Vorderradaufhängung | Doppel-Querlenker, Federbeine, Schraubenfedern, Querstabilisator | Doppel-Querlenker, Federbeine, Schraubenfedern, Querstabilisator |
| Hinterradaufhängung | Rohr-Starrachse (selbststabilisierend), Längslenker, Panhardstab, bis Aug. 1973: Federstab quer, ab Sept. 1973: Federbeine, Schraubenfedern | Rohr-Starrachse (selbststabilisierend), Längslenker, Panhardstab, bis Aug. 1973: Federstab quer, ab Sept. 1973: Federbeine, Schraubenfedern |
| Lenkung | Zahnstange (progressiv 21,6-17,8 :1) 3,75 Lenkraddrehungen, auf Wunsch: Servohilfe (17,3 :1) 3 Lenkraddrehungen | Zahnstange (progressiv 21,6-17,8 :1) 3,75 Lenkraddrehungen, auf Wunsch: Servohilfe (17,3 :1) 3 Lenkraddrehungen |
| Fußbremse | Bis Sept. 1974: Zweikreis-Hydraulik, Servohilfe. Scheibenbremsen vorn bei 100 LS 280 mm Ø bzw. bei 100 LS Automatik, 100 GL und Coupé 291 mm (innen am Differential). Trommelbremsen hinten 200 mm Ø ab Sept. 1974: Diagonal-Zweikreis-Hydraulik, Servohilfe Scheibenbremsen vorn 257 mm Ø (außenliegend), Trommelbremsen hinten 200 mm Ø | Bis Sept. 1974: Zweikreis-Hydraulik, Servohilfe. Scheibenbremsen vorn bei 100 LS 280 mm bzw. bei 100 LS Automatik, 100 GL und Coupé 291 mm (innen am Differential). Trommelbremsen hinten 200 mm Ø ab Sept. 1974: Diagonal-Zweikreis-Hydraulik, Servohilfe Scheibenbremsen vorn 257 mm Ø (außenliegend), Trommelbremsen hinten 200 mm Ø |
| Handbremse | Seilzug auf Hinterräder | Seilzug auf Hinterräder |
| **Allgemeine Daten** | | |
| Radstand | 2675 mm | 2560 mm |
| Spur vorn/hinten | 1420/1425 mm bzw. (ab Sept. 1974) 1448/1425 mm | 1440/1440 mm |
| Gesamtmaße | 4635 x 1729 x 1421 mm | 4398 x 1750 x 1370 mm |
| Felgen | 4½ bzw. (ab Sept. 1974) 5 J x 14 | 5 J x 14 |
| Reifen | 165 SR 14 | 185/70 HR 14, Automatik 185/70 SR 14 |
| Wendekreis links/rechts | 11,5 Meter | 11,3 Meter |
| Wagengewicht | 1100, Automatik 1120 kg | 1100, Automatik 1120 kg |
| Zuläss. Gesamtgewicht | 1550, Automatik 1570 kg | 1450, Automatik 1470 kg |
| Höchstgeschwindigkeit | 179, Automatik 175 km/h | 183, Automatik 179 km/h |
| Beschleunigung 0–100 km/h | 12, Automatik 13 sec | 11,5, Automatik 12,5 sec |
| Verbrauch/100 km | 13, Automatik 14 Liter Super | 13, Automatik 14 Liter Super |
| Kraftstofftank | 58 Liter (im Heck) | 58 Liter (im Heck) |

Oben: Audi 100 LS Limousine, 1973–1976, mit US-Spezifikation.

Oben links: Audi 100 GL Limousine, 1971–1973.

Links: Audi 100 GL Limousinen, 1973, mit US-Spezifikation. Da das Werk Ingolstadt über nicht genug Kapazität verfügte, wurde der Audi 100 ab Mitte 1973 im ehemaligen NSU-Werk Neckarsulm produziert.

Links: : Audi 100 GL Limousine viertürig, 1971–1975, mit optionalem Vinyldachbezug.

der Vorderachse in Verbindung mit einem Fahrschemel eingebaut. Es gab sie in zwei Größen und drei Leistungsstufen. Sie waren mit einem neuen Vierganggetriebe kombiniert, wobei für die 1,5-Liter-Modelle auch eine Dreistufen-Automatik ins Angebot kam. Der 80 GL hob sich durch Doppelscheinwerfer von den anderen Ausführungen ab.
Das Fahrwerk wurde sowohl verbessert als im Vergleich zum Typ 100 auch vereinfacht. Vorne fanden sich Federbeine, deren untere Dreieckquerlenker auf einer breiten Basis am Fahrschemel angelenkt waren. Hinten wurde die bewährte Torsionskurbelachse verwendet: eine Starrachse mit Längslenkern, Querlenkerstab und Federbeinen. Eine Besonderheit war die von Audi als selbststabilisierende Lenkung bezeichnete Vorderradgeometrie mit negativem Lenkrollradius. Die Bremsanlage gab es auf Wunsch mit Servo (im GL serienmäßig), und natürlich bot auch der Typ 80 eine Zahnstangenlenkung. In die Konstruktion waren moderne Sicherheitsmaßnahmen einbezogen worden. Zu den Unterhaltserleichterungen zählte vor allem ein von 10.000 auf 15.000 km verlängerter Serviceintervall. Die Produktion des viertürigen Audi 80 lief erst 1973 an, teils im Volkswagenwerk in Wolfsburg. Für den Export nach Nordamerika erhielt der Audi 80 verstärkte Stoßstangen mit Gummipuffer (was ihn um 20 cm verlängerte) sowie die Modellbezeichnung Fox.
Mit einem Sportlenkrad mit drei gelochten Metallspeichen wartete der 80 GT auf, der im August 1973 hinzukam. Aus einem auf 1588 ccm erhöhten Hubraum resultierten 100 PS. Er wurde in der Einheitslackierung »Monza-Gelb« mit schwarzem Streifen unten an den Flanken, schwarzer Heckblende und Sporträdern geliefert und war auch innen aufgewertet mit serienmäßigen Kopfstützen und Automatikgurten.

### Audi 50 (1974–1978)

Mit dem im September 1974 vorgestellten Audi 50 kehrte der Volkswagenkonzern in die Kleinwagensparte zurück, die er mit der Aufgabe der NSU-Heckmotormodelle verlassen hatte. Der Audi 50 war unter Ludwig Kraus bei Audi entwickelt worden, sollte jedoch bei VW produziert werden. Mit rund 350 cm Länge war der Wagen deutlich kleiner als der VW Golf (370,5 cm). Das sympathische Design der dreitürigen Limousine mit Schrägheck

**Zweitürige Audi 80 Limousine, 1972–1974. Die Standardversion hatte 1,3 Liter Hubraum und 55 PS, gut für 147 km/h Spitze,**

| Preise | | | | | |
|---|---|---|---|---|---|
| | Ab Juli 1972 | Ab Februar 1973 | Ab März 1974 | Ab August 1974 | Ab Januar 1975 |
| Audi 80 Limousine 2 Türen | DM 7990,– | DM 8495,– | DM 9070,– | DM 9735,– | DM 9995,– |
| Audi 80 L Limousine 2 Türen | DM 8440,– | DM 8995,– | DM 9600,– | DM 10375,– | DM 10750,– |
| Audi 80 L Limousine 4 Türen | DM 8815,– | DM 9370,– | DM 9995,– | DM 10795,– | DM 11185,– |
| Audi 80 LS Limousine 4 Türen | DM 9165,– | DM 9750,– | DM 10420,– | DM 11245,– | DM 11650,– |
| Audi 80 GL Limousine 4 Türen | DM 9625,– | DM 10225,– | DM 10900,– | DM 11755,– | DM 12175,– |
| Audi 80 GT Limousine 2 Türen | — | — | DM 11420,– | DM 12145,– | DM 12580,– |
| Automatik (80 LS, 80 GL) | + DM 905,– | DM 1000,– | DM 665,– | DM 800,– | DM 830,– |
| Stahl-Kurbeldach | + DM 435,– | DM 460,– | DM 495,– | DM 520,– | DM 540,– |

und Heckklappe war das Werk der Leute aus Ingolstadt selbst; das Designstudio Bertone hatte nur Beraterfunktion in einigen Details. Die Front mit den vier Ringen im Kühlergitter wies auch den Typ 50 unverkennbar als Audi aus. Der »Kraus-Mini« war in einer viel kürzeren als der bis dahin üblichen Entwicklungszeit von rund fünf Jahren entstanden.

Wie beim VW Scirocco und Golf (und nach dem raumsparenden Vorbild des britischen Mini) hatte man eine Frontantriebsbauweise mit Quermotor gewählt; dieser war um 15 Grad nach vorn geneigt eingebaut. Es handelte sich um die 1093-ccm-Einheit mit oben liegender Nockenwelle (Zahnriemen), wie sie bereits im Scirocco und im Golf erhältlich war. In der Modellvariante LS leistete sie 50 bzw. im Export 52 PS, während sie im GL auf 60 PS kam (Verdichtung 9,3 statt 8:1, Doppelauspuff, anderer Vergaser, Super- statt 90-ROZ-Benzin).

Die Einzelradaufhängung bestand vorn aus Querlenkern und Federbeinen, hinten aus gezogenen Längsschwingen mit Federbeinen; Audi sprach von einer Koppellenkerachse. Die Bremsanlage konnte mit Servo bestückt werden; beim GL kam ein Bremskraftregler für die Hinterräder hinzu. Die Lenkung erfolgte über eine Zahnstange. Zur serienmäßigen Ausrüstung zählten Gürtelreifen, Liegesitze, elektrische Scheibendusche, Quarzuhr und Rückfahrscheinwerfer; beim GL kamen zusätzlicher Chromschmuck einschließlich Seitenzierleisten mit stoßschützender PVC-Einlage sowie Rammschutz-Gummileisten auf den Stoßstangen hinzu. Letztere kosteten beim LS (und Kopfstützen generell) Aufpreis. Zum Jahrgang 1978 wurde der stärkere der beiden 1,1-Liter-Motoren durch den 1,3-Liter-Motor ersetzt, wie beim VW Derby und Polo weiterhin mit 60 PS, aber günstigerem Drehmomentverlauf und Normal- statt Superbenzin.

Audi 80 LS Limousine (75 PS) und 80 GT Limousine (100 PS), 1973–1974, waren äußerlich so gut wie identisch, sie unterschieden sich durch ein paar Ausstattungsdetails. Beide waren mit Getriebeautomatik lieferbar. Sitzkomfort, Straßenlage und Kofferraumvolumen galten als vorbildlich. Die Nachfrage war enorm: Von den 1000 am Tag produzierten Audi 80 wurden 400 im VW-Stammwerk Wolfsburg gebaut, um die geplante Stückzahl zu erreichen.

Audi 80 LS Limousine, wie sie 1974–1976 gebaut und erfolgreich vermarktet wurde.

| | Audi 80 (L) ab 1972 | Audi 80 S, LS ab 1972 | Audi 80 GL ab 1972 | Audi 80 GT ab 1973 |
|---|---|---|---|---|
| **Motor** | | | | |
| Zylinderzahl | 4 (Reihe) | 4 (Reihe) | 4 (Reihe) | 4 (Reihe) |
| Bohrung x Hub | 75 x 73,4 mm | 76,5 x 80mm | 76,5 x 80mm | 76,5 x 80 mm |
| Hubraum | 1297 ccm | 1471 ccm | 1471 ccm | 1588 ccm |
| Leistung | 55 PS (40 kW) bei 5500 U/min | 75 PS (55 kW) bei 5800 U/min | 85 PS (63 kW) bei 5800 U/min | 100 PS (74 kW) bei 6000 U/min |
| Drehmoment | 9,4 mkg bei 2500 U/min | 11,6 mkg bzw. (ab Aug. 1974) 11,4 mkg bei 3300 U/min | 12,3 mkg bei 4000 U/min | 13,4 mkg bei 4000 U/min |
| Verdichtung | 1:8,5 | 1:9,7. Ab Aug. 1974: 1:8,2 | 1:9,7 | 1:9,7 |
| Vergaser | 1 Fallstromvergaser Solex 30-35 PDSIT mit Startautomatik | 1 Fallstromvergaser Solex 35 PDSIT mit Startautomatik | 1 Fallstrom-Registervergaser Solex 32/35 TDID-5 mit Startautomatik | 1 Fallstrom-Registervergaser Solex 32/40 DIDTA mit Startautomatik |
| Ventile | Hängend, obenliegende Nockenwelle, Antrieb durch Zahnriemen | Hängend, obenliegende Nockenwelle, Antrieb durch Zahnriemen | Hängend, obenliegende Nockenwelle, Antrieb durch Zahnriemen | Hängend, obenliegende Nockenwelle, Antrieb durch Zahnriemen |
| Kurbelwellenlager | 5 | 5 | 5 | 5 |
| Kühlung | Pumpe (6,5 Liter Wasser) | Pumpe (6,5 Liter Wasser) | Pumpe (6,5 Liter Wasser) | Pumpe (6,5 Liter Wasser) |
| Schmierung | Druckumlauf (3,5 Liter Öl) | Druckumlauf (3,5 Liter Öl) | Druckumlauf (3,5 Liter Öl) | Druckumlauf (3,5 Liter Öl) |
| Batterie | 12 V 36, 45 oder 54 Ah (im Motorraum) | 12 V 36, 45 oder 54 Ah (im Motorraum) | 12 V 45 oder 54Ah (im Motorraum) | 12 V 45 oder 54Ah (im Motorraum) |
| Lichtmaschine | Drehstrom 490 oder 770 W | Drehstrom 490 oder 770 W | Drehstrom 770 W | Drehstrom 770 W |
| **Kraftübertragung** | Frontantrieb, Motor vor, Getriebe hinter der Vorderachse | Frontantrieb, Motor vor, Getriebe hinter der Vorderachse, bei 75 PS-und 85 PS-Motor wahlweise Schaltgetriebe oder Automatik: | Frontantrieb, Motor vor, Getriebe hinter der Vorderachse, bei 75 PS-und 85 PS-Motor wahlweise Schaltgetriebe oder Automatik | Frontantrieb, Motor vor, Getriebe hinter der Vorderachse, bei 75 PS-und 85 PS-Motor wahlweise Schaltgetriebe oder Automatik |
| Kupplung | Schaltstock Wagenmitte | Schaltstock Wagenmitte | Wählhebel Wagenmitte | Schaltstock Wagenmitte |
| Schaltung | Einscheibentrockenkupplung | Einscheibentrockenkupplung | Hydraulischer Wandler | Einscheibentrockenkupplung |
| Getriebe | 4 Gang | 4 Gang | 3 Gang-Planetengetriebe | 4 Gang |
| Synchronisierung | I–IV | I–IV | I–III | I–IV |
| Übersetzungen | I 3,454 II. 2,055 III. 1,370 IV. 0,968 | I. 3,454 II. 2,055 III. 1,370 IV. 0,968 | I 2,65 II. 1,59 III.1,00 | I. 3,454 II. 2,055 III. 1,333 IV. 0,909 |
| Antriebs-Übersetzung | 4,555 (9:41) | Schaltgetriebe: 4,111 (9:37), Automatik: 4,091 (11:45) | Schaltgetriebe: 4,111 (9:37), Automatik: 4,091 (11:45) | Schaltgetriebe: 4,111 (9:37) |
| **Fahrwerk** | Selbsttragende Ganzstahlkarosserie | Selbsttragende Ganzstahlkarosserie | Selbsttragende Ganzstahlkarosserie | Selbsttragende Ganzstahlkarosserie |
| Vorderradaufhängung | McPherson-Federbeine, Querlenker, Schraubenfedern, Stabilisator | McPherson-Federbeine, Querlenker, Schraubenfedern, Stabilisator | McPherson-Federbeine, Querlenker, Schraubenfedern, Stabilisator | McPherson-Federbeine, Querlenker, Schraubenfedern, Stabilisator |
| Hinterradaufhängung | Starrachse, Längslenker, Panhardstab, Schraubenfedern | Starrachse, Längslenker, Panhardstab, Schraubenfedern | Starrachse, Längslenker, Panhardstab, Schraubenfedern | Starrachse, Längslenker, Panhardstab, Schraubenfedern |
| Lenkung | Zahnstange (19,1:1), 3¼ Lenkraddrehungen | Zahnstange (19,1:1), 3¼ Lenkraddrehungen | Zahnstange (19,1:1), 3¼ Lenkraddrehungen | Zahnstange (19,1:1), 3¼ Lenkraddrehungen |
| Fußbremse | Diagonal-Zweikreis-Hydraulik, Schreibenbremsen vorn Ø (239 mm), Trommelbremsen hinten Ø (180 mm) Servohilfe auf Wunsch | Diagonal-Zweikreis-Hydraulik, Schreibenbremsen vorn Ø (239 mm), Trommelbremsen hinten Ø (180 mm), Servohilfe, Limousinen mit Schaltgetriebe: Servohilfe auf Wunsch | Diagonal-Zweikreis-Hydraulik, Schreibenbremsen vorn Ø (239 mm), Trommelbremsen hinten Ø (180 mm), Servohilfe | Diagonal-Zweikreis-Hydraulik, Schreibenbremsen vorn Ø (239 mm), Trommelbremsen hinten Ø (180 mm), Servohilfe |
| **Allgemeine Daten** | | | | |
| Radstand | 2470 mm | 2470 mm | 2470 mm | 2470 mm |
| Spur | 1340/1335 mm | 1340/1335 mm | 1340/1335 mm | 1340/1335 mm |
| Gesamtmaße | 4175 x 1600 x 1362 mm | 4175 x 1600 x 1362 mm | 4201x 1600 x 1362 mm | 4201x 1600 x 1362 mm |
| Felgen | 4½ J x 13 H2-B | 4½ J x 13 H2-B | 4½ J x 13 H2-B | 5 J x 13 H2-B |
| Reifen | 155–13 oder 155 SR 13 | 155 SR 13 | 155 SR 13 | 175 SR 13 (Winter: 155 SR 13) |
| Wendekreis | 10,5/10, 7 Meter | 10,5/10,7 Meter | 10,5/10,7 Meter | 10,5/10,7 Meter |
| Wagengewicht | Limousine 2 Türen 860 kg, Limousine 4 Türen 870 kg | Limousine 2 Türen 875 kg, Limousine 4 Türen 885 kg, Automatik + 25 kg | Limousine 2 Türen 880 kg, Limousine 4 Türen 890 kg, Automatik + 25 kg | Limousine 2 Türen 880 kg |
| Zuläss. Gesamtgewicht | 1260 kg | 1275 kg, Automatik 1295 kg | 1280 kg, Automatik 1300 kg | 1280 kg |
| Höchstgeschwindigkeit | 147 km/h | 160, Automatik 155 km/h | 168, Automatik 163 km/h | 173, Automatik 155 km/h |
| Beschleunigung 0–100 km/h | 16,5 sec | 13,5, Automatik 15 sec | 12, Automatik 14 sec | 11 sec |
| Verbrauch/100 km | 10 Liter | Bis Juli 1974: 10, Automatik 11 l Super, ab August 1974: 10,5, Automatik 11,5 Liter | 10 l, Automatik 11 l Super | 10,5 Liter |
| Kraftstofftank | 45 Liter (im Heck) | 45 Liter (im Heck) | 45 Liter (im Heck) | 45 Liter (im Heck) |

Audi 50 LS bzw. Audi 50 GL Kombilimousine, 1974. Im Hintergrund zum Vergleich ein VW Golf. Technisch enger verwandt war der Audi 50 jedoch mit dem VW Polo, der ab März 1975 den konzerninternen Wettbewerb in Bewegung brachte …

Der Winter 1974/75 war schneereich genug, um die Qualitäten des neuen Audi 50 auch in dieser Hinsicht zu ergründen.

| Preise | | |
|---|---|---|
| | **Audi 50 LS** | **Audi 50 GL** |
| Ab Sept. 1974 | DM 8195,– | DM 8510,– |
| Ab Jan. 1975 | DM 8490,– | DM 8820,– |
| Ab April 1975 | DM 8995,– | DM 9340,– |

| | Audi 50 LS<br>ab 1974 | Audi 50 LS<br>ab 1974 |
|---|---|---|
| **Motor** | | |
| Zylinderzahl | 4 (Reihe) | 4 (Reihe) |
| Bohrung x Hub | 69,5 x 72 mm | 69,5 x 72 mm |
| Hubraum | 1093 ccm | 1093 ccm |
| Leistung | 50 PS (37 kW) bei 5800 U/min | 60 PS (44 kW) bei 6000 U/min |
| Drehmoment | 7,7 mkg bei 3500 U/min | 8,5 mkg bei 3500 U/min |
| Verdichtung | 1:8,0 | 1:9,3 |
| Vergaser | 1 Fallstromvergaser Solex 31 PICT-5 mit Startautomatik | 1 Fallstromvergaser Solex 31 PICT-5 mit Startautomatik |
| Ventile | Hängend, obenliegende Nockenwelle, Antrieb durch Zahnriemen | Hängend, obenliegende Nockenwelle, Antrieb durch Zahnriemen |
| Kurbelwellenlager | 5 | 5 |
| Kühlung | Pumpe (6,5 Liter Wasser) | Pumpe (6,5 Liter Wasser) |
| Schmierung | Druckumlauf (3 Liter Öl} | Druckumlauf (3 Liter Öl} |
| Batterie | 12 V 36 oder 45 Ah (im Motorraum) | 12 V 36 oder 45 Ah (im Motorraum) |
| Lichtmaschine | Drehstrom 490 oder 770 W | Drehstrom 490 oder 770 W |
| **Kraftübertragung** | Frontantrieb, Motor-Getriebe-Block quer vor Vorderachse | Frontantrieb, Motor-Getriebe-Block quer vor Vorderachse |
| Kupplung | Einscheibentrockenkupplung | Einscheibentrockenkupplung |
| Schaltung | Schaltstock Wagenmitte | Schaltstock Wagenmitte |
| Getriebe | 4 Gang | 4 Gang |
| Synchronisierung | I–IV | I–IV |
| Übersetzungen | I 3,454 II. 2,050 III. 1,347 IV. 0,963 | I 3,454 II. 2,050 III. 1,347 IV. 0,963 |
| Antriebs-Übersetzung | 4,267 | 4,267 |
| **Fahrwerk** | Selbsttragende Ganzstahlkarosserie | Selbsttragende Ganzstahlkarosserie |
| Vorderradaufhängung | McPherson-Federbeine, Querlenker, Schraubenfedern | McPherson-Federbeine, Querlenker, Schraubenfedern |
| Hinterradaufhängung | Stabilisator, Federbeine, Längslenker, Schraubenfedern, stabilisierender Querträger | Stabilisator, Federbeine, Längslenker, Schraubenfedern, stabilisierender Querträger, Querstabilisator |
| Lenkung | Zahnstange (19,45 :1) 3,7 Lenkraddrehungen | Zahnstange (19,45 :1) 3,7 Lenkraddrehungen |
| Fußbremse | Diagonal-Zweikreis-Hydraulik, Scheibenbremsen vorn, Trommelbremsen hinten, auf Wunsch Servohilfe | Diagonal-Zweikreis-Hydraulik, Scheibenbremsen vorn, Trommelbremsen hinten, auf Wunsch Servohilfe |
| **Allgemeine Daten** | | |
| Radstand | 2335 mm | 2335 mm |
| Spur | 1300/1310 mm | 1300/1310 mm |
| Gesamtmaße | 3490 x 1560 x 1360 m | 3490 x 1560 x 1360 m |
| Felgen | 4½ J x 13 | 4½ J x 13 |
| Reifen | 135SR13 | 135SR13 |
| Wendekreis | 9,9/10,0 Meter | 9,9/10,0 Meter |
| Wagengewicht | 720 kg | 720 kg |
| Zuläss. Gesamtgewicht | 1100 kg | 1100 kg |
| Höchstgeschwindigkeit | 142 km/h | 152 km/h |
| Beschleunigung 0–100 km/h | 16 sec | 15 sec |
| Verbrauch/100 km | 8,5 Liter | 8,5 Liter |
| Kraftstofftank | 36 Liter (vor Hinterachse) | 36 Liter (vor Hinterachse) |

Der internationalen Motorpresse sowie der Audi-Händlerschaft wurde der Audi 50 im September 1974 auf Sardinien vorgestellt.

## Audi 80 (1975–1978)

Auch der Audi 80 (B1), vorgestellt im Juli 1972, lieferbar als Zweitüren-Limousine ab September 1972 und als Viertüren-Limousine ab März 1973, geriet auf Anhieb zu einem Markterfolg, der stetig verbessert wurde. August 1974: Zahlreiche Detailverbesserungen für die gesamte Modellreihe. Der 75-PS-Motor wurde von Super- auf Normalbenzin umgestellt, bewirkt durch eine drastische Herabsetzung der Verdichtung sowie Änderungen des Auspuffsystems, was bemerkenswerterweise ohne Beeinträchtigung der seitherigen Nennleistung gelang. Weitere Neuerungen, die den Fahrkomfort erhöhten, kamen ab 1975: Vollschaumstoffsitze sowie geänderte Schaltung mit verkürztem Schaltstock. September 1975: Hubraum der 75-PS- und 85-PS-Motoren von 1471 auf 1588 ccm vergrößert, beide auf Normalbenzin ausgelegt. Audi 80 GT durch 80 GTE mit Einspritzmotor ersetzt. Neu war der Kombiwagen Audi 80 Variant, der aber nur für den Export (USA und Großbritannien) hergestellt wurde. Ab Dezember 1975 war der Audi 80 GL wahlweise auch mit 75 PS erhältlich. Ab Januar 1976 gab es den Audi 80 GTE auch als Viertüren-Limousine.

August 1976: Stilistische Modifikationen für gesamte Modellreihe, die damit dem neuen Audi 100 ähnlicher wurde. Breitere Kühlerverkleidung, Breitscheinwerfer, um die Ecke gezogene Blinkleuchten, weiter herumgezogene Stoßstangen, erweiterte Grundausstattung, einheitliche Schaltgetriebe. Bis zum Produktionsauslauf im Juli 1978 wurden insgesamt 1.103.766 Audi 80 ausgeliefert.

Audi 80 GLS Limousine 4 Türen, 1976–1978.

Audi 80 GTE, 1976–1978, mit Schriftzug auf der Haube.

Audi 80 GLS Limousine 4 Türen, 1976–1978.

| | Audi 80 (L) 1975-1976 | Audi 80 S, LS, GL 1975-1976 | Audi 80 GL 1975-1976 | Audi 80 GTE 1975-1976 |
|---|---|---|---|---|
| **Motor** | Ottomotor (Vergaser) | | | Ottomotor (Einspritzer) |
| Zylinderzahl | 4 (Reihe) | | | 4 (Reihe) |
| Bohrung x Hub | 75 x 73,4 mm | 79,5 x 80 mm | 79,5 x 80 mm | 79,5 x 80 mm |
| Hubraum | 1297 (Steuer 1281) ccm | 1588 ccm | 1588 ccm | |
| Leistung | 65 PS (40 kW) bei 5500 U/min | 75 PS (55 kW) bei 5600 U/min | 85 PS (63 kW) bei 5600 U/min | 110 PS (81 kW) bei 6100 U/min |
| Drehmoment | 9,4 mkg bei 2500 U/min | 12,1 mkg bei 3200 U/min | 12,7 mkg bei 3200 U/min | 14,0 mkg bei 5000 U/min |
| Verdichtung bzw. | 1:8,5 | 1:8,2 | | 1:9,5 |
| Einspritzung | 1 Fallstromvergaser | | 1 Fallstrom-Registervergaser | Bosch K-Jetronic |
| | Solex 35 PDSIT | | Solex 32/35 TDID | |
| | mit Startautomatik | | mit Startautomatik | |
| Ventile | Hängend, Obenliegende Nockenwelle Antrieb durch Zahnriemen | | | |
| Kurbelwellenlager | 5 | | | |
| Kühlung | Pumpe (6,5 Liter Wasser) | | | |
| Schmierung | Druckumlauf (3,5 Liter Öl) | | | |
| Batterie/Lichtmaschine | 12 V 36, 45 oder 54 Ah – Drehstrom 490 oder 770 W | | 12 V45 oder 54 Ah – Drehstrom 770 W | |
| **Kraftübertragung** | Frontantrieb. Motor (um 20° rechts seitlich geneigt) vor, Getriebe hinter der Vorderachse | | | |
| | Bei 75 PS- und 85 PS-Motor wahlweise | | | |
| | Schaltgetriebe oder Automatic: | | | |
| Schaltung | Schaltstock Wagenmitte | | Wählhebel Wagenmitte | Schaltstock Wagenmitte |
| Kupplung | Einscheibentrockenkupplung | | Hydraulischer Wandler + | Einscheibentrockenkupplung |
| Getriebe | 4 Gang | | 3 Gang-Planetengetriebe | 4 Gang |
| Synchronisierung | I-IV | | I-III | I-IV |
| Übersetzungen | I. 3,454 – II. 1,940 – III. 1,370 – IV. 0,94 | | I. 2,65 – II. 1,59 – III. 1,00 | I. 3,454 – II. 1,940 |
| | | | | III. 1,370 – IV. 0,94 |
| Antriebs-Übersetzung | 4,555 (9:41) | Schaltgetriebe 4,111 (9:37) | Schaltgetriebe 4,111 (9:37) | 4,111 (9:37) |
| | | Automatic 3,909 (11:43) | Automatic 3,909 (11:43) | |
| **Fahrwerk** | Selbsttragende Ganzstahlkarosserie | | | |
| Vorderradaufhängung | McPherson-Federbeine, Querlenker, Schraubenfedern, Stabilisator | | | |
| Hinterradaufhängung | Starrachse, Längslenker, Panhardstab, Schraubenfedern | | | |
| Lenkung | Zahnstange (19,1:1), 3% Lenkraddrehungen | | | |
| Fußbremse | Diagonal-Zweikreis-Hydraulik | | | |
| | Scheibenbremsen vorn (239 mm ø), Trommelbremsen hinten (180 mm ø) | | | |
| | Servohilfe auf Wunsch | Servohilfe auf Wunsch bzw. | Servohilfe | Servohilfe |
| | | (bei Automatic) Serie | | |
| **Allgemeine Daten** | | | | |
| Radstand | 2470 mm | 2470 mm | 2470 mm | 2470 mm |
| Spur vorn/hinten | 1340/1335 mm | 1340/1335 mm | 1340/1335 mm | 1340/1335 mm |
| Gesamtmaße | 4180 (L: 4200) x 1600 x 1362 | 4200 (S: 4180) x 1600 x 1362 | 4200 x1600 x1362 | 4200 x 1600 x 1362 |
| Felgen | 4,5 J x 13 | 4,5 J x 13 | 4,5 oder 5 J x 13 | 5 J x 13 |
| Reifen | 155 SR 13 | 155 SR 13 | 155 SR 13 | 175/70 HR 13 |
| Wendekreis links/rechts | 10,5/10,7 Meter | 10,5/10,7 Meter | 10,5/10,7 Meter | 10,5/10,7 Meter |
| Wagengewicht | Limousine 2 Türen 870 kg | Limousine 2 Türen 885 kg | Limousine 2 Türen 890 kg | Limousine 2 Türen 890 kg |
| | Limousine 4 Türen 880 kg | Limousine 4 Türen 895 kg | Limousine 4 Türen 900_kg | Limousine 4 Türen 900 kg |
| | | Automatic + 20 kg | Automatic + 20 kg | |
| Zuläss. Gesamtgewicht | 1260 kg | 1275, Automatic 1295 kg | 1280, Automatic 1300 kg | 1280 kg |
| Höchstgeschwindigkeit | 147 km/h | 160, Automatic 156 km/h | 170, Automatic 166 km/h | 181 km/h |
| Beschleunigung 0-100 km/h | 16,5 sec | 13,5, Automatic 15 sec | 12, Automatic 13,5 sec | 9,5 sec |
| Verbrauch/100 km | 10 Liter | 10,5, Automatic 11,5 Liter | 10,5, Automatic 11,5 Liter | 11 Liter Super |
| Kraftstofftank | 45 Liter (im Heck) | 45 Liter (im Heck) | 45 Liter (im Heck) | 45 Liter (im Heck) |

| | Audi 80 (L) 1976-1978 | Audi 80 S, LS, GLS 1976-1978 | Audi 80 LS, GLS 1976-1978 | Audi 80 GTE 1976-1978 |
|---|---|---|---|---|
| **Motor** | Ottomotor (Vergaser) | | | Ottomotor (Einspritzer) |
| Zylinderzahl | 4 (Reihe) | | | |
| Bohrung x Hub | 75 x 73,4 mm | 79,5 x 80 mm | | |
| Hubraum | 1297 (Steuer 1281) ccm | 1588 ccm | | |
| Leistung | 55 PS (40 kW) bei 5500 U/min | 75 PS (55 kW) bei 5600 U/min | 85 PS (63 kW) bei 5600 U/min | 110 PS (81 kW) bei 6100 U/min |
| Drehmoment | 9,4 mkg bei 2500 U/min | 12,1 mkg bei 3200 U/min | 12,7 mkg bei 3200 U/min | 14,0 mkg bei 5000 U/min |
| Verdichtung | 1:8,5 | 1:8,2 | | 1:9,5 |
| Vergaser bzw. | 1 Fallstromvergaser | | 1 Fallstrom-Registervergaser | Bosch K-Jetronic |
| Einspritzung | Solex 35 PDSIT | | Solex 32/35 TDID | |
| | mit Startautomatik | | mit Startautomatik | |
| Ventile | Hängend, Obenliegende Nockenwelle, Antrieb durch Zahnriemen | | | |
| Kurbelwellenlager | 5 | | | |
| Kühlung | Pumpe (6,5 Liter Wasser) | | | |
| Schmierung | Druckumlauf (3,5 Liter Öl) | | | |
| Batterie/Lichtmaschine | 12 V 36 Ah –Drehstrom 490 W | 12 V36 oder 45 Ah – | 12 V 45 Ah – Drehstrom 770 W | 12 V 45 Ah |
| | | Drehstrom 490 oder 770 W | | |
| **Kraftübertragung** | Frontantrieb. Motor (um 20° rechts seitlich geneigt) vor, Getriebe hinter der Vorderachse | | | |
| | Bei 75 PS- und 85 PS-Motor wahlweise | | | |
| | Schaltgetriebe oder Automatic: | | | |
| Schaltung | Schaltstock Wagenmitte | | Wählhebel Wagenmitte | Schaltstock Wagenmitte |
| Kupplung | Einscheibentrockenkupplung | | Hydraulischer Wandler + | Einscheibentrockenkupplung |
| Getriebe | 4 Gang | | 3 Gang-Planetengetriebe | 4 Gang |
| Synchronisierung | I-IV | | I-III | I-IV |
| Übersetzungen | I. 3,454 – II. 1,940 | | I. 2,55 – II. 1,45 – III. 1,00 | I. 3,454 – II. 1,940 |
| | III. 1,290 IV. 0,909 | | | III. 1,290 IV. 0,909 |
| Antriebs-Übersetzung | 4,444 | 4,111, Automatic 3,91 | 4,111, Automatic 3,91 | 3,889 |
| **Fahrwerk** | Selbsttragende Ganzstahlkarosserie | | | |
| Vorderradaufhängung | McPherson-Federbeine, Querlenker, Schraubenfedern, Stabilisator | | | |
| Hinterradaufhängung | Starrachse, Längslenker, Panhardstab, Schraubenfedern | | | |
| Lenkung | Zahnstange (19,1:1), 3% Lenkraddrehungen | | | |
| Fußbremse | Diagonal-Zweikreis-Hydraulik | | | |
| | Scheibenbremsen vorn (239 mm ø), Trommelbremsen hinten (180 mm ø) | | | |
| **Allgemeine Daten** | | | | |
| Radstand | 2470 mm | 2470 mm | 2470 mm | 2470 mm |
| Spur vorn/hinten | 1340/1335 mm | 1340/1335 mm | 1340/1335 mm | 1340/1335 mm |
| Gesamtmaße | 4245 x 1600 x 1362 | 4245 x 1600 x 1362 | 4245 x 1600 x 1362 | 4245 x 1600 x 1362 |
| Felgen | 4,5 J x 13 | 4,5 J x 13 | 5 J x 13 | 5 J x 13 |
| Reifen | 155 SR 13 | 155 SR 13 | 175/70 SR 13 | 175/70 HR 13 |
| Wendekreis links/rechts | 10,5/10,7 Meter | 10,5/10,7 Meter | 10,5/10,7 Meter | 10,5/10,7 Meter |
| Wagengewicht | Limousine 2 Türen 870 kg | Limousine 2 Türen 885 kg | Limousine 2 Türen 890 kg | Limousine 2 Türen 890 kg |
| | Limousine 4 Türen 880 kg | Limousine 4 Türen 895 kg | Limousine 4 Türen 900 kg | Limousine 4 Türen 900 kg |
| | | Automatic +20 kg | Automatic +20 kg | |
| Zuläss. Gesamtgewicht | 1300 kg | 1300 kg | 1300 kg | 1300 kg |
| Höchstgeschwindigkeit | 147 km/h | 160, Automatic 156 km/h | 165, Automatic 161 km/h | 178 km/h |
| Beschleunigung 0-100 km/h | 16,5 sec | 13,5, Automatic 15 sec | 12,5 Automatic 14 sec | 10 sec |
| Verbrauch/100 km | 10 Liter | 10,5, Automatic 11,5 Liter | 10,5, Automatic 11,5 Liter | 11 Liter Super |
| Kraftstofftank | 45 Liter (im Heck) | 45 Liter (im Heck) | 45 Liter (im Heck) | 45 Liter (im Heck) |

**Audi 80 (1978–1986)**
**Audi 90 (1984–1986)**

Anfang September 1978 erschien der Audi 80 (B2) in neuer Gestalt. Wenige Wochen später begann die Auslieferung der Viertüren-Limousine. Die Zweitüren-Limousine und den GLE mit Einspritzmotor gab es ab Frühjahr 1979. Dieser Audi 80 besaß die Mechanik des Vorgängers, aber einen längeren Radstand, eine breitere Spur und eine größere Karosserie. Mit dem 1,3-Liter-Motor war dieses stattliche Automobil schwach motorisiert, wogegen die 75 PS und 85 PS des 1,6-Liter bestens seiner Statur entsprachen. In der äußeren Erscheinung sah der Audi 80 dem bereits zwei Jahre älteren Audi 100 recht ähnlich, obwohl zwischen beiden ein beträchtlicher Größenunterschied bestand. Der Audi 80 war auf Anhieb der Star der Mittelklasse. Ansehnliche Optik, zeitgemäße Technik, gute Leistung, sichere Fahreigenschaften, Bequemlichkeit und Geräumigkeit, annehmbarer Kaufpreis und sparsamer Verbrauch waren wohl die Merkmale, die ihm zu seinem Ansehen verhalfen.

August 1980: 1,6-Liter-Dieselmotor ergänzte das Programm.

Februar 1981: In Verbindung mit dem 85 PS-Motor wurde der Audi 80 (und der Audi 100) in der Energie-Sparausführung »Formel E« angeboten, aber mangels Nachfrage ab Herbst 1985 wieder aus dem Programm genommen.

September 1981: Geänderte Modellstufen Audi 80 C, CL und GL. Neu war der Audi 80 mit Fünfzylindermotor (Audi 80 CD, am Grill »5 S«). Beim 1,3-Liter-Motor erfolgte ein Rückgriff auf die ältere Bauart: Ein- und Auslass auf einer Seite statt Querstrom-Zylinderkopf.

Februar 1982: Audi 80 mit Turbo-Dieselmotor.

November 1982: Der Audi 80 quattro, die erste Limousine mit permanentem Allradantrieb erschien.

Januar 1983: Neuer 1,8-Liter-Motor.

März 1984: Audi 80 SC mit nochmals angereicherter Ausstattung.

Ende Juli 1984: Schräggestellter Kühlergrill mit Halogen-Breitband-Scheinwerfern und integrierten Blinkleuchten. Kunststoffummantelte Stoßfänger bis zu den Radausschnitten herumgezogen. An beiden Seiten des Wagens breite Kunststoff-Schutzleisten. Wagenheck unauffällig umgestaltet. Modellangebot neu geordnet: Audi 80, Audi 80 CC, CD, GTE. Turbo-Diesel und CD nur mit vier Türen.

September 1984: Die Fünfzylindermotoren blieben dem neuen Audi 90 vorbehalten, einer durch mehr Luxus und mehr Leistung geprägten Variante des Audi 80.

**Audi 80 quattro Limousine 2 Türen, Basismodell mit 115 PS und Breitbandscheinwerfern der Normalmodelle. Nur angeboten im Modelljahr 1984.**

Einführungswerbung für die neue Generation des Audi 80, Baureihe B2. Verkaufsbeginn August 1978.

Für die Rallye-WM 1979 baute Audi vier 80 GLE auf. Der erste Einsatz der 160 PS starken Zweitürer erfolgte bei der Sachs Winter-Rallye.

**Motor**

Zylinderzahl
Bohrung x Hub
Hubraum
Leistung

Drehmoment

Verdichtung
Gemischbereitung

Ventile

Kurbelwellenlager
Kühlung
Schmierung
Batterie/Lichtmaschine
**Kraftübertragung**

Schaltung
Schaltgetriebe
Übersetzungen

Antriebs-Übersetzung
Autom. Getriebe

Übersetzungen
Antriebs-Übersetzungen
**Fahrwerk**
Vorderradaufhängung

Hinterradaufhängung

Lenkung

Betriebsbremse

**Allgemeine Daten**
Radstand
Spur vorn/hinten
Gesamtmaße
Felgen
Reifen
Wendekreis links/rechts
Wagengewicht

Zuläss. Gesamtgewicht
Höchstgeschwindigkeit
Beschleunigung 0-100 km/h
Verbrauch/100 km
Kraftstofftank

| Audi 80 (L), GL 1978-1981 | Audi 80 C, CL, GL 1981-1984 | Audi 80 D, LD, GLD, 1980-1981 Audi 80 C, CL, GL Diesel, 1981-1984 | Audi 80 C, CL, GL, CD Turbo-Diesel 1982-1984 |
|---|---|---|---|
| Ottomotor (Vergaser) EA 801 | Ottomotor (Vergaser) EA 827 | Dieselmotor (Wirbelkammer) | Dieselmotor (Wirbelkammer) mit Garrett Abgas-Turbolader |
| 4 (Reihe) | 4 (Reihe) | 4 (Reihe) | |
| 75,0 x 72 mm | 75,0 x 73,4 mm | 76,5 x 86,4 mm | |
| 1272 (Steuer 1263) ccm | 1296 (Steuer 1281) ccm | 1588 ccm | |
| 55 PS (40 kW) b. 5800 U/min bzw. für Export auch 60 PS (44 kW) b. 5800 U/min | 60 PS (40 kW) b. 5600 U/min | 54 PS (40 kW) b. 4800 U/min | 70 PS (51 kW) b. 4500 U/min |
| 9,2 mkg b. 3400 U/min bzw. 9,5 mkg b. 3800 U/min | 10,0 mkg b. 3500 U/min | 10,3 mkg b. 2000 U/min | 13,3 mkg b. 2600 U/min |
| 8,2:1 | 8,25:1 | 23:1 | 23:1 |
| 1 Fallstromvergaser Solex 32 PDSIT | 1 Fallstrom-Registervergaser Solex 34 PDSIT | Mechanische Einspritzpumpe Bosch | Mechanische Einspritzpumpe Bosch |
| Hängend, 1 obenliegende Nockenwelle, Antrieb über Zahnriemen | | Hängend 1 obenliegende Nockenwelle, Antrieb über Zahnriemen | |
| 5 | | 5 | |
| Pumpe, 6,5 Liter Wasser | | Pumpe, 6,5 Liter Wasser | |
| Druckumlauf, 3,5 Liter Öl | | Druckumlauf, 3,5 Liter Öl | |
| 12 V 36 Ah – Drehstrom 45 A | | 12 V 36 Ah – Drehstrom 45 A | |
| Frontantrieb | | Frontantrieb | |
| Motor längs vor, Getriebe hinter der Vorderachse | | Motor längs vor, Getriebe hinter der Vorderachse | |
| Schaltstock Wagenmitte | | Schaltstock Wagenmitte | |
| 4 Gang | 3 + E-Gang | 4 Gang oder 4 + E-Gang | 4 + E-Gang |
| I. 3,455 | I. 3,455 | I. 3,455 I. 3,455 | I. 3,455 |
| II. 1,944 | II. 1,700 | II. 1,944 II. 1,944 | II. 1,944 |
| III. 1,286 | III. 1,065 | III. 1,286 III. 1,286 | III. 1,286 |
| IV. 0,969 | IV. 0,703 | IV. 0,882 IV. 0,909 | IV. 0,909 |
| | | V. 0,884 bzw. ab Sept. 1982: 0,730 | V. 0,884 bzw. ab Sept. 1982: 0,730 |
| 4,444 | 4,111 | 4,111 4,111 | 4,111 |
| | | Ab Sept. 1982 mit Aufpreis: 3 Ganq Automatic I. 2,714 – II. 1,5 –III. 1,0 | Mit Aufpreis: 3 Gang Automatic I. 2,552 – II. 1,448 – III. 1,0 |
| | | 3,727 | 3,083 |
| Selbsttragende Ganzstahlkarosserie | | Selbsttragende Ganzstahlkarosserie | |
| McPherson-Federbeine, | | McPherson-Federbeine | |
| Querlenker, Schraubenfedern | Querlenker, Schraubenfedern Querstabilisator | Querlenker, Schraubenfedern | |
| Rohr-Starrachse, Längslenker, Panhardstab, Schraubenfedern | Rohr-Starrachse, Längslenker, Panhardstab, Schraubenfedern | Rohr-Starrachse, Längslenker, Panhardstab, Schraubenfedern | |
| Zahnstange, 4 Lenkraddrehungen | Zahnstange, 4 Lenkraddrehungen | Zahnstange, Aufpreis: Servo 4 bzw. 3,4 Lenkraddrehungen | Zahnstange, Servo 3,4 Lenkraddrehungen |
| Zweikreis-Hydraulik, Servo | | Zweikreis-Hydraulik, Servo | |
| Scheibenbremsen vorn (239 mm ø) | | Scheibenbremsen vorn (239 mm ø) | |
| Trommelbremsen hinten (180 mm ø) | | Trommelbremsen hinten (180 mm ø) | |
| | | | |
| 2538 mm | | 2538 mm | |
| 1395/1420 mm | | 1395/1420 mm | |
| 4383 x 1682 x 1365 mm | | 4383 x 1682 x 1365 mm | |
| 5 J x 13 | | 5 J x 13 | |
| 165 SR 13 | | 165 SR 13 | |
| 11 Meter | | 11 Meter | |
| Limousine 2 Türen 950 kg Limousine 4 Türen 960 kg | | Limousine 2 Türen 1020 kg Limousine 4 Türen 1030 kg | Limousine 4 Türen 1040 kg |
| 1370 kg | 1410 kg | 1440 kg | 1480 kg |
| 146 km/h | 151 km/h | 145, Automatic 140 km/h | 160, Automatic 155 km/h |
| 18,5 sec | 17 sec | 19,5 Automatic 23,5 sec | 14, Automatic 16 sec |
| 10 Liter Normalbenzin | 9 Liter Normalbenzin | 7,5, Autom. 8,5 l Diesel | 8,5, Autom. 9,5 l Diesel |
| 68 Liter (über Hinterachse) | 68 Liter (über Hinterachse) | 68 Liter (über Hinterachse) | 68 Liter (über Hinterachse) |

| | Audi 80 S, LS, GLS, 1978-1981<br>Audi 80 CL, GL, 1981-1984 | Audi 80 LS, GLS, 1978-1981<br>Audi 80 CL, GL, 1981-1982 | Audi 80 GLE<br>1979-1981 |
|---|---|---|---|
| **Motor** | | Ottomotor (Vergaser) | |
| Zylinder | | 4 (Reihe) | |
| Bohrung x Hub | | 79,5 x 80,0 mm | |
| Hubraum | | 1588 (Steuer 1577) ccm | |
| Leistung | 75 PS (55 kW) b. 5600 U/min | 85 PS (63 kW) b. 5600 U/min | 110 PS (81 kW) b. 6100 U/min |
| Drehmoment | 12,1-12,4 mkg b. 3200 U/min | 12,4-12,7 mkg b. 3200 U/min | 14,0 mkg b. 5000 U/min |
| Verdichtung | 8,2:1 | 8,2:1 | 9,5:1 |
| Gemischbildung | 1 Fallstromvergaser | 1 Register-Fallstromvergaser | Mechanische |
| | Solex 35 PDSIT bzw. | Solex 32/35 TDID bzw. | Benzineinspritzung |
| | (ab August 1979) 1 B 3 | (ab August 1979) 2 B 2 | Bosch |
| Ventile | | Hängend, 1 obenliegende Nockenwelle, Antrieb überZahnriemen | |
| Kurbelwellenlager | | 5 | |
| Kühlung | | Pumpe, 6,5 Liter Wasser | |
| Schmierung | | Druckumlauf, 3,5 Liter Öl | |
| Batterie/Lichtmaschine | | 12 V 36 oder 45 oder 55 Ah – Drehstrom 45 oder 55 A | |
| **Kraftübertragung** | | Frontantrieb | |
| | | Motor (20° rechts seitlich geneigt) längs vor, Getriebe hinter der Vorderachse | |
| Schaltung | | Schaltstock Wagenmitte | |
| Schaltgetriebe | | 4 Gang oder (ab April 1980) 4 + E-Gang | |
| Übersetzungen | | I. 3,455 – II. 1,944 – III. 1,286 – IV. 0,909 | |
| | | I. 3,455 – II. 1,944 – III. 1,286 – IV. 0,909 – V. 0,684 bzw. ab Sept. 1982: 0,730 | |
| Antriebs-Übersetzung | | 4,111 | |
| Automat. Getriebe | Aufpreis: Hydraulischer Wandler + 3 Gang-Planetengetriebe | | nicht lieferbar |
| Übersetzungen | bis Sept. 1982: I. 2,552 – II. 1,448 – III. 1,000 | | |
| | ab Sept. 1982: I. 2,714 –II. 1,50 – III. 1,00 | | |
| Antriebs-Übersetzung | bis Sept. 1982: 3,909, ab Sept. 1982: 3,727 | | |
| **Fahrwerk** | | Selbsttragende Ganzstahlkarosserie | |
| Vorderradaufhängung | | McPherson-Federbeine, Querlenker, Schraubenfedern, Querstabilisator | |
| Hinterradaufhängung | | Rohr-Starrachse, Längslenker, Panhardstab, Schraubenfedern | |
| Lenkung | | Zahnstange, Mit Aufpreis ab August 1980: Servo | |
| | | 4 bzw. 3,4 Lenkraddrehungen | |
| Betriebsbremse | | Zweikreis-Hydraulik, Servo | |
| | | Scheibenbremsen vorn (239 mm ø), Trommelbremsen hinten (180 mm ø) | |
| **Allgemeine Daten** | | | |
| Radstand | 2538 mm | 2538 mm | 2538 mm |
| Spur vorn/hinten | 1395/1420 mm | 1395/1420 mm | 1395/1420 mm |
| Gesamtmaße | 4383 x 1682 x 1365 mm | 4383 x 1682 x 1365 mm | 4383 x 1682 x 1365 mm |
| Felgen | 5 J x 13 | 5 J x 13 | 5 J x 13 |
| Reifen | 165 SR 13 | 175/70 SR 13 | 175/70 SR oder HR 13 |
| Wendekreis links/rechts | 11 Meter | 11 Meter | 11 Meter |
| Wagengewicht | Limousine 2 Türen 960 kg | Limousine 2 Türen 960 kg | Limousine 2 Türen 980 kg |
| | Limousine 4 Türen 970 kg | Limousine 4 Türen 970 kg | Limousine 4 Türen 990 kg |
| | Automatic + 20 kg | Automatic + 20 kg | |
| Zuläss. Gesamtgewicht | 1410 kg | 1410 kg | 1410-1440 kg |
| Höchstgeschwindigkeit | 160, Automatic 156 km/h | 165, Automatic 161 km/h | 182 km/h |
| Beschleunigung 0-100 km/h | 14, Automatic 16 sec | 12,5, Automatic 14,5 sec | 11,5 sec |
| Verbrauch/100 km | 10,5, Autom. 11,5 l Normal | 10,5, Autom. 11,5 l Normal | 11 Liter Super |
| Kraftstofftank | 68 Liter (über Hinterachse) | 68 Liter (über Hinterachse) | 68 Liter (über Hinterachse) |

Audi 80 GLS Limousine 4 Türen, 1979–1981.

Audi 80 quattro Limousine 4 Türen (4 Zylinder), 1984–1986.

Audi 80 CC als Nachfolger des beliebten CL-Modells nach dem Facelift. Neue Schriftzüge und neu gestaltete Heckleuchten im Stil des Audi 100.

| | Audi 80 CL, GL 1983-1984 | Audi 80 CL, GL 1984 | Audi 80 GTE 1983-1984 |
|---|---|---|---|
| **Motor** | Ottomotor (Vergaser) | Ottomotor (Einspritzer) mit Dreiwege-Katalysator und Lambda-Sonde | Ottomotor (Einspritzer) |
| Zylinder | 4 (Reihe) | 4 (Reihe) | 4 (Reihe) |
| Bohrung x Hub | 81,0 x 86,4 mm | 81,0 x 86,4 mm | 81,0 x 86,4 mm |
| Hubraum | 1781 ccm | 1781 ccm | 1781 ccm |
| Leistung | 90 PS (66 kW) b. 5200 U/min | 90 PS (66 kW) b. 5500 U/min | 112 PS (82 kW) b. 5800 U/min |
| Drehmoment | 14,5 mkg b. 3300 U/min | 13,7 mkg b. 3250 U/min | 16,0 mkg b. 3500 U/min |
| Verdichtung | 10,0:1 | 9,0:1 | 10,0:1 |
| Gemischbereitung | 1 Fallstrom-Registervergaser | Elektron. Benzineinspritzung | Mechan. Benzineinspritzung |
| | | Bosch KE-Jetronic | Bosch |
| Ventile | | Hängend, 1 obenliegende Nockenwelle, Antrieb über Zahnriemen | |
| Kurbelwellenlager | | 5 | |
| Kühlung | Pumpe, 6,5 Liter Wasser | Pumpe, 6,5 Liter Wasser | Pumpe, 8 Liter Wasser |
| Schmierung | Druckumlauf, 3,5 Liter Öl | Druckumlauf, 3,5 Liter Öl | Druckumlauf, 3,5 Liter Öl |
| Batterie/Lichtmaschine | 12 V 40 Ah – Drehstrom 55 A | 12 V 40 Ah – Drehstrom 55 A | 12 V 50 Ah – Drehstrom 55 A |
| **Kraftübertragung** | | Frontantrieb | |
| | | Motor (20° rechts seitlich geneigt) längs vor, Getriebe hinter der Vorderachse | |
| Schaltung | | Schaltstock Wagenmitte | |
| Schaltgetriebe | 4 Gang oder 4 + E-Gang | 5 Gang | 5 Gang |
| Übersetzungen | I. 3,455 I. 3,455 | I. 3,455 | I. 3,455 |
| | II. 1,789 II. 1,789 | II. 1,789 | II. 1,944 |
| | III. 1,133 III. 1,133 | III. 1,133 | III. 1,286 |
| | IV. 0,829 IV. 0,829 | IV. 0,829 | IV. 0,969 |
| | V. 0,684 | V. 0,684 | V. 0,800 |
| Antriebs-Übersetzung | 4,111 4,111 | 4,111 | 4,111 |
| Automat. Getriebe | Aufpreis: 3 Gang-Automatic | nicht lieferbar | nicht lieferbar |
| Übersetzungen | 1.2,714 – II. 1,5 – III. 1,0 | | |
| Antriebs-Übersetzung | 3,250 | | |
| **Fahrwerk** | | Selbsttragende Ganzstahlkarosserie | |
| Vorderradaufhängung | | McPherson-Federbeine, Querlenker, Schraubenfedern, Querstabilisator | |
| Hinterradaufhängung | | Rohr-Starrachse, Längslenker, Panhardstab, Schraubenfedern | |
| Lenkung | | Zahnstange, Aufpreis: Servo | |
| | | 4 bzw. 3,4 Lenkraddrehungen | |
| Betriebsbremse | | Zweikreis-Hydraulik, Servo | |
| | | Scheibenbremsen vorn (239 mm ø), Trommelbremsen hinten (190 mm ø) | |
| **Allgemeine Daten** | | | |
| Radstand | 2538 mm | 2538 mm | 2538 mm |
| Spur vorn/hinten | 1395/1420 mm | 1395/1420 mm | 1395/1420 mm |
| Gesamtmaße | 4383 x 1682 x 1365 mm | 4383 x 1682 x 1365 mm | 4383 x 1682 x 1345 mm |
| Felgen | 5 J x 13 | 5 J x 13 | 5 oder 5,50 J x 13 |
| Reifen | 175/70 SR 13 | 175/70 SR 13 | 175/70 HR 13 |
| Wendekreis links/rechts | 11 Meter | 11 Meter | 11 Meter |
| Wagengewicht | Limousine 2 Türen 960 kg | Limousine 2 Türen 990 kg | Limousine 2 Türen 990 kg |
| | Limousine 4 Türen 970 kg | Limousine 4 Türen 1000 kg | Limousine 4 Türen 1000 kg |
| | Automatic + 20 kg | | |
| Zuläss. Gesamtgewicht | 1410 kg | 1440 kg | 1440 kg |
| Höchstgeschwindigkeit | 168, Automatic 164 km/h | 168 km/h | 184 km/h |
| Beschleunigung 0-100 km/h | 11, Automatic 13,5 sec | 11 sec | 9,5 sec |
| Verbrauch/100 km | 9,5, Autom. 10,5 l Super | 11,5 Liter Normal bleifrei | 11 Liter Super |
| Kraftstofftank | 68 Liter (über Hinterachse) | 68 Liter (über Hinterachse) | 68 Liter (über Hinterachse) |

Audi 4000 5+5 Sport, 1981. 5+5 bedeutet »5 Zylinder« (100 PS) und »5-Gang«-Schaltgetriebe. Zweitüriges Sondermodell des Audi 80 GLE mit dem 2,2-l-Fünfzylindermotor für die USA.

Audi 80 CD Limousine 4 Türen (Facelift), 1984–1986.

Audi 80 quattro Limousine 4 Türen (5 Zylinder), 1982–1984.

Audi 90 quattro Limousine 4 Türen, 1984–1986. Äußeres Kennzeichen: Kein Chrom.

Audi 90 Limousine 4 Türen (115 PS) in Kalaharibeige, 1984–1986.

Audi 90 Werbeprospekt der niederländischen Werksvertretung.

**Motor**
Zylinderzahl
Bohrung x Hub
Hubraum
Leistung
Drehmoment
Verdichtung
Gemischbildung

Ventile
Kurbelwellenlager
Kühlung
Schmierung
Batterie/Lichtmaschine
**Kraftübertragung**

Schaltgetriebe
Schaltung
Übersetzungen

Antriebs-Übersetzung
Autom. Getriebe
Übersetzungen
Antriebs-Übersetzungen
**Fahrwerk**
Vorderradaufhängung

Hinterradaufhängung

Lenkung

Betriebsbremse

**Allgemeine Daten**
Radstand
Spur vorn/hinten
Gesamtmaße
Felgen
Reifen
Wendekreis links/rechts
Wagengewicht

Zuläss. Gesamtgewicht
Höchstgeschwindigkeit
Beschleunigung 0-100 km/h
Verbrauch/100 km
Kraftstofftank

| Audi 80 CD 1981-1983 | Audi 80 CD 1983-1984 | Audi 80 Quattro 1983-1984 | Audi 80 Quattro 1983-1984 |
|---|---|---|---|
| Ottomotor (Vergaser) | Ottomotor (Einspritzer) | | Ottomotor (Einspritzer) |
| 5 (Reihe) | 5 (Reihe) | | 5 (Reihe) |
| 79,5 x 77,4 mm | 81,0 x 77,4 mm | | 79,5 x 86,4 mm |
| 1921 ccm | 1944 ccm | | 2144 ccm |
| 115 PS (85 kW) b. 5900 U/min | 115 PS (85 kW) b. 5400 U/min | | 136 PS (100 kW) b. 5900 U/min |
| 15,4 mkg b. 3400 U/min | 16,5 mkg b. 3200 U/min | | 17,6 mkgb. 4500 U/min |
| 10,0:1 | 10,0:1 | | 9,3:1 |
| 1 Fallstrom-Registervergaser | Mechanische Benzineinspritzung | | Mechan. Benzineinspritzung |
| Zenith 2 B 5 | Bosch K-Jetronic | | Bosch K-Jetronic |
| Hängend, 1 obenliegende Nockenwelle, Antrieb über Zahnriemen | | | |
| 5 | | | |
| Pumpe, 8 Liter Wasser | Pumpe, 8 Liter Wasser | | Pumpe, 8 Liter Wasser |
| Druckumlauf, 5 Liter Öl | Druckumlauf, 3,5 Liter Öl | | Druckumlauf, 3,5 Liter Öl |
| 12 V 63 Ah – Drehstrom 55 A | 12 V 63 Ah – Drehstrom 65 A | | 12 V 63 Ah – Drehstrom 65 A |
| Frontantrieb | | Permanenter Allradantrieb | |
| Motor (rechts seitlich geneigt) längs vor, | | Motor (rechts seitlich geneigt) längs vor, | |
| Getriebe hinter der Vorderachse | | Getriebe hinter der Vorderachse | |
| | | Zentral- und Hinterachs-Differential manuell sperrbar | |
| 4 + E-Gang | 4 + E-Gang | 5 Gang | |
| Schaltstock Wagenmitte | Schaltstock Wagenmitte | Schaltstock Wagenmitte | |
| I. 2,846 | I. 2,846 | I. 3,600 | |
| II. 1,524 | II. 1,524 | II. 2,125 | |
| III. 0,969 | III. 0,939 | III. 1,458 | |
| IV. 0,703 | IV. 0,658 | IV. 1,071 | |
| V. 0,537 | V. 0,537 | V. 0,829 | |
| 4,900 | 4,900 | 4,111 | |
| | Aufpreis: 3 Gang Automatic | Nicht lieferbar | |
| | I. 2,714 – II. 1,5 – III. 1,0 | | |
| | 3,250 | | |
| Selbsttragende Ganzstahlkarosserie | | Selbsttragende Ganzstahlkarosserie | |
| McPherson-Federbeine, Querlenker, | | McPherson-Federbeine, Querlenker, | |
| Schraubenfedern, Querstabilisator | | Schraubenfedern, Querstabilisator | |
| Rohr-Starrachse, Längslenker, | | McPherson-Federbeine, Querlenker, | |
| Panhardstab, Schraubenfedern | | Schraubenfedern, Querstabilisator | |
| Zahnstange, Servo | | Zahnstange, Aufpreis: Servo | Zahnstange, Servo |
| 3,4 Lenkraddrehungen | | 4 bzw. 3,4 Lenkraddrehungen | 3,4 Lenkraddrehungen |
| Zweikreis-Hydraulik, Servo | | Zweikreis-Hydraulik, Servo | |
| Scheibenbremsen vorn (239 mm ø) | | Scheibenbremsen vorn (276 mm ø) | |
| Trommelbremsen hinten (180 mm ø) | | Scheibenbremsen hinten (245 mm ø) | |
| **Limousine 4 Türen** | | **Limousine 2 oder 4 Türen** | **Limousine 4 Türen** |
| 2538 mm | | 2524 mm | |
| 1395/1420 mm | | 1403/1407 mm | |
| 4383 x 1682 x 1365 mm | | 4383 x 1682 x 1376 mm | |
| 5,50 J x 13 | | 5,50 J x 14 | |
| 175/70 HR 13 | | 175/70 HR 14 | |
| 11 Meter | | 11,2 Meter | |
| 1040 kg | 1060 kg | Limousine 2 Türen 1190 kg | 1215 kg |
| | Automatic + 20 kg | Limousine 4 Türen 1200 kg | |
| 1480 kg | 1500 kg | 1650 kg | 1650 kg |
| 182 km/h | 184, Automatic 178 km/h | 184 km/h | 195 km/h |
| 10,5 sec | 10, Automatic 12,5 sec | 10 sec | 9,5 sec |
| 12,5 Liter Super | 12,5, Autom. 13,5 l Super | 12,5 Liter Super | 13 Liter Super |
| 68 Liter (über Hinterachse) | 68 Liter (über Hinterachse) | 70 Liter (über Hinterachse) | 70 Liter (über Hinterachse) |

| Audi 80 (CC) 1984-1986 | Audi 80 (CC, CD) 1984-1986 | Audi 80 (CC, CD) Diesel 1984-1986 | Audi 80 CC, CD Turbo-Diesel 1984-1986 Audi 90 Turbo-Diesel , 1986 |
|---|---|---|---|
| Ottomotor (Vergaser) | Ottomotor (Vergaser) | Dieselmotor (Wirbelkammer) | Dieselmotor (Wirbelkammer) |
| | | | mit Garrett Abgas-Turbolader |
| 4 (Reihe) | 4 (Reihe) | 4 (Reihe) | 4 (Reihe) |
| 75,0 x 73,4 mm | 81,0 x 77,4 mm | 76,5 x 86,4 mm | 76,5 x 86,4 mm |
| 1296 (Steuer 1281) ccm | 1595 ccm | 1588 ccm | 1588 ccm |
| 60 PS (44 kW) b. 5600 U/min | 75 PS (55 kW) b. 5000 U/min | 54 PS (40 kW) b. 4800 U/min | 70 PS (51 kW) b. 4500 U/min |
| 10,0 mkg b. 3500 U/min | 12,5 mkg b. 2500 U/min | 10,0 mkg b. 2500 U/min | 13,3 mkg b. 2600 U/min |
| 9,0:1 | 9,0:1 | 23,0:1 | 23,0:1 |
| 1 Fallstrom-Registervergaser | 1 Fallstrom-Registervergaser | Verteiler-Einspritzpumpe | Verteiler-Einspritzpumpe |
| Pierburg | Pierburg | Bosch | Bosch |
| Hängend | Hängend, ab 1985: Hydrostößel | Hängend, ab 1985: Hydrostößel | |
| 1 obenliegende Nockenwelle | 1 obenliegende Nockenwelle | 1 obenliegende Nockenwelle | |
| Antrieb über Zahnriemen | Antrieb über Zahnriemen | Antrieb über Zahnriemen | |
| 5 | 5 | 5 | |
| Pumpe, 6,5 Liter Wasser | | Pumpe, 6,5 Liter Wasser | |
| Druckumlauf, 3 Liter Öl | | Druckumlauf, 3,5 Liter Öl | |
| 12 V 63 Ah – Drehstrom 55 A | | 12 V 63 Ah – Drehstrom 45 oder 55 A | |
| Frontantrieb | | Frontantrieb | |
| Motor längs vor, Getriebe hinter der Vorderachse | | Motor längs vor, Getriebe hinter der Vorderachse | |
| 4 Gang | 4 Gang oder 5 Gang | 4 Gang oder 5 Gang | 5 Gang |
| Schaltstock Wagenmitte | Schaltstock Wagenmitte | Schaltstock Wagenmitte | Schaltstock Wagenmitte |
| I. 3,455 | I. 3,455 I. 3,455 | I. 3,455 I. 3,455 | I. 3,455 |
| II. 1,789 | II. 1,944 II. 1,944 | II. 1,944 II. 1,944 | II. 1,944 |
| III. 1,065 | III. 1,286 III. 1,286 | III. 1,286 III. 1,286 | III. 1,286 |
| IV. 0,703 | IV. 0,882 IV. 0,909 | IV. 0,882 IV. 0,909 | IV. 0,909 |
| | V. 0,730 | V. 0,730 | V. 0,730 |
| 4,111 | 4,111 4,111 | 4,111 4,111 | 4,111 |
| Nicht lieferbar | Aufpreis: 3 Gang-Automatic | Aufpreis: 3 Gang-Automatic | Nicht lieferbar |
| | I. 2,714 – II. 1,5 – III. 1,0 | I. 2,714 – II. 1,5 – III. 1,0 | |
| | 3,417 | 3,727 | |
| Selbsttragende Ganzstahlkarosserie | | | |
| McPherson-Federbeine, Dreieck-Querlenker, Schraubenfedern, Querstabilisator | | | |
| Rohr-Starrachse, Längslenker, Panhardstab, Schraubenfedern | | | |
| Zahnstange, Aufpreis: Servo, 4 bzw. 3,4 Lenkraddrehungen | | | |
| Zweikreis-Hydraulik, Servo | | | |
| Scheibenbremsen vorn 239 mm ø, Trommelbremsen hinten 180 mm ø | | | |
| **Limousine 2 oder 4 Türen** | | **Limousine 2 oder 4 Türen** | **Limousine 4 Türen** |
| 2538 mm | | 2538 mm | 2538 mm |
| 1395/1420 mm | | 1395/1420 mm | 1395/1420 mm |
| 4406 x 1682 x 1365 mm | | 4406 x 1682 x 1365 mm | 4406 (Audi 90: 4465) x 1682x 1365 mm |
| 5 J x 13 | | 5 J x 13 | Audi 80: 5 J x 13, Audi 90: 5,50 J x 14 |
| 165 SR 13 | | 165 SR 13 | Audi 80: 165 SR 13 |
| | | | Audi 90: 185/60 HR 14 |
| 11 Meter | | 11 Meter | 11 bzw. 11,3 Meter |
| Limousine 2 Türen 950 kg | Limousine 2 Türen 960 kg | Limousine 2 Türen 1020 kg | Audi 80: 1040 kg |
| Limousine 4 Türen 960 kg | Limousine 4 Türen 970 kg | Limousine 4 Türen 1030 kg | Audi 90: 1080 kg |
| | Automatic + 20 kg | Automatic + 20 kg | |
| 1410 kg | 1410 kg | 1440 kg | 1480 kg |
| 151 km/h | 163, Automatic 159 km/h | 144, Automatic 140 km/h | 160 km/h |
| 17 sec | 13,5, Automatic 15,5 sec | 19,5, Automatic 23,5 sec | 15 sec |
| 9 Liter Normalbenzin | 10, Autom. 11 l Normal | 7,5, Autom. 8,5 l Diesel | 8,5 Liter Diesel |
| 68 Liter (über Hinterachse) | 68 Liter (über Hinterachse) | 68 Liter (über Hinterachse) | 68 Liter (über Hinterachse) |

| **Audi 80 (CC, CD) 1984-1986** | **Audi 80 (CC, CD) 1984-1986** | **Audi 80 GTE 1984-1986** | |
|---|---|---|---|
| Ottomotor (Vergaser) | Ottomotor (Einspritzer) mit Dreiwege-Katalysator und Lambda-Sonde | Ottomotor (Einspritzer) | **Motor** |
| 4 (Reihe) | 4 (Reihe) | 4 (Reihe) | Zylinder |
| 81,0 x 86,4 mm | 81,0 x 86,4 mm | 81,0 x 86,4 mm | Bohrung x Hub |
| 1781 ccm | 1781 ccm | 1781 ccm | Hubraum |
| 90 PS (66 kW) b. 5200 U/min | 90 PS (66 kW) b. 5500 U/min | 112 PS (82 kW) b. 5800 U/min | Leistung |
| 14,5 mkg b. 3300 U/min | 13,7 mkg b. 3250 U/min | 16,0 mkg b. 3500 U/min | Drehmoment |
| 10,0:1 | 9,0.1 | 10,0:1 | Verdichtung |
| 1 Fallstrom-Registervergaser Pierburg | Mechan. Benzineinspritzung Bosch KE-Jetronic | Mechan. Benzineinspritzung Bosch K-Jetronic | Gemischbildung |
| | Hängend, ab 1985: Hydrostößel 1 obenliegende Nockenwelle Antrieb über Zahnriemen | | Ventile |
| | 5 | | Kurbelwellenlager |
| | Pumpe, 6,5 Liter Wasser | | Kühlung |
| | Druckumlauf, 3,5 Liter Öl | | Schmierung |
| | 12 V 63 Ah – Drehstrom 55 A | | Batterie/Lichtmaschine |
| | Frontantrieb | | **Kraftübertragung** |
| | Motor (um 20 rechts seitlich geneigt) längs vor, Getriebe hinter der Vorderachse | | |
| 4 Gang oder 5 Gang | 5 Gang | 5 Gang | Schaltgetriebe |
| Schaltstock Wagenmitte | Schaltstock Wagenmitte | Schaltstock Wagenmitte | Schaltung |
| I. 3,455 I. 3,455 | I. 3,455 | I. 3,455 | Übersetzungen |
| II. 1,789 II. 1,789 | II. 1,789 | II. 1,944 | |
| III. 1,133 III. 1,133 | III. 1,133 | III. 1,286 | |
| IV. 0,829 IV. 0,829 | IV. 0,829 | IV. 0,969 | |
| V. 0,684 | V. 0,684 | V. 0,800 | |
| 4,111 4,111 | 4,111 | 4,111 | Antriebs-Übersetzung |
| Aufpreis: 3 Gang-Automatic | Aufpreis: 3 Gang-Automatic | Nicht lieferbar | Automat. Getriebe |
| I. 2,714 – II. 1,5, – III. 1,0 | I. 2,714 – II. 1,5 – III. 1,0 | | Übersetzungen |
| 3,250 | 3,417 | | Antriebs-Übersetzung |
| | Selbsttragende Ganzstahlkarosserie | | **Fahrwerk** |
| | McPherson-Federbeine, Dreieck-Querlenker, Schraubenfedern, Querstabilisator | | Vorderradaufhängung |
| | Rohr-Starrachse, Längslenker, Panhardstab, Schraubenfedern | | Hinterradaufhängung |
| | Zahnstange, Aufpreis: Servo, 4 bzw. 3,4 Lenkraddrehungen | | Lenkung |
| | Zweikreis-Hydraulik, Servo | | Betriebsbremse |
| | Scheibenbremsen vorn 239 mm ø, Trommelbremsen hinten 190 mm ø | | |
| **Limousine 2 oder 4 Türen** | **Limousine 2 oder 4 Türen** | **Limousine 2 oder 4 Türen** | **Allgemeine Daten** |
| 2538 mm | 2538 mm | 2538 mm | Radstand |
| 1395/1420 mm | 1395/1420 mm | 1395/1420 mm | Spur vorn/hinten |
| 4406 x 1682 x 1365 mm | 4406 x 1682 x 1365 mm | 4406 x 1682 x 1340 mm | Gesamtmaße |
| 5 J x 13 | 5 J x 13 | 5 J x 13 | Felgen |
| 175/70 SR 13 | 175/70 SR 13 | 175/70 HR 13 | Reifen |
| | | | |
| 11 Meter | 11 Meter | 11 Meter | Wendekreis links/rechts |
| Limousine 2 Türen 970 kg | Limousine 2 Türen 990 kg | Limousine 2 Türen 990 kg | Wagengewicht |
| Limousine 4 Türen 980 kg | Limousine 4 Türen 1000 kg | Limousine 4 Türen 1000 kg | |
| Automatic + 20 kg | Automatic + 20 kg | | |
| 1410 kg | 1440 kg | 1440 kg | Zuläss. Gesamtgewicht |
| 174, Automatic 170 km/h | 174, Automatic 170 km/h | 185 km/h | Höchstgeschwindigkeit |
| 12, Automatic 13,5 sec | 12, Automatic 13,5 sec | 9,5 sec | Beschleunigung 0-100 km/h |
| 10, Autom. 10,5 l Super | 11,5, Liter Normal bleifrei | 11 Liter Super | Verbrauch/100 km |
| 68 Liter (über Hinterachse) | 68 Liter (über Hinterachse) | 68 Liter (über Hinterachse) | Kraftstofftank |
| | | Ab Juli 1985 auch mit Kat und Lambda-Sonde. Leistung 110 PS | **Bemerkungen** |

| | Audi 90 1984-1986 | Audi 90 1984-1986 | Audi 90 1985-1986 |
|---|---|---|---|
| **Motor** | Ottomotor (Einspritzer) | Ottomotor (Einspritzer) | Ottomotor (Einspritzer) |
| | | | mit Dreiwege-Katalysator |
| | | | und Lambda-Sonde |
| Zylinder | 5 (Reihe) | 5 (Reihe) | 5 (Reihe) |
| Bohrung x Hub | 81,0 x 77,4 mm | 81,0 x 86,4 mm | 81,0 x 86,4 mm |
| Hubraum | 1994 ccm | 2226 ccm | 2226 ccm |
| Leistung | 115 PS (85 kW) b. 5400 U/min | 136 PS (100 kW) b. 5700 U/min | 115 PS (85 kW) b. 5500 U/min |
| Drehmoment | 16,5 mkg b. 3200 U/min | 18,6 mkg b. 3500 U/min | 16,5 mkg b. 2500 U/min |
| Verdichtung | 10,0:1 | 10,0:1 | 8,5:1 |
| Gemischbildung | Mechan. Benzineinspritzung | Mechan. Benzineinspritzung | Mechan. Benzineinspritzung |
| | Bosch K-Jetronic | Bosch K-Jetronic | Bosch KE-Jetronic |
| Ventile | | Hängend, ab 1985: Hydrostößel | |
| | | 1 obenliegende Nockenwelle, Antrieb überZahnriemen | |
| Kurbelwellenlager | | 6 | |
| Kühlung | | Pumpe, 8 Liter Wasser (einschl. Heizung) | |
| Schmierung | | Druckumlauf, 4,5 Liter Öl (mit Filter) | |
| Batterie/Lichtmaschine | | 12 V 63 Ah – Drehstrom 65 A | |
| **Kraftübertragung** | | Frontantrieb | |
| | | Motor (um 20° rechts seitlich geneigt) längs vor, | |
| | | Getriebe hinter der Vorderachse | |
| Schaltgetriebe | | 5 Gang | |
| Schaltung | | Schaltstock Wagenmitte | |
| Übersetzungen | | I. 2,84 – II. 1,524 – III. 1,065 – IV. 0,778 – V. 0,641 | |
| Antriebs-Übersetzung | 4,900 | 4,700 | 4,900 |
| Autom. Getriebe | Aufpreis: 3 Gang-Automatic | Aufpreis: 3 Gang-Automatic | Aufpreis: 3 Gang-Automatic |
| Übersetzungen | I. 2,714 – II. 1,5 – III. 1,0 | I. 2,714 – II. 1,5 – III. 1,0 | I. 2,714 – II. 1,5 – III. 1,0 |
| Antriebs-Übersetzung | 3,250 | 3,083 | 3,250 |
| **Fahrwerk** | | Selbsttragende Ganzstahlkarosserie | |
| Vorderradaufhängung | | McPherson-Federbeine, Dreieck-Querlenker, | |
| | | Schraubenfedern, Querstabilisator | |
| Hinterradaufhängung | | Rohr-Starrachse, Längslenker, | |
| | | Panhardstab, Schraubenfedern | |
| Lenkung | Zahnstange, Aufpreis: Servo | Zahnstange, Servo | Zahnstange, Aufpreis: Servo |
| | 4 bzw. 3,4 Lenkraddrehungen | 3,4 Lenkraddrehungen | 4 bzw. 3,4 Lenkraddrehungen |
| Betriebsbremse | Zweikreis-Hydraulik, Servo | Zweikreis-Hydraulik, Servo | Zweikreis-Hydraulik, Servo |
| | Scheibenbr. vorn 239 mm ø | Scheibenbr. vorn 276 mm ø | Scheibenbr. vorn 239 mm ø |
| | Trommelbr. hinten 190 mm ø | Trommelbr. hinten 245 mm ø | Trommelbr. hinten 190 mm ø |
| | | Aufpreis: ABS (Bosch) | |
| **Allgemeine Daten** | | **Limousine 4 Türen** | |
| Radstand | | 2538 mm | |
| Spur vorn/hinten | | 1385/1420 mm | |
| Gesamtmaße | | 4465 x 1682 x 1365 mm | |
| Felgen | | 5,50 J x 14 | |
| Reifen | | 185/60 HR 14 | |
| Wendekreis links/rechts | | 11,3 Meter | |
| Wagengewicht | | 1120 kg, Automatic + 20 kg | |
| Zuläss. Gesamtgewicht | | 1520 kg | |
| Höchstgeschwindigkeit | 187, Automatic 181 km/h | 200, Automatic 196 km/h | 187, Automatic 181 km/h |
| Beschleunigung 0-100 km/h | 10, Automatic 12 sec | 9, Automatic 11 sec | 10, Automatic 12 sec |
| Verbrauch/100 km | 11,5, Autom. 12 l Super | 12, Autom. 12,5 l Super | 13 Liter Normal bleifrei |
| Kraftstofftank | 68 Liter | 68 Liter | 68 Liter |
| | (über Hinterachse) | (über Hinterachse) | (über Hinterachse) |
| **Bemerkungen** | Ab 1985 auch mit | | |
| | ungeregeltem Katalysator | | |

| Audi 80 (CC) Quattro 1984-1986 | Audi 80 GTE Quattro 1984-1986 | Audi 90 Quattro 1984-1986 | Audi 90 Quattro 1985-1986 |
|---|---|---|---|
| Ottomotor (Einspritzer) | Ottomotor (Einspritzer) | Ottomotor (Einspritzer) | Ottomotor (Einspritzer) |
| | | | mit Dreiwege-Katalysator und Lambda-Sonde |
| 4 (Reihe) | 4 (Reihe) | 5 (Reihe) | 5 (Reihe) |
| 81,0 x 86,4 mm | 81,0 x 86,4 mm | 81,0 x 86,4 mm | 81,0 x 86,4 mm |
| 1781 ccm | 1781 ccm | 2226 ccm | 2226 ccm |
| 90 PS (66 kW) b. 5200 U/min | 112 PS (82 kW) b. 5800 U/min | 136 PS (100 kW) b. 5700 U/min | 120 PS (88 kW) b. 5500 U/min |
| 14,5 mkg b. 3300 U/min | 16,0 mkg b. 3500 U/min | 18,6 mkg b. 3500 U/min | 17,0 mkg b. 3000 U/min |
| 10,0:1 | 10,0:1 | 10,0:1 | 8,5:1 |
| 1 Fallstrom-Registervergaser Pierburg | Mechan. Benzineinspritzung Bosch K-Jetronic | Mechan. Benzineinspritzung Bosch K-Jetronic | Mechan. Benzineinspritzung Bosch KE-Jetronic |
| Hängend, ab 1985: Hydrostößel | | Hängend, ab 1985: Hydrostößel | |
| 1 obenliegende Nockenwelle, Antrieb über Zahnriemen | | 1 obenliegende Nockenwelle, Antrieb über Zahnriemen | |
| 5 | | 6 | |
| Pumpe, 6,5 Liter Wasser | | Pumpe, 8 Liter Wasser | |
| Druckumlauf, 3,5 Liter Öl | | Druckumlauf, 4,5 Liter Öl | |
| 12 V 63 Ah – Drehstrom 55 A | | 12 V 63 Ah – Drehstrom 90 A | |
| Permanenter Allrad-Antrieb | | | |
| Motor (um 20 rechts seitlich geneigt) längs vor, Getriebe hinter der Vorderachse | | | |
| Zentral- und Hinterachs-Differential von Hand sperrbar | | | |
| 5 Gang | | 5 Gang | |
| Schaltstock Wagenmitte | | Schaltstock Wagenmitte | |
| I. 3,600 – II. 2,125 – III. 1,458 – IV. 1,071 – V. 0,778 | | I. 3,600 – II. 2,125 – III. 1,458 – IV. 1,071 – V. 0,778 | |
| 4,556 | | 4,111 | |
| Nicht lieferbar | | Nicht lieferbar | |
| Selbsttragende Ganzstahlkarosserie | | | |
| McPherson-Federbeine, Dreieck-Querlenker, Schraubenfedern, Querstabilisator | | | |
| McPherson-Federbeine, Dreieck-Querlenker, Schraubenfedern, Querstabilisator | | | |
| Zahnstange, Aufpreis: Servo | | Zahnstange (17,2:1), Servo | |
| 4 bzw. 3,4 Lenkraddrehungen | | 3,4 Lenkraddrehungen | |
| Zweikreis-Hydraulik, Servo | | Zweikreis-Hydraulik, Servo | |
| Scheibenbr. vorn 276 mm ø | | Scheibenbr. vorn 276 mm ø | |
| Scheibenbr. hinten 245 mm ø | | Scheibenbr. hinten 245 mm ø | |
| Aufpreis: ABS (Bosch) | | Aufpreis: ABS (Bosch) | |
| **Limousine 2 oder 4 Türen** | | **Limousine 4 Türen** | |
| 2525 mm | | 2525 mm | |
| 1403/1407 mm | | 1430/1424 mm | |
| 4406 x 1682 x 1376 mm | | 4465 x 1682 x 1376 mm | |
| 5,50 J x 14 | | 5,50 J x 14 | |
| 175/70 HR 14 | | 175/70 HR 14 | |
| 11,3 Meter | | 11,3 Meter | |
| Limousine 2 Türen 1120 kg<br>Limousine 4 Türen 1130 kg | Limousine 2 Türen 1170 kg<br>Limousine 4 Türen 1180 kg | 1245 kg | |
| 1550 kg | 1580 kg | 1660 kg | |
| 175 km/h | 185 km/h | 195 km/h | 188 km/h |
| 12,5 sec | 10,5 sec | 9,5 sec | 10 sec |
| 11,5 Liter Super | 12,5 Liter Super | 13 Liter Super | 14 Liter Normal bleifrei |
| 70 Liter (über Hinterachse) | 70 Liter (über Hinterachse) | 70 Liter (über Hinterachse) | 70 Liter (über Hinterachse) |
| Auch mit KE-Jetronic sowie Kat und Lambda-Sonde | Ab Juni 1985 auch mit Kat und Lambda-Sonde. | | |
| Leistung 90 PS unverändert | Leistung 110 PS | | |

### Audi quattro (1980–1987)
### Audi Coupé (1980–1987)

März 1980: Weltpremiere des Audi quattro auf dem Genfer Salon. Lieferbeginn Ende November 1980. Wichtigste Merkmale: Permanenter Allradantrieb und Turbomotor mit Ladeluftkühlung. Vor allem sorgte das Auto deshalb für gehörige Aufmerksamkeit, weil bis dahin der Allradantrieb meist nur für Geländewagen, nicht aber für ein normales Straßenfahrzeug und schon gar nicht für schnelle Hochleistungs-Sportwagen gebräuchlich war.
Das Konzept wurde sehr ernst genommen. In den folgenden Jahren brachten alle deutschen und auch manche ausländischen Automarken eines ihrer marktgängigen Alltagsautomobile wahlweise mit Allradantrieb auf den Markt. Audi wollte noch dazu Schrittmacher für eine bald selbstverständliche Antriebsart sein, ein Anspruch, der sich allerdings nicht erfüllte. Im normalen Fahrbetrieb nämlich war die doch recht teure Geschichte fast nur auf Schnee oder Eis von einigem Nutzen. Und speziell beim Audi quattro schränkten ein winziger Gepäckraum, der miserable Einstieg, die eingeschränkte Sicht, das Notrad (Behelfs-Reserverad) und weitere Komfortmängel den Alltagsnutzen dieser eher rustikalen Fahrmaschine stark ein. Wiewohl aber der quattro seinen Preis von anfangs 50.000 DM und fast 100.000 DM in der Endausführung kaum rechtfertigte, vermochte er doch, nicht zuletzt auch wegen der Sporterfolge, den Ruf der Marke Audi ganz erheblich zu fördern.
Im September 1980 erschien das Audi Coupé GT mit der Karosserie des quattro sowie Motor und Fahrwerk des Audi 80. Auslieferung begann zusammen mit dem Audi quattro Ende November 1980. Ein noch preisgünstigeres Audi Coupé GL mit 1,8-Liter-Vierzylindermotor und 75 PS folgte im September 1981.

September 1982: Audi quattro erhielt besseres Scheinwerferlicht, vor allem aber eine moderne Armaturentafel mit Digitalanzeigen sowie mit Sprachcomputer.

März 1984: Umstellung des Audi quattro auf 8-Zoll-Breitreifen und härtere Federung. Die Mehrzahl der Käufer bevorzugte die (schon bisher als Sonderausstattung lieferbaren) Breitreifen aus optischen Erwägungen, obwohl diese sich auf die Fahreigenschaften (Regen, Schnee) nachteilig auswirkten.

September 1984: Audi quattro und Audi Coupé mit leicht schräggestelltem Kühlergrill, blankem Audi-Logo und Rechteck-Scheinwerfern. Heckleuchtenband schwarz. Abgasanlage aus Edelstahl. Beim quattro ABS in Serie.

September 1987: Produktion des Coupé GT eingestellt. Audi quattro wurde mit technischen Änderungen weitergeführt.

Oktober 1988: Serienanlauf des Nachfolgers. Der Audi quattro mit Coupé-Karosserie lief parallel weiter mit dem auf 2,3 Liter hubraumvergrößerten Zweiventil-Turbomotor (220 PS).

Juli 1989: Neuer (2,3 Liter) Vierventil-Turbo mit unveränderter Leistung von 220 PS. Die Fertigung des Klassikers Audi quattro endete im Mai 1991.

Audi quattro, 1980–1984.

Audi quattro, 1980–1984.

Audi Sport quattro als Basismodell für den Motorsport, 1984.

Unten: Sport quattro im Rallye-Trimm der Gruppe B, 1984–1985.

Audi Coupé quattro, 1984–1987.

Audi Coupé quattro, 1984–1987.

Audi Coupé quattro, 1984–1987.

Die Produktion des Audi quattro in nur minimal überarbeiteter Form wurde auch nach dem Modellwechsel des Audi Coupé 1988 bis 1991 fortgeführt.

| | Audi Coupé GL 1981-1982 | Audi Coupé GL 1982-1984 | Audi Coupé GT 5S 1980-1983 |
|---|---|---|---|
| **Motor** | Ottomotor (Vergaser) | Ottomotor (Vergaser) | Ottomotor (Vergaser) |
| Zylinder | 4 (Reihe) | 4 (Reihe) | 5 (Reihe) |
| Bohrung x Hub | 81,0 x 86,4 mm | 81,0 x 86,4 mm | 79,5 x 77,4 mm |
| Hubraum | 1781 ccm | 1781 ccm | 1921 ccm |
| Leistung | 75 PS (55 kW) b. 4500 U/min | 90 PS (66 kW) b. 5200 U/min | 115 PS (85 kW) b. 5900 U/min |
| Drehmoment | 13,8 mkg b. 2600 U/min | 14,5 mkg b. 3300 U/min | 15,4 mkg b. 3700 U/min |
| Verdichtung | 8,8:1 | 10,0:1 | 10,0:1 |
| Gemischbildung | 1 Register-Fallstromvergaser | 1 Register-Fallstromvergaser | 1 Register-Fallstromvergaser Zenith 2 B 5 |
| Ventile | | Hängend, oberliegende Nockenwelle, Antrieb über Zahnriemen | |
| Kurbelwellenlager | 5 | 5 | 6 |
| Kühlung | Pumpe, 6,5 Liter Wasser | Pumpe, 6,5 Liter Wasser | Pumpe, 8 Liter Wasser |
| Schmierung | Druckumlauf, 3,5 Liter Öl | Druckumlauf, 3,5 Liter Öl | Druckumlauf, 4,5 Liter Öl |
| Batterie/Lichtmaschine | 12 V 63 Ah – Drehstrom 55 oder 65 A | 12 V 63 Ah – Drehstrom 55 oder 65 A | 12 V 63 Ah – Drehstrom 55 oder 65 A |
| Zündung | Kontaktlose Transistorzündung | Kontaktlose Transistorzündung | Kontaktlose Transistorzündung |
| **Kraftübertragung** | | Frontantrieb | |
| | | Motor (rechts seitlich geneigt) längs vor Getriebe hinter der Vorderachse | |
| Schaltgetriebe | 4 Gang oder 4 + E-Gang | 4 Gang oder 4 + E-Gang | 5 Gang |
| Schaltung | Schaltstock Wagenmitte | Schaltstock Wagenmitte | Schaltstock Wagenmitte |
| Übersetzungen | I. 3,455 | I. 3,455 | I. 2,846 |
| | II. 1,941 | II. 1,789 | II. 1,524 |
| | III. 1,286 | III. 1,133 | III. 0,969 |
| | IV. 0,909 | IV. 0,829 | IV. 0,703 |
| | (V. 0,684) | (V. 0,684) | V. 0,537 |
| Antriebs-Übersetzung | 4,111 | 4,111 | 4,900 |
| Autom. Getriebe | Aufpreis: 3 Gang-Automatic | Aufpreis: 3 Gang-Automatic | Aufpreis: 3 Gang-Automatic |
| Übersetzungen | I. 2,552 – II. 1,448 – III. 1,0 | I. 2,714 – II. 1,5 – III. 1,0 | I. 2,552 – II. 1,448 – III. 1,0 |
| Antriebs-Übersetzung | 3,450 | 3,250 | 3,450 |
| **Fahrwerk** | | Selbsttragende Ganzstahlkarosserie | |
| Vorderradaufhängung | | McPherson-Federbeine, Querlenker Schraubenfedern, Querstabilisator | |
| Hinterradaufhängung | | Rohr-Starrachse, Längslenker, Panhardstab, Schraubenfedern | |
| Lenkung | | Zahnstange, Aufpreis: Servo 4 bzw. 3,4 Lenkraddrehungen | |
| Betriebsbremse | | Zweikreis-Hydraulik, Servo Scheibenbremsen vorn 239 mm ø Trommelbremsen hinten 200 mm ø | |
| **Allgemeine Daten** | **Sport-Coupé 2 (2) Sitze** | **Sport-Coupé 2 (2) Sitze** | **Sport-Coupé 2 (2) Sitze** |
| Radstand | 2538 mm | 2538 mm | 2538 mm |
| Spur vorn/hinten | 1395/1420 mm | 1395/1420 mm | 1395/1420 mm |
| Gesamtmaße | 4349 x 1682 x 1350 mm | 4349 x 1682 x 1350 mm | 4349 x 1682 x 1350 mm |
| Felgen | 5 J x 13 | 5 J x 13 | 5,50 J x 13 oder 6 J x 14 Leichtmetall |
| Reifen | 165 SR 13 | 175/70 SR 13 | 175/70 HR 13 bzw. 185/60 HR 14 |
| Wendekreis links/rechts | 11 Meter | 11 Meter | 11 bzw. 11,3 Meter |
| Wagengewicht | 1020 kg, Automatic 1040 kg | 1020 kg, Automatic 1040 kg | 1090 kg, Automatic 1110 kg |
| Zuläss. Gesamtgewicht | 1480 kg | 1480 kg | 1480 kg |
| Höchstgeschwindigkeit | 160, Autom. 156 km/h | 170, Autom. 166 km/h | 183, Autom. 177 km/h |
| Beschleunigung 0-100 km/h | 14, Autom. 16 sec | 11,5, Autom. 14 sec | 10,5, Autom. 12,5, sec |
| Verbrauch/100 km | 11, Autom. 12 l Super | 11, Autom. 12 l Super | 12, Autom. 13 l Super |
| Kraftstofftank | 68 Liter (über Hinterachse) | 68 Liter (über Hinterachse) | 68 Liter (über Hinterachse) |

| Audi Coupé GT 5E<br>1983-1984 | Audi Coupé GT 5E<br>1982-1984 | Audi Quattro<br>1980-1987 |
|---|---|---|
| Ottomotor (Einspritzer) | Ottomotor (Einspritzer) | Ottomotor (Einspritzer) mit<br>Abgas-Turbolader KKK K 26 und Ladeluftkühlung |
| 5 (Reihe) | 5 (Reihe) | 5 (Reihe) |
| 81,0 x 77,4 mm | 79,5 x 86,4 mm | 79,5 x 96,4 mm |
| 1994 ccm | 2144 (Steuer 2119) ccm | 2144 (Steuer 2119) ccm |
| 115 PS (85 kW) b. 5400 U/min | 130 PS (96 kW) b. 5900 U/min | 200 PS (147 kW) b. 5500 U/min |
| 16,5 mkg b. 3200 U/min | 17,1 mkg b. 4800 U/min | 28,5 mkg b. 3500 U/min |
| 10,0:1 | 9,3:1 | 7,0:1 |
| Mechan. Benzineinspritzung | Mechan. Benzineinspritzung | Mechananische Benzineinspritzung |
| Bosch K-Jetronic | Bosch K-Jetronic | Bosch K-Jetronic |
| Hängend, obenliegende Nockenwelle, Antrieb über Zahnriemen | | Hängend, obenliegende Nockenwelle, Antrieb über Zahnriemen |
| 6 | | 6 |
| Pumpe, 8 Liter Wasser (einschl. Heizung) | | Pumpe, 9,3 Liter Wasser (einschl. Heizung) |
| Druckumlauf, 4,5 Liter Öl (mit Filter) | | Druckumlauf, 4,5 Liter Öl (mit Filter) |
| 12 V 63 Ah – Drehstrom 65 A | | 12 V 63 Ah (hinter Fahrersitz) – Drehstrom 65 A |
| Kontaktlose<br>Transistorzündung | | Vollelektronische Hitachi Transistorzündung mit<br>Ladelufttemperatur- und Kennfeldsteuerung |
| Frontantrieb | | Permanenter Allrad-Antrieb |
| Motor (rechts seitlich geneigt) längs vor<br>Getriebe hinter der Vorderachse | | Motor (rechts seitlich geneigt) längs vor,<br>Getriebe hinter der Vorderachse |
| | | Zentral- und Hinterachs-Differential<br>manuell während der Fahrt sperrbar |
| 5 Gang | 5 Gang | 5 Gang |
| Schaltstock Wagenmitte | Schaltstock Wagenmitte | Schaltstock Wagenmitte |
| I. 2,846 | I. 2,846 | I. 3,600 |
| II. 1,524 | II. 1,524 | II. 2,125 |
| III. 0,939 | III. 1,065 | III. 1,360 bzw. (ab Sept. 1983) 1,458 |
| IV. 0,658 | IV. 0,778 | IV. 0,967 bzw. (ab Sept. 1983) 1,071 |
| V. 0,537 | V. 0,641 | V. 0,778 |
| 4,900 | 4,900 | 3,899 |
| Aufpreis: 3 Gang-Automatic | Nicht lieferbar | Nicht lieferbar |
| I. 2,714 – II. 1,5 – III. 1,0 | | |
| 3,250 | | |
| Selbsttragende Ganzstahlkarosserie | | Selbsttragende Ganzstahlkarosserie |
| McPherson-Federbeine, Querlenker,<br>Schraubenfedern, Querstabilisator | | McPherson-Federbeine, Querlenker,<br>Schraubenfedern, Querstabilisator |
| Rohr-Starrachse, Längslenker,<br>Panhardstab, Schraubenfedern | | McPherson-Federbeine, Querlenker,<br>Schraubenfedern,<br>bis Sept. 1982: Querstabilisator |
| Zahnstange, Aufpreis: Servo | Zahnstange, Servo | Zahnstange, Servo |
| 4 bzw. 3,4 Lenkraddrehungen | 3,4 Lenkraddrehungen | 3,4 Lenkraddrehungen |
| Zweikreis-Hydraulik, Servo | | Zweikreis-Hydraulik, Servo |
| Scheibenbremsen vorn 239 mm ø | | Scheibenbremsen vorn 276 mm ø |
| Trommelbremsen hinten 200 mm ø | | Scheibenbremsen hinten 245 mm ø |
| | | ab Sept. 1983 mit Aufpreis bzw. ab Sept. 1984 Serie: ABS |
| **Sport-Coupé 2 (2) Sitze** | **Sport-Coupé 2 (2) Sitze** | **Sport-Coupé 2 (2) Sitze** |
| 2538 mm | 2538 mm | 2524 mm |
| 1395/1420 mm | 1395/1420 mm | 1418/1451 mm bzw. (mit 8"-Felgen) 1461/1494 mm |
| 4349 x 1682 x 1350 mm | 4349 x 1682 x 1350 mm | 4404 x 1723 x 1344 mm |
| 5,50 J x 13 | 6 J x 14 | bis 1983: 6 J oder 7 J x 15 Leichtmetall, Notrad: 4 J x 15<br>ab 1984: 8 J x 15 Leichtmetall, Notrad: 4 J x 15 |
| 175/70 HR 13 | 185/60 HR 14 | 205/60 VR 15 / 215/50 VR 15<br>Winter 185/65 HR 15 |
| 11 Meter | 11,3 Meter | 11,6 Meter / 12 Meter |
| 1100 kg, Automatic 1120 kg | 1100 kg | 1335 kg |
| 1510 kg | 1510 kg | 1760 kg |
| 186 km/h | 198 km/h | 222 km/h |
| 11 sec | 9,5 sec | 7,5-8 sec |
| 11,5 Liter Super | 12 Liter Super | 15-16 Liter Super |
| 68 Liter (über Hinterachse) | 68 Liter (über Hinterachse) | 90 Liter (über Hinterachse) |

| | Audi Coupé, 1984-1986<br>Audi Coupé GT, 1986-1987 | Audi Coupé, 1985- 1986<br>Audi Coupé GT, 1986- 1987 | Audi Coupé GT<br>1986-1987 | Audi Coupé GT<br>1986-1987 |
|---|---|---|---|---|
| **Motor** | Ottomotor (Vergaser) | Ottomotor (Einspritzer) mit | Ottomotor (Einspritzer) | Ottomotor (Einspritzer) mit |
| | | Dreiwege-Katalysator | | Dreiwege-Katalysator |
| | | und Lambda-Sonde | | und Lambda-Sonde |
| Zylinder | 4 (Reihe) | 4 (Reihe) | 4 (Reihe) | 4 (Reihe) |
| Bohrung x Hub | 81,0 x 86,4 mm | 81,0 x 86,4 mm | 81,0 x 86,4 mm | 81,0 x 86,4 mm |
| Hubraum | 1781 ccm | 1781 ccm | 1781 ccm | 1781 ccm |
| Leistung | 90 PS (66 kW) | 90 PS (66 kW) | 112 PS (82 kW) | 110 PS (81 kW) |
| | bei 5200 U/min | bei 5500 U/min | bei 5800 U/min | bei 5700 U/min |
| Drehmoment | 14,5 mkg | 13,7 mkg | 16,0 mkg | 15,5 mkg |
| | bei 3300 U/min | bei 3250 U/min | bei 3500 U/min | bei 3250 U/min |
| Verdichtung | 10,0:1 | 9,0:1 | 10,0:1 | 10,0:1 |
| Gemischbildung | 1 Register- | Mechan.-elektron. | Mechanische | Mechan.-elektron. |
| | Fallstromvergaser | Benzineinspritzung | Benzineinspritzung | Benzineinspritzung |
| | | Bosch KE-Jetronic | Bosch K-Jetronic | Bosch KE-Jetronic |
| Ventile | Hängend, 1 obenliegende Nockenwelle, Antrieb überZahnriemen | | | |
| Kurbelwellenlager | 5 | | | |
| Kühlung | Pumpe, 6,5 Liter Wasser | | | |
| Schmierung | Druckumlauf, 3 Liter Öl | | | |
| Batterie | 12 V 40 Ah | | | |
| Lichtmaschine | Drehstrom 65 A | | | |
| Zündung | Transistor | | | |
| **Kraftübertragung** | Frontantrieb | | | |
| | Motor (rechts seitlich geneigt) längs vor | | | |
| | Getriebe hinter der Vorderachse | | | |
| Schaltgetriebe | 4 Gang oder 5 Gang | | 5 Gang | |
| Schaltung | Schaltstock Mitte | | Schaltstock Mitte | |
| Übersetzungen | I. 3,455 | | I. 3,455 | |
| | II. 1,789 | | II. 1,789 | |
| | III. 1,133 | | III. 1,133 | |
| | IV. 0,829 | | IV. 0,829 | |
| | (V. 0,684) | | V. 0,684 | |
| Antriebs-Übersetzung | 4,111 | | 4,111 | |
| Autom. Getriebe | Aufpreis: 3 Gang-Automatic | | Nicht lieferbar | |
| Übersetzungen | I. 2,714 – II.1,5 – III. 1,0 | | | |
| Antriebs-Übersetzung | 3,250 | 3,417 | | |
| **Fahrwerk** | Selbsttragende Ganzstahlkarosserie | | | |
| Vorderradaufhängung | McPherson-Federbeine, Querlenker, | | | |
| | Schraubenfedern, Querstabilisator | | | |
| Hinterradaufhängung | Rohr-Starrachse, Längslenker, | | | |
| | Panhardstab, Schraubenfedern | | | |
| Lenkung | Zahnstange, Aufpreis: Servo | | | |
| | 4 bzw. 3,4 Lenkraddrehungen | | | |
| Betriebsbremse | Zweikreis-Hydraulik, Servo | | | |
| | Scheibenbremsen vorn 239 mm ø | | | |
| | Trommelbremsen hinten 200 mm ø | | | |
| **Allgemeine Daten** | **Sport-Coupé 2 (2) Sitze** | | | |
| Radstand | 2538 mm | | | |
| Spur vorn/hinten | 1395/1420 mm | | | |
| Gesamtmaße | 4421 x 1682 x 1350 mm | | | |
| Felgen | 5 J oder 5,50 J x 13 | | | |
| Reifen | 175/70 SR 13 oder HR 13 | | | |
| Wendekreis links/rechts | 11 Meter | | | |
| Wagengewicht | 990-1060 kg | | | |
| Zuläss. Gesamtgewicht | 1410-1440 kg | | | |
| Höchstgeschwindigkeit | 170 km/h | 170 km/h | 185 km/h | 185 km/h |
| Beschleunigung 0-100 km/h | 11,5 sec | 11,5 sec | 9,5 sec | 10 sec |
| Verbrauch/100 km | 10 l Super | 11 l Normal bleifrei | 11 l Super | 11 l Normal bleifrei |
| Kraftstofftank | 68 Liter (über Hinterachse) | 68 Liter (über Hinterachse) | 68 Liter (über Hinterachse) | 68 Liter (über Hinterachse) |

| Audi Coupé GT 1984-1986 | Audi Coupé GT 1985-1987 | Audi Coupé GT 1984-1987 | Audi Coupé Quattro 1985-1987 | Audi Coupé Quattro 1984-1987 |
|---|---|---|---|---|
| Ottomotor (Einspritzer) | Ottomotor (Einspritzer) mit Dreiwege-Katalysator und Lambda-Sonde | Ottomotor (Einspritzer) | Ottomotor (Einspritzer) mit Dreiwege-Katalysator und Lambda-Sonde | Ottomotor (Einspritzer) |
| 5 (Reihe) | 5 (Reihe) | 5 (Reihe) | 5 (Reihe) | 5 (Reihe) |
| 81,0 x 77,4 mm | 81,0 x 86,4 mm | 81,0 x 86,4 mm | 81,0 x 86,4 mm | 81,0 x 86,4 mm |
| 1994 ccm | 2226 ccm | 2226 ccm | 2226 ccm | 2226 ccm |
| 115 PS (85 kW)<br>bei 5400 U/min | 115 PS (85 kW)<br>bei 5500 U/min | 136 PS (100 kW)<br>bei 5700 U/min | 120 PS (88 kW)<br>bei 5500 U/min | 136 PS (100 kW)<br>bei 5700 U/min |
| 16,5 mkg<br>bei 3200 U/min | 16,5 mkg<br>bei 2500 U/min | 18,6 mkg<br>bei 3500 U/min | 17,0 mkg<br>bei 3000 U/min | 18,6 mkg<br>bei 3500 U/min |
| 10,0:1 | 8,5:1 | 10,0:1 | 8,5:1 | 10,0:1 |
| Mechanische Benzineinspritzunc Bosch K-Jetronic | Mechan.-elektron. Benzineinspritzung Bosch KE-Jetronic | Mechanische Benzineinspritzung Bosch K-Jetronic | Mechan.-elektron. Benzineinspritzung Bosch KE-Jetronic | Mechanische Benzineinspritzung Bosch K-Jetronic |
| Hängend, 1 obenliegende Nockenwelle, Antrieb über Zahnriemen | | | | |
| 6 | | | | |
| Pumpe, 8,1 Liter Wasser | | | | |
| Druckumlauf, 4,5 Liter Öl | | | | |
| 12 V 63 Ah | | | | |
| Drehstrom 65 A<br>Transistor | Drehstrom 65 A<br>Transistor | Drehstrom 90 A<br>Transistor | Drehstrom 90 A<br>Transistor | Drehstrom 90 A<br>Transistor |
| Frontantrieb | | | Permanenter Allrad-Antrieb | |
| Motor (rechts seitlich geneigt) längs vor,<br>Getriebe hinter der Vorderachse | | | Motor (rechts seitlich geneigt) längs vor,<br>Getriebe hinter der Vorderachse<br>Zentral- und Hinterachs-Differential<br>manuell während der Fahrt sperrbar | |
| 5 Gang<br>Schaltstock Mitte<br>I. 2,846<br>II. 1,524<br>III. 1,065<br>IV. 0,778<br>V. 0,641 | | | 5 Gang<br>Schaltstock Mitte<br>I. 3,600<br>II. 2,125<br>III. 1,458<br>IV. 1,071<br>V. 0,778 | |
| 4,900 | 4,900 | 4,700 | 4,111 | |
| | Aufpreis: 3 Gang-Automatic<br>I. 2,714 – II. 1,5 – III. 1,0 | | Nicht lieferbar | |
| 3,250 | 3,250 | 3,083 | | |
| Selbsttragende Ganzstahlkarosserie | | | Selbsttragende Ganzstahlkarosserie | |
| McPherson-Federbeine, Querlenker,<br>Schraubenfedern, Querstabilisator | | | McPherson-Federbeine, Querlenker,<br>Schraubenfedern, Querstabilisator | |
| Rohr-Starrachse, Längslenker<br>Panhardstab, Schraubenfedern | | | McPherson-Federbeine, Querlenker,<br>Schraubenfedern, Querstabilisator | |
| Zahnstange, Aufpreis: Servo<br>4 bzw. 3,4 Lenkraddrehungen | | | Zahnstange, Servo<br>3,4 Lenkraddrehungen | |
| Zweikreis-Hydraulik, Servo<br>Scheibenbremsen vorn 239 mm ø<br>Trommelbremsen hinten 200 mm ø | | | Zweikreis-Hydraulik, Servo<br>Scheibenbremsen vorn 276 mm ø<br>Scheibenbremsen hinten 245 mm ø<br>Aufpreis: ABS | |
| **Sport-Coupé 2 (2) Sitze** | | | **Sport-Coupé 2 (2) Sitze** | |
| 2538 mm | | | 2524 mm | |
| 1395/1420 mm | | | 1403/1424 mm | |
| 4421 x 1682 x 1350 mm | | | 4421 x 1682 x 1376 mm | |
| 5,50 J oder 6 J x 14 | | | 6 J x14 | |
| 185/60 HR 14 | | | 175/70 oder 195/60 HR 14 | |
| 11,3 Meter | | | 11,3 Meter | |
| 1100 kg, Automatic 1120 kg | | | 1240 kg | |
| 1520 kg | | | 1660 kg | |
| 186 km/h | 186 km/h | 200 km/h | 190 km/h | 200 km/h |
| 11 sec | 11 sec | 9,5 sec | 10 sec | 9,5 sec |
| 11,5 l Super | 12 l Normal bleifrei | 12 l Super | 14 l Normal bleifrei | 13 l Super |
| 68 Liter (über Hinterachse) | 68 Liter (über Hinterachse) | 68 Liter (über Hinterachse) | 70 Liter (über Hinterachse) | 70 Liter (über Hinterachse) |

## Audi 80 (1986–1994)
## Audi 90 (1987–1991)

Die dritte Auflage des Audi 80 (Baureihe B3) seit 1972 debütierte im September 1986. Nach Muster des größeren Audi 100 war die Limousine im Windkanal geglättet worden; die Optik gab sich deutlich moderner. Die Limousine wurde ausschließlich viertürig angeboten. Das Gurtstraffersystem »procontenc« (im Crashfall zurückfahrendes Lenkrad/Pedalerie) war neu. Erstmals gab es die nur mit Vierzylindern versehene Limousine ab 90 PS wahlweise auch als quattro mit Torsen-Differenzial (statt des bisherigen starren Zentraldifferenzials) und hinterer Einzelradaufhängung. Äußerlich waren die 4x4-Versionen (nur Benziner) an der Typenbezeichnung zu erkennen.
Seit Mai 1987 wurde parallel die besser ausgestattete, aber äußerlich ähnliche Version Audi 90 mit Fünfzylinder, dann auch mit Vierzylinder gebaut, sie lief bis 1991.
Ab September 1989 wurden alle Audi serienmäßig mit G-Kat versehen, gleichzeitig hielt die Vierventil-Technik flächendeckend Einzug. Die Motorenpalette reichte hinunter bis zum 1,6 Liter für das Einsteigermodell. Um den Verkauf anzukurbeln, gab es zuletzt vier Sondermodelle: Young Edition, Trend Edition, Comfort Edition und Sport Edition.
Im September 1991 kam der stark überarbeitete Audi 80 (Baureihe B4) mit deutlich geänderter Frontpartie im Familien-Look (vier Ringe im chromumrandeten Kühlergesicht, in Wagenfarbe lackierte Stoßfänger) und anderem Heck (neuer Kraftstofftank, daher besser nutzbarer Kofferraum) heraus, nunmehr der Baureihe B4 zugehörig. Vier Motoren waren erhältlich: zwei 2,0 Liter, ein 2,3 und ein 1,9 TDI. Den 2,6 E (erkennbar an den integrierten Doppelscheinwerfern, serienmäßigen Nebellampen und in die Stoßfänger eingesetzte Blinker, Außenspiegel und Türgriffe in Wagenfarbe) gab es erst ab Juni 1992.
Die Allradtechnik wurde für alle Modelle – angefangen von den zwei 2,0 Litern über den 2,3 E bis zum 2,8 E – für etwa 5000 DM angeboten. Neu war jetzt der erstarkte Direkteinspritzer-Diesel in dieser Baureihe (1,9 TDI mit

**Audi 90 quattro 20V Limousine 4 Türen, Europa-Ausführung, 1988-1991. Neben der Allradversion gab es auch eine Ausführung mit Frontantrieb, allerdings ohne lackierte Stoßfänger und Spiegel sowie ohne Spoiler.**

90 PS), daneben gab es weiterhin den 1,9 TD mit 75 PS. Als quattro-Version waren die Diesel jedoch nicht zu haben. Ab Modelljahr 1994 erhielten alle Audi 80 Fahrer-Airbags, die das bisherige proconten-System ersetzten. Der modifizierte Audi 80 lief bis November 1994. Eine Audi 90-Version gab es nicht mehr, dafür hatte nun das 80er Modell das volle Triebwerkangebot bis zum 2,8-Liter-Sechszylindermotor erhalten. Im Sommer 1992 kam der 2,6-Liter-V6 (Zweiventiler) mit 150 PS hinzu.
Die Kombiversion Avant blieb von 1992 bis 1995 im Programm, teilweise auch mit Allradantrieb kombinierbar und seit Ende 1994 serienmäßig Fahrer- und Beifahrer-Airbag. Der Kombi entwickelte sich zu einem Riesenerfolg und einem der Standbeine des künftigen Audi-Programms.
Im November 1992 erschien der allradgetriebene, tiefergelegte Avant S2 (Präsentation im März 1992 in Genf), ausgestattet mit dem 230 PS starken Turbo-Fünfzylinder und mit dem eng abgestuften Sechsganggetriebe aus dem Coupé S2. Der 242 km/h schnelle Kombi mit großem Frontspoiler und DE-Scheinwerfern blieb bis Bauzeitende im Programm.
Übertroffen wurde er nur noch vom 1994/95 bei Porsche gebauten Audi Avant RS2 (Präsentation IAA 1993, Markteinführung März 1994). Auch er basierte auf dem S2 mit quattro-Technik, hatte aber ein kompromissloses 17-Zoll-Sportfahrwerk, Porsche-Bremsen und einen auf 325 PS leistungsgesteigerten Fünfzylinder (ebenfalls 2,3 Liter). Er war ab Werk nicht gedrosselt und lief über 260 km/h. Von diesem Power-Kombi entstanden binnen eineinhalb Jahren 2900 Einheiten, Einführungspreis 98 900 DM.

Audi quattro Treser Hunter, 1987. Nur Prototyp (s. Seite 272).

Audi 80 Limousine 4 Türen (Baureihe B3), 1986–1991.

Audi 80 2.8, 1991–1994.

Audi 80 (Baureihe B3) im Windkanal, 1986–1991.

| | Audi 80 1.6 (B3) 1989-1991 | Audi 80 1.8 S (B3) 1986-1991 | Audi 80 2.0 E (B3) 1988-1991 |
|---|---|---|---|
| **Motor** | Ottomotor (Vergaser) | Ottomotor (Einspritzer) | Ottomotor (Einspritzer) |
| Zylinderzahl | 4 (Reihe), längs vor der Vorderachse | 4 (Reihe), längs vor der Vorderachse | 5 (Reihe), längs vor der Vorderachse |
| Bohrung x Hub | 81,0 x 77,4 mm | 81,0 x 86,4 mm | 81,0 x 77,4 mm |
| Hubraum | 1595 cm³ | 1781 cm³ | 1994 cm³ |
| Leistung | 70 PS (51 kW) bei 5200/min | 90 PS (66 kW) bei 5400/min | 115 PS (85 kW) bei 5400/min |
| Drehmoment | 116 Nm bei 2700/min | 139 Nm bei 3250/min | 169 Nm bei 4000/min |
| Verdichtung | 9,0 : 1 | | 10,0 : 1 |
| Gemischbereitung | 1 Fallstrom-Registervergaser Pierburg 1 B | Mechan.-elektronische Einspritzung Bosch KE-Jetronic | Mechan.-elektronische Einspritzung Bosch KE-Jetronic |
| Ventile pro Zylinder | 2, parallel hängend, 1 obenlieg. Nockenwelle (Zahnriemen) | | |
| Kurbelwellenlager | 5 | | |
| Kühlung | Pumpe / 6,5 Liter Wasser | | |
| Schmierung | Druckumlauf / 3 Liter Öl | Druckumlauf / 3,5 Liter Öl | |
| Abgasreinigung | Dreiwege-Kat, Lamdasonde | | |
| Batterie/Lichtmaschine | 12 V 40 Ah – Drehstrom 65 A | | 12 V 55 Ah – Drehstrom 65 A |
| **Kraftübertragung** | Frontantrieb | Frontantrieb; a.W. Allradantrieb (selbstsperr. Torsen-Zentraldiff. und sperrb. Hinterachs-Differential) | |
| Kupplung | Einscheiben-Trockenkupplung | | |
| Schaltung | 4 Gang/5 Gang, Schaltstock in Wagenmitte | 5 Gang, Schaltstock in Wagenmitte | |
| Übersetzungen | I. 3,545 – II. 1,857 – III. 1,156 IV. 0,838 – R: 3,500 I. 3,545 – II. 2,105 – III. 1,300 IV. 0,943 – V. 0,789 – R: 3,500 | I. 3,545 – II. 2,105 – III. 1,300 IV. 0,943, 4x4: 0,889 V. 0,789, 4x4: 0,725 R: 3,500 | |
| Antriebsübersetzung | 4,111 | 4,111, 4x4: 4,556 | |
| Automatik | – | 3 Stufen (nicht 4x4) | |
| Übersetzungen (Autom.) | | I. 2,714 – II. 1,5– III. 1,0 – R: 2,429 | |
| Antriebsübers. (Autom.) | | 2,44 | |
| **Fahrwerk** | Selbsttragende Ganzstahlkarosserie | | |
| Vorderradaufhängung | McPherson-Federbeine (Schraubenfedern, Teleskopstoßdämpfer), Dreieckquerlenker, Drehstab-Stabilisator | | |
| Hinterradaufhängung | Torsionskurbelachse (Längslenker, Achsrohr), Panhardstab, Schraubenfedern, Teleskopstoßdämpfer, Drehstab-Stabilisator | 4x4: Federbeine (Schraubenfedern, Teleskopstoßdämpfer) Dreieckquerlenker, Drehstab-Stabilisator | |
| Lenkung | Zahnstange (24,3 : 1), a.W. Servo | Zahnstange (16,8 : 1), Servo | |
| Fußbremse | Zweikreis-Hydraulik, Servo vorn Scheiben hinten Trommeln; a.W. ABS | Zweikreis-Hydraulik, Servo vorn Scheiben, hinten Trommeln ABS; 4x4: hinten Scheiben | Zweikreis-Hydraulik, Servo vorn belüft. und hinten Scheiben, ABS |
| **Allgemeine Daten** | Limousine, 4türig | Limousine, 4türig | Limousine, 4türig |
| Radstand | 2546 mm | 2546 mm; 4x4: 2537 mm | 2546 mm; 4x4: 2537 mm |
| Spur vorn/hinten | 1411/1432 mm | 1411/1432 mm; 4x4: 1411 / 1426 mm | 1411/1432 mm; 4x4: 1411 / 1426 mm |
| Gesamtmaße | 4393 x 1695 x 1397 mm | 4393 x 1695 x 1397 mm | 4393 x 1695 x 1397 mm |
| Gepäckraum | 425 L | 425 L; 4x4: 320 L | 425 L; 4x4: 320 L |
| Reifen/Felgen | 175/70 TR 14 – 5,5 J x 14 | 175/70 HR 14 – 5,5 J x 14 | 175/70 TR 14 – 5,5 J x 14 |
| Wendekreisdurchmesser | 11,1 m | 11,1 m | 11,1 m |
| Leermasse | 1080 kg | 1150 kg; 4x4: 1240 kg | 1150 kg; 4x4: 1240 kg |
| Zul. Gesamtmasse | 1490 kg | 1510 kg; 4x4: 1600 kg | 1540 kg; 4x4: 1630 kg |
| Höchstgeschwindigkeit | 168 km/h | 196 km/h (193 km/h) | 198 km/h (195 km/h) |
| Beschleunigung 0-100 km/h | 15,0 sec | 12,0 sec (13,0 sec) | 12,0 sec (13,0 sec) |
| Drittelmix-Verbrauch | 10 L/100 km (N) | 10,5 (11,0) L /100 km (N); 4x4: 11,5 L | 11,5 (11,0) L /100 km (S); 4x4: 12,0 L |
| Kraftstofftank | 68 Liter (über der Hinterachse) | 68 Liter (über der Hinterachse) 4x4: 70 Liter | 68 Liter (über der Hinterachse) 4x4: 70 Liter |

Gerhard Plattner, österreichischer Motorjournalist, legte 1992 im Rahmen einer PR-Veranstaltung mit dem Audi 1.9 TDI eine Strecke von 40.273 km zurück. Die Durchschnittsgeschwindigkeit betrug 85,8 km/h, der Verbrauch im Schnitt 3,78 l/100 km.

Audi 80 Avant 2.3 E / 2.6 E, 1992–1995.

Audi 80 Avant 2.3 E / 2.6 E, 1992–1995.

| | Audi 80 2.0 16V (B3) 1990-1991 | Audi 80 1.6 TD (B3) 1988-1991 | Audi 80 1.9 D (B3) 1989-1991 |
|---|---|---|---|
| **Motor** | Ottomotor (Einspritzer) | Dieselmotor (Wirbelkammer) | |
| Zylinderzahl | | 4 (Reihe), längs vor der Vorderachse | |
| Bohrung x Hub | 82,5 x 92,8 mm | 76,5 x 86,4 mm | 81,0 x 77,4 mm |
| Hubraum | 1984 $cm^3$ | 1588 $cm^3$ | 1896 $cm^3$ |
| Leistung | 137 PS (101 kW) bei 6000/min | 80 PS (59 kW) bei 4500/min | 68 PS (50 kW) bei 4400/min |
| Drehmoment | 178 Nm bei 2700/min | 152 Nm bei 2800/min | 125 Nm bei 2400/min |
| Verdichtung | 10,8 : 1 | 23,0 : 1 | |
| Gemischbereitung | Mechan.-elektronische Einspritzung, Bosch KE-Jetronic | Verteiler-Einspritzpumpe Bosch Abgas-Turbolader Garrett T2 (Ladedruck: 0,7 bar), 1 Ladeluftkühler | Verteiler-Einspritzpumpe Bosch |
| Ventile pro Zylinder | 4, hängend, 2 obenlieg. Nockenwellen (Zahnriemen) | 2, hängend, 1 obenlieg. Nockenwelle (Zahnriemen) | |
| Kurbelwellenlager | | 5 | |
| Kühlung | | Pumpe / 6,5 Liter Wasser | |
| Schmierung | Druckumlauf / 3,5 Liter Öl | Druckumlauf / 4,0 Liter Öl | Druckumlauf / 3,5 Liter Öl |
| Abgasreinigung | Dreiwege-Kat, Lambdasonde | | |
| Batterie/Lichtmaschine | 12 V 50 Ah – Drehstrom 90 A | 12 V 55 Ah – Drehstrom 65 A | |
| **Kraftübertragung** | Frontantrieb; a.W. Allradantrieb (selbstsperr. Torsen-Zentraldiff. u. sperrb. Hinterachs-Differential) | Frontantrieb | |
| Kupplung | | Einscheiben-Trockenkupplung | |
| Schaltung | | 5 Gang, Schaltstock in Wagenmitte | |
| Übersetzungen | I. 3,545 – II. 2,105 – III. 1,300 IV. 1,029 (Quattro: 0,943) V. 0,838 (Quattro: 0,769) R: 3,500 | I. 3,545 – II. 1,857 – III. 1,156 IV. 0,789 – V. 0,643 – R: 3,500 | I. 3,545 – II. 1,857 – III. 1,156 IV. 0,838 – V. 0,683 – R: 3,500 |
| Antriebsübersetzung | 3,700 (Quattro: 4,111) | 4,111 | |
| Automatik | – | – | – |
| **Fahrwerk** | | Selbsttragende Ganzstahlkarosserie | |
| Vorderradaufhängung | | McPherson-Federbeine (Schraubenfedern, Teleskopstoßdämpfer), Dreieckquerlenker, Drehstab-Stabilisator | |
| Hinterradaufhängung | | Torsionskurbelachse (Längslenker, Achsrohr), Panhardstab, Schraubenfedern, Teleskopstoßdämpfer, Drehstab-Stabilisator | |
| | 4x4: Federbeine (Schraubenfedern, Teleskopstoßdämpfer) Dreieckquerlenker, Drehstab-Stabilisator | | |
| Lenkung | Zahnstange (16,8 : 1), Servo | Zahnstange (24,3 : 1); a.W. Servo | |
| Fußbremse | Zweikreis-Hydraulik, Servo vorn belüft. und hinten Scheiben, ABS | Zweikreis-Hydraulik, Servo vorn Scheiben hinten Trommeln, a.W. ABS | |
| **Allgemeine Daten** | Limousine, 4türig | Limousine, 4türig | Limousine, 4türig |
| Radstand | 2546 mm; 4x4: 2537 mm | 2546 mm | 2546 mm |
| Spur vorn/hinten | 1408/1432 mm; 4x4 1408/1421 mm | 1411/1432 mm | 1411/1432 mm |
| Gesamtmaße | 4393 x 1695 x 1371 mm | 4393 x 1695 x 1397 mm | 4393 x 1695 x 1397 mm |
| Gepäckraum | 425 L; 4x4: 320 L | 425 L | 425 L |
| Reifen/Felgen | 195/60 VR 14 – 5,5 J x 14 | 175/70 HR 14 –5,5 J x 14 | 175/70 TR 14 – 5,5 J x 14 |
| Wendekreisdurchmesser | 11,1 m | 11,1 m | 11,1 m |
| Leermasse | 1240 kg; 4x4: 1300 kg | 1090 kg | 1160 kg |
| Zul. Gesamtmasse | 1630 kg; 4x4: 1730 kg | 1550 kg | 1560 kg |
| Höchstgeschwindigkeit | 210 km/h | 174 km/h | 165 km/h) |
| Beschleunigung 0-100 km/h | 10,0 sec | 16,0 sec | 18,0 sec |
| Drittelmix-Verbrauch | 12; 4x4: 13,0 L/100 km (S) | 8,0 L /100 km (D) | 7,5 L /100 km (D) |
| Kraftstofftank | 68 Liter (über der Hinterachse) 4x4: 70 Liter | 68 Liter (über der Hinterachse) | 68 Liter (über der Hinterachse) |

| | Audi 90 2.0 E (B3)<br>1987-1991 | Audi 90 2.3 E (B3)<br>1987-1991 | Audi 90 2.3 20V (B3)<br>1988-1991 |
|---|---|---|---|
| **Motor** | Ottomotor (Einspritzer) | | |
| Zylinderzahl | 5 (Reihe), längs vor der Vorderachse | 5 (Reihe), längs vor der Vorderachse | |
| Bohrung x Hub | 81 x 77,4 mm | 82,5 x 86,4 mm | |
| Hubraum | 1994 cm³ | 2309 cm³ | |
| Leistung | 115 PS (85 kW) bei 5400/min | 133 PS (98 kW) bei 5700/min | 167 PS (123 kW) bei 6000/min |
| Drehmoment | 169 Nm bei 4000/min | 182 Nm bei 4000/min | 212 Nm bei 4500/min |
| Verdichtung | 10,0 : 1 | 10,8 : 1 | 10,3 : 1 |
| Gemischbereitung | Mechan. elektron. Einspritzung<br>Bosch KE-Jetronic | | Vollelektronische Einspritzung<br>Hitachi |
| Ventile pro Zylinder | 2, hängend, 1 obenlieg. Nockenwelle<br>(Zahnriemen) | 1 obenlieg. Nockenwelle 2, hängend<br>(Zahnriemen) | 4, hängend, 2 obenlieg. Nockenwellen<br>(Zahnriemen) |
| Kurbelwellenlager | 5 | 6 | |
| Kühlung | Pumpe / 6,5 Liter Wasser | Pumpe / 8,0 Liter Wasser | |
| Schmierung | Druckumlauf / 3,5 Liter Öl | Druckumlauf / 4,0 Liter Öl | Druckumlauf / 4,5 Liter Öl |
| Abgasreinigung | Dreiwege-Kat, Lambdasonde | | |
| Batterie/Lichtmaschine | 12 V 55 Ah – Drehstrom 65 A | 12 V 63 Ah – Drehstrom 90 A | |
| **Kraftübertragung** | Frontantrieb | Frontantrieb; a.W. Allradantrieb<br>(selbstsperr. Torsen-Zentraldiff. u. sperrb. Hinterachs-Differential) | |
| Kupplung | Einscheiben-Trockenkupplung | | |
| Schaltung | 5 Gang, Schaltstock in Wagenmitte | | |
| Übersetzungen | I. 3,545 – II. 2,105 – III. 1,300<br>IV. 1,029 – V. 0,838 – R: 3,500 | I. 3,545 – II. 2,105 – III. 1,300<br>IV. 1,029 (4x4: 0,943)<br>V. 0,838 (4x4: 0,769) – R: 3,500 | I. 3,545 – II. 2,105 – III. 1,300<br>IV. 1,029 (4x4: 0,888)<br>V. 0,838 (4x4: 0,720) – R: 3,500 |
| Antriebsübersetzung | 3,700 | 3,700 (4x4: 4,111) | 3,700 (4x4: 4,111) |
| Automatik | – | ab 7/90: 4 Stufen | 4 Stufen |
| Übersetzungen (Autom.) | | I. 2,714 – II. 1,551 – III. 1,0<br>IV. 0,679 – R: 2,111 | |
| Antriebsübers. (Autom.) | | 4,377 | |
| **Fahrwerk** | Selbsttragende Ganzstahlkarosserie | | |
| Vorderradaufhängung | Federbeine (Schraubenfedern, Teleskopstoßdämpfer), Dreieckquerlenker, Drehstab-Stabilisator | | |
| Hinterradaufhängung | Torsionskurbelachse (Längslenker, Achsrohr), Panhardstab, Schraubenfedern, Teleskopstoßdämpfer, Drehstab-Stabilisator | 4x4: Federbeine<br>(Schraubenfedern, Teleskopstoßdämpfer)<br>Dreieckquerlenker, Drehstab-Stabilisator | |
| Lenkung | Zahnstange (24,3 : 1), a.W. Servo | Zahnstange (16,8 : 1); Servo | |
| Fußbremse | Zweikreis-Hydraulik, Servo<br>vorn belüft.<br>und hinten Scheiben, ABS | | |
| **Allgemeine Daten** | Limousine, 4türig | Limousine, 4türig | Limousine, 4türig |
| Radstand | 2546 mm | 2546 mm; 4x4: 2537 mm | 2546 mm; 4x4: 2537 mm |
| Spur vorn/hinten | 1408/1432 mm | 1411/1432 mm; 4x4: 14411 / 1426 mm | 1424/1438 mm; 4x4: 1427 / 1432 mm |
| Gesamtmaße | 4393 x 1695 x 1397 mm | 4393 x 1695 x 1397 mm | 4403 x 1695 x 1371 mm |
| Gepäckraum | 425 L | 425 L; 4x4: 320 L | 425 L; 4x4: 320 L |
| Reifen/Felgen | 195/60 HR 14 – 5,5 J x 14 | 195/60 HR 14 – 5,5 J x 14 | 205/50 VR 15 – 6,0 J x 15 |
| Wendekreisdurchmesser | 11,1 m | 11,1 m | 11,3 m |
| Leermasse | 1190 kg | 1190 kg; 4x4: 1280 kg | 1300 kg; 4x4: 1360 kg |
| Zul. Gesamtmasse | 1570 kg | 1570 kg, 4x4: 1680 kg | 1660 kg; 4x4: 1780 kg |
| Höchstgeschwindigkeit | 196 km/h | 206 km/h | 220 km/h |
| Beschleunigung 0-100 km/h | 10,5 sec | 10,0 sec | 9,0 sec |
| Drittelmix-Verbrauch | 11,0 L/100 km (S) | 11,5; 4x4: 12,5 L /100 km (S) | 12,5; 4x4: 13,5 L /100 km (S) |
| Kraftstofftank | 68 Liter (über der Hinterachse) | 68 Liter (über der Hinterachse)<br>4x4: 70 Liter | 68 Liter (über der Hinterachse)<br>4x4: 70 Liter |

| | Audi 80 2.0-90 PS (B4), 1991-1994<br>Audi 80 Avant 2.0-90 PS, 1992-1995 | Audi 80 2.0 E-115 PS (B4), 1991-1994<br>Audi 80 Avant 2.0 E-115 PS, 1992-1995 | Audi 80 2.3 E 20V (B4), 1991-1994<br>Audi 80 Avant 2.3 E 20V, 1992-1994 |
|---|---|---|---|
| **Motor** | Ottomotor (Einspritzer) | | |
| Zylinderzahl | 4 (Reihe), längs vor der Vorderachse | | 5 (Reihe), längs vor der Vorderachse |
| Bohrung x Hub | 82,5 x 92,8 mm | | 82,5 x 86,4 mm |
| Hubraum | 1984 cm³ | | 2309 cm³ |
| Leistung | 90 PS (66 kW) bei 5400/min | 115 PS (85 kW) bei 5400/min | 133 PS (98 kW) bei 5500/min |
| Drehmoment | 148 Nm bei 3000/min | 165 Nm bei 4000/min | 186 Nm bei 4000/min |
| Verdichtung | 8,9 : 1 | 10,3 : 1 | 10,0 : 1 |
| Gemischbereitung | Elektronische Einspritzung, Bosch Motronic | | |
| Ventile pro Zylinder | 2, hängend, 1 obenlieg. Nockenwelle (Zahnriemen) | | |
| Kurbelwellenlager | 5 | | 6 |
| Kühlung | Pumpe / 6,5 Liter Wasser | | Pumpe / 8,5 Liter Wasser |
| Schmierung | Druckumlauf / 3,0 Liter Öl | | Druckumlauf / 3,5 Liter Öl |
| Abgasreinigung | Dreiwege-Kat, Lambdasonde | | |
| Batterie/Lichtmaschine | 12 V 55 Ah – Drehstrom 65 A | 12 V 63 Ah – Drehstrom 90 A | |
| **Kraftübertragung** | Frontantrieb | Frontantrieb; a.W. Allradantrieb | |
| | | (selbstsperr. Torsen-Zentraldiff. u. sperrb. Hinterachs-Differential) | |
| Kupplung | Einscheiben-Trockenkupplung | | |
| Schaltung | 5 Gang, Schaltstock in Wagenmitte | | |
| Übersetzungen | I. 3,545 – II. 1,857 – III. 1,156 | I. 3,545 – II. 2,105 – III. 1,429 | I. 3,545 – II. 2,105 – III. 1,429 |
| | IV. 0,889 – V. 0,725 – R: 3,500 | IV. 1,029 – V. 0,838 – R: 3,500 | IV. 1,029 – V. 0,838 – R: 3,500 |
| | | 4x4: I. 3,545 – II. 2,105 – III. 1,300 | 4x4: I. 3,545 – II. 2,105 – III. 1,429 |
| | | IV. 0,943 – V. 0,769 – R: 3,500 | IV. 0,888 – V. 0,720 – R: 3,500 |
| Antriebsübersetzung | 3,700 | 4,111, 4x4: 4,556 | 3,889, 4x4: 4,111 |
| Automatik | 4 Stufen | | |
| Übersetzungen (Autom.) | I. 2,714 – II. 1,551 – III. 1,0 – IV. 0,679 – R: 2,11 | | |
| Antriebsübers. (Autom.) | 4,933 | | |
| **Fahrwerk** | Selbsttragende Ganzstahlkarosserie | | |
| Vorderradaufhängung | McPherson-Federbeine (Schraubenfedern, Teleskopstoßdämpfer), Hilfsrahmen, Dreieckquerlenker, Drehstab-Stabilisator | | |
| Hinterradaufhängung | Verbundlenkerachse (Längslenker mit Querverbindung), Panhardstab, Schraubenfedern, Drehstab-Stabilisator | | |
| | | 4x4: Doppelquerlenker, Hilfsrahmen, Schraubenfedern | |
| | | Teleskopstoßdämpfer, Drehstab-Stabilisator | |
| Lenkung | Zahnstange, a.W. Servo | | |
| Fußbremse | Zweikreis-Hydraulik, Servo | Zweikreis-Hydraulik, Servo | |
| | vorn Scheiben | vorn belüft. und hinten | |
| | hinten Trommeln, a.W. ABS | Scheiben, ABS | |
| **Allgemeine Daten** | Limousine, 4türig | Limousine, 4türig | Limousine, 4türig |
| | Kombi, 5türig | Kombi, 5türig | Kombi, 5türig |
| Radstand | 2610 mm | 2610 mm, 4x4: 2595 mm | 2610 mm, 4x4: 2595 mm |
| Spur vorn/hinten | 1450/1470 mm | 1450/1470 mm, 4x4: 1450/1475 mm | 1450/1470 mm, 4x4: 1450/1475 mm |
| Gesamtmaße | 4490 x 1695 x 1410 mm | 4490 x 1695 x 1410 mm | 4490 x 1695 x 1410 mm |
| Gepäckraum | 430 / 710 L | 430 / 710 L | 430 / 710 L |
| | Kombi: 370/1200 L | Kombi: 370/1200 L | Kombi: 370/1200 L |
| Reifen/Felgen | 195/65 TR 14 – 5,5 J x 14 | 195/65 HR 14 – 6,0 J x 14 | 195/65 VR 15 – 6,0 J x 15 |
| Wendekreisdurchmesser | 11,2 m | 11,2 m | 11,2 m |
| Leermasse | 1190 / 1230 kg | 1230 / 1270 kg, 4x4: 1330 kg | 1270 / 1310 kg, 4x4: 1360 kg |
| Zul. Gesamtmasse | 1650/ 1780 kg | 1690 / 1820 kg, 4x4: 1790 kg | 1730 / 1860 kg, 4x4: 1800 kg |
| Höchstgeschwindigkeit | 177 (174) km/h | 190 (186) km/h | 200 (197) km/h |
| Beschleunigung 0-100 km/h | 13,6 (15,9) sec | 11,8 (12,9) sec | 9,8 (11,2)sec |
| Drittelmix-Verbrauch | 8,1 (8,8) L/100 km (S) | 8,2 (8,9) L /100 km (S) | 8,9 (9,6) L /100 km (S) |
| | | 4x4: 8,8 L/100 km (S) | 4x4: 9,5 L/100 km (S) |
| Kraftstofftank | 66 Liter (über der Hinterachse) | 66 Liter (über der Hinterachse) | 66 Liter (über der Hinterachse) |
| | | 4x4: 64 Liter | 4x4: 64 Liter |

| | Audi 80 1.9 TD (B4)<br>1991-1994 | Audi 80 1.9 TDI (B4), 1991-1994<br>Audi 80 Avant 1.9 TDI, 1992-1995 | Audi 80 2.8 (B4), 1991-1994<br>Audi 80 Avant 2.8, 1993-1995 |
|---|---|---|---|
| **Motor** | Dieselmotor (Wirbelkammer-Einspritzer) | Dieselmotor (Direkteinspritzer) | Ottomotor (Einspritzer) |
| Zylinderzahl | 4 (Reihe), längs vor der Vorderachse | | 6 (V 90°), längs vor der Vorderachse |
| Bohrung x Hub | 79,5 x 95,5 mm | | 82,5 x 86,4 mm |
| Hubraum | 1896 cm³ | | 2771 cm³ |
| Leistung | 75 PS (55 kW) bei 4400/min | 90 PS (66 kW) bei 4000/min | 174 PS (128 kW) bei 5500/min |
| Drehmoment | 140 Nm bei 2200/min | 182 Nm bei 2300/min | 245 Nm bei 3000/min |
| Verdichtung | 22,5 : 1 | 21,0 : 1 | 10,3 : 1 |
| Gemischbereitung | Verteilereinspritzpumpe Bosch | Verteilereinspritzpumpe Bosch | Elektronische Einspritzung |
| | 1 Abgasturbolader | 1 Abgasturbolader, 1 Ladeluftkühler | |
| Ventile pro Zylinder | 2, hängend, | | 2, hängend, |
| | 1 obenlieg. Nockenwelle (Zahnriemen) | | 2 x 1 obenlieg. Nockenwelle (Zahnriemen) |
| Kurbelwellenlager | 5 | | 4 |
| Kühlung | Pumpe / 8,0 Liter Wasser | | Pumpe / 11,0 Liter Wasser |
| Schmierung | Druckumlauf / 4,2 Liter Öl | | Druckumlauf / 5,0 Liter Öl |
| Batterie/Lichtmaschine | 12 V 64 Ah – Drehstrom 65 A | 12 V 64 Ah – Drehstrom 90 A | 12 V 63 Ah – Drehstrom 90 A |
| **Kraftübertragung** | Frontantrieb | | Frontantrieb, a.W. Allradantrieb |
| | | | (selbstsperr. Torsen-Zentraldiff. u. |
| | | | sperrb. Hinterachs-Differential) |
| Kupplung | Einscheiben-Trockenkupplung | | |
| Schaltung | 5 Gang, Schaltstock in Wagenmitte | | |
| Übersetzungen | I. 3,545 – II. 1,857 – III. 1,156 | I. 3,545 – II. 1,857 – III. 1,156 | I. 3,500 – II. 1,842 – III. 1,300 |
| | IV. 0,889 – V. 0,725 – R: 3,500 | IV. 0,889 – V. 0,683 – R: 3,500 | IV. 1,029 – V. 0,838 – R: 3,444 |
| | | | 4x4: I. 3,500 – II. 1,842 – III. 1,226 |
| | | | IV. 0,943 – V. 0,816 – R: 3,444 |
| Antriebsübersetzung | 4,111 | 3,889 | 3,700, 4x4: 3,889 |
| Automatik | – | 4 Stufen | |
| Übersetzungen (Autom.) | | I. 2,714 – II. 1,551 – III. 1,0 – IV. 0,679 – R: 2,11 | |
| Antriebsübers. (Autom.) | | 3,67 | 4,0 |
| **Fahrwerk** | Selbsttragende Ganzstahlkarosserie | | |
| Vorderradaufhängung | McPherson-Federbeine (Schraubenfedern, Teleskopstoßdämpfer), Hilfsrahmen, Dreieckquerlenker, Drehstab-Stabilisator | | |
| Hinterradaufhängung | Verbundlenkerachse (Längslenker mit Querverbindung), Panhardstab, Schraubenfedern, Drehstab-Stabilisator | | |
| | | 4x4: Doppelquerlenker, Hilfsrahmen | |
| | | Schraubenfedern, Teleskopstoßdämpfer, Drehstab-Stabilisator | |
| Lenkung | Zahnstange, a.W. Servo | | |
| Fußbremse | Zweikreis-Hydraulik, Servo | Zweikreis-Hydraulik, Servo | |
| | vorn Scheiben | vorn belüft. und hinten | |
| | hinten Trommeln, a.W. ABS | Scheiben, ABS | |
| **Allgemeine Daten** | Limousine, 4türig | Limousine, 4türig – Kombi, 5türig | Limousine, 4türig – Kombi, 5türig |
| Radstand | 2610 mm | 2610 mm | 2610 mm, 4x4: 2595 mm |
| Spur vorn/hinten | 1450/1470 mm | 1450/1470 mm | 1450/1470 mm, 4x4: 1450/1475 mm |
| Gesamtmaße | 4490 x 1695 x 1410 mm | 4490 x 1695 x 1410 mm | 4490 x 1695 x 1410 mm |
| Gepäckraum | 430 / 710 L | 430 / 710 L | 430 / 710 L |
| | Kombi: 370 / 1200 L | Kombi: 370 / 1200 L | Kombi: 370 / 1200 L |
| Reifen/Felgen | 165/65 TR 15 – 5,5 J x 14 | 165/65 TR 15 – 6,0 J x 14 | 195/65 VR 15 – 6,0 J x 15 |
| Wendekreisdurchmesser | 11,2 m | 11,2 m | 11,2 m |
| Leermasse | 1270 kg | 1270 / 1310 kg | 1330 / 1370 kg, 4x4: 1430 / 1470 kg |
| Zul. Gesamtmasse | 1730 kg | 1730 / 1860 kg | 1790 / 1920 kg, 4x4: 1890 / 2020 kg |
| Höchstgeschwindigkeit | 165 km/h | 174 (168) km/h | 220 (218) km/h / 215 (213) km/h |
| Beschleunigung 0-100 km/h | 15,9 sec | 14,1 (14,7) sec | 8,0 (9,6) sec / 8,2 (9,8) sec |
| Drittelmix-Verbrauch | 6,3 L/100 km (D) | 5,1 (6,5) / 5,3 (6,8) L /100 km (D) | 9,2 (10,1) / 9,6 (10,5) L /100 km (S) |
| Kraftstofftank | 66 Liter (über der Hinterachse) | 66 Liter (über der Hinterachse) | 66 Liter (über der Hinterachse) |
| | | | 4x4: 64 Liter |

| | Audi 80 2.6 E (B4), 1992-1994<br>Audi 80 Avant 2.6 E, 1992-1995 | Audi 80 S2 (B4), 1993-1994<br>Audi 80 Avant S2, 1992-1995 | Audi 80 Avant RS2 (B4)<br>1994-1995 |
|---|---|---|---|
| **Motor** | Ottomotor (Einspritzer) | Ottomotor (Einspritzer) LM-Kopf | |
| Zylinderzahl | 6 (V 90°), längs über der Vorderachse | 5 (Reihe), längs über der Vorderachse | |
| Bohrung x Hub | 82,5 x 81,0 mm | 81,0 x 86,4 mm | |
| Hubraum | 2598 $cm^3$ | 2226 $cm^3$ | |
| Leistung | 150 PS (110 kW) bei 5750/min | 230 PS (169 kW) bei 5900/min | 315 PS (232 kW) bei 6500/min |
| Drehmoment | 225 Nm bei 3500/min | 380 Nm bei 2100/min | 400 Nm bei 2800/min |
| Verdichtung | 10,0 : 1 | 9,3 : 1 | 9,0 : 1 |
| Gemischbereitung | Elektronische Einspritzung | Elektronische Einspritzung, Bosch Motronic M2.3<br>1 Abgasturbolader KKK, 1 Ladeluftkühler | |
| Ventile pro Zylinder | 2, V-förmig hängend,<br>2 x 1 obenlieg. Nockenwelle (Zahnriemen) | 4, V-förmig hängend, 2 obenlieg. Nockenwellen<br>(Zahnriemen/Kette) | |
| Kurbelwellenlager | 4 | 6 | |
| Kühlung | Pumpe / 11,0 Liter Wasser | Pumpe / 8,5 Liter Wasser, Motor-Ölkühler | |
| Schmierung | Druckumlauf / 5,0 Liter Öl | Druckumlauf / 4,5 Liter Öl | |
| Batterie/Lichtmaschine | 12 V 63 Ah – Drehstrom 90 A | 12 V 63 Ah – Drehstrom 110 A | |
| **Kraftübertragung** | Frontantrieb, a.W. Allradantrieb<br>(selbstsperr. Torsen-Zentraldiff. u.<br>sperrb. Hinterachs-Differential) | Allradantrieb<br>(selbstsperr. Torsen-Zentraldiff. u. sperrb. Hinterachs-Differential) | |
| Kupplung | Einscheiben-Trockenkupplung | | |
| Schaltung | 5 Gang, Schaltstock in Wagenmitte | 6 Gang, Schaltstock in Wagenmitte | |
| Übersetzungen | I. 3,55 – II. 1,86 – III. 1,30<br>IV. 1,03 – V. 0,84 – R: 3,50<br>4x4: I. 3,55 – II. 2,11 – III. 1,43<br>IV. 1,03 – V. 0,84 – R: 3,50 | I. 3,50 – II. 1,89 – III. 1,32 – IV. 1,03<br>V. 0,86 – VI. 0,71 – R: 3,45 | |
| Antriebsübersetzung | 3,90 / 4x4: 4,111 | 4,111 | |
| Automatik | 4 Stufen | – | |
| Übersetzungen (Autom.) | I. 2,71 – II. 1,55 – III. 1,0 – IV. 0,68 – R: 2,11 | | |
| Antriebsübers. (Autom.) | 4,531 | | |
| **Fahrwerk** | Selbsttragende Ganzstahlkarosserie | | |
| Vorderradaufhängung | McPherson-Federbeine (Schraubenfedern, Teleskopstoßdämpfer), Hilfsrahmen, Dreieckquerlenker, Drehstab-Stabilisator | | |
| Hinterradaufhängung | Verbundlenkerachse<br>(Längslenker mit Quer-Verbindung)<br>Panhardstab, Schraubenfedern<br>Drehstab-Stabilisator<br>4x4: Doppelquerlenker, Hilfsrahmen,<br>Schraubenfedern, Teleskopstoßdämpfer<br>Drehstab-Stabilisator | Doppel-Dreieckquerlenker<br>Hilfsrahmen, Schraubenfedern<br>Gasdruckdämpfer<br>Drehstab-Stabilisator | |
| Lenkung | Zahnstange, Servo | | |
| Fußbremse | Zweikreis-Hydraulik, Servo, vorn belüft. und hinten Scheiben, ABS | | |
| **Allgemeine Daten** | Limousine, 4türig – Kombi, 5türig | Limousine, 4türig – Kombi, 5türig | Kombi, 5türig |
| Radstand | 2610 mm, 4x4: 2595 mm | 2595 mm | 2595 mm |
| Spur vorn/hinten | 1450/1470 mm, 4x4: 1450/1475 mm | 1450/1475 mm | 1450/1475 mm |
| Gesamtmaße | 4490 x 1695 x 1410 mm | 4510 x 1695 x 1385 mm | 4490 x 1695 x 1410 mm |
| Gepäckraum | 430 / 710 L, Kombi: 370 / 1200 L | 430 / 710 L, Kombi: 370 / 1200 L | 370 / 1200 L |
| Reifen/Felgen | 195/65 VR 15 – 6.0 J x 14 | 205/55 ZR 16 – 7.0 / 7.5 J x 16 (LM) | 245/40 ZR 17 – 7.0 J x 17 (LM) |
| Wendekreisdurchmesser | 11,2 m | 11,2 m | 11,2 m |
| Leermasse | 1330 / 1370, 4x4: 1430 / 1470 kg | 1520 / 1560 kg | 1560 kg |
| Zul. Gesamtmasse | 1790 / 1920, 4x4: 1890 / 2020 kg | 1980 / 2110 kg | 2110 kg |
| Höchstgeschwindigkeit | 212 (208) / 207 (203) km/h<br>4x4: 210 / 205 km/h | 246 / 242 km/h | 262 km/h |
| Beschleunigung 0-100 km/h | 9,3 (10,6) / 9,5 (10,8) sec<br>4x4: 9,6 / 9,7 sec | 6,0 / 6,1 sec | 5,8 sec |
| Drittelmix-Verbrauch | 9,2 (9,7) / 9,9 (10,4) L/100 km (S)<br>4x4: 9,3 / 10,0 L/100 km (S) | 10,2 / 10,3 L /100 km (S) | 10,8 L /100 km (S) |
| Kraftstofftank | 66 Liter (über der Hinterachse) 4x4: 64 Liter | 64 Liter (über der Hinterachse) | 64 Liter (über der Hinterachse) |

Audi 80 Avant 2.3 E / 2.6 E, 1992–1995.

Audi RS2 Avant, 1994–1995.

Als Homologationsmodell für den Super Tourenwagen Cup (STW) baute Audi 1994 das Sondermodell Audi 80 2.0 16V Competition in einer Auflage von 2500 Stück. Die entsprechenden Anbauteile hatten keine Straßenzulassungen und lagen lose bei.

**Audi 80 Coupé (1988–1995)**
**Audi 80 Cabrio (1991–2000)**

Ab Oktober 1988 wurde die Coupé-Version des Audi 80 (Baureihe B3) mit 2,0- und 2,3-Liter-Motor (115, 133 und 167 PS) angeboten, die beiden Fünfzylinder optional auch als quattro.
Parallel zum zunächst weiter produzierten Ur-quattro (umbenannt in quattro 20V) entstand der seit August 1990 produzierte Turbo-Benziner Audi Coupé S2, anfangs mit 220 PS (abgeleitet vom 306 PS-Motor des Sport quattro). Zu identifizieren war der Allradler an der vom V8 abgeleiteten Frontansicht mit großem Spoiler und an den S2-Emblemen vorn und hinten, ansonsten nutzte es die Karosserie des 1988 eingeführten Zivil-Coupés. Ende 1992 folgte die auf 230 PS leistungsgesteigerte Version mit Sechsganggetriebe. 1995 endete die Herstellung des schnellen Zweitürers, für den sich immerhin 20 Prozent aller Audi Coupé-Käufer entschieden.
Die zivilen Coupés erhielten im Juni 1991 eine modifizierte Front im Stil der Baureihe B4. Nun gab es neben dem 2,0 E (115 PS) und dem fünfzylindrigen 2,3 E (133 PS, die 167 PS-Vierventilversion entfiel) zusätzlich die beiden Sechszylinder 2,6 E (150 PS) und den 2,8 E (174 PS) – beide alternativ mit Allradantrieb (4x4-Anteil im Coupé-Programm insgesamt 40 Prozent). 1994 gesellte sich neu der 2,0-Liter mit Vierventilkopf und 140 PS hinzu. Wegen der mangelnden Nachfrage wurde aber Anfang 1995 das Programm auf vier Modelle (2,0 E-115 PS, 2,6 E-150 PS, 2,8 E quattro 174 PS, S2-230 PS) beschränkt und die Preise um bis zu 6750 DM gesenkt. Die Herstellung endete im November 1995.
Zunächst als Studie zeigte Audi auf der IAA im September 1989 ein viersitziges Cabrio auf Audi 80-Basis (Baureihe B3). Seine Besonderheit: ein Gurt-Integralsitz ähnlich dem Gestühl im Mercedes SL. Es ging im Frühjahr 1991 in Neckarsulm in Produktion, die Auslieferung begann im Mai 1991. Zu Beginn war das Cabrio nur als über 50.000 DM teurer 2,3 E (133 PS) zu haben (bis 1993), im Dezember 1992 kam der 2,8 E (174 PS) hinzu. Im Frühjahr 1993 wurde das Angebot um die Einstiegsversion mit 2,0 Liter (bis 1997, Seriensitze) und den 2,6 Liter (150 PS) ergänzt. Ab September 1995 war das Audi Cabrio mit 90-PS-TDI-Motor erhältlich, ähnlich wie das Diesel-Cabrio vom VW Golf.
Im November 1997 verlagerte Audi die Fertigung des Cabrios aus Neckarsulm zu Karmann in Rheine, um zusätzliche Produktionskapazitäten für den A6 und den A8 zu schaffen. Die Fertigung lief dort bis Mitte des Jahres 2000 weiter.

Audi Coupé, 1988-1991.

Audi Coupé, 1991–1996.

Audi Coupé 1.6 / 2.0, 1988–1991.

Audi Coupé S2 Sport-Coupé 2/2 Sitze, 1990–1996.

Audi Coupé 2.3 E Coupé 2/2 Sitze, 1991–1996.

Audi-A4 Cabriolet, 1999.

| | **Audi 80 2.0 E Coupé 1989-1991 1991-1995** | **Audi 80 2.3 E Coupé 1989-1991 1991-1995** | **Audi 80 Coupé 2.3 20V 1990-1991** |
|---|---|---|---|
| **Motor** | Ottomotor (Einspritzer) | | |
| Zylinderzahl | 4 (Reihe), längs vor der Vorderachse | 5 (Reihe), längs vor der Vorderachse | |
| Bohrung x Hub | 82,5 x 92,8 mm | 82,5 x 86,4 mm | |
| Hubraum | 1984 $cm^3$ | 2309 $cm^3$ | |
| Leistung | 115 PS (85 kW) bei 5400/min | 133 PS (98 kW) bei 5700/min | 167 PS (123 kW) bei 6000/min |
| Drehmoment | 169 Nm bei 3200/min | 182 Nm bei 4000/min | 212 Nm bei 4500/min |
| Verdichtung | 10,5 : 1 | 10,0 : 1 | 10,3 : 1 |
| Gemischbereitung | Mechan.-elektron. Einspritzung Bosch KE-Jetronic | | Vollelektronische Einspritzung |
| | 1991: elektron. Einspritzung | | Bosch Motronic |
| Ventile pro Zylinder | 2, V-förmig hängend | | 4, V-förmig hängend |
| | 1 obenlieg. Nockenwelle, (Zahnriemen) | | 2 obenlieg. Nockenwellen, (Zahnriemen) |
| Kurbelwellenlager | 5 | 6 | |
| Kühlung | Pumpe / 6,5 Liter Wasser | Pumpe / 8,0 Liter Wasser | |
| Schmierung | Druckumlauf / 3,0 Liter Öl | Druckumlauf / 3,5 Liter Öl | |
| Abgasreinigung | Dreiwege-Kat, Lambdasonde | | |
| Batterie/Lichtmaschine | 12 V 63 Ah – Drehstrom 90 A | | |
| **Kraftübertragung** | Frontantrieb | Frontantrieb; a.W. Allradantrieb | |
| | | (selbstsperr. Torsen-Zentraldiff. u. sperrb. Hinterachs-Differential) | |
| Kupplung | Einscheiben-Trockenkupplung | | |
| Schaltung | 5 Gang, Schaltstock in Wagenmitte | | |
| Übersetzungen | I. 3,55 – II. 2,11 – III. 1,30 | I. 3,55 – II. 2,11 – III. 1,43 – IV. 1,03 – V. 0,84 – R: 3,50 | |
| | IV. 0,94 – V. 0,79 – R: 3,50 | | |
| Antriebsübersetzung | 4,11 | 3,89 (4x4: 4,11) | 3,889 (4x4: 4,11) |
| Automatik | 3 Stufen / 1991: 4 Stufen | 4 Stufen (nicht für 4x4) | |
| Übersetzungen (Autom.) | I. 2,71 – II. 1,55 – III, 1,0 – R: 2,43 | I. 2,71 – II. 1,55 – III, 1,0 – IV 0,68 – R: 2,11 | |
| | I. 2,71 – II. 1,44 – III, 1,0 | | |
| | IV. 0,74 – R: 2,88 | | |
| Antriebsübers. (Autom.) | 3,25 / 4,53 | 4,38 | |
| **Fahrwerk** | Selbsttragende Ganzstahlkarosserie | | |
| Vorderradaufhängung | McPherson-Federbeine (Schraubenfedern, Teleskopstoßdämpfer), Dreieckquerlenker, Drehstab-Stabilisator | | |
| Hinterradaufhängung | Torsionskurbelachse (Längslenker, Achsrohr), Panhardstab, Schraubenfedern, Teleskopstoßdämpfer, Drehstab-Stabilisator | | |
| | | 4x4: McPherson-Federbeine (Schraubenfedern, Teleskopstoßdämpfer) | |
| | | Dreieckquerlenker, Drehstab-Stabilisator | |
| Lenkung | Zahnstange (16,8 : 1), Servo | | |
| Fußbremse | Zweikreis-Hydraulik, Servo, vorn belüft. (ø = 276 mm) und hinten (ø = 245 mm) Scheiben, ABS | | |
| **Allgemeine Daten** | Coupé, 2+2sitzig | Coupé, 2+2sitzig | Coupé, 2+2sitzig |
| Radstand | 2557 mm | 2557 mm, 4x4: 2549 mm | 2549 mm |
| Spur vorn/hinten | 1444/1441 mm | 1444/1441 mm | 1444/1441 mm |
| | | 4x4: 1445 / 1438 mm | 4x4: 1445 / 1438 mm |
| Gesamtmaße | 4366 x 1716 x 1378 mm | 4366 x 1716 x 1378 mm | 4366 x 1716 x 1378 mm |
| Gepäckraum | 280 / 960 L, 1991: 296 / 977 L | 280 / 960 L, 1991: 296 / 977 L | 280 / 960 L |
| | | 4x4: 225 /910 L, 1991: 232 / 912 L | 4x4: 225 /910 L |
| Reifen/ Felgen | 205/60 VR 14 / 15 – 5,5 J x 14 / 15 | 205/60 VR 15 – 6.0 J x 15 | 205/50 VR 15 – 6.0 J x 15 |
| Wendekreisdurchmesser | 11,3 m | 11,3 m | 11,3 m |
| Leermasse | 1200 (1220) kg | 1240 (1260) kg, 4x4: 1350 kg | 1270 (1290) kg, 4x4: 1390 kg |
| Zul. Gesamtmasse | 1590 kg | 1630, 4x4: 1740 kg | 1660 kg, 4x4: 1780 kg |
| Höchstgeschwindigkeit | 196 (192) km/h | 206 (202) km/h | 220 (218) km/h |
| Beschleunigung 0-100 km/h | 12,0 (13,0) sec | 10,0 (11,0) sec | 9,0 (10,0) sec |
| Drittelmix-Verbrauch | 10,0 (10,5) L/100 km (S) | 11,5 (12,0) L/100 km (S) | 12,5 (13,0) L/100 km (S) |
| | | 4x4: 12,5 L/100 km (S) | 4x4: 13,5 L/100 km (S) |
| Kraftstofftank | 70 Liter (über der Hinterachse) | 70 Liter (über der Hinterachse) | 70 Liter (über der Hinterachse) |

| | Audi Coupé 2.0 1994-1995 | Audi Coupé 2.6 1991-1995 | Audi Coupé 2.8 1991-1995 |
|---|---|---|---|
| **Motor** | Ottomotor (Einspritzer) | | |
| Zylinderzahl | 4 (Reihe), längs vor der Vorderachse | 6 (V 90°), längs vor der Vorderachse | |
| Bohrung x Hub | 82,5 x 92,8 mm | 82,5 x 81,0 mm | 82,5 x 86,4 mm |
| Hubraum | 1984 cm³ | 2598 cm³ | 2771 cm³ |
| Leistung | 140 PS (103 kW) bei 5900/min | 150 PS (110 kW) bei 5750/min | 174 PS (128 kW) bei 5500/min |
| Drehmoment | 185 Nm bei 4500/min | 225 Nm bei 3500/min | 250 Nm bei 3000/min |
| Verdichtung | 10,8 : 1 | 10,0 : 1 | 10,3 : 1 |
| Gemischbereitung | Vollelektronische Einspritzung, Bosch Motronic | | |
| Ventile pro Zylinder | 4, V-förmig hängend | 2, V-förmig hängend | 2, V-förmig hängend |
| | 2 obenlieg. Nockenwellen (Zahnriemen) | 1 obenlieg. Nockenwelle (Zahnriemen) | 2 obenlieg. Nockenwellen (Zahnriemen) |
| Kurbelwellenlager | 5 | 6 | |
| Kühlung | Pumpe / 6,5 Liter Wasser | Pumpe / 11,0 Liter Wasser | |
| Schmierung | Druckumlauf / 3,0 Liter Öl | Druckumlauf / 5,0 Liter Öl | |
| Abgasreinigung | Dreiwege-Kat, Lambdasonde | | |
| Batterie/Lichtmaschine | 12 V 63 Ah – Drehstrom 90 A | | |
| **Kraftübertragung** | Frontantrieb | Frontantrieb; a.W. Allradantrieb | |
| | | (selbstsperr. Torsen-Zentraldiff. u. sperrb. Hinterachs-Differential) | |
| Kupplung | Einscheiben-Trockenkupplung | | |
| Schaltung | 5 Gang, Schaltstock in Wagenmitte | | |
| Übersetzungen | I. 3,55 – II. 2,11 – III. 1,43 | I. 3,55 – II. 1,86 – III. 1,30 | I. 3,55 – II. 1,84 – III. 1,30 |
| | IV. 1,03 – V. 0,84 – R: 3,50 | IV. 1,03 – V. 0,84 – R: 3,5 | IV. 1,03 – V. 0,84 – R: 3,44 |
| Antriebsübersetzung | 4,11 | 3,89 (4x4: 4,11) | 3,70 (4x4: 3,89) |
| Automatik | – | 4 Stufen (nicht für 4x4) | |
| Übersetzungen (Autom.) | | I. 2,71 – II. 1,44 – III, 1,0 – IV. 0,74 – R: 2,88 | |
| Antriebsübers. (Autom.) | | 4,29 | 4,00 |
| **Fahrwerk** | Selbsttragende Ganzstahlkarosserie | | |
| Vorderradaufhängung | McPherson-Federbeine (Schraubenfedern, Teleskopstoßdämpfer), Dreieckquerlenker, Drehstab-Stabilisator | | |
| Hinterradaufhängung | Torsionskurbelachse (Längslenker, Achsrohr), Panhardstab, Schraubenfedern Teleskopstoßdämpfer, Drehstab-Stabilisator | 4x4: McPherson-Federbeine (Schraubenfedern, Teleskopstoßdämpfer) Dreieckquerlenker, Drehstab-Stabilisator | |
| Lenkung | Zahnstange (16,8 : 1), Servo | | |
| Fußbremse | Zweikreis-Hydraulik, Servo vorn belüft. (ø = 276 mm) und hinten (ø = 245 mm) Scheiben ABS | | |
| **Allgemeine Daten** | Coupé, 2+2sitzig | Coupé, 2+2sitzig | Coupé, 2+2sitzig |
| Radstand | 2557 mm | 2557 mm; 4x4: 2549 mm | 2549 mm |
| Spur vorn/hinten | 1444/1441 mm | 1444/1441 mm; 4x4: 1445 / 1438 mm | 1445/1438 mm; 4x4: 1445 / 1438 mm |
| Gesamtmaße | 4366 x 1716 x 1378 mm | 4366 x 1716 x 1378 mm | 4366 x 1716 x 1378 mm |
| Gepäckraum | 296 / 977 L | 296 / 977 L, 4x4: 232 / 912 L | 296 / 977 L, 4x4: 232 / 912 L |
| Reifen/ Felgen | 205/60 VR 15 – 7.0 J x 15 | 205/60 VR 15 – 7.0 J x 15 | 205/50 VR 15 – 7.0 J x 15 |
| Wendekreisdurchmesser | 11,3 m | 11,3 m | 11,3 m |
| Leermasse | 1230 kg | 1305 (1340) kg; 4x4: 1400 kg | 1310 (1350) kg; 4x4: 1410 kg |
| Zul. Gesamtmasse | 1690 kg | 1735 (1770) kg; 4x4: 1860 kg | 1740 (1780) kg; 4x4: 1870 kg |
| Höchstgeschwindigkeit | 207 km/h | 214 (210), 4x4: 212 km/h | 222 (220), 4x4: 221 km/h |
| Beschleunigung 0-100 km/h | 9,4 sec | 9,3 (10,9), 4x4: 9,5 sec | 8,0 (9,6), 4x4: 8,2 sec |
| Drittelmix-Verbrauch | 8,9 L /100 km (S) | 9,2 (9,9), 4x4: 9,7 L /100 km (S) | 9,3 (10,1), 4x4: 9,9 L /100 km (S) |
| Kraftstofftank | 70 Liter (über der Hinterachse) | 70 Liter (über der Hinterachse) | 70 Liter (über der Hinterachse) |

| | Audi Quattro 20V (»Ur-Quattro«) 1989-1991 | Audi Coupé S2 1990-1995 |
|---|---|---|
| **Motor** | Ottomotor (Einspritzer) | |
| Zylinderzahl | 5 (Reihe), längs vor der Vorderachse | |
| Bohrung x Hub | 81,0 x 86,4 mm | |
| Hubraum | 2226 cm³ | |
| Leistung | 220 PS (162 kW) bei 5900/min | |
| | | 1992: 230 PS (169 kW) bei 5900/min |
| Drehmoment | 303 Nm bei 1950/min | |
| | | 230 PS: 350 Nm bei 1950/min |
| Verdichtung | 9,3 : 1 | |
| Gemischbereitung | Vollelektronische Einspritzung | Vollelektronische Einspritzung |
| | Bosch Motronic | Bosch Motronic 2.3 |
| | Abgasturbolader KKK | Abgasturbolader KKK |
| | Ladeluftkühler | Ladeluftkühler |
| Ventile pro Zylinder | 4, V-förmig hängend | |
| | 2 obenlieg. Nockenwellen (Zahnriemen) | |
| Kurbelwellenlager | 6 | |
| Kühlung | Pumpe / 9,3 Liter Wasser, Motor-Ölkühler | Pumpe / 8,5 Liter Wasser, Motor-Ölkühler |
| Schmierung | Druckumlauf / 4,5 Liter Öl | |
| Abgasreinigung | Dreiwege-Kat, Lambdasonde | 2 Dreiwege-Kats, Lamdasonde |
| Batterie/Lichtmaschine | 12 V 63 Ah – Drehstrom 90 A | |
| **Kraftübertragung** | Allradantrieb | |
| | (selbstsperr. Torsen-Zentraldiff. und sperrb. Hinterachs-Differential) | |
| Kupplung | Einscheiben-Trockenkupplung | |
| Schaltung | 5 Gang, Schaltstock in Wagenmitte | 5 Gang / 230 PS: 6 Gang, Schaltstock in Wagenmitte |
| Übersetzungen | I. 3,60 – II. 2,13 – III. 1,36 | I. 3,50 / 3,50 – II. 1,84 / 1,89 – III. 122 / 1,32 |
| | IV. 0,97 – V. 0,78 – R: 3,60 | IV. 0,90 / 1,03 – V. 0,71 / 0,86 – VI. - / 0,71 R: 3,44 |
| Antriebsübersetzung | 3,89 | 4,11 |
| **Fahrwerk** | Selbsttragende Ganzstahlkarosserie | |
| Vorderradaufhängung | McPherson-Federbeine | |
| | (Schraubenfedern, Teleskopstoßdämpfer), | |
| | Dreieckquerlenker | |
| | Drehstab-Stabilisator, Hilfsrahmen | |
| Hinterradaufhängung | McPherson-Federbeine | |
| | (Schraubenfedern, Teleskopstoßdämpfer) | |
| | Dreieckquerlenker, Drehstab-Stabilisator | |
| Lenkung | Zahnstange (16,8 : 1), Servo | Zahnstange (15,1 : 1); Servotronic |
| Fußbremse | Zweikreis-Hydraulik, Servo | |
| | vorn belüft. (ø = 276 mm) und | |
| | hinten (ø = 245 mm) Scheiben, ABS | |
| **Allgemeine Daten** | Coupé, 2+2sitzig | Coupé, 2+2sitzig |
| Radstand | 2524 mm | 2549 mm |
| Spur vorn/hinten | 1416 / 1494 mm | 1445 / 1438 mm |
| Gesamtmaße | 4404 x 1725 x 1344 mm | 4401 x 1716 x 1375 mm |
| Gepäckraum/umg. Rückb. | 330 L | 225/910 L |
| Reifen/Felgen | 215/50 VR 15 – 8,0 J x 15 | 205/55 ZR 16 – 7.0 / 7.5 J x 16 |
| Wendekreisdurchmesser | 11,0 m | 11,3 m |
| Leermasse | 1380 kg | 1420-1470 kg |
| Zul. Gesamtmasse | 1840 | 1800-1880 kg |
| Höchstgeschwindigkeit | 232 km/h | 247 km/h |
| Beschleunigung 0-100 km/h | 7,0 sec | 7,0 sec |
| Drittelmix-Verbrauch | 15,0 L /100 km (S) | 15 L /100 km (S) |
| Kraftstofftank | 90 Liter (über der Hinterachse) | 64 / 70 Liter (über der Hinterachse) |

Audi A4 Cabriolet, 1998.

Audi Cabriolet 1.9 TDI, 1997–2000.

Audi Cabriolet 1.8 mit aufgesetztem Hardtop, 1997–2000.

| | Audi Cabrio 2.0 E<br>1993-1997 | Audi Cabrio 2.3 E<br>1991-1993 | Audi Cabrio 2.6 E<br>1993-2000 |
|---|---|---|---|
| **Motor** | Ottomotor (Einspritzer) | | |
| Zylinderzahl | 4 (Reihe), längs vor der Vorderachse | 5 (Reihe), längs vor der Vorderachse | 6 (V 90°), längs vor der Vorderachse |
| Bohrung x Hub | 82,5 x 92,8 mm | 82,5 x 86,4 mm | 82,5 x 81,0 mm |
| Hubraum | 1984 $cm^3$ | 2309 $cm^3$ | 2598 $cm^3$ |
| Leistung | 115 PS (85 kW) bei 5400/min | 133 PS (98 kW) bei 5500/min | 150 PS (110 kW) bei 5500/min |
| Drehmoment | 165 Nm bei 3200/min | 186 Nm bei 4000/min | 225 Nm bei 3500/min |
| Verdichtung | 10,4 : 1 | 10,0 : 1 | |
| Gemischbereitung | Mechan.-elektron. Einspritzung | | Elektron. Multipoint-Einspritzung |
| | Bosch KE-Jetronic, elektron (Multipoint) | | |
| Ventile pro Zylinder | 2, V-förmig hängend | | 2, V-förmig hängend |
| | 1 obenlieg. Nockenwelle | | 2 x 1 obenlieg. Nockenwellen |
| | (Zahnriemen) | | (Zahnriemen) |
| Kurbelwellenlager | 5 | 6 | 4 |
| Kühlung | Pumpe / 6,5 Liter Wasser | Pumpe / 8,0 Liter Wasser | Pumpe / 11,0 Liter Wasser |
| Schmierung | Druckumlauf / 3,0 Liter Öl | Druckumlauf / 4,0 Liter Öl | Druckumlauf / 5,0 Liter Öl |
| Abgasreinigung | Dreiwege-Kat, Lambdasonde | | |
| Batterie/Lichtmaschine | 12 V 50 Ah – Drehstrom 70 A | 12 V 63 Ah – Drehstrom 90 A | |
| **Kraftübertragung** | Frontantrieb | | |
| Kupplung | Einscheiben-Trockenkupplung | | |
| Schaltung | 5 Gang, Schaltstock in Wagenmitte | | |
| Übersetzungen | I. 3,55 – II. 2,11 – III. 1,43 | | I. 3,55 – II. 1,88 – III. 1,30 |
| | IV. 1,03 – V. 0,84 – R: 3,50 | | IV. 1,03 – V. 0,84 – R: 3,50 |
| Antriebsübersetzung | 4,11 | 3,89 | |
| Automatik | – | 4 Stufen | |
| Übersetzungen (Autom.) | | I. 2,71 – II. 1,55 – III. 1,0 – IV. 0,68 – R: 2,11 | I. 2,71 – II. 1,44 – III, 1,0 – IV. 0,74 – R: 2,88 |
| Antriebsübers. (Autom.) | | 4,93 / 4,53 | 4,29 |
| **Fahrwerk** | Selbsttragende Ganzstahlkarosserie | | |
| Vorderradaufhängung | McPherson-Federbeine | | |
| | (Schraubenfedern, Teleskopstoßdämpfer) | | |
| | Dreieckquerlenker, | | |
| | Drehstab-Stabilisator | | |
| Hinterradaufhängung | Torsionskurbelachse | | |
| | (Längslenker, Achsrohr), Panhardstab | | |
| | Schraubenfedern, Teleskopstoßdämpfer | | |
| | Drehstab-Stabilisator | | |
| Lenkung | Zahnstange, Servo | | |
| Fußbremse | Zweikreis-Hydraulik, Servo | | |
| | vorn belüft. und hinten Scheiben, ABS | | |
| **Allgemeine Daten** | Cabrio, 2+2sitzig | Cabrio, 2+2sitzig | Cabrio, 2+2sitzig |
| Radstand | 2556 mm | 2556 mm | 2556 mm |
| Spur vorn/hinten | 1453/1447 mm | 1453/1447 mm | 1453/1447 mm |
| Gesamtmaße | 4366 x 1716 x 1378 mm | 4366 x 1716 x 1378 mm | 4366 x 1716 x 1378 mm |
| Gepäckraum | 230 L | 230 L | 230 L |
| Reifen/ Felgen | 195/65 VR 15 – 6.0 J x 15 | 195/65 VR 15 – 6.0 J x 15 | 195/65 VR 15 – 6.0 J x 15 |
| Wendekreisdurchmesser | 11,0 m | 11,0 m | 11,0 m |
| Leermasse | 1350 kg | 1370 kg | 1455 kg |
| Zul. Gesamtmasse | 1750 kg | 1770 kg | 1855 kg |
| Luftwiderstand ($c_W$ x A) | 0,36 x 1,95 $m^2$ | 0,36 x 1,95 $m^2$ | 0,36 x 1,95 $m^2$ |
| Höchstgeschwindigkeit | 187 km/h | 198 (194) km/h | 209 (207) km/h |
| Beschleunigung 0-100 km/h | 12,9 sec | 10,8 (12,2) sec | 10,2 (11,4) sec |
| Drittelmix-Verbrauch | 9,0 L /100 km (S) | 9,2 (9,9) L /100 km (S) | 10,0 (10,8) L /100 km (S) |
| Kraftstofftank | 70 Liter (über der Hinterachse) | 70 Liter (über der Hinterachse) | 70 Liter (über der Hinterachse) |

| | Audi Cabrio 1.8<br>1997-2000 | Audi Cabrio 1.9 TDI<br>1995-2000 | Audi Cabrio 2.8 E<br>1993-2000 |
|---|---|---|---|
| **Motor** | Ottomotor (Einspritzer) | Dieselmotor (Direkteinspritzer) | Otto (Einspritzer) |
| Zylinderzahl | 4 (Reihe), längs vor der Vorderachse | 5 (Reihe), längs vor der Vorderachse | 6 (V 90°), längs vor der Vorderachse |
| Bohrung x Hub | 81,0 x 86,4 mm | 79.5 x 95,5 mm | 82,5 x 86,4 mm |
| Hubraum | 1781 $cm^3$ | 1896 $cm^3$ | 2771 $cm^3$ |
| Leistung | 125 PS (92 kW) bei 5800/min | 90 PS (66 kW) bei 400/min | 174 PS (128 kW) bei 5500/min |
| Drehmoment | 168 Nm bei 3500/min | 202 Nm bei 1900/min | 250 Nm bei 3000/min |
| Verdichtung | 10,3 : 1 | 19,5 : 1 | 10,0 : 1 |
| Gemischbereitung | Elektron. Multipoint-Einspritzung | Verteilereinspritzpumpe Bosch | Elektron. Multipoint-Einspritzung |
| | | 1 Abgasturbolader, 1 Ladeluftkühler | |
| Ventile pro Zylinder | 5, V-förmig hängend | 2, V-förmig hängend | 2, V-förmig hängend |
| | 2 obenlieg. Nockenwellen | 1 obenlieg. Nockenwelle | 2 x 1 obenlieg. Nockenwellen |
| | (Zahnriemen) | (Zahnriemen) | (Zahnriemen) |
| Kurbelwellenlager | 5 | | 4 |
| Kühlung | Pumpe / 5,0 Liter Wasser | Pumpe / 8,0 Liter Wasser | Pumpe / 11,0 Liter Wasser |
| Schmierung | Druckumlauf / 4,0 Liter Öl | | Druckumlauf / 5,0 Liter Öl |
| Abgasreinigung | Dreiwege-Kat, Lambdasonde | Oxi-Kat, Abgasrückführung | Dreiwege-Kat, Lambdasonde |
| Batterie/Lichtmaschine | 12 V 44 Ah – Drehstrom 70 A | 12 V 80 Ah – Drehstrom 12 A | 12 V 63 Ah – Drehstrom 90 A |
| **Kraftübertragung** | | Frontantrieb | |
| Kupplung | | Einscheiben-Trockenkupplung | |
| Schaltung | | 5 Gang, Schaltstock in Wagenmitte | |
| Übersetzungen | I. 3,55 – II. 1,86 – III. 1,30 | I. 3,55 – II. 2,11 – III. 1,43 | I. 3,55 – II. 1,88 – III. 1,30 |
| | IV. 1,03 – V. 0,84 – R: 3,50 | IV. 1,03 – V. 0,84 – R: 3,50 | IV. 1,03 – V. 0,84 – R: 3,50 |
| Antriebsübersetzung | 3,89 | | 3,70 |
| Automatik | 4 Stufen | | 4 Stufen |
| Übersetzungen (Autom.) | I. 2,71 – II. 1,55 – III, 1,0 – IV. 0,68 – R: 2,11 | – | I. 2,71 – II. 1,44 – III, 1,0 – IV. 0,74 – R: 2,88 |
| Antriebsübers. (Autom.) | 5,15 | | 4,00 |
| **Fahrwerk** | | Selbsttragende Ganzstahlkarosserie | |
| Vorderradaufhängung | | McPherson-Federbeine | |
| | | (Schraubenfedern, Teleskopstoßdämpfer) | |
| | | Dreieckquerlenker, Drehstab-Stabilisator | |
| | | Hilfsrahmen | |
| Hinterradaufhängung | | Torsionskurbelachse | |
| | | (Längslenker, Achsrohr), Panhardstab | |
| | | Schraubenfedern, Teleskopstoßdämpfer | |
| | | Drehstab-Stabilisator | |
| Lenkung | | Zahnstange, Servo | |
| Fußbremse | | Zweikreis-Hydraulik, Servo | |
| | | vorn belüft. und hinten Scheiben, ABS | |
| **Allgemeine Daten** | Cabrio, 2+2sitzig | Cabrio, 2+2sitzig | Cabrio, 2+2sitzig |
| Radstand | 2556 mm | 2556 mm | 2556 mm |
| Spur vorn/hinten | 1453/1447 mm | 1453/1447 mm | 1453/1447 mm |
| Gesamtmaße | 4366 x 1716 x 1378 mm | 4366 x 1716 x 1378 mm | 4366 x 1716 x 1378 mm |
| Gepäckraum | 230 L | 230 L | 230 L |
| Reifen/Felgen | 195/65 VR 15 – 6,0 J x 15 | 195/65 VR 15 – 6,0 J x 15 | 205/60 VR 15 – 7,0 J x 15 |
| Wendekreisdurchmesser | 11,0 m | 11,0 m | 11,0 m |
| Leermasse | 1370 (1390) kg | 1390 kg | 1430 (1445) kg |
| Zul. Gesamtmasse | 1770 (1790) kg | 1790 kg | 1830 (1845) kg |
| Luftwiderstand ($c_W$ x A) | 0,36 x 1,95 $m^2$ | 0,36 x 1,95 $m^2$ | 0,36 x 1,95 $m^2$ |
| Höchstgeschwindigkeit | 195 (192) km/h | 175 km/h | 218 (217) km/h |
| Beschleunigung 0-100 km/h | 11,5 (13,9) sec | 14,7 sec | 9,8 (11,1) sec |
| Drittelmix-Verbrauch | 9,0 (9,4) L /100 km (S) | 6,0 L /100 km (D) | 10,8 (11,4) L /100 km (S) |
| Kraftstofftank | 70 Liter (über der Hinterachse) | 70 Liter (über der Hinterachse) | 70 Liter (über der Hinterachse) |

## Audi A4 Limousine (1994–2000)
## Audi A4 Avant (1995–2001)

Im Oktober 1994 debütierte der Nachfolger des Audi 80 – nunmehr A4 genannt (Baureihe B5) und zunächst als Limousine gezeigt. Die Form des Wagens lehnte sich am erfolgreichen Typ 80 an, bekam aber einige ganz eigene Akzente wie den Knick in der Heckpartie. Das Motorenprogramm umfasste den 1,6 Liter (100 PS), den 1,8-Liter-Fünfventiler ohne (125 PS) und mit Aufladung (150 PS – später in einer kleinen Auflage der quattro GmbH sogar 180 PS stark), den 2,6 Liter (150 PS), den 2,8 Liter-V6 (174 PS) und der 1,9 Liter TDI (90 PS). Den 1,8 T und den 2,6 gab es auch als quattro, weitere 4x4-Versionen gesellten sich später hinzu (z.B. 1,9 TDI ab Oktober 1996). Die Fahrwerkstechnik war weitgehend bekannt; bei der Vierlenker-Vorderachse hatte Audi auf Erfahrungen mit dem A8 zurückgegriffen.
Im November 1995 (Auslieferung Anfang 1996) kam schließlich auch der neue A4 Avant (Mehrpreis ca. 2300 DM, Dachreling zusätzlich 520 DM). Auch dieser Kombi war in erster Linie als Lifestyle-Auto und nicht für den profanen Lastentransport gedacht. Und der 2,8-Liter-V6 erstarkte dank Vierventiltechnik auf 193 PS (Herbst 1996). Erkennbar waren die Sechszylinder an den Alu-Leisten um die Seitenfenster.
Ende 1997 ersetzte der 2,4-Liter-V6 den bisherigen 2,6 Liter, im Jahr zuvor war der brummige, gleichwohl von den meisten Kunden georderte 1,8-Liter-Fünventiler überarbeitet worden. Ebenfalls Ende 1997 kam der neue 2,5-Liter-TDI hinzu, den es ausschließlich in der 150-PS-Version gab (Anfang 2000 Leistungssteigerung auf 180 PS). 1998 ersetzte der von VW entwickelte Pumpedüse-TDI mit 115 PS den bisherigen Motor mit Verteilereinspritzpumpe (110 PS).
Nur wenig Erfolg beschieden war dem ab 1996 verkauften Hybridauto »Duo A4 Avant«. Ausgerüstet mit dem 90-PS-TDI, einem wassergekühlten Drehstrom-Synchronmotor (29 PS) sowie einer Kupplungsautomatik ähnlich dem VW Golf Ecomatic, kostete das 1710 kg schwere Fahrzeug (320 kg-Batteriepaket unterm volumenreduzierten Ladeboden) rund 60.000 DM. Das schränkte die Zahl

Audi A4 Duo, 1996–1997. Hybridfahrzeug mit dem 1.9 TDI (90 PS) und 29 PS starkem Elektromotor. Die Akkus waren in der Ersatzradwanne verstaut und wogen 320 kg. Sie konnten über eine Standardsteckdose aufgeladen werden, an die ein bordeigenes Ladegerät angeschlossen war. Reichweite im Elektromodus ca. 50 km. Produktionsbeginn im September 1997, Verkaufspreis 60.000 DM . Mangels Nachfrage nach dem Bau von 90 Autos eingestellt.

der Interessenten stark ein, 1998 endete das Projekt nach rund 100 Exemplaren.
Nach Problemen mit der Auspuffanlage gelangte erst Mitte 1998 der S4 (Nachfolger des S2) mit neuem 2,7-Liter-V6-Biturbo (265 PS) und serienmäßigem Sechsgang-Schaltgetriebe hinzu (Präsentation IAA 1997). Dieses um 20 mm tiefergelegte Kraftpaket gab es sowohl als Limousine als auch – etwas zeitversetzt – als Avant.
Noch übertroffen wurde dieses Modell vom BMW M3-Konkurrenten Audi RS4 Avant, der auf der IAA 1999 erstmals gezeigt wurde. Dank des auf 380 PS hochgekitzelten Biturbo erreichte er Fahrleistungen der Superlative – Mithilfe leisteten hier die Ingenieure von Cosworth Technology in Großbritannien. Zwar wurde bei 250 km/h abgeriegelt, aber findige Dienstleister entschärften den Chip im Nu. Nur Motorhaube und Dach stammten tatsächlich vom Audi A4, alle anderen Teile wurden neu gestaltet – auch im Innenraum. Die Zahl der Vorbestellungen ubertraf die kuhnsten Erwartungen der Audi-Planer.
Im Frühjahr 1999 unterzog Audi den A4 einer grundlegenden letzten Renovierung, die auf den ersten Blick kaum ins Auge fiel. Spürbar waren aber das nun komfortablere Fahrwerk und der bessere Abrollkomfort. Die Produktion aller Limousinen-Versionen endete Mitte 2000 nach über einer Million Stück, um dem neuen Modell (Baureihe B6) Platz zu machen. Der Avant lief bis Mitte 2000.

Audi S4 Biturbo Avant, 1997–2001.

Audi S4 2.7 Biturbo Limousine, 1997–2000.

Audi S4 2.7 Biturbo Limousine, 1997–2000.

Audi A4 1.8 T quattro (150 PS) mit Sportpaket, 1997–2000.

| | Audi A4 1.6, 1994-2000<br>Audi A4 Avant 1.6, 1995-2001 | Audi A4 1.8, 1994-2000<br>Audi A4 Avant 1.8, 1995-2001 | Audi A4 1.8 T, 1994-2000<br>Audi A4 Avant 1.8, 1995-2001 |
|---|---|---|---|
| **Motor** | Ottomotor (Einspritzer), LM-Block/Kopf | Ottomotor (Einspritzer), LM-Kopf | |
| Zylinderzahl | 4 (Reihe), längs vor der Vorderachse | | |
| Bohrung x Hub | 81,0 x 77,4 mm | 81,0 x 86,4 mm | |
| Hubraum | 1595 cm³ | 1781 cm³ | |
| Leistung | 100 PS (74 kW) bei 5300/min | 125 PS (92 kW) bei 5800/min | 150 PS (110 kW) bei 5700/min |
| | 2000: 102 PS (75 kW) bei 5600/min | | 1999: auch 180 PS (132 kW) bei 5700/min |
| Drehmoment | 140 Nm bei 3800/min | 173 Nm bei 3950/min | 210 Nm bei 1750/min |
| | 102 PS: 145 Nm bei 3800/min | | 180 PS: 235 Nm bei 1750/min |
| Verdichtung | 10,3 : 1 | | 9,5 : 1 |
| Gemischbereitung | Elektronische Einspritzung | Elektronische Einspritzung, Bosch Motronic | |
| | Simos 2.0; 102 PS: Simos 3.4 | | 1 Abgasturbolader, 1 Ladeluftkühler |
| Ventile pro Zylinder | 2, parallel hängend | 5, V-förmig hängend | |
| | 1 obenlieg. Nockenwelle (Zahnriemen) | 2 obenlieg. Nockenwellen (Zahnriemen) | |
| Kurbelwellenlager | 5 | | |
| Kühlung | Pumpe / 6,5 Liter Wasser | | Pumpe / 6,5 Liter Wasser, Motor-Ölkühler |
| Schmierung | Druckumlauf / 3,4 Liter Öl | Druckumlauf / 4,0 Liter Öl | |
| Abgasreinigung | Dreiwege-Kat, Lambdasonde | | |
| Batterie/Lichtmaschine | 12 V 36 / 44 Ah – Drehstrom 70 A | 12 V 44 Ah – Drehstrom 70 A | 12 V 44 / 60 Ah – Drehstrom 70 A |
| **Kraftübertragung** | Frontantrieb | Frontantrieb; a.W. Allradantrieb (selbstsperr. Torsen-Zentraldiff.) | |
| Kupplung | Einscheiben-Trockenkupplung | | |
| Schaltung | 5 Gang, Schaltstock in Wagenmitte | | |
| Übersetzungen | I. 3,50 – II. 2,12 – III. 1,30 | I. 3,50 – II. 2,12 – III. 1,43 | I. 3,50 – II. 2,12 – III. 1,30 |
| | IV. 0,94 – V. 0,79 – R: 3,44 | IV. 1,03 – V. 0,84 – R: 3,44 | IV. 1,03 – V. 0,84 – R: 3,44 |
| | | 4x4: I. 3,50 – II. 2,12 – III. 1,30 | 4x4: I. 3,78 – II. 2,18 – III. 1,43 |
| | | IV. 0,94 – V. 0,79 – R: 3,44 | IV. 1,03 – V. 0,84 – R: 3,44 |
| Antriebsübersetzung | 4,56 | 4,11, 4x4: 4,56 | 3,70, 4x4: 3,89 |
| Automatik | 4 Stufen | | 5 Stufen |
| Übersetzungen (Autom.) | I. 2,71 – II. 1,55 – III. 1,0 | I. 2,714 – II. 1,55 – III. 1,0 | I. 3,67 – II. 2,0, – III. 1,41 |
| | IV. 0,68 – R: 2,11 | IV. 0,68 – R: 2,11 | IV. 1,03 – V. 0,74 – R: 4,1 |
| Antriebsübers. (Autom.) | 5,15 | 4,933 | 3,29 |
| **Fahrwerk** | Selbsttragende Ganzstahlkarosserie | | |
| Vorderradaufhängung | Vierlenkerachse, McPherson-Federbeine (Schraubenfedern, Teleskopstoßdämpfer), Hilfsrahmen | | |
| | Doppelquerlenker, Drehstab-Stabilisator | | |
| Hinterradaufhängung | Verbundlenkerachse, Längslenker, Schraubenfedern, Teleskopstoßdämpfer | | |
| | Schraubenfedern, Teleskopstoßdämpfer, Drehstab-Stabilisator | | |
| | | 4x4: Doppelquerlenker | |
| Lenkung | Zahnstange (16,2 : 1), Servo | Zahnstange; Servo | |
| Fußbremse | Zweikreis-Hydraulik, Servo, | Zweikreis-Hydraulik, Servo | Zweikreis-Hydraulik, Servo |
| | vorn belüft. (ø = 256 mm) u. | vorn belüft. (ø = 280 mm) u. | vorn belüft. (ø = 288 mm) u. |
| | Scheiben (ø = 245 mm), ABS | Scheiben (ø = 245 mm), ABS | Scheiben (ø = 245 mm), ABS |
| Fahrdynamikregelung | ESP | | |
| **Allgemeine Daten** | Limousine, 4türig – Kombi, 5türig | Limousine, 4türig – Kombi, 5türig | Limousine, 4türig – Kombi, 5türig |
| Radstand | 2615 mm, Kombi: 2620 mm | 2615 mm, Kombi: 2620 mm | 2615 mm, Kombi: 2620 mm |
| | | 4x4: 2605 mm | 4x4: 2605 mm |
| Spur vorn/hinten | 1500/1480 mm | 1500/1480 mm, 4x4: 1450/1475 mm | 1500/1480 mm, 4x4: 1450/1475 mm |
| Gesamtmaße | 4480 x 1735 x 1410 mm, Kombi: 4480 x 1730 x 1420 mm | | |
| Gepäckraum | 440 / 720 L, Kombi: 390/1250 L | 440 / 720 L, Kombi: 390/1250 L | 440 / 720 L, Kombi: 390/1250 L |
| Reifen/ Felgen | 195/65 HR/VR 15 – 6,0 J x 15 | 195/65 HR 15 – 6,0 J x 15 | 195/65 VR 15 – 6,0 J x 15 |
| Wendekreisdurchmesser | 11,1 m | 11,1 m | 11,1 m |
| Leermasse | 1185 - 1225 / 1230 - 1265 kg | 1220 / 1245 kg, 4x4: 1320 / 1360 kg | 1225 / 1270 kg, 4x4: 1325 / 1365 kg |
| Zul. Gesamtmasse | 1735 - 1775 / 1780 - 1815 kg | 1770 / 1795 kg, 4x4: 1870/ 1910 kg | 1775 / 1820 kg, 4x4: 1875 / 1915 kg |
| | Automatik: + 20 kg | Automatik: + 20 kg | Automatik: + 20 kg |
| Luftwiderstand ($c_W$ x A) | 0,30 x 2,03 / 2,31 x 2,04 m² | 0,30 x 2,03 / 0,31 x 2,04 m² | 0,31 x 2,03 / 0,32 x 2,04 m² |
| Höchstgeschwindigkeit | 191 (185) km/h | 205 (200) / 201 (196) km/h | 150 PS: 222 (216) / 218 (212) |
| | | 4x4: 202 / 198 km/h | 4x4: 220 / 216 km/h |
| Beschleunigung 0-100 km/h | 11,9 (14,6) sec | 10,5 (12,1) / 10,7 (12,4) sec | 150 PS: 8,3 (9,5) / 8,5 (9,7) sec |
| | | 4x4: 10,8 / 12,0 sec | 4x4: 8,4 / 8,5 sec |
| Euromix-Verbrauch | 8,9 (9,5) L/100 km (S) | 9,4 (9,9), 4x4: 9,8 L /100 km (S) | 8,7 (9,2); 4x4: 9,1 L /100 km (S) |
| Kraftstofftank | 62 Liter (über der Hinterachse) | 62 Liter (über der Hinterachse) | 62 Liter (über der Hinterachse) |

| | Audi A4 1.9 TDI-90/110, 1994-2000<br>Audi A4 Avant 1.9 TDI, 1995-2001 | Audi A4 1.9 TDI PD-115, 1999-2000<br>Audi A4 Avant 1.9 TDI PD-115, 1999- | Audi A4 2.5 TDI, 1997-2000<br>Audi A4 Avant 2.5 TDI, 1997-2001 |
|---|---|---|---|
| **Motor** | Dieselmotor (Direkteinspritzer) | Dieselmotor (Direkteinspritzer) | |
| | LM-Block/Kopf | LM-Kopf | |
| Zylinderzahl | 4 (Reihe), längs über der Vorderachse | | 6 (V 90°), längs über der Vorderachse |
| Bohrung x Hub | 79,5 x 95,5 mm | | 78,3 x 86,4 mm |
| Hubraum | 1896 cm³ | | 2496 cm³ |
| Leistung | 90 PS (74 kW) bei 4000/min | 115 PS (92 kW) bei 4150/min | 150 PS (110 kW) bei 4000/min |
| | 1996: auch 110 PS (81 kW) bei 4150/min | | |
| Drehmoment | 210 Nm bei 1900/min | 285 Nm bei 1900/min | 310 Nm bei 1500/min |
| | 110 PS: 235 Nm bei 1900/min | 4x4: 310 Nm bei 1900/min | |
| Verdichtung | 19,5 : 1 | | |
| Gemischbereitung | Verteilereinspritzpumpe Bosch VP 37 | Pumpedüse-Hochdruckeinspritzunng | Verteilereinspritzpumpe Bosch VP 44 |
| | 1 Abgasturbolader, 1 Ladeluftkühler | 1 Abgasturbolader, 1 Ladeluftkühler | 1 Abgasturbolader, 1 Ladeluftkühler |
| Ventile pro Zylinder | 2, parallel hängend | | 4, V-förmig hängend |
| | 1 obenlieg. Nockenwelle | | 2 x 2 obenlieg. Nockenwellen |
| | (Zahnriemen) | | (Zahnriemen) |
| Kurbelwellenlager | 5 | | |
| Kühlung | Pumpe / 6,5 Liter Wasser | | Pumpe / 8,0 Liter Wasser, Motor-Ölkühler |
| Schmierung | Druckumlauf / 3,5 Liter Öl | Druckumlauf / 4,0 Liter Öl | Druckumlauf / 6,0 Liter Öl |
| Abgasreinigung | Oxi-Kat, Abgasrückführung | | |
| Batterie/Lichtmaschine | 12 V 80 Ah – Drehstrom 70 / 120 A | | 12 V 82 Ah – Drehstrom 120 A |
| **Kraftübertragung** | Frontantrieb | Frontantrieb; a.W. Allradantrieb (selbstsperr. Torsen-Zentraldiff.) | |
| Kupplung | Einscheiben-Trockenkupplung | | |
| Schaltung | 5 Gang, Schaltstock in Wagenmitte | 5 Gang/6 Gang (4x4), Schaltst. in Wagenm. | 6 Gang, Schaltstock in Wagenmitte |
| Übersetzungen | I. 3,50 – II. 1,84 – III. 1,16 | I. 3,50 – II. 1,94 – III. 1,27 | I. 3,50 – II. 1,89 – III. 1,23 |
| | IV. 0,84 – V. 0,68 – R: 3,44 | IV. 0,84 – V. 0,68 – R: 3,44 | IV. 0,87 – V. 0,67 – VI. 0,56 – R: 3,46 |
| | | I. 3,50 (4x4) – II. 1,89 – III. 1,23 | |
| | | IV. 0,87 – V. 0,67 – VI. 0,56 – R: 3,46 | |
| Antriebsübersetzung | 3,89 | 3,70, 4x4: 4,11 | 3,88 |
| Automatik | 4 Stufen | 5 Stufen | 5 Stufen (auch 4x4) |
| Übersetzungen (Autom.) | I. 2,71, II. 1,44, III. 1,0,IV. 0,74; R: 2,88 | I. 3,67, II. 2,0, III. 1,41,IV. 1,0, V. 0,74; R: 4,1 | |
| Antriebsübers. (Autom.) | 3,69 | 2,81 | 2,73 |
| **Fahrwerk** | Selbsttragende Ganzstahlkarosserie | | |
| Vorderradaufhängung | Vierlenkerachse, McPherson-Federbeine (Schraubenfedern, Teleskopstoßdämpfer) | | |
| | Hilfsrahmen, Doppelquerlenker, Drehstab-Stabilisator | | |
| Hinterradaufhängung | Verbundlenkerachse, Längslenker, Schraubenfedern, Teleskopstoßdämpfer, Drehstab-Stabilisator | | |
| | | 4x4: Doppelquerlenker | |
| Lenkung | Zahnstange, Servo | | |
| Fußbremse | Zweikreis-Hydraulik, Servo | Zweikreis-Hydraulik, Servo | |
| | vorn belüft. (ø = 280 mm) u. | vorn belüft. (ø = 288 mm) u. Scheiben (ø = 245 mm), ABS | |
| | Scheiben (ø = 245 mm), ABS | | |
| Fahrdynamikregelung | ESP | | |
| **Allgemeine Daten** | Limousine, 4türig – Kombi, 5türig | Limousine, 4türig – Kombi, 5türig | Limousine, 4türig – Kombi, 5türig |
| Radstand | 2615 mm, Kombi: 2620 mm | 2615 mm, Kombi: 2620 mm, 4x4: 2605 mm | 2615 mm, Kombi: 2620 mm, 4x4: 2605 mm |
| Spur vorn/hinten | 1500/1480 mm | 1500/1480 mm, 4x4: 1450/1475 mm | 1500/1480 mm, 4x4: 1450/1475 mm |
| Gesamtmaße | 4480 x 1735 x 1410 mm | 4480 x 1735 x 1410 mm | 4480 x 1735 x 1410 mm |
| | Kombi: 4480 x 1730 x 1420 mm | Kombi: 4480 x 1730 x 1420 mm | Kombi: 4480 x 1730 x 1420 mm |
| Gepäckraum | 440 / 720 L, Kombi: 390 / 1250 L | 440 / 720 L, Kombi: 390 / L | 440 / 720 L, Kombi: 390 / 1250 L |
| Reifen/Felgen | 195/65 TR 15 – 6,0 J x 15 | 195/65 HR 15 – 6,0 J x 15 | 195/65 VR 15 – 6,0 J x 15 |
| Wendekreisdurchmesser | 11,1 m | 11,1 m | 11,1 m |
| Leermasse | 1265/ 1305 kg | 1220 / 1245 kg, 4x4: 1320 / 1360 kg | 1385 / 1430 kg, 4x4: 1495 / 1535 kg |
| | | 1275 / 1315 kg | |
| Zul. Gesamtmasse | 1815 / 1855 kg | 1770 / 1795 kg, 4x4: 1870/ 1910 kg | 1935 / 1980 kg, 4x4: 2045 / 2090 kg |
| | Automatik: + 20 kg | 1285 / 1325 kg, Automatik: + 20 kg | Automatik: + 20 kg |
| Luftwiderstand ($c_W$ x A) | 0,31 x 2,03 / 2,32 x 2,04 m² | 0,31 x 2,03 / 2,32 x 2,04 m² | 0,31 x 2,03 / 0,32 x 2,04 m² |
| Höchstgeschwindigkeit | 182 (175) / 180 (173) km/h | 200 (194) km/h, 4x4: 196 | 220 (214) / 216 (210) km/h |
| | | | 4x4: 216 / 212 km/h |
| Beschleunigung 0-100 km/h | 13,5 (14,8) / 13,6 (15,0) sec | 10,5, 4x4: 10,9 sec | 9,0 (9,8) / 9,2 (9,9) sec, 4x4: 9,4 / 9,6 sec |
| Euromix-Verbrauch | 5,7 (6,9) L/100 km (D) | 5,3, 4x4: 5,7 L /100 km (D) | 7,5 (8,5), 4x4: 8,1 L /100 km (D) |
| Kraftstofftank | 62 Liter (über der Hinterachse) | 62 Liter (über der Hinterachse) | 62 Liter (über der Hinterachse) |
| | | 4x4: 60 Liter | 4x4: 60 Liter |

| | Audi A4 2.4, 1997-2000<br>Audi A4 Avant 2.4, 1997-2001 | Audi A4 2.6, 1994-1997<br>Audi A4 Avant 2.6, 1995-1997 | Audi A4 2.8, 1994-2000<br>Audi A4 Avant 2.8, 1995-2001 |
|---|---|---|---|
| **Motor** | Ottomotor (Einspritzer), LM-Kopf | | |
| Zylinderzahl | 6 (V 90°), längs vor der Vorderachse | | |
| Bohrung x Hub | 81,0 x 77,4 mm | 82,5 x 81,0 mm | 82,5 x 86,4 mm |
| Hubraum | 2393 cm³ | 2598 cm³ | 2771 cm³ |
| Leistung | 165 PS (121 kW) bei 6000/min | 150 PS (110 kW) bei 5500/min | 174 PS (128 kW) bei 5500/min |
| | | | 1996: 193 PS (142 kW) bei 6000/min |
| Drehmoment | 230 Nm bei 3200/min | 225 Nm bei 3500/min | 250 Nm bei 3000/min |
| | | | 193 PS: 280 Nm bei 3200/min |
| Verdichtung | 10,5 : 1 | 10,0 : 1 | 10,3 : 1, 193 PS: 10,6 : 1 |
| Gemischbereitung | Elektronische Einspritzung, Bosch Motronic | | |
| Ventile pro Zylinder | 5, V-förmig hängend | 2, V-förmig hängend | |
| | 2 x 2 obenlieg. Nockenwellen | 2 x 1 obenlieg. Nockenwellen (Zahnriemen) | |
| | (Zahnriemen/Kette) | | 193 PS: 5 Ventile, 2 x2 obenlieg. |
| | | | Nockenwellen (Zahnriemen/Kette) |
| Kurbelwellenlager | 4 | | |
| Kühlung | Pumpe / 8,5 Liter Wasser | Pumpe / 6,5 Liter Wasser | |
| Schmierung | Druckumlauf / 6,0 Liter Öl | Druckumlauf / 4,3 Liter Öl | |
| Abgasreinigung | Dreiwege-Kat, Lambdasonde | | |
| Batterie/Lichtmaschine | 12 V 70 Ah – Drehstrom 90 A | | |
| **Kraftübertragung** | Frontantrieb; a.W. Allradantrieb (selbstsperr. Torsen-Zentraldiff.) | | |
| Kupplung | Einscheiben-Trockenkupplung | | |
| Schaltung | 5 Gang, Schaltstock in Wagenmitte | | |
| Übersetzungen | I. 3,50 – II. 1,94 – III. 1,30 – IV. 0,94 – V. 0,79 – R: 3,44 | | |
| Antriebsübersetzung | 3,89, 4x4: 4,11 | | |
| Automatik | 5 Stufen (nicht für 4x4) | | |
| Übersetzungen (Autom.) | I. 3,67 – II. 2.0 – III. 1,41 | | I. 3,67 – II. 2.0 – III. 1,41 |
| | IV. 1,0 –V 0,74 – R: 4,1 | | IV. 1,03 –V. 0,74 –R: 4,1 |
| Antriebsübers. (Autom.) | 3,29 | | |
| **Fahrwerk** | Selbsttragende Ganzstahlkarosserie | | |
| Vorderradaufhängung | Vierlenkerachse, McPherson-Federbeine (Schraubenfedern, Teleskopstoßdämpfer) | | |
| | Hilfsrahmen, Doppelquerlenker, Drehstab-Stabilisator | | |
| Hinterradaufhängung | Verbundlenkerachse, Längslenker, Schraubenfedern, Teleskopstoßdämpfer, Drehstab-Stabilisator, 4x4: Doppelquerlenker | | |
| Lenkung | Zahnstange, Servo | | |
| Fußbremse | Zweikreis-Hydraulik, Servo, vorn belüft. (ø = 288 mm) u. Scheiben (ø = 245 mm), ABS | | |
| Fahrdynamikregelung | ESP | | |
| **Allgemeine Daten** | Limousine, 4türig – Kombi, 5türig | Limousine, 4türig – Kombi, 5türig | Limousine, 4türig – Kombi, 5türig |
| Radstand | 2615 mm, Kombi: 2620 mm, 4x4: 2605 mm | 2615 mm, Kombi: 2620 mm, 4x4: 2605 mm | 2615 mm, Kombi: 2620 mm, 4x4: 2605 mm |
| Spur vorn/hinten | 1500/1480 mm, 4x4: 1450/1475 mm | 1500/1480 mm, 4x4: 1450/1475 mm | 1500/1480 mm, 4x4: 1450/1475 mm |
| Gesamtmaße | 4480 x 1735 x 1410 mm | 4480 x 1735 x 1410 mm | 4480 x 1735 x 1410 mm |
| | Kombi: 4480 x 1730 x 1420 mm | Kombi: 4480 x 1730 x 1420 mm | Kombi: 4480 x 1730 x 1420 mm |
| Gepäckraum | 440 / 720 L, Kombi: 390/1250 L | 440 / 720 L, Kombi: 390/1250 L | 440 / 720 L, Kombi: 390/1250 L |
| Reifen/Felgen | 195/65 VR 15 – 6,0 J x 15 (LM) | 195/65 VR 15 – 6,0 J x 15 (LM) | 205/60 WR 15 – 6,0 J x 15 (LM) |
| Wendekreisdurchmesser | 11,1 m | 11,1 m | 11,1 m |
| Leermasse | 1300 / 1350 kg, 4x4: 1410 / 1450 kg | 1220 / 1245 kg, 4x4: 1320 / 1360 kg | 1285 / 1320 kg, 4x4: 1400 / 1430 kg |
| Zul. Gesamtmasse | 1855 / 1910 kg, 4x4: 1970 / 2000 kg | 1770 / 1795 kg, 4x4: 1870 / 1910 kg | 1835 / 1870 kg, 4x4: 1950 / 1980 kg |
| | Automatik: + 30 kg | Automatik: + 20 kg | Automatik: + 30 kg |
| Luftwiderstand ($c_W$ x A) | 0,31 x 2,03 / 2,32 x 2,04 m² | 0,31 x 2,03 / 2,32 x 2,04 m² | 0,31 x 2,03 / 0,32 x 2,04 m² |
| Höchstgeschwindigkeit | 226 (220) / 222 (216) km/h | 220 (214) / 216 (210) km/h | 193 PS: 240 (235) / 236 (231) |
| | 4x4: 224 / 220 km/h | 4x4: 218 / 214 km/h | 4x4: 238 / 233 km/h |
| Beschleunigung 0-100 km/h | 8,4 (9,8) / 8,6 (10,1) sec | 8,7 (9,8) / 8,9 (10,0) sec | 193 PS: 7,3 (8,6) / 7,4 (8,7) sec |
| | 4x4: 8,4 / 8,6 sec | 4x4: 8,8 / 8,9 sec | 4x4: 7,3 / 7,4 sec |
| Euromix-Verbrauch | 10,2 (11,2) L /100 km (S) | 10,4 (11,1) L /100 km (S) | 10,3 (9,7) L /100 km (S) |
| | 4x4: 11,0 L /100 km (S) | 4x4: 10,6 L /100 km (S) | 4x4: 10,8 L /100 km (S) |
| Kraftstofftank | 62 Liter, (über der Hinterachse) 4x4: 60 Liter | | |

| | Audi S4 2.7, 1997-2000<br>Audi S4 Avant, 1997-2001 | Audi RS 4 Avant<br>1999-2001 |
|---|---|---|
| **Motor** | Ottomotor (Einspritzer), LM-Kopf | |
| Zylinderzahl | 6 (V 90°), längs über der Vorderachse | |
| Bohrung x Hub | 81,0 x 86,4 mm | |
| Hubraum | 2671 $cm^3$ | |
| Leistung | 265 PS (195 kW) bei 5800/min | 380 PS (280 kW) bei 6500/min |
| Drehmoment | 400 Nm bei 1850/min | 440 Nm bei 2500/min |
| Verdichtung | 9,3 : 1 | |
| Gemischbereitung | Elektronische Einspritzung Bosch Motronic ME 7.2 | Elektronische Einspritzung Bosch Motronic ME 7.2 |
| | 2 Abgasturbolader, 2 Ladeluftkühler | 2 Abgasturbolader (2,2 bar), 2 Ladeluftkühler |
| Ventile pro Zylinder | 5, V-förmig hängend, 2 x 2 obenlieg. Nockenwellen | |
| | (Zahnriemen/Kette) | |
| Kurbelwellenlager | 4 | |
| Kühlung | Pumpe / 6,0 Liter Wasser, Motor-Ölkühler | |
| Schmierung | Druckumlauf / 6,0 Liter Öl | |
| Abgasreinigung | Dreiwege-Kat, Lambdasonde | |
| Batterie/Lichtmaschine | 12 V 70 Ah – Drehstrom 120 A | |
| **Kraftübertragung** | Allradantrieb (selbstsperr. Torsen-Zentraldiff. | |
| | und sperrb. Hinterachs-Differential) | |
| Kupplung | Einscheiben-Trockenkupplung | |
| Schaltung | 6 Gang, Schaltstock in Wagenmitte | |
| Übersetzungen | I. 3,50 – II. 1,89 – III. 1,23 | |
| | IV. 0,97 – V 0,81 – VI. 0,68 | |
| | R: 3,46 | |
| Antriebsübersetzung | 4,11 | |
| **Fahrwerk** | Selbsttragende Ganzstahlkarosserie | |
| Vorderradaufhängung | Vierlenkerachse, McPherson-Federbeine | |
| | (Schraubenfedern, Teleskopstoßdämpfer), Hilfsrahmen | |
| | Doppelquerlenker, Drehstab-Stabilisator | |
| Hinterradaufhängung | Doppelquerlenkerachse, Schraubenfedern | |
| | Teleskopstoßdämpfer, Drehstab-Stabilisator | |
| Lenkung | Zahnstange, Servo | |
| Fußbremse | Zweikreis-Hydraulik, Servo | Zweikreis-Hydraulik, Servo |
| | vorn (ø = 321 mmm) und hinten | vorn (ø = 360 mm) und hinten |
| | (ø = 245 mm) belüft. Scheiben, ABS | (ø = 312 mm) belüft. Scheiben, ABS |
| Fahrdynamikregelung | ESP | |
| **Allgemeine Daten** | Limousine, 4türig – Kombi, 5türig | Kombi, 5türig |
| Radstand | 2605 mm | 2605 mm |
| Spur vorn/hinten | 1500/1490 mm | 1500/1490 mm |
| Gesamtmaße | 4485 (Kombi: 4490) x 1735 x 1400 mm | 4490 x 1770 x 1400 mm |
| Gepäckraum | 440 / 720 L; Kombi: 390/1250 L | 390/1250 L |
| Reifen/Felgen | 225/45 ZR 17 – 7.5 J x 17 (LM) | 255/35 ZR 18 – 8.5 J x 18 (LM) |
| Wendekreisdurchmesser | 11,4 m | 11,4 m |
| Leermasse | 1510 kg; Kombi: 1450 kg | 1620 kg |
| Zul. Gesamtmasse | 2060 kg, Kombi: 2090 kg | 2170 kg |
| Luftwiderstand ($c_W$ x A) | 0,31 x 2,03 / 0,32 x 2,04 $m^2$ | 0,34 x 2,04 $m^2$ |
| Höchstgeschwindigkeit | 250 km/h (abgeriegelt) | 250 km/h (abgeriegelt) |
| Beschleunigung 0-100 km/h | 5,6 sec | 4,2 sec |
| Euromix-Verbrauch | 12,5 L /100 km (S) | 13,0 L /100 km (S) |
| Kraftstofftank | 62 Liter (über der Hinterachse) | 62 Liter (über der Hinterachse) |

## Audi 100 (1976–1982)
## Audi 200 (1979–1982)

Anfang August 1976 wurde ein neuer Audi 100 (C2) vorgestellt, im September 1976 begann die Produktion der Viertüren-Limousine mit 1,6- und 2,0-Liter Vierzylinder-Vergasermotor. Ab Februar 1977 gab es auch die (selten gebliebene) Zweitüren-Limousine, und ab April 1977 die stärkste Version des Audi 100 mit 136 PS starkem Fünfzylinder-Einspritzmotor. Zunächst standen drei Ausstattungen zur Wahl, wobei bereits das Basismodell mit allem wichtigen Zubehör versehen war. Die technische Konzeption des Vormodells blieb beim neuen Audi 100 erhalten.

August 1977: Als dritte Karosserieausführung erschien der Audi 100 Avant, eine Schrägheck Kombilimousine mit vier Türen, großer Heckklappe und variablem Rücksitzraum. Für alle Audi 100 Modelle 1978 wurden weniger grelle Lackierungen, eine gediegenere Innenausstattung und eine allgemein bessere Verarbeitung angekündigt.

April 1978: Der Fünfzylindermotor wurde jetzt auch mit Vergaser und 115 PS Leistung geliefert. Ab August 1978 entfiel dafür der 115 PS Vierzylinder-2,0-Liter-Motor, der zwar etwas billiger war, aber durch geringe Laufkultur missfiel.

August 1978: Als vierte besonders komfortable und luxuriöse Wahlmöglichkeit wurde die CD-Ausstattung mit Metallic-Lackierung, Leichtmetallrädern, elektrischen Fensterhebern, Zentralverriegelung, Stereoradio und weiteren Extras geliefert. Hier gab es auch die (an sich für alle Audi wünschenswerte) Servolenkung.

Oktober 1978: Als aufsehenerregende Neuheit präsentierte die VW-Tochter den Audi 100 5D mit 70 PS-Motor (2,0 Liter, Fünfzylinder-Diesel). Der war zwar teuer in der Anschaffung, aber sparsam im Verbrauch. Kalt lief der Motor arg unkultiviert, warm und bei hohem Dauertempo dagegen sehr manierlich. Zum hohen Kaufpreis kam als unerlässliche Sonderausstattung die Servolenkung hinzu.

August 1979: Im Zuge der Modellpflege musste sich der Audi 100 einige äußere Modifikationen gefallen lassen, die aber sein Erscheinungsbild kaum veränderten. Er erhielt breitere Scheinwerfer, andere Plastikummantelungen der Stoßfänger, größere Heckleuchten. Die Nebelleuchten, serienmäßig bei den GL- und CD-Modellen, hingen nicht mehr unter den Stoßfängern, sondern wurden in diese einbezogen. Im Wagen fand man eine besser ablesbare Instrumentenskala, ein anderes Lenkrad sowie neue Stoffe und Verkleidungen. Einzige technische Neuerung war das für alle Fünfzylinder-Modelle angebotene Fünfganggetriebe.

September 1979: Vorstellung des neuen, vom Audi 100 abgeleiteten Spitzenmodells Audi 200. Auslieferung ab Februar 1980. Es gab zwei Versionen, nämlich den Audi 200 5 E mit dem 136 PS leistenden Einspritzmotor und

Audi 100 (5E), Limousine 4 Türen, 1978–1979.

Fünfgang-Spargetriebe sowie den Audi 200 5 T mit Abgas-Turbolader und Fünfgang-Sportgetriebe. Zur Serienausstattung gehörten 15-Zoll-Leichtmetallräder, Doppelrechteck-Scheinwerfer mit Reinigungsanlage, Servolenkung, Zentralverriegelung sowie eine besonders gediegene Innenausstattung.

Januar 1981: Benzinsparausführungen »Formel E« wurden angeboten, fanden aber wenig Zuspruch, weil finanziell nicht lohnend.

Mai 1981: Alle Audi 100 mit Verbundglas-Frontscheiben.

August 1981: Geänderte Modellstufen mit Audi 100 C, CL und GL, durchweg mit Vier- und Fünfzylindermotoren, sowie 100 CS mit Frontspoiler, Leichtmetall-Rädern, Breitreifen, Stoßleisten, Vierspeichen-Lenkrad und Mittelkonsole.

August 1982: Ablösung dieser Baureihe durch Audi 100 mit aerodynamisch optimierter Karosserieform.

Audi 100 Avant GL, Kombilimousine 4 Türen, 1977.

Audi 100 GL (Baureihe C 2), Limousine 4 Türen, 1976–1979.

Audi 100 GL (5D), Limousine 4 Türen, 1981–1982.

Audi 200 5T, Limousine 4 Türen, 1979–1982.

Audi 200 5T, Limousine 4 Türen, 1979–1982.

| | Audi 100 1976-1982 | Audi 100 1976-1982 | Audi 100 (5D) 1978-1982 | Audi 100 (5) 1980-1982 |
|---|---|---|---|---|
| **Motor** | Ottomotor (Vergaser) | Ottomotor (Vergaser) | Dieselmotor (Wirbelkammer) | Ottomotor (Vergaser) |
| Zylinderzahl | 4 (Reihe) | 5 (Reihe) | 5 (Reihe) | 5 (Reihe) |
| Bohrung x Hub | 79,5 x 80,0 mm | 79,5 x 86,4 mm | 76,5 x 86,4 mm | 79,5 x 77,4 mm |
| Hubraum | 1588 (Steuer 1577) ccm | 2144 (Steuer 2081) ccm | 1986 (Steuer 1962) ccm | 1921 (Steuer 1897) ccm |
| Leistung | 85 PS (63 kW) b. 5600 U/min | 115 PS (85 kW) b. 5500 U/min | 70 PS (51 kW) b. 4800 U/min | 100 PS (74 kW) b. 5400 U/min |
| Drehmoment | 12,4 mkg b. 3200 U/min | 16,8 mkg b. 3500 U/min | 12,9 mkg b. 3000 U/min | 14,5 mkg b. 3800 U/min |
| Verdichtung | 8,2:1 | 9,3:1 | 23,0:1 | 10,0:1 |
| Gemischbereitung | 1 Register-Fallstromvergaser | 1 Register-Fallstromvergaser | Verteiler-Einspritzpumpe | 1 Register-Fallstromvergaser |
| | Pierburg 2 B 2 | Pierburg 2 B 3 | Bosch | Pierburg 2 B 4 |
| Ventile | Hängend, obenliegende Nockenwelle, Antrieb über Zahnriemen | | | |
| Kurbelwellenlager | 5 | | 5 | |
| Kühlung | Pumpe, 7 Liter Wasser | Pumpe, 7,5 Liter Wasser | Pumpe, 9,4 Liter Wasser | Pumpe, 8,1 Liter Wasser |
| Schmierung | Druckumlauf, 4 Liter Öl | Druckumlauf, 5 Liter Öl | Druckumlauf, 5 Liter Öl | Druckumlauf, 4,5 Liter Öl |
| Batterie | 12 V 45 oder 54 Ah | 12 V 54 oder 63 Ah | 12 V 63 Ah | 12 V 63 Ah |
| Lichtmaschine | Drehstrom 55, 65 oder 75 A | Drehstrom 55 A | Drehstrom 80 A | Drehstrom 55, 65 oder 75 A |
| **Kraftübertragung** | Frontantrieb | | | |
| | Motor (um 20° rechts seitlich geneigt) längs vor, Getriebe hinter der Vorderachse | | | |
| Schaltgetriebe | 4 Gang oder (ab August 1979) auch 5 Gang | | | |
| Schaltung | Schaltstock Wagenmitte | | | |
| Übersetzungen | I. 3,454 | I. 3,600 | I. 3,600 | I. 2,846 |
| | II. 1,944 | II. 2,125 | II. 1,941 | II. 1,524 |
| | III. 1,286 | III. 1,360 | III. 1,231 | III. 0,969 |
| | IV. 0,909 | IV. 0,967 | IV. 0,857 | IV. 0,703 |
| | (V. 0,684) | | (V. 0,684) | (V. 0,537) |
| Antriebs-Übersetzung | 4,444 | 3,889 | 4 Gang 4,300; 5 Gang 4,778 | 5,222 |
| Autom. Getriebe | Mit Aufpreis: 3 Gang-Automatic | | Nicht lieferbar | |
| Übersetzungen | I. 2,552 – II. 1,448 – III. 1,00 | | | |
| Antriebs-Übersetzungen | 4,091 | 3,727 | | |
| **Fahrwerk** | Selbsttragende Ganzstahlkarosserie | | | |
| Vorderradaufhängung | McPherson-Federbeine, Dreieck-Querlenker unten, Schraubenfedern, Querstabilisator | | | |
| Hinterradaufhängung | Rohr-Starrachse (Torsionskurbelachse), Längslenker, Panhardstab, Schraubenfedern | | | |
| Lenkung | Zahnstange. Mit Aufpreis oder z.T. Serie: Servohilfe | | | |
| Betriebsbremse | Zweikreis-Hydraulik, Servohilfe | | | |
| | Scheibenbremsen vorn (257 mm ø) | | | |
| | Trommelbremsen hinten | | | |
| **Allgemeine Daten** | | | | |
| Radstand | 2676 mm | | | |
| Spur vorn/hinten | 1470/1445 mm | | | |
| Gesamtmaße | Bis August 1979: 4695 (Avant 4607) x 1768 x 1390 mm | | | |
| | Ab August 1979: 4683 (Avant 4590) x 1768 x 1390 mm | | | |
| Felgen | 5,50 J x 14 Stahl oder 6 J x 14 Leichtmetall | | | |
| Reifen | 165 SR 14 oder 185/70 SR 14 oder HR 14 | | | |
| Wendekreis links/rechts | 11,6 Meter | | | |
| Wagengewicht | 1170, Automatic 1190 kg | 1210, Automatic 1230 kg | 1280 kg | 1210 kg |
| Zuläss. Gesamtgewicht | 1570 kg | 1610 kg | 1670 kg | 1630 kg |
| Höchstgeschwindigkeit | 165, Automatic 160 km/h | 179, Automatic 175 km/h | 150 km/h | 170 km/h |
| Beschleunigung 0-100 km/h | 13,5, Automatic 16,5 sec | 11 Automatic 12,5 sec | 19 sec | 13 sec |
| Verbrauch/100 km | 11,5, Automatic 12,5 Liter | 12,5, Automatic 13,5 Liter | 10,5 Liter Diesel | 12,5 Liter Super |
| | Normalbenzin | Super | | |
| Kraftstofftank | 60 Liter (vor Hinterachse) | 60 Liter (vor Hinterachse) | 60 Liter (vor Hinterachse) | 60 Liter (vor Hinterachse) |

| | Audi 100 (5S) 1978-1982 | Audi 100 (5E) 1976-1982 | Audi 200 5E 1979-1982 | Audi 200 5T 1979-1982 |
|---|---|---|---|---|
| **Motor** | Ottomotor (Vergaser) | Ottomotor (Einspritzer) | | Ottomotor (Einspritzer) mit |
| | | | | Abgas-Turbolader KKK Typ K 26 |
| Zylinder | 5 (Reihe) | 5 (Reihe) | | 5 (Reihe) |
| Bohrung x Hub | 79,5 x 86,4 mm | 79,5 x 86,4 mm | | 79,5 x 86,4 mm |
| Hubraum | 2144 (Steuer 2119) ccm | 2144 (Steuer 2119) ccm | | 2144 (Steuer 2119) ccm |
| Leistung | 115 PS (85 kW) b. 5500 U/min | 136 PS (100 kW) b. 5700 U/min | | 170 PS (125 kW) b. 5300 U/min |
| Drehmoment | 16,6 mkg b. 4000 U/min | 18,5 mkg b. 4200 U/min | | 20,5 mkg b. 3300 U/min |
| Verdichtung | 8,3:1*) | 9,3:1 | | 7,0:1 |
| Gemischbereitung | 1 Register-Fallstromvergaser | Mechanische Einspritzung | | Mechanische Einspritzung |
| | Pierburg 2 B 2 | Bosch K-Jetronic | | Bosch K-Jetronic |
| Ventile | Hängend, obenliegende Nockenwelle, Antrieb über Zahnriemen | | | |
| Kurbelwellenlager | 6 | | | |
| Kühlung | Pumpe, 8,1 Liter Wasser | | | |
| Schmierung | Druckumlauf, 5 Liter Öl | | | |
| Batterie | 12 V 63 Ah | | | |
| Lichtmaschine | Drehstrom 55, 65 oder 75 A | Drehstrom 65, 75 oder 90 A | Drehstrom 75 A | Drehstrom 75 A |
| **Kraftübertragung** | Frontantrieb. Motor (um 20  rechts seitlich geneigt) längs vor, Getriebe hinter der Vorderachse | | | |
| Schaltgetriebe | 4 Gang oder (ab August 1979) auch 5 Gang | | 5 Gang | 5 Gang |
| Schaltung | Schaltstock Wagenmitte | | Schaltstock Wagenmitte | Schaltstock Wagenmitte |
| Übersetzungen | I. 3,600 – II. 1,941 – III. 1,231 | | I. 3,600 – II. 1,941 – III. 1,231 | I. 3,600 – II. 2,125 – III. 1,360 |
| | IV. 0,903 – (V. 0,684) | | IV. 0,903 – V. 0,684 | IV. 0,967 – V. 0,829 |
| Antriebs-Übersetzung | 3,889 | | 3,889 | 3,889 |
| Autom. Getriebe | Mit Aufpreis: 3 Gang-Automatic | | | |
| Übersetzungen | I. 2,552 – II. 1,448 – III. 1,00 | | | |
| Antriebs-Übersetzungen | 3,445 | 3,727 | 3,727 | 3,727 |
| **Fahrwerk** | Selbsttragende Ganzstahlkarosserie | | | |
| Vorderradaufhängung | McPherson-Federbeine, Dreieck-Querlenker unten, Schraubenfedern, Querstabilisator | | | |
| Hinterradaufhängung | Rohr-Starrachse (Torsionskurbelachse), Längslenker, Panhardstab, Schraubenfedern | | | |
| Lenkung | Zahnstange, mit Aufpreis oder z.T. Serie: Servohilfe | | Zahnstange, Servohilfe (18,8:1), 3,6 Lenkraddrehungen | |
| Betriebsbremse | Zweikreis-Hydraulik, Servohilfe | | Zweikreis-Hydraulik, Servohilfe | |
| | Scheibenbremsen vorn (257 mm ø), Trommelbremsen hinten | | Scheibenbremsen vorn (280 mm ø), und hinten (245 mm ø) | |
| **Allgemeine Daten** | | | | |
| Radstand | 2676 mm | | 2676 mm | |
| Spur vorn/hinten | 1470/1445 mm | | 1475/1453 mm | |
| Gesamtmaße | Bis Aug. 1979: 4695 (Avant 4607) x 1768 x 1390 mm | | 4695 x 1768 x 1390 | |
| | Ab Aug. 1979: 4683 (Avant 4590) x 1768 x 1390 mm | | | |
| Felgen | 5,50 J x 14 Stahl oder 6 J x 14 Leichtmetall | | 6 J x 15 Leichtmetall | |
| Reifen | 165 SR 14 oder 185/70 SR 14 oder HR 14 | | 205/60 HR 15 | |
| Wendekreis links/rechts | 11,6 Meter | | 11,8 Meter | |
| Wagengewicht | 1210, Automatic 1230 kg | 1250, Automatic 1270 kg | 1260, Automatic 1280 kg | |
| Zuläss. Gesamtgewicht | 1630 kg | 1700 kg | 1765 kg | |
| Höchstgeschwindigkeit | 176, Automatic 172 km/h | 188, Automatic 184 km/h | 188, Automatic 184 km/h | 203, Automatic 198 km/h |
| Beschleunigung 0-100 km/h | 12, Automatic 13,5 sec | 10,5, Automatic 12 sec | 10,5, Automatic 12 sec | 9, Automatic 10 sec |
| Verbrauch/100 km | 13,5, Autom. 14,5 Liter | 13,5, Autom. 14,5 Liter | 13,5, Autom. 14,5 Liter | 17, Autom. 18 Liter |
| | Normalbenzin*) | Super | Super | Super |
| Kraftstofftank | 60 Liter(vor Hinterachse) | 60 Liter (vor Hinterachse) | 75 Liter (vor Hinterachse) | 75 Liter (vor Hinterachse) |
| **Bemerkungen** | *) Oktober 1980: Umstellung | **USA-Ausführung Audi 5000** | | |
| | auf Superbenzin. Ver- | Verdichtung 8,0:1 (für | | |
| | dichtung 9,3:1. Leistung | Normalbenzin). Leistung | | |
| | 115 PS b. 5400 U/min | 108 PS b. 5300 U/min | | |
| | 17,0 mkg b. 3400 U/min | 16,3 mkg b. 4000 U/min. | | |
| | | Ab Anfang 1979: 5 Gang- | | |
| | | Getriebe, 75 Liter-Tank | | |

## Audi 100 (1982–1990)
## Audi 200 (1983–1991)

Die dritte Auflage des Audi 100 (Baureihe C3) seit 1968 debütierte im August 1982. Ihre Besonderheit war die kompromisslos strömungsgünstige Form – mit einem cw-Wert von 0,29 unterbot der neue Audi die komplette Konkurrenz. Neben der Limousine kam ebenfalls 1982 die Schrägheck-Kombivariante Avant ins Programm. Ab Juni 1983 gesellte sich der hochwertiger gemachte Typ 200 (zunächst nur Limousine) hinzu, der freilich die Karosserie des Typ 100 nutzte. 1990 gab es zwei 2,2-Liter-Modelle, einer mit 165 PS, der andere – als Vierventiler – mit 220 PS. Beide waren nun auch als Avant erhältlich. Die Fertigung lief bis 1991.

Seit 1984 waren Allradversionen für Audi 100/200 Limousine und Avant im Angebot. Das Motorenprogramm umfasste ausschließlich Vier- und Fünfzylinder; einen Sechszylinder sollte diese Baureihe nicht mehr erhalten. Ihr großes Facelift erfuhr die Modellreihe im Januar 1988. Kurz vor Auslauf des Audi 100 bekam er noch den neuen 2,5-Liter-TDI (Präsentation Genf März 1990). Ebenfalls in Genf zeigte Audi das Kombi-Hybrid-Auto Typ Duo, das sich mit Verbrennungs- und Elektro-Motor (Antrieb der Hinterachse) betreiben ließ.

Audi 100 CC, Limousine und Avant (Baureihe C3), 1982–1988.

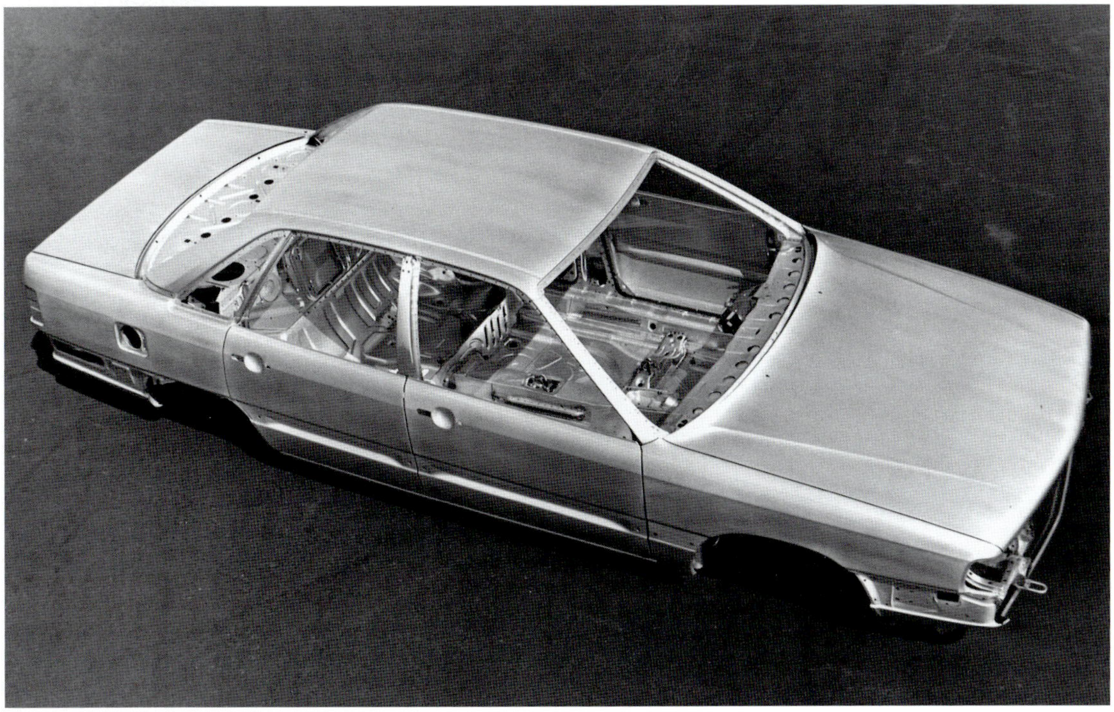

Oben: Audi 100 2.5 TDI Limousine, 1990–1991.

Links: Die C3-Karosserien wurden vollverzinkt, was die Langzeitqualität erheblich verbesserte.

Audi 100 quattro Limousine, 1984–1987.

Audi 100 in US-Ausführung 5000 CS als Pseudo-Cabriolet mit verkleidetem Dach und nachgerüsteten Felgen, Ausführung 1984–1988.

Audi 100 Wohnmobil »Family« (Aufbau Bischofberger, Waiblingen), 1985–1987.

| | **Audi 100 1982-1986** | |
|---|---|---|
| **Motor** | Ottomotor (Vergaser) | |
| Zylinder | 4 (Reihe) | |
| Bohrung x Hub | 81,0 x 86,4 mm | |
| Hubraum | 1781 ccm | |
| Leistung | 75 PS (55 kW) b. 4600 U/min | |
| Drehmoment | 13,8 mkg b. 2500 U/min | |
| Verdichtung | 8,75:1 | |
| Gemischbildung | 1 Fallstromvergaser | |
| Ventile | Hängend | |
| | 1 obenliegende Nockenwelle | |
| | Antrieb über Zahnriemen | |
| Kurbelwellenlager | 5 | |
| Kühlung | | |
| Schmierung | | |
| Batterie/Lichtmaschine | | |
| **Kraftübertragung** | | |
| Schaltgetriebe | | |
| Schaltung | | |
| Übersetzungen | I. 3,455 | I. 3,455 |
| | II. 1,789 | II. 1,789 |
| | III. 1,065 | III. 1,065 |
| | IV. 0,703 | IV. 0,778 |
| | | V. 0,600 |
| Antriebs-Übersetzung | 4,111 | 4,111 |
| Autom. Getriebe | | |
| Übersetzungen | | |
| Antriebs-Übersetzung | | |
| **Fahrwerk** | | |
| Vorderradaufhängung | | |
| Hinterradaufhängung | | |
| Lenkung | | |
| Betriebsbremse | | |
| **Allgemeine Daten** | | |
| Radstand | 2687 mm | |
| Spur vorn/hinten | 1468/1467 mm | |
| Gesamtmaße | 4792 x 1814 x 1422 mm | |
| Felgen | 5,50 J x 14 | |
| Reifen | 165 SE 14 | |
| Wendekreis links/rechts | 11,6 Meter | |
| Wagengewicht | 1130, Automatic 1150 kg | |
| | Audi 100 Avant: + 50 kg | |
| Zuläss. Gesamtgewicht | 1580, Avant 1630 kg | |
| Höchstgeschwindigkeit | 165, Automatic 160 km/h | |
| Beschleunigung 0-100 km/h | 16, Automatic 18 sec | |
| Verbrauch/100 km | 10, Automatic 10,5 Liter | |
| | Normalbenzin | |
| Kraftstofftank | 80 Liter (vor Hinterachse) | |
| **Bemerkungen** | | |

| Audi 100 1986-1987 | | Audi 100 1983-1989 | | Audi 100 1985-1987 | | Audi 100 1988-1990 |
|---|---|---|---|---|---|---|
| Ottomotor (Vergaser) | | Ottomotor (Vergaser) | | Ottomotor (Einspritzer) mit Dreiwege-Katalysator und Lambda-Sonde | | Ottomotor (Einspritzer) mit Dreiwege-Katalysator und Lambda-Sonde |
| 4 (Reihe) | | 4 (Reihe) | | 4 (Reihe) | | 4 (Reihe) |
| 81,0 x 86,4 mm | | 81,0 x 86,4 mm | | 81,0 x 86,4 mm | | 81,0 x 86,4 mm |
| 1781 ccm | | 1781 ccm | | 1781 ccm | | 1781 ccm |
| 75 PS (55 kW) b. 4500 U/min | | 90 PS (66 kW) b. 5200 U/min | | 90 PS (66 kW) b. 5500 U/min | | 90 PS (66 kW) b. 5500 U/min |
| 14,0 mkg b. 2500 U/min | | 14,5 mkg b. 3300 U/min | | 13,7 mkg b. 3250 U/min | | 14,2 mkg b. 3250 U/min |
| 9,0:1 | | 10,0:1 | | 9,0:1 | | 9,0:1 |
| 1 Fallstrom-Registervergaser | | 1 Fallstrom-Registervergaser | | Mechanische Einspritzung Bosch K-Jetronic | | Zentraleinspritzung Bosch Monotronic |
| Hängend, Hydrostößel | | Hängend, ab 1985: Hydrostößel | | Hängend, Hydrostößel | | Hängend, Hydrostößel |
| 1 obenliegende Nockenwelle | | 1 obenliegende Nockenwelle | | 1 obenliegende Nockenwelle | | 1 obenliegende Nockenwelle |
| Antrieb über Zahnriemen | | Antrieb über Zahnriemen | | Antrieb über Zahnriemen | | Antrieb über Zahnriemen |
| 5 | | 5 | | 5 | | 5 |
| Pumpe, 7 Liter Wasser | | | | | | |
| Druckumlauf, 3 Liter Öl | | | | | | |
| 12 V 40 Ah – Drehstrom 65 A | | | | | | |
| Fronttriebblock, Motor (um 20° rechts seitlich geneigt) längs vor, Getriebe hinter der Vorderachse | | | | | | |
| 4 Gang oder 5 Gang | | | | | | |
| Schaltstock Wagenmitte | | | | | | |
| I. 3,455 | I. 3,455 | I. 3,455 | I. 3,455 | I. 3,455 | I. 3,455 | I. 3,545 |
| II. 1,789 | II. 1,789 | II. 1,789 | II. 1,789 | II. 1,789 | II. 1,944 | II. 2,105 |
| III. 1,065 | III. 1,133 | III. 1,065 | III. 1,133 | III. 1,133 | III. 1,286 | III. 1,300 |
| IV. 0,703 | IV. 0,829 | IV. 0,703 | IV. 0,829 | IV. 0,829 | IV. 0,969 | IV. 0,943 |
| | V. 0,600 | | V. 0,684 | | V. 0,800 | V. 0,789 |
| 4,111 | 4,111 | 4,111 | 4,111 | 4,111 | 4,111 | 4,111 |
| Aufpreis: 3 Gang-Automatic | | | | | | |
| I. 2,714– II. 1,5 – III. 1,0 | | | | | | |
| 3,417 | | | | | | |
| Selbsttragende Ganzstahlkarosserie | | | | | | |
| McPherson-Federbeine, Dreieck-Querlenker unten, Schraubenfedern, Querstabilisator | | | | | | |
| Rohr-Starrachse (Torsionskurbelachse), Längslenker, Panhardstab, Schraubenfedern | | | | | | |
| Zahnstange, Aufpreis: Servo | | | | | | |
| Zweikreis-Hydraulik, Servo, Scheibenbremsen vorn (257 mm ø), Trommelbremsen hinten | | | | | | |
| | | | | | | |
| 2687 mm | | 2687 mm | | 2687 mm | | 2687 mm |
| 1468/1467 mm | | 1468/1467 mm | | 1468/1467 mm | | 1476/1483 mm |
| 4792 x 1814 x 1422 mm | | 4792 x 1814 x 1422 mm | | 4792 x 1814 x 1422 mm | | 4792 x 1814 x 1422 mm |
| 5,50 J x 14 | | 5,50 J x 14 | | 5,50 J x 14 | | 5,50 J x 14 |
| 185/70 SR 14 | | 185/70 SR 14 | | 185/70 SR 14 | | 185/70 SR 14 |
| 11,6 Meter | | 11,6 Meter | | 11,6 Meter | | 11,6 Meter |
| 1140, Automatic 1160 kg | | 1140, Automatic 1160 kg | | 1190, Automatic 1210 kg | | 1190, Automatic 1210 kg |
| Audi 100 Avant: + 50 kg | | Audi 100 Avant: + 50 kg | | Audi 100 Avant: + 50 kg | | Audi 100 Avant: + 50 kg |
| 1640, Avant 1690 kg | | 1640, Avant 1690 kg | | 1640, Avant 1690 kg | | 1710, Avant 1750 kg |
| 165, Automatic 160 km/h | | 176, Automatic 173 km/h | | 176, Automatic 173 km/h | | 176, Automatic 173 km/h |
| 16, Automatic 18 sec | | 13, Automatic 15 sec | | 13, Automatic 15 sec | | 13, Automatic 15 sec |
| 10, Automatic 10,5 Liter | | 10, Automatic 10,5 Liter | | 10,5, Automatic 11 Liter | | 10,5, Automatic 11 Liter |
| Normalbenzin | | Super | | Normalbenzin bleifrei | | Normalbenzin bleifrei |
| 80 Liter (vor Hinterachse) | | 80 Liter (vor Hinterachse) | | 80 Liter (vor Hinterachse) | | 80 Liter (vor Hinterachse) |
| | | Ab November 1984 auch mit Allrad-Antrieb: Audi 100 Quattro. Ab 1986 ungeregeltem Kat (88 PS) | | Ab September 1985 auch mit Allrad-Antrieb: Audi 100 Quattro | | Mit Allrad-Antrieb: Audi 100 Quattro |

| | Audi 100 1982-1984 | Audi 100 1984-1987 | Audi 100 2,3 E 1988-1990 | Audi 100 1982-1984 |
|---|---|---|---|---|
| **Motor** | Ottomotor (Vergaser) | Ottomotor (Einspritzer) | Ottomotor (Einspritzer) mit | Ottomotor (Einspritzer) |
| | | | Dreiwege-Katalysator | |
| | | | und Lambda-Sonde | |
| Zylinderzahl | 5 (Reihe) | 5 (Reihe) | 5 (Reihe) | 5 (Reihe) |
| Bohrung x Hub | 79,5 x 77,4 mm | 81,0 x 77,4 mm | 81,0 x 77,4 mm | 79,5 x 86,4 mm |
| Hubraum | 1921 (Steuer 1897) ccm | 1994 ccm | 1994 ccm | 2144 (Steuer 2119) ccm |
| Leistung | 100 PS (74 kW) b. 5600 U/min | 115 PS (85 kW) b. 5200 U/min | 115 PS (85 kW) b. 5400 U/min | 136 PS (100 kW) b. 5700 U/min |
| Drehmoment | 15,0 mkg b. 3200 U/min | 17,0 mkg b. 3300 U/min | 17,2 mkg b. 4000 U/min | 18,0 mkg b. 4800 U/min |
| Verdichtung | 10,0:1 | 10,0:1 | 10,0:1 | 9,3:1 |
| Gemischbereitung | 1 Fallstrom-Registervergaser | Mechanische Einspritzung | Mechan. elektron. Einspr. | Mechanische Einspritzung |
| | Pierburg 2 B 4 | Bosch K-Jetronic | Bosch KE-Jetronic | Bosch K-Jetronic |
| Ventile | Hängend, 1 obenliegende Nockenwelle, Antrieb über Zahnriemen, ab Juli 1985 Hydrostößel | | | |
| Kurbelwellenlager | 6 | | | |
| Kühlung | Pumpe, 8,1 Liter Wasser | | | |
| Schmierung | Druckumlauf, 4,5 Liter Öl | | | |
| Batterie | 12 V 63 Ah | | | |
| Lichtmaschine | Drehstrom 55 A | Drehstrom 90 A | Drehstrom 90 A | Drehstrom 90 A |
| **Kraftübertragung** | Fronttriebblock. Motor (um 20  rechts seitlich geneigt) längs vor, Getriebe hinter der Vorderachse | | | |
| Schaltgetriebe | 5 Gang | 5 Gang | 5 Gang | 4 + E- oder 5 Gang |
| Schaltung | Schaltstock Wagenmitte | Schaltstock Wagenmitte | Schaltstock Wagenmitte | Schaltstock Wagenmitte |
| Übersetzungen | I. 2,846 | I. 3,600 | I. 3,545 | I. 3,600 I. 3,600 |
| | II. 1,524 | II. 2,125 | II. 2,105 | II. 1,882 II. 2,125 |
| | III. 0,909 | III. 1,458 | III. 1,429 | III. 1,185 III. 1,458 |
| | IV. 0,641 | IV. 1,071 | IV. 1,029 | IV. 0,844 IV. 1,071 |
| | V. 0,488 | V. 0,857 | V. 0,838 | V. 0,641 V. 0,829 |
| Antriebs-Übersetzung | 5,222 | 3,889 | 3,889 | 3,889 3,889 |
| Autom. Getriebe | Aufpreis: 3 Gang Automatic | Aufpreis: 3 Gang Automatic | Aufpreis: 3 Gang Automatic | Aufpreis: 3 Gang Automatic |
| Übersetzungen | I. 2,714 – II. 1,5 – III. 1,0 | I. 2,714 – II. 1,5 – III. 1,0 | I. 2,714 – II. 1,5 – III. 1,0 | I. 2,714 – II. 1,5 – III. 1,0 |
| Antriebs-Übersetzungen | 3,455 | 3,455 | 3,455 | 3,250 |
| **Fahrwerk** | Selbsttragende Ganzstahlkarosserie | | | |
| Vorderradaufhängung | McPherson-Federbeine, Dreieck-Querlenker unten, Schraubenfedern, Querstabilisator | | | |
| Hinterradaufhängung | Rohr-Starrachse (Torsionskurbelachse), Längslenker, Panhardstab, Schraubenfedern | | | |
| Lenkung | Zahnstange, Aufpreis bzw. z.T. Serie: Servohilfe | | Zahnstange, Servohilfe | |
| Betriebsbremse | Zweikreis-Hydraulik, Servo | Zweikreis-Hydraulik, Servo | Zweikreis-Hydraulik, Servo | Zweikreis-Hydraulik, Servo |
| | Scheibenbr. vorn (257 mm ø) | Scheibenbr. vorn (257 mm ø) | Scheibenbremsen vorn | Scheibenbremsen |
| | Trommelbremsen hinten | Trommelbremsen hinten | Trommelbremsen hinten | vorn und hinten, Aufpreis: ABS |
| **Allgemeine Daten** | | | | |
| Radstand | 2687 mm | | | |
| Spur vorn/hinten | 1468/1467 mm (2,0 E: 1476/1483 mm) | | | |
| Gesamtmaße | 4792 x 1814 x 1422 mm | | | |
| Felgen | 5,50 J x 14 | | | |
| Reifen | 165 SR 14 | 185/70 HR 14 | 185/70 HR 14 | 185/70 HR 14 |
| Wendekreis links/rechts | 11,6 Meter | 11,6 Meter | 11,6 Meter | 11,6 Meter |
| Wagengewicht | 1245, Automatic 1265 kg | 1250, Automatic 1270 kg | 1250, Automatic 1270 kg | 1210, Automatic 1230 kg |
| | | Audi 100 Avant: + 50 kg | Audi 100 Avant: + 50 kg | Audi 100 Avant: + 50 kg |
| Zuläss. Gesamtgewicht | 1645 kg | 1800, Avant 1840 kg | 1800, Avant 1840 kg | 1710, Avant 1760 kg |
| Höchstgeschwindigkeit | 175, Automatic 173 km/h | 190, Automatic 186 km/h | 190, Automatic 186 km/h | 200, Automatic 195 km/h |
| Beschleunigung 0-100 km/h | 13,5, Automatic 15 sec | 11, Automatic 13 sec | 11, Automatic 13 sec | 11,5, Automatic 13,5 sec |
| Verbrauch/100 km | 10,5, Automatic 11 Liter | 11,5, Automatic 12 Liter | 11,5, Automatic 12 Liter | 11,5, Automatic 12,5 Liter |
| | Super | Super | Super bleifrei | Super |
| Kraftstofftank | 80 Liter (vor Hinterachse) | 80 Liter (vor Hinterachse) | 80 Liter (vor Hinterachse) | 80 Liter (vor Hinterachse) |
| **Bemerkungen** | | Mit Allrad-Antrieb: Audi 100 | | Mit Allrad-Antrieb: Audi 100 |
| | | Quattro 1986/87 auch mit | | Quattro 1984 auch mit |
| | | ungeregeltem Kat (113 PS) | | geregeltem Kat (105 PS) |

| | Audi 100<br>1984-1986 | Audi 100<br>1984-1987 | Audi 100, 1986-1987<br>Audi 100 2,3 E, 1988-1990 | Audi 100 Turbo<br>1986-1990 |
|---|---|---|---|---|
| **Motor** | Ottomotor (Einspritzer) | Ottomotor (Einspritzer) mit Dreiwege-Katalysator und Lambda-Sonde | | |
| | | | | Abgas-Turbolader<br>und Ladeluftkühler |
| Zylinderzahl | 5 (Reihe) | 5 (Reihe) | 5 (Reihe) | 5 (Reihe) |
| Bohrung x Hub | 81,0 x 86,4 mm | 81,0 x 86,4 mm | 82,5 x 86,4 mm | 81,0 x 86,4 mm |
| Hubraum | 2226 (Steuer 2200) ccm | 2226 (Steuer 2200) ccm | 2309 (Steuer 2282) ccm | 2226 (Steuer 2200) ccm |
| Leistung | 138 PS (101 kW) b. 5700 U/min | 115 PS (85 kW) b. 5500 U/min | 136 PS (100 kW) b. 5600 U/min | 165 PS (121 kW) b. 5500 U/min |
| Drehmoment | 18,8 mkg b. 3500 U/min | 16,5 mkg b. 2500 U/min | 19,0 mkg b. 4000 U/min | 24,0 mkg b. 3000 U/min |
| Verdichtung | 10,0:1 | 8,5:1 | 10,0:1 | 7,8:1 |
| Gemischbildung | Mechanische Einspritzung Bosch K-Jetronic bzw. (bei 2,3 E) Bosch KE-Jetronic | | | |
| Ventile | Hängend, Hydrostößel, 1 obenliegende Nockenwelle, Antrieb über Zahnriemen | | | |
| Kurbelwellenlager | 6 | | | |
| Kühlung | Pumpe, 8,1 Liter Wasser | | | |
| Schmierung | Druckumlauf, 4,5 Liter Öl | | | |
| Batterie/Lichtmaschine | 12 V 63 Ah – Drehstrom 90 A | | | |
| **Kraftübertragung** | Fronttriebblock. Motor (um 20 rechts seitlich geneigt) längs vor, Getriebe hinter der Vorderachse | | | |
| Schaltgetriebe | 5 Gang | 5 Gang | 5 Gang | 5 Gang |
| Schaltung | Schaltstock Wagenmitte | Schaltstock Wagenmitte | Schaltstock Wagenmitte | Schaltstock Wagenmitte |
| Übersetzungen | | | bis 1987 / ab 1988 | |
| | I. 3,600 | I. 3,600 | I. 3,600 / I. 3,545 | I. 3,600 |
| | II. 2,125 | II. 2,125 | II. 1,125 / II. 2,105 | II. 2,125 |
| | III. 1,458 | III. 1,458 | III. 1,458 / III. 1,429 | III. 1,360 |
| | IV. 1,071 | IV. 1,071 | IV. 1,071 / IV. 1,029 | IV. 0,967 |
| | V. 0,857 | V. 0,857 | V. 0,857 / V. 0,838 | V. 0,778 |
| Antriebs-Übersetzung | 3,889 | 3,889 | 3,889 / 3,889 | 3,889 |
| Autom. Getriebe | Aufpreis: 3 Gang-Automatic | Aufpreis: 3 Gang-Automatic | Aufpreis: 3 Gang-Automatic | Ab 1988 mit Aufpreis:<br>3 Gang-Automatic |
| Übersetzungen | I. 2,714 – II. 1,5 – III. 1,0 | I. 2,714 – II. 1,5 – III. 1,0 | I. 2,714 – II. 1,5 – III. 1,0 | I. 2,714 – II. 1,5 – III. 1,0 |
| Antriebs-Übersetzungen | 3,250 | 3,455 | 3,250 | 3,083 |
| **Fahrwerk** | Selbsttragende Ganzstahlkarosserie | | | |
| Vorderradaufhängung | McPherson-Federbeine, Dreieck-Querlenker unten, Schraubenfedern, Querstabilisator | | | |
| Hinterradaufhängung | Rohr-Starrachse (Torsionskurbelachse), Längslenker, Panhardstab, Schraubenfedern, Aufpreis: Niveauregelung | | | |
| Lenkung | Zahnstange, Servo (18,7:1), 3,5 Lenkraddrehungen | | | |
| Betriebsbremse | Zweikreis-Hydraulik, Servo, Aufpreis bzw. (bei Turbo) Serie: ABS<br>Scheibenbremsen vorn und hinten | | | |
| **Allgemeine Daten** | | | | |
| Radstand | 2687 mm | | | 2687 mm |
| Spur vorn/hinten | 1468/1467 mm (2,3 E: 1476/1483 mm) | | | 1468/1471 mm |
| Gesamtmaße | 4792 x 1814 x 1422 mm | | | 4792 x 1814 x 1422 mm |
| Felgen | 5,50 J x 14 | | | 6 J x 15 Leichtmetall |
| Reifen | 185/70 HR 14 | | | 205/60 VR 15 |
| Wendekreis links/rechts | 11,6 Meter | | | 11,8 Meter |
| Wagengewicht | 1250, Automatic 1270 kg<br>Audi 100 Avant: + 50 kg | | | 1300, Automatic 1320 kg<br>Audi 100 Avant: + 50 kg |
| Zuläss. Gesamtgewicht | 1800, Avant 1850 kg | | | 1850, Avant 1900 kg |
| Höchstgeschwindigkeit | 197, Automatic 193 km/h | 189, Automatic 185 km/h | 201, Automatic 196 km/h | 216, Automatic 212 km/h |
| Beschleunigung 0-100 km/h | 10,5, Automatic 11,5 sec | 11,5, Automatic 13 sec | 10, Automatic 11,5 sec | 9, Automatic 10 sec |
| Verbrauch/100 km | 11,5, Automatic 12 Liter<br>Super | 12, Automatic 12,5 Liter<br>Normalbenzin bleifrei | 11,5, Automatic 12 Liter<br>Super bleifrei | 13, Automatic 14 Liter<br>Super bleifrei |
| Kraftstofftank | 80 Liter (vor Hinterachse) | 80 Liter (vor Hinterachse) | 80 Liter (vor Hinterachse) | 80 Liter (vor Hinterachse) |
| **Bemerkungen** | Mit Allrad-Antrieb: Audi 100 Quattro | | | |
| | | | Ab Anfang 1990: 4 Gang-<br>statt 3 Gang-Automatic | |

| | Audi 100 Diesel 1982-1989 | Audi 100 Turbo-Diesel 1983-1988 | Audi 100 Turbo-Diesel 1988-1989 |
|---|---|---|---|
| **Motor** | Dieselmotor (Wirbelkammer) | Dieselmotor (Wirbelkammer) mit | Dieselmotor (Wirbelkammer) mit |
| | | Abgas-Turbolader KKK Typ 24 | Abgas-Turbolader KKK Typ 24 |
| | | | und Ladeluftkühler |
| Zylinder | 5 (Reihe) | 5 (Reihe) | 5 (Reihe) |
| Bohrung x Hub | 76,5 x 86,4 mm | 76,5 x 86,4 mm | 76,5 x 86,4 mm |
| Hubraum | 1986 (Steuer 1962) ccm | 1986 (Steuer 1962) ccm | 1986 (Steuer 1962) ccm |
| Leistung | 70 PS (51 kW) b. 4800 U/min | 87 PS (64 kW) b. 4500 U/min | 100 PS (74 kW) b. 4500 U/min |
| Drehmoment | 12,5 mkg b. 2800 U/min | 17,2 mkg b. 2750 U/min | 19,2 mkg b. 2700 U/min |
| Verdichtung | 23,0:1 | 23,0:1 | 23,0:1 |
| Gemischbildung | Verteiler-Einspritzpumpe Bosch | | |
| Ventile | Hängend, ab Juli 1985 Hydrostößel | | |
| | 1 obenliegende Nockenwelle, Antrieb über Zahnriemen | | |
| Kurbelwellenlager | 6 | | |
| Kühlung | Pumpe, 9,4 Liter Wasser, einschl. Heizung | | |
| Schmierung | Druckumlauf, 5 Liter Öl, einschl. Filter | | |
| Batterie/Lichtmaschine | 12 V 88 Ah – Drehstrom 55 A | | |
| **Kraftübertragung** | Fronttriebblock | | |
| | Motor (um 20° rechts seitlich geneigt) längs vor, Getriebe hinter der Vorderachse | | |
| Schaltgetriebe | 5 Gang | | |
| Schaltung | Schaltstock Wagenmitte | | |
| Übersetzungen | I. 3,600 – II. 1,882 – III. 1,185 – IV. 0,844 – V. 0,641 | | |
| Antriebs-Übersetzung | 4,556 | 4,111 | 4,111 |
| Autom. Getriebe | Aufpreis: 3 Gang-Automatic | Aufpreis: 3 Gang-Automatic | Nicht lieferbar |
| Übersetzungen | I. 2,714 – II. 1,5 – III. 1,0 | I. 2,714 – II. 1,5 – III. 1,0 | |
| Antriebs-Übersetzung | 3,455 | 3,083 | |
| **Fahrwerk** | Selbsttragende Ganzstahlkarosserie | | |
| Vorderradaufhängung | McPherson-Federbeine, Dreieck-Querlenker unten, Schraubenfedern, Querstabilisator | | |
| Hinterradaufhängung | Rohr-Starrachse (Torsionskurbelachse), Längslenker, Panhardstab, Schraubenfedern | | |
| Lenkung | Zahnstange, Servo (18,7:1), 3,5 Lenkraddrehungen | | |
| Betriebsbremse | Zweikreis-Hydraulik, Servo | | |
| | Scheibenbremsen vorn (257 mm ø), | | |
| | Trommelbremsen hinten | | |
| **Allgemeine Daten** | | | |
| Radstand | 2687 mm | 2687 mm | 2687 mm |
| Spur vorn/hinten | 1468/1483 mm | 1468/1483 mm | 1476/1483 mm |
| Gesamtmaße | 4792 x 1814 x 1422 mm | 4792 x 1814 x 1422 mm | 4792 x 1814 x 1422 mm |
| Felgen | 5,50 J x 14 | 5,50 J x 14 | 5,50 J x 14 |
| Reifen | 185/70 SR 14 | 185/70 SR 14 | 185/70 HR 14 |
| Wendekreis links/rechts | 11,6 Meter | 11,6 Meter | 11,6 Meter |
| Wagengewicht | 1250 kg, Automatic 1270 kg | 1280 kg, Automatic 1300 kg | 1300 kg |
| | Audi 100 Avant: + 50 kg | Audi 100 Avant: 4- 50 kg | Audi 100 Avant: + 50 kg |
| Zuläss. Gesamtgewicht | 1800, Avant 1840 kg | 1830, Avant 1870 kg | 1850, Avant 1890 kg |
| Höchstgeschwindigkeit | 154, Automatic 151 km/h | 174, Automatic 166 km/h | 185 km/h |
| Beschleunigung 0-100 km/h | 20, Automatic 23 sec | 14,5, Automatic 16 sec | 12,5 sec |
| Verbrauch/100 km | 8,5 Liter Diesel | 9,5 Liter Diesel | 9,5 Liter Diesel |
| Kraftstofftank | 80 Liter (vor Hinterachse) | 80 Liter (vor Hinterachse) | 80 Liter (vor Hinterachse) |
| **Bemerkungen** | Mit Allrad-Antrieb: | Mit Allrad-Antrieb: | Mit Allrad-Antrieb: |
| | Audi 100 Quattro | Audi 100 Quattro | Audi 100 Quattro |

| Audi 100 Diesel<br>1989-1990 | Audi 100 TDI<br>1990 |
|---|---|
| Dieselmotor (Wirbelkammer) | Dieselmotor (Direkteinspritzer) mit |
| 3,889 | Abgas-Turbolader KKK und Ladeluftkühler |
| 5 (Reihe) | 5 (Reihe) |
| 79,5 x 95,5 mm | 81,0 x 95,5 mm |
| 2370 ccm | 2460 ccm |
| 82 PS (60 kW) b. 4400 U/min | 120 PS (88 kW) b. 4250 U/min |
| 16,4 mkg b. 2400 U/min | 26,5 mkg b. 2250 U/min |
| 23,0:1 | 21,0:1 |
| Verteiler-Einspritzpumpe Bosch | |
| Hängend, Hydrostößel | |
| 1 obenliegende Nockenwelle, Antrieb über Zahnriemen | |
| 6 | 6 |
| Pumpe, 9,4 Liter Wasser, einschl. Heizung | Pumpe, 9,4 Liter Wasser, einschl. Heizung |
| Druckumlauf, 5 Liter Öl, einschl. Filter | Druckumlauf, 5,4 Liter Öl, einschl. Filter |
| 12 V 88 Ah – Drehstrom 90 A | |
| Fronttriebblock | |
| Motor (um 20° rechts seitlich geneigt) längs vor, Getriebe hinter der Vorderachse | |
| 5 Gang | |
| Schaltstock Wagenmitte | |
| I. 3,600 – II. 1,882 –III. 1,185 – IV. 0,844 –V. 0,641 | |
| 4,556 | 3,889 |
| Nicht lieferbar | |
| Selbsttragende Ganzstahlkarosserie | |
| McPherson-Federbeine, Dreieck-Querlenker unten, Schraubenfedern, Querstabilisator | |
| Rohr-Starrachse (Torsionskurbelachse), Längslenker, Panhardstab, Schraubenfedern | |
| Zahnstange, Servo (18,7:1), 3,5 Lenkraddrehungen | |
| Zweikreis-Hydraulik, Servo | Zweikreis-Hydraulik, Servo, Aufpreis: ABS |
| Scheibenbremsen vorn, Trommelbr. hinten | Scheibenbr. vorn 276 mm ø und hinten 245 mm ø |
| | |
| 2687 mm | 2687 mm |
| 1476/1483 mm | 1476/1483 mm |
| 4792 x 1814 x 1422 mm | 4792 x 1814 x 1422 mm |
| 5,50 J x 14 | 6 J x 14 |
| 185/70 TR 14 | 205/60 VR 15 |
| 11,6 Meter | 11,8 Meter |
| 1350 kg | 1370 kg |
| Audi 100 Avant: + 50 kg | Audi 100 Avant: + 50 kg |
| 1850, Avant 1890 kg | 1870, Avant 1910 kg |
| 166 km/h | 198 km/h |
| 16,5 sec | 12 sec |
| 9,5 Liter Diesel | 8,5 Liter Diesel |
| 80 Liter (vor Hinterachse) | 80 Liter (vor Hinterachse) |
| Mit Allrad-Antrieb: | Mit Allrad-Antrieb: |
| Audi 100 Quattro | Audi 100 Quattro |

Audi 100 Duo Hybrid, 1990.

Die Audi 100 Limousine wurde 1982 mit dem »Goldenen Lenkrad« ausgezeichnet. Audi-Chef Ferdinand Piëch (1937–2019) nahm die prestigeträchtige Auszeichnung entgegen.

| | Audi 100 2.0 E-115 PS, 1988-1990<br>Audi 100 Avant 2.0 E, 1988-1991 | Audi100 2.3 E-136 PS, 1988-1990<br>Audi 100 Avant 2.3 E, 1988-1991 | Audi 100 Turbo-165 PS, 1986-1990<br>Audi 100 Avant Turbo, 1986-1991 |
|---|---|---|---|
| **Motor** | | Ottomotor (Einspritzer) | |
| Zylinderzahl | | 5 (Reihe), längs vor der Vorderachse | |
| Bohrung x Hub | 81,0 x 77,4 mm | 82,5 x 86,4 mm | 81,0 x 86,4 mm |
| Hubraum | 1994 cm³ | 2309 cm³ | 2226 cm³ |
| Leistung | 115 PS (85 kW) bei 5400/min | 133 PS (98 kW) bei 5600/min | 165 PS (121 kW) bei 5500/min |
| Drehmoment | 172 Nm bei 4000/min | 186 Nm bei 4000/min | 240 Nm bei 3000/min |
| Verdichtung | 10,0 : 1 | | 8,4 : 1 |
| Gemischbereitung | Mechan.-elektron. Einspritzung | Mechan.-elektron. Einspritzung | Elektronische Einspritzung |
| | Bosch KE-Jetronic / Multipoint | Bosch Multipoint | Bosch Multipoint |
| | | 1 Abgasturbolader, 1 Ladeluftkühler | |
| Ventile pro Zylinder | | 2, hängend, 1 obenlieg. Nockenwelle (Zahnriemen) | |
| Kurbelwellenlager | | 6 | |
| Kühlung | Pumpe / 8,1 Liter Wasser | | Pumpe / 8,5 Liter Wasser |
| Schmierung | Druckumlauf / 4,5 Liter Öl | | Druckumlauf / 3,5 Liter Öl |
| Abgasreinigung | | Dreiwege-Kat, Lambdasonde | |
| Batterie/Lichtmaschine | | 12 V 63 Ah – Drehstrom 90 A | |
| **Kraftübertragung** | Frontantrieb | Frontantrieb; a.W. Allradantrieb | |
| | | (selbstsperr. Torsen-Zentraldiff. u. sperrb. Hinterachs-Differential) | |
| Kupplung | | Einscheiben-Trockenkupplung | |
| Schaltung | | 5 Gang, Schaltstock in Wagenmitte | |
| Übersetzungen | I. 3,55 – II. 2,11 – III. 1,43 | | I. 3,60 – II. 2,13 – III. 1,36 |
| | IV. 1,03 – V. 0,84 – R: 3,50 | | IV. 0,97 – V. 0,73 – R: 3,50 |
| Antriebsübersetzung | 3,89 | 4,89, 4x4: 4,11 | 3,89, 4x4: 4,11 |
| Automatik | 3 Stufen | 4 Stufen (nicht für 4x4) | 3 Stufen (nicht für 4x4) |
| Übersetzungen (Autom.) | I. 2,71 – II. 1,50 – III. 1,0 – R: 2,43 | I. 2,71 – II. 1,55 – III. 1,0 – IV. 0,68 – R: 2,11 | I. 2,71 – II. 1,50 – III. 1,0 – R: 2,43 |
| Antriebsübers. (Autom.) | 3,46 | 5,00 | 3,08 |
| **Fahrwerk** | | Selbsttragende Ganzstahlkarosserie | |
| Vorderradaufhängung | | McPherson-Federbeine (Schraubenfedern, Teleskopstoßdämpfer), Dreieckquerlenker, Drehstab-Stabilisator | |
| Hinterradaufhängung | | Torsionskurbelachse, zwei Längslenker, Panhardstab, Schraubenfedern | |
| | | 4x4: Viergelenk-Trapezlenkerachse | |
| Lenkung | | Zahnstange, Servo | |
| Fußbremse | Zweikreis-Hydraulik, Servo | Zweikreis-Hydraulik, Servo | |
| | vorn belüft. Scheiben (ø = 257 mm) | vorn belüft. und hinten | |
| | hinten Trommeln, a.W. ABS | Scheiben, ABS | |
| **Allgemeine Daten** | Limousine, 4türig | Limousine, 4türig | Limousine, 4türig |
| | Kombi, 5türig | Kombi, 5türig | Kombi, 5türig |
| Radstand | 2687 mm | 2687 mm | 2687 mm |
| Spur vorn/hinten | 1476/1483 mm | 1476/1483 (4x4: 1490) mm | 1476/1483 (4x4: 1490) mm |
| Gesamtmaße | 4793 x 1814 x 1421 mm | 4793 x 1814 x 1421 mm | 4793 x 1814 x 1421 mm |
| Gepäckraum | 570 L | 570 L | 570 L |
| | Kombi: 1840 L | Kombi: 1840 L | Kombi: 1840 L |
| Reifen/ Felgen | 185/70 HR 14 – 5,5 J x 14 | 185/70 HR 14 – 5,5 J x 14 | 205/60 VR 15 – 6,0 J x 15 |
| Wendekreisdurchmesser | 11,6 m | 11,6 m | 11,6 m |
| Leermasse | 1250 (1270) / 1290 (1310) kg | 1260 / 1300 kg | 1300 / 1340 kg |
| | | 4x4: 1360 / 1400 kg | 4x4: 1410 / 1450 kg |
| Zul. Gesamtmasse | 1800 / 1840 kg | 1810 / 1820 kg | 1850 / 1890 kg |
| | | 4x4: 1910 / 1950 kg | 4x4: 1960 / 2000 kg |
| Höchstgeschwindigkeit | 190 (186) / 188 (184) km/h | 201 / 199 km/h | 216 (212) / 213 (209) km/h |
| Beschleunigung 0-100 km/h | 10,7 (12,6) / 10,9 (12,8) sec | 6,6 / 6,7 sec, 4x4: 10,0 / 10,2 sec | 8,0 / 8,2 sec, 4x4: 8,6 / 8,8 sec |
| Drittelmix-Verbrauch | 8,1 (8,8) L/100 km (S) | 11,5 (12,0) L /100 km (S) | 13,0 (14,0) L /100 km (S) |
| | | 4x4: 11,8 L /100 km (S) | 4x4: 13,5 L /100 km (S) |
| Kraftstofftank | 80 Liter (über der Hinterachse) | 80 Liter (über der Hinterachse) | 80 Liter (über der Hinterachse) |

| | Audi 100 1.8 E-90 PS, 1988-1990<br>Audi 100 Avant 1.8 E, 1988-1991 | Audi100 2.4 D-82 PS, 1989-1990<br>Audi 100 Avant 2.4 D, 1989-1991 | Audi 100 2.5 TDI-120 PS, 1990<br>Audi 100 Avant 2.5 TDI, 1991 |
|---|---|---|---|
| **Motor** | Ottomotor (Einspritzer) | Dieselmotor (Wirbelkammer) | Dieselmotor (Direkteinspritzer) |
| Zylinderzahl | 4 (Reihe), längs vor der Vorderachse | 5 (Reihe), längs vor der Vorderachse | |
| Bohrung x Hub | 81,0 x 86,4 mm | 79,5 x 95,5 mm | 81,0 x 95,5 mm |
| Hubraum | 1781 $cm^3$ | 2370 $cm^3$ | 2460 $cm^3$ |
| Leistung | 90 PS (66 kW) bei 5500/min | 82 PS (60 kW) bei 4400/min | 120 PS (88 kW) bei 4250/min |
| Drehmoment | 138 Nm bei 3250/min | 164 Nm bei 2400/min | 265 Nm bei 2250/min |
| Verdichtung | 9,0 : 1 | 23,0 : 1 | 21,0 : 1 |
| Gemischbereitung | Mechan.-elektron. Einspritzung | Verteilereinspritzpumpe Bosch | Verteilereinspritzpumpe Bosch |
| | Bosch Multipoint | | 1 Abgasturbolader KKK, 1 Ladeluftkühler |
| Ventile pro Zylinder | 2, hängend, 1 obenlieg. Nockenwelle (Zahnriemen) | | |
| Kurbelwellenlager | 5 | 6 | |
| Kühlung | Pumpe / 7,0 Liter Wasser | Pumpe / 9,4 Liter Wasser | |
| Schmierung | Druckumlauf / 3,0 Liter Öl | Druckumlauf / 5,0 Liter Öl | Druckumlauf / 5,4 Liter Öl |
| Abgasreinigung | Dreiwege-Kat, Lambdasonde | | |
| Batterie/Lichtmaschine | 12 V 40 Ah – Drehstrom 65 A | 12 V 88 Ah – Drehstrom 90 A | |
| **Kraftübertragung** | Frontantrieb, a.W. Allradantrieb | Frontantrieb | |
| | (selbstsperr. Torsen-Zentraldiff. u. | | |
| | sperrb. Hinterachs-Differential) | | |
| Kupplung | Einscheiben-Trockenkupplung | | |
| Schaltung | 5 Gang, Schaltstock in Wagenmitte | | |
| Übersetzungen | I. 3,55 – II. 2,11 – III. 1,43 | I. 3,60 – II. 1,88 – III. 1,19 | I. 3,60 – II. 1,88 – III. 1,19 |
| | IV. 0,94 – V. 0,79 – R: 3,50 | IV. 0,84 – V. 0,64 – R: 3,50 | IV. 0,84 – V. 0,64 – R: 3,60 |
| Antriebsübersetzung | 4,11, 4x4: 4,56 | 4,56 | 3,89 |
| Automatik | 3 Stufen | – | – |
| Übersetzungen (Autom.) | I. 2,71 – II. 1,50 – III. 1,0 – R: 2,43 | | |
| Antriebsübers. (Autom.) | 3,46 | | |
| **Fahrwerk** | Selbsttragende Ganzstahlkarosserie | | |
| Vorderradaufhängung | McPherson-Federbeine (Schraubenfedern, Teleskopstoßdämpfer), Dreieckquerlenker, Drehstab-Stabilisator | | |
| Hinterradaufhängung | Torsionskurbelachse, zwei Längslenker, Panhardstab, Schraubenfedern | | |
| | 4x4: Viergelenk- Trapezlenkerachse | | |
| Lenkung | Zahnstange, Servo | Zahnstange (18,7 : 1); Servo | |
| Fußbremse | Zweikreis-Hydraulik, Servo | Zweikreis-Hydraulik, Servo | Zweikreis-Hydraulik, Servo |
| | vorn belüft. Scheiben (ø = 257 mm) | vorn belüft. Scheiben | vorn belüft. (ø = 276 mm) und |
| | hinten Trommeln, a.W. ABS | hinten Trommeln, ABS | hinten Scheiben (ø = 245 mm), ABS |
| **Allgemeine Daten** | Limousine, 4türig | Limousine, 4türig | Limousine, 4türig |
| | Kombi, 5türig | Kombi, 5türig | Kombi, 5türig |
| Radstand | 2687 mm | 2687 mm | 2687 mm |
| Spur vorn/hinten | 1476/1483; 4x4: 1490 mm | 1476/1483 mm | 1476/1483mm |
| Gesamtmaße | 4793 x 1814 x 1421 mm | 4793 x 1814 x 1421 mm | 4793 x 1814 x 1421 mm |
| Gepäckraum | 570 L, Kombi: 1840 L | 570 L, Kombi: 1840 L | 570 L, Kombi: 1840 L |
| Reifen/Felgen | 185/70 TR 14 – 5,5 J x 14 | 185/70 TR 14 – 5,5 J x 14 | 205/60 VR 15 – 6,0 J x 15 |
| Wendekreisdurchmesser | 11,6 m | 11,6 m | 11,6 m |
| Leermasse | 1160 (1180) / 1200 (1220) kg | 1300 / 1340 kg | 1320 / 1360 kg |
| Zul. Gesamtmasse | 1710 / 1750 kg | 1850 / 1890 kg | 1870 / 1910 kg |
| Höchstgeschwindigkeit | 176 (173) / 174 (171) km/h | 166 / 164 km/h | 200 / 198 km/h |
| | 4x4: 176 km/h | | |
| Beschleunigung 0-100 km/h | 12,6 (14,6) / 12,9 (14,8) sec | 16,5 / 17,0 sec | 9,9 / 10,1 sec |
| | 4x4: 13,2 sec | | |
| Drittelmix-Verbrauch | 10,5 (11,0) L/100 km (N) | 9,5 L /100 km (D) | 8,5 L /100 km (D) |
| Kraftstofftank | 80 Liter (über der Hinterachse) | 80 Liter (über der Hinterachse) | 80 Liter (über der Hinterachse) |

| | Audi 200 Turbo-165 PS, 1985-1991<br>Audi 200 Avant Turbo, 1985-1991 | Audi 200 Turbo-220 PS, 1989-1991<br>Audi 200 Avant Turbo 20V, 1989-1991 |
|---|---|---|
| **Motor** | Ottomotor (Einspritzer) | |
| Zylinderzahl | 5 (Reihe), längs vor der Vorderachse | |
| Bohrung x Hub | 81,0 x 86,4 mm | |
| Hubraum | 2226 $cm^3$ | |
| Leistung | 165 PS (121 kW) bei 5500/min | 220 PS (162 kW) bei 5700/min |
| Drehmoment | 240 Nm bei 3000/min | 309 Nm bei 1950/min |
| Verdichtung | 8,4 : 1 | 9,3 : 1 |
| Gemischbereitung | Mechan. elektron. Einspritzung | Elektronische Einspritzung |
| | Bosch K-Jetronic / Multipoint | Bosch Motronic 2.3 |
| | 1 Abgasturbolader KKK, 1 Ladeluftkühler | 1 Abgasturbolader KKK, 1 Ladeluftkühler |
| Ventile pro Zylinder | 2, hängend, 1 obenlieg. Nockenwelle | 4, V-förmig hängend, 2 obenlieg. Nockenwellen |
| | (Zahnriemen) | (Zahnriemen) |
| Kurbelwellenlager | 6 | |
| Kühlung | Pumpe / 8,1 Liter Wasser | |
| Schmierung | Druckumlauf / 4,5 Liter Öl | |
| Abgasreinigung | Dreiwege-Kat, Lamdasonde | |
| Batterie/Lichtmaschine | 12 V 63 Ah – Drehstrom 90 A | |
| **Kraftübertragung** | Frontantrieb; a.W. Allradantrieb | |
| | (selbstsperr. Torsen-Zentraldiff. und sperrb. Hinterachs-Differential) | |
| Kupplung | Einscheiben-Trockenkupplung | |
| Schaltung | 5 Gang, Schaltstock in Wagenmitte | |
| Übersetzungen | I. 3,60 – II. 2,13 – III. 1,36 | I. 3,60 – II. 2,13 – III. 1,36 |
| | IV. 0,97 – V. 0,78 – R: 3,50 | IV. 0,97 – V. 0,73 – R: 3,60 |
| Antriebsübersetzung | 3,89, 4x4: 4,11 | 4,11 |
| Automatik | 3 Stufen (nicht für 4x4) | – |
| Übersetzungen (Autom.) | I. 2,71 – II. 1,50 – III. 1,0 – R: 2,43 / 3,50 | |
| Antriebsübers. (Autom.) | 3,08 | |
| **Fahrwerk** | Selbsttragende Ganzstahlkarosserie | |
| Vorderradaufhängung | McPherson-Federbeine (Schraubenfedern, Teleskopstoßdämpfer) | |
| | Dreieckquerlenker, Drehstab-Stabilisator | |
| Hinterradaufhängung | Torsionskurbelachse | Viergelenk-Trapezlenkerachse |
| | zwei Längslenker, Panhardstab | McPherson-Federbeine |
| | Schraubenfedern | (Schraubenfedern, Teleskopstoßdämpfer) |
| | a.W. Niveauregulierung | Dreieckquerlenker |
| | 4x4: Viergelenk-Trapezlenkerachse | Drehstab-Stabilisator, a.W. Niveauregulierung |
| Lenkung | Zahnstange (18,7 : 1); Servo | |
| Fußbremse | Zweikreis-Hydraulik, Servo, vorn belüft. und hinten Scheiben, ABS | |
| **Allgemeine Daten** | Limousine, 4türig | Limousine, 4türig |
| | Kombi, 5türig | Kombi, 5türig |
| Radstand | 2687 mm | 2695 mm |
| Spur vorn/hinten | 1476 / 1473 (4x4: 1490) mm | 1514 / 1511 mm |
| Gesamtmaße | 4807 x 1814 x 1422 mm | 4913 x 1814 x 1422 mm |
| Gepäckraum | 570 L, Kombi: 1840 | 570 L, Kombi: 1840 |
| Reifen/Felgen | 205/60 VR 15 – 6.0 J x 15 (LM) | 215/60 ZR 15 – 7.5 J x 15 (LM) |
| Wendekreisdurchmesser | 11,8 m | 11,8 m |
| Leermasse | 1300 (1320) kg; 4x4: 1410 / 1450 kg | 1520 / 1560 kg |
| Zul. Gesamtmasse | 1850 kg, 4x4: 1960 / 2000 kg | 2070 / 2110 kg |
| Höchstgeschwindigkeit | 216 (212) km/h, 4x4: 216 / 213 km/h | 242 / 238 km/h |
| Beschleunigung 0-100 km/h | 8,0 (9,0) sec, 4x4: 8,1 / 8,3 sec | 6,6 / 6,7 sec |
| Drittelmix-Verbrauch | 9,8 (10,9); 4x4: 10,8 / 11,0 L /100 km (S) | 10,5 / 10,7 L /100 km (S) |
| Kraftstofftank | 80 Liter (über der Hinterachse) | 80 Liter (über der Hinterachse) |

Audi 200 quattro 20V (220 PS), 1988–1991.

| | Audi 200<br>1983-1984 | Audi 200<br>1984-1985 | Audi 200 Turbo<br>1983-1985 |
|---|---|---|---|
| **Motor** | Ottomotor (Einspritzer) | Ottomotor (Einspritzer) | Ottomotor (Einspritzer) mit Abgas-Turbolader KKK Typ 26 und Ladeluftkühler |
| Zylinder | 5 (Reihe) | 5 (Reihe) | 5 (Reihe) |
| Bohrung x Hub | 79,5 x 86,4 mm | 81,0 x 86,4 mm | 79,5 x 86,4 mm |
| Hubraum | 2144 (Steuer 2119) ccm | 2226 (Steuer 2200) ccm | 2144 (Steuer 2119) ccm |
| Leistung | 136 PS (100 kW) b. 5700 U/min | 138 PS (101 kW) b. 5700 U/min | 182 PS (134 kW) b. 5700 U/min |
| Drehmoment | 18,0 mkg b. 4800 U/min | 18,8 mkg b. 3500 U/min | 25,2 mkg b. 3600 U/min |
| Verdichtung | 9,3:1 | 10,0:1 | 8,8:1 |
| Gemischbildung | Mechanische Einspritzung Bosch K-Jetronic | Mechanische Einspritzung Bosch K-Jetronic | Mechanische Einspritzung Bosch K-Jetronic |
| Ventile | Hängend<br>1 obenliegende Nockenwelle<br>Antrieb über Zahnriemen | Hängend, ab 1985 Hydrostößel<br>1 obenliegende Nockenwelle<br>Antrieb über Zahnriemen | Hängend<br>1 obenliegende Nockenwelle<br>Antrieb über Zahnriemen |
| Kurbelwellenlager | 6 | 6 | 6 |
| Kühlung | | Pumpe, 8,1 Liter Wasser | |
| Schmierung | | Druckumlauf, 4,5 Liter Öl | |
| Batterie/Lichtmaschine | | 12 V 63 Ah – Drehstrom 90 A | |
| **Kraftübertragung** | | Fronttriebblock<br>Motor längs vor, Getriebe hinter der Vorderachse | |
| Schaltgetriebe | 4 + E oder 5 Gang | 5 Gang | 5 Gang |
| Schaltung | Schaltstock Wagenmitte | Schaltstock Wagenmitte | Schaltstock Wagenmitte |
| Übersetzungen | I. 3,600 I. 3,600<br>II. 1,882 II. 2,125<br>III. 1,185 III. 1,458<br>IV. 0,844 IV. 1,071<br>V. 0,641 V. 0,829 | I. 3,600<br>II. 2,125<br>III. 1,458<br>IV. 1,071<br>V. 0,857 | I. 3,600<br>II. 2,125<br>III. 1,360<br>IV. 0,967<br>V. 0,778 |
| Antriebs-Übersetzung | 3,889 3,889 | 3,889 | 3,889 |
| Autom. Getriebe | Aufpreis: 3 Gang-Automatic | Aufpreis: 3 Gang-Automatic | Aufpreis: 3 Gang-Automatic |
| Übersetzungen | I. 2,714 – II. 1,5 – III. 1,0 | I. 2,714 – II. 1,5 – III. 1,0 | I. 2,714 – II. 1,5 – III. 1,0 |
| Antriebs-Übersetzung | 3,250 | 3,417 | 3,083 |
| **Fahrwerk** | | Selbsttragende Ganzstahlkarosserie | |
| Vorderradaufhängung | | McPherson-Federbeine, Dreieck-Querlenker unten, Schraubenfedern, Querstabilisator | |
| Hinterradaufhängung | | Rohr-Starrachse (Torsionskurbelachse), Längslenker, Panhardstab, Schraubenfedern, Querstabilisator, Aufpreis: Niveauregelung | |
| Lenkung | | Zahnstange, Servo (18,7:1), 3,5 Lenkraddrehungen | |
| Betriebsbremse | | Zweikreis-Hydraulik, Servo, Aufpreis: Bosch-ABS, Scheibenbremsen vorn und hinten | |
| **Allgemeine Daten** | | | |
| Radstand | | 2687 mm | |
| Spur vorn/hinten | | 1468/1469 mm | |
| Gesamtmaße | | 4807 x 1814 x 1422 mm | |
| Felgen | | 6 J x 15 Leichtmetall | |
| Reifen | | 205/60 HR 15 oder VR 15 | |
| Wendekreis links/rechts | | 11,8 Meter | |
| Wagengewicht | 1300 kg, Automatic 1320 kg<br>Audi 200 Avant: + 50 kg | 1300 kg, Automatic 1320 kg<br>Audi 200 Avant: + 50 kg | 1330 kg, Automatic 1350 kg<br>Audi 200 Avant: + 50 kg |
| Zuläss. Gesamtgewicht | 1760 kg | 1800 kg | 1790 kg |
| Höchstgeschwindigkeit | 199, Automatic 195 km/h | 202, Automatic 199 km/h | 230, Automatic 225 km/h |
| Beschleunigung 0-100 km/h | 11,5, Automatic 13,5 sec | 10, Automatic 11,5 sec | 8,5, Automatic 9 sec |
| Verbrauch/100 km | 11,5, Automatic 12 Liter, Super | 12,5, Automatic 13 Liter, Super | 13, Automatic 13,5 Liter, Super |
| Kraftstofftank | 80 Liter (vor Hinterachse) | 80 Liter (vor Hinterachse) | 80 Liter (vor Hinterachse) |
| **Bemerkungen** | | | Ab September 1984 auch mit Allrad-Antrieb: Audi 200 Quattro |

| Audi 200 Turbo 1984-1985 | Audi 200 Turbo 1985-1991 | Audi 200 Quattro 20 V 1989-1991 |
|---|---|---|
| Ottomotor (Einspritzer) mit | | Ottomotor (Einspritzer) mit |
| Abgas-Turbolader KKK Typ 26 und Ladeluftkühler sowie Dreiwege-Katalysator und Lambda-Sonde | | Abgas-Turbolader KKK Typ 26 und Ladeluftkühler sowie 2 Dreiwege-Katalysatoren und Lambda-Sonde |
| 5 (Reihe) | 5 (Reihe) | 5 (Reihe) |
| 79,5 x 86,4 mm | 81,0 x 86,4 mm | 81,0 x 86,4 mm |
| 2144 (Steuer 2119) ccm | 2226 (Steuer 2200) ccm | 2226 (Steuer 2200) ccm |
| 141 PS (104 kW) b. 5500 U/min | 165 PS (121 kW) b. 5500 U/min | 220 PS (162 kW) b. 5700 U/min |
| 20,2 mkg b. 2500 U/min | 24,0 mkg b. 3000 U/min | 30,9 mkg b. 1950 U/min |
| 8,3:1 | 7,8:1 | 9,3:1 |
| Mechanische Einspritzung | Mechanische Einspritzung | Elektronische Einspritzung |
| Bosch K-Jetronic | Bosch K-Jetronic | Bosch Motronic 2.3 |
| Hängend | Hängend, Hydrostößel | 4 Ventile je Zylinder, V-förmig hängend, Hydrostößel |
| 1 obenliegende Nockenwelle | 1 obenliegende Nockenwelle | 2 obenliegende Nockenwellen |
| Antrieb über Zahnriemen | Antrieb über Zahnriemen | Antrieb über Zahnriemen |
| 6 | 6 | 6 |
| Pumpe, 8,1 Liter Wasser | Pumpe, 8,1 Liter Wasser | Pumpe, 8,1 Liter Wasser |
| Druckumlauf, 4,5 Liter Öl | Druckumlauf, 4,5 Liter Öl | Druckumlauf, 4,5 Liter Öl |
| 12 V 63 Ah – Drehstrom 90 A | 12 V 63 Ah – Drehstrom 90 A | 12 V 63 Ah – Drehstrom 90 A |
| Fronttriebblock | | Permanenter Allrad-Antrieb |
| Motor längs vor, Getriebe hinter der Vorderachse | | Motor längs vor, Getriebe hinter der Vorderachse, selbstsperrendes Torsen-Zwischen-Differential, von Hand sperrbares Hinterachs-Differential |
| Nicht lieferbar | 5 Gang | 5 Gang |
| | Schaltstock Wagenmitte | Schaltstock Wagenmitte |
| | I. 3,600 | I. 3,600 |
| | II. 2,125 | II. 2,125 |
| | III. 1,360 | III. 1,360 |
| | IV. 0,967 | IV. 0,967 |
| | V. 0,778 | V. 0,730 |
| | 3,889 | 4,111 |
| 3 Gang-Automatic | Aufpreis: 3 Gang-Automatic | Nicht lieferbar |
| I. 2,714 – II. 1,5 – III. 1,0 | I. 2,714 – II. 1,5 – III. 1,0 | |
| 3,250 | 3,083 | |
| Selbsttragende Ganzstahlkarosserie | | Selbsttragende Ganzstahlkarosserie |
| McPherson-Federbeine, Dreieck-Querlenker unten, Schraubenfedern, Querstabilisator | | |
| Rohr-Starrachse (Torsionskurbelachse), Längslenker, Panhardstab, Schraubenfedern, Querstabilisator, Aufpreis: Niveauregelung | | McPherson-Federbeine, Dreieck-Querlenker unten, Schraubenfedern, Querstabilisator, Aufpreis: Niveauregelung |
| Zahnstange, Servo (18,7:1), 3,5 Lenkraddrehungen | | Zahnstange, Servo (18,7:1), 3,5 Lenkraddrehungen |
| Zweikreis-Hydraulik, Servo, Aufpreis: Bosch-ABS, Scheibenbremsen vorn und hinten | | |
| | | |
| 2687 mm | | 2695 mm |
| 1468/1469 mm | | 1514/1511 mm |
| 4807 x 1814 x 1422 mm | | 4913 x 1814 x 1422 mm |
| 6 J x 15 Leichtmetall | | 7,50 J x 15 Leichtmetall |
| 205/60 VR 15 | | 215/60 ZR 15 |
| 11,8 Meter | | 11,8 Meter |
| 1350 kg | 1340 kg, Automatic 1360 kg | 1600 kg |
| | | Avant: + 50 kg |
| 1790 kg | 1850 kg | 2070, Avant 2110 kg |
| 210 km/h | 214 km/h | 242 km/h |
| 10,5 sec | 9, Automatic 9,5 sec | 8 sec |
| 15 Liter, Normalbenzin bleifrei | 14,5 Liter, Super bleifrei | 14 Liter, Super bleifrei |
| 80 Liter (vor Hinterachse) | 80 Liter (vor Hinterachse) | 80 Liter (vor Hinterachse) |
| | Mit Allrad-Antrieb: | |
| | Audi 200 Quattro | |

## Traktion bis zum Limit: Treser-Audi

Im Frühjahr 1982 stellte Dipl.-Ing. Walter Treser seine Version eines Audi quattro vor, sehr viel bulliger im Heck mit einem in die Kotflügel einbezogenen Spoiler und einer auffallenden Heckschürze; auch das Cockpit war weitgehend modifiziert. Den auf 2323 ccm Hubraum vergrößerten Serienmotor des Audi tunte man bei Treser auf 240 Turbo-PS. Der Preis für einen solchen Wagen betrug 59.655 DM, der Treser quattro Roadster mit Hardtop kostete 142.500 DM.
Walter Treser, geboren 1940, hatte in den späten 1970er-Jahren bei Audi als Leiter der Vorentwicklung bei Audi gearbeitet, war unter Ferdinand Piëch Projektleiter des Audi quattro und Leiter der Audi Sportabteilung.
Nach seinem Weggang von Audi gründete er 1981 die Walter Treser GmbH in Hofstetten bei Ingolstadt zur Entwicklung und Konstruktion von Komponenten für die Automobil- und Zubehörindustrie sowie zur Leistungssteigerung von Audi-Fahrzeugen.
Unter Kennern war und ist der Treser-Audi sehr geschätzt. Den Audi 80 quattro und das entsprechende Coupé gab es ebenfalls in einer Treser-Version. Bis Ende 1984 blieben der Audi AG die Exklusivrechte an den Entwicklungen der Treser GmbH vorbehalten, anschließend sicherten weitere Auftraggeber die Basis der Firma ab. 1985 entstand in Berlin eine zweite Firma, die Walter Treser Automobilbau GmbH. Nach dem Vorbild des Audi quattro Roadster entstand hier das Konzept für ein neues Allrad-Auto mit Alu/Kunststoff-Karosserie und dem Vierventil-Mittelmotor vom VW Golf GTI 1,8 Liter. Der Serienanlauf war für Ende 1987 geplant. 1986 stellte Treser einen Hunter genannten Geländewagen vor, angetrieben von einem 2,3-Liter-Fünfzylinder mit 160 PS. Der Hunter entstand auf Basis eines Audi 90 quattro und kostete 115.000 DM. Vier Exemplare wurden in die Golfstaaten verkauft. Ein weiteres, 1985 vorgestelltes Sondermodell war der im Radstand verlängerte Audi 200 quattro Largo. Für Schlagzeilen sorgte auch der 271 km/h schnelle Treser Super 200 mit einem 330-PS-Motor.
Auf der IAA 1987 zeigte Treser seine Berliner Neuschöpfung TR-1 als Coupé und als Roadster mit einem Hardtop, das sich auf Knopfdruck hinter den Sitzen versenken ließ. Sechs Fahrzeuge sollten pro Tag gefertigt werden. Doch der Serienbeginn verzögerte sich. Im Juni 1988 entstand eine Sonderserie von 25 Fahrzeugen für den Hydro-Aluminium-Sportwagen-Cup. Mit diesen in Handarbeit gebauten Fahrzeugen wollte Treser einerseits Motorsport-Nachwuchs fördern und andererseits die Funktions- und Gebrauchstüchtigkeit seiner Fahrzeuge beweisen. Der Preis des TR-1 betrug inzwischen 64.850 DM.
Der Berliner Senat unterstützte den Unternehmer mit fünf Millionen Mark aus öffentlichen Mitteln, dennoch ging Treser Ende Juli 1988 das Geld aus. Das Unternehmen

Audi Coupé GT als Cabrio. Der Cabriolet-Umbau wurde von Treser (Hofstetten) entwickelt und auf der IAA 1983 als »Treser quattro Roadster« vorgestellt.

musste den Vergleich anmelden, und im März 1989 schloss auch der Betrieb in Ingolstadt seine Bücher: Konkurs. Eine von Tresers Ehefrau Karin gegründete und bis 1993 bestehende K. Treser Design Technik GmbH als Nachfolge-Gesellschaft versorgte weiterhin alle Kunden mit Tuning-Teilen. Audi- und auch VW-Modifikationen gehörten ebenfalls wieder zum Geschäft. 1993 übernahm der Automobilhändler Walter Beutlich den Betrieb.

Nicht nur im Design seiner Fahrzeuge hob sich Treser vom Herkömmlichen ab; auch seine Werbemittel zeigten Avantgarde.

Treser-Audi 200, 1983. Auffallende Merkmale: die modifizierte Heckparte, Spezialfelgen und eine nach Kundenwunsch individualisierte Lederausstattung,

Rechts: Treser-Audi 200 Super, 1984: »Ihr Auto ist Ausdruck Ihres persönlichen Lebensstils!« (Walter Treser)

Links: Treser Hunter (Audi 90 quattro), 1984. Er hätte allerdings keinen Konkurrenten zum Range Rover darstellen können.

### Audi 100 (1990–1994)
### Audi A6 (1994–1997)

Im September 1990 erschien die vierte Auflage des Audi 100 (Baureihe C4). Radstand und Fahrwerk waren weitgehend identisch geblieben, die Änderungen waren erst auf den zweiten Blick erkennbar; auffällig war die Abrisskante auf dem Kofferraumdeckel.
Neben dem Grundmodell mit 2,0 Liter (100 PS) gab es wieder einen 2,3 Liter (133 PS). Neu war der erste V6 im Audi 100-Programm: Dieser 2,8 Liter mit Schaltsaugrohr erreichte 174 PS und war der Grund für die Ablösung des noblen Audi 200. Während dessen Laufzeit hatten die Ingolstädter noch behauptet, dass ein Sechszylinder keinen Sinn mache.
Im Juli 1991 kamen der 2,4 Diesel (82 PS) und der 2,5 TDI (jetzt 115 PS) hinzu, beide erstmals mit Qxi-Kat. Besonderheit des 115 PS TDI war das für 950 DM Aufpreis angebotene Sechsgang-Schaltgetriebe (5+E) mit lang übersetztem sechsten Schongang. Ende 1991 bzw. Mitte 1992 gesellten sich der 2,0 Liter (115 PS) und der 2,6 Liter (150 PS) dazu. Die Fünf- und Sechszylinder gab es auch mit quattro-Antrieb (kombiniert stets mit Schaltgetriebe). Und nochmals legte Audi eine kleine Serie des Avant Duo auf, mit E-Motor und konventionellem 2,0- oder 2,3-Liter-Benziner. Die Kombiversion des neuen Audi 100 kam im Herbst 1991 – mit allen Motorisierungen der Limousine und als quattro. Ab Juni 1993 war der Fahrer-Airbag serienmäßig (Preisanstieg um rund 1000 DM), ein Beifahrer-Bag kostete weiteren Aufpreis. Gleichzeitig wurden die Außenspiegel geändert.
Ein besonderer Leckerbissen war der bereits ab Ende 1991 angebotene S4 (Vorstellung April 1991) mit der 2,2-Liter-Turbotechnik des Fünfzylinder-Coupés S2 (Vierventil-Technik). Äußerlich war der Allradler nur durch Details vom Zivil-Modell zu unterscheiden. Parallel wurde dieses 230 PS starke Kraftbündel auch als Avant angeboten.
Im November 1992 Einführung des Avant S4 mit dem 4,2-Liter-V8 aus dem A8, Sechsgang-Schaltgetriebe und Allradantrieb. Als Limousine wurde das 250 km/h schnelle Mobil (ohne V8-Logo) erst ab 1993 angeboten.
Ab Juni 1994 hieß der Audi 100 nun A6 und erhielt einige wenige Retuschen am Exterieur und Modifikationen unter dem Blech. Der 2,3-Liter-Fünfzylinder entfiel, neu kamen der 1,9 Liter TDI und zwei 2,5 Liter TDI (115 und 140 PS). Der S4 mit Fünfzylinder hieß nun S6 und wurde auf 230 PS leistungsgesteigert; die noch stärkere 4,2-Liter-V8-Version leistete nunmehr 290 PS. Beide S-Varianten blie-

Audi A6 1.9 TDI Limousine, 1994–1997.

ben – nach leichten Modifikationen 1995 – bis zur nächsten Baureihe im Jahr 1997 im Programm.
Nach den Werksferien im Sommer 1995 wurde der 2,8-Liter mit 174 PS durch einen Fünfventiler mit 193 PS abgelöst, wobei dessen Steuerketten Kinderkrankheiten aufwiesen und zu einem kurzzeitigen Produktionsstopp führten. Außerdem kam nun eine 4x4-Variante des stärkeren 2,5 Liter TDI hinzu und weitere Änderungen in der Motorpalette.
Mitte 1996 legte Audi auch oben noch etwas nach: Der neue S6 Plus mit 4,2-Liter-V8 und 17-Zoll-Rädern kam nun mit 326 PS – als Limousine und Avant. Diese Autos entstanden bei der quattro GmbH, anvisiert waren 1600 Einheiten. Im Juli 1997 endete die Fertigung der Limousine.

Audi A6 2.5 TDI Avant quattro, 1994–1997.

Audi 100 2.3 E, 1990.

Audi S4 2.2, 1991–1994.

Audi S6 plus in Misanorot, erste eigenständige Fahrzeugkonstruktion der quattro GmbH, 1996–1997.

| | Audi 100 2.0-100 PS, 1990-1996<br>Audi 100 Avant 2.0, 1991-1994 | Audi 100 / A6 2.0-115 PS, 1991-1995<br>Audi 100 / A6 Avant 2.0, 1991-1995 | Audi 100 2.3-133 PS, 1990-1994<br>Audi 100 Avant 2.3, 1991-1994 |
|---|---|---|---|
| **Motor** | Ottomotor (Einspritzer) | | Ottomotor (Einspritzer) |
| Zylinderzahl | 4 (Reihe), längs vor der Vorderachse | | 5 (Reihe), längs vor der Vorderachse |
| Bohrung x Hub | 82,5 x 92,8 mm | | 82,5 x 86,4 mm |
| Hubraum | 1984 cm³ | | 2309 cm³ |
| Leistung | 100 PS (74 kW) bei 5500/min | 115 PS (85 kW) bei 5400/min | 133 PS (98 kW) bei 5500/min |
| Drehmoment | 157 Nm bei 27500/min | 168 Nm bei 3200/min | 186 Nm bei 4000/min |
| Verdichtung | 9,2 : 1 | 10,3 : 1 | 10,0 : 1 |
| Gemischbereitung | Elektron. Einspritzung<br>Bosch Monomotronic | Elektron. Einspritzung<br>Bosch Multipoint | Mechan.-elektron. Einspritzung<br>Bosch Multipoint |
| Ventile pro Zylinder | 2, hängend, 1 obenlieg. Nockenwelle (Zahnriemen) | | 2, hängend, 1 obenlieg. Nockenwelle (Zahnriemen) |
| Kurbelwellenlager | 5 | | 6 |
| Kühlung | Pumpe / 7,0 Liter Wasser | | Pumpe / 8,0 Liter Wasser |
| Schmierung | Druckumlauf / 3,0 Liter Öl | | Druckumlauf / 4,5 Liter Öl |
| Abgasreinigung | Dreiwege-Kat, Lambdasonde | | Dreiwege-Kat, Lambdasonde |
| Batterie/ Lichtmaschine | 12 V 50 Ah – Drehstrom 90 A | 12 V 63 Ah – Drehstrom 90 A | 12 V 63 Ah – Drehstrom 90 A |
| **Kraftübertragung** | Frontantrieb | Frontantrieb; a.W. Allradantrieb (selbstsperr. Torsen-Zentraldiff. u. sperrb. Hinterachs-Differential) | |
| Kupplung | Einscheiben-Trockenkupplung | | |
| Schaltung | 5 Gang, Schaltstock in Wagenmitte | | |
| Übersetzungen | I. 3,55 – II. 2,11 – III. 1,43<br>IV. 1,03 – V. 0,84 – R: 3,50 | I. 3,55 – II. 2,11 – III. 1,43<br>IV. 1,03 – V. 0,84 – R: 3,50<br>I. 3,55 – II. 2,11 – III. 1,30 (4x4)<br>IV. 0,94 – V. 0,79 – R: 3,50 | I. 3,55 – II. 2,11 – III. 1,43<br>IV. 1,03 – V. 0,84 – R: 3,50 |
| Antriebsübersetzung | 4,11 | 4,11, 4x4: 4,56 | 3,89, 4x4: 4,11 |
| Automatik | 4 Stufen | 4 Stufen (nicht für 4x4) | |
| Übersetzungen (Autom.) | I. 2,71 – II. 1,55 – III. 1,0 – IV. 0,68 – R: 2,11 | | |
| Antriebsübers. (Autom.) | 4,93 | 4,89 | 4,93 |
| **Fahrwerk** | Selbsttragende Ganzstahlkarosserie | | |
| Vorderradaufhängung | McPherson-Federbeine (Schraubenfedern, Teleskopstoßdämpfer), Hilfsrahmen, Dreieckquerlenker, Drehstab-Stabilisator | | |
| Hinterradaufhängung | Torsionskurbelachse, zwei Längslenker, Panhardstab, Schraubenfedern, Drehstab-Stabilisator | 4x4: Viergelenk-Trapezlenkerachse | |
| Lenkung | Zahnstange, Servo | | |
| Fußbremse | Zweikreis-Hydraulik, Servo<br>vorn Scheiben<br>hinten Trommeln, a.W. ABS | Zweikreis-Hydraulik, Servo<br>vorn belüft. und hinten<br>Scheiben, ABS | |
| **Allgemeine Daten** | Limousine, 4türig<br>Kombi, 5türig | Limousine, 4türig<br>Kombi, 5türig | Limousine, 4türig<br>Kombi, 5türig |
| Radstand | 2687 mm | 2687 mm, 4x4: 2692 mm | 2687 mm, 4x4: 2692 mm |
| Spur vorn/hinten | 1520/1524 mm | 1520/1 524 mm | 1520/1524 mm |
| Gesamtmaße | 4790 x 1777 x 1431 mm | 4790 x 1777 x 1431 (Kombi: 1440) mm | 4790 x 1777 x 1431 (Kombi: 1440) mm |
| Gepäckraum | 510 L | 510 L, Kombi: 390 / 1310 L | 510 L, Kombi: 390 / 1310 L |
| Reifen/Felgen | 195/70 HR 15 – 6.0 J x 15 | 195/70 HR 15 – 6.0 J x 15 | 195/70 HR 15 – 6.0 J x 15 |
| Wendekreisdurchmesser | 11,4 m | 11,4 m | 11,4 m |
| Leermasse | 1310 (1330) kg | 1325 / 1375 kg, 4x4: 1430 / 1480 kg | 1370 / 1420 kg, 4x4: 1470 / 1520 kg |
| Zul. Gesamtmasse | 1860 kg | 1875 / 1925 kg, 4x4: 1980 / 2030 kg | 1920 / 1970 kg, 4x4: 2020 / 2070 kg |
| Höchstgeschwindigkeit | 182 (180) km/h | 191 (188) / 189 (186) km/h | 202 (199) / 200 (196) km/h |
| Beschleunigung 0-100 km/h | 12,6 (13,5) sec | 11,0 / 11,5 sec<br>4x4: 11,4 / 11,9 sec | 10,2 / 10,5 sec<br>4x4: 10,4 / 10,7 sec |
| Drittelmix-Verbrauch | 8,3 (9,1) L/100 km (S) | 8,5 (9,3) L /100 km (S)<br>4x4: 9,0 L /100 km (S) | 9,8 (10,6) L /100 km (S)<br>4x4: 10,1 L /100 km (S) |
| Kraftstofftank | 80 Liter (über der Hinterachse) | 80 Liter (über der Hinterachse) | 80 Liter (über der Hinterachse) |

| | Audi 100 / A6 2.8-174 / 193 PS, 1991-1997 Audi 100 / A6 Avant 2.8 1991-1997 | Audi 100 / A6 2.6-150 PS 1992-1997 Audi 100 / A6 Avant 2.6 1992-1997 | Audi 100 2.4 D-82 PS 1990-1994 Audi 100 Avant 2.4 D 1991-1994 |
|---|---|---|---|
| **Motor** | Ottomotor (Einspritzer) | | Dieselmotor (Wirbelkammer-Einspritzer) |
| Zylinderzahl | 6 (V 90°), längs vor der Vorderachse | | 5 (Reihe), längs vor der Vorderachse |
| Bohrung x Hub | 82,5 x 86,4 mm | 82,5 x 81,0 mm | 79,5 x 95,5 mm |
| Hubraum | 2771 cm³ | 2598 cm³ | 2370 cm³ |
| Leistung | 174 PS (128 kW) bei 5500/min, 1995: 193 PS (142 kW) bei 6000/min | 150 PS (110 kW) bei 5750/min | 82 PS (60 kW) bei 4400/min |
| Drehmoment | 245 Nm bei 3000/min 193 PS: 280 Nm bei 3200/min | 225 Nm bei 3500/min | 164 Nm bei 2400/min |
| Verdichtung | 10,0 : 1, 193 PS: 10,6 : 1 | 10,0 : 1 | 22,0 : 1 |
| Gemischbereitung | Elektron. Einspritzung Bosch Singlepoint | Elektron. Einspritzung Bosch Multipoint | Verteilereinpritzpumpe Bosch 1 Abgasturbolader, 1 Ladeluftkühler |
| Ventile pro Zylinder | 2, hängend 1 obenlieg. Nockenwelle (Zahnriemen) 193 PS: 5 Ventile 2 obenlieg. Nockenwellen | | 2, parallel hängend 1 obenlieg. Nockenwelle (Zahnriemen) |
| Kurbelwellenlager | 4 | | 6 |
| Kühlung | Pumpe/12,0/8,5 Liter Wasser Motor-Ölkühler | Pumpe / 11,0 Liter Wasser | Pumpe / 9,4 Liter Wasser |
| Schmierung | Druckumlauf / 5,0 / 5,5 Liter Öl | Druckumlauf / 5,0 Liter Öl | |
| Abgasreinigung | Dreiwege-Kat, Lambdasonde | | Oxi-Kat |
| Batterie/Lichtmaschine | 12 V 63 Ah – Drehstrom 90 / 120 A | | 12 V 92 Ah – Drehstrom 90 A |
| **Kraftübertragung** | Frontantrieb; a.W. Allradantrieb (selbstsperr. Torsen-Zentraldiff. u. sperrb. Hinterachs-Differential) | | Frontantrieb |
| Kupplung | Einscheiben-Trockenkupplung | | |
| Schaltung | 5 Gang, Schaltstock in Wagenmitte | | |
| Übersetzungen | I. 3,50 – II. 1,83 – III. 1,30 IV. 1,03/0,943 (4x4) – V. 0,84/0,79 (4x4) R: 3,44 | I. 3,55 – II. 1,86 – III. 1,30 IV. 1,03 – V. 0,84 R: 3,50 | I. 3,55 – II. 1,86 – III. 1,16 IV. 0,79 – V. 0,64 R: 3,50 |
| Antriebsübersetzung | 3,70 / 4,11 | 3,89; 4x4: 4,11 | 4,56 |
| Automatik | 4 Stufen | 4 Stufen | - |
| Übersetzungen (Autom.) | I. 2,71, II. 1,55, III. 1,0, IV. 0,68, R: 2,11 | I. 2,58, II. 1,41, III. 1,0, IV. 0,74; R: 2,88 | |
| Antriebsübers. (Autom.) | 4,29 | 4,33 | |
| **Fahrwerk** | Selbsttragende Ganzstahlkarosserie | | |
| Vorderradaufhängung | McPherson-Federbeine (Schraubenfedern, Teleskopstoßdämpfer), Hilfsrahmen, Dreieckquerlenker, Drehstab-Stabilisator | | |
| Hinterradaufhängung | Torsionskurbelachse, zwei Längslenker, Panhardstab,Schraubenfedern, Drehstab-Stabilisator 4x4: Viergelenk-Trapezlenkerachse | | |
| Lenkung | Zahnstange, Servo | | |
| Fußbremse | Zweikreis-Hydraulik, Servo, vorn belüft. und hinten Scheiben, ABS | | |
| **Allgemeine Daten** | Limousine, 4türig – Kombi, 5türig | Limousine, 4türig – Kombi, 5türig | Limousine, 4türig – Kombi, 5türig |
| Radstand | 2687 mm, 4x4: 2692 mm | 2687 mm, 4x4: 2692 mm | 2687 mm |
| Spur vorn/hinten | 1520/1524 mm | 1520/1 524 mm | 1520/1524 mm |
| Gesamtmaße | 4790 x 1777 x 1431 (Kombi: 1440) mm | 4790 x 1777 x 1431 (Kombi: 1440) mm | 4790 x 1777 x 1431 (Kombi: 1440) mm |
| Gepäckraum | 510 L, Kombi: 390 / 1310 L | 510 L, Kombi: 390 / 1310 L | 510 L, Kombi: 390 / 1310 L |
| Reifen/Felgen | 195/70 VR 15 – 6.0 J x 15 | 195/70 HR 15 – 6.0 J x 15 | 195/70 HR 15 – 6.0 J x 15 |
| Wendekreisdurchmesser | 11,4 m | 11,4 m | 11,4 m |
| Leermasse | 1400 / 1450 kg, 4x4: 1500 / 1550 kg | 1390 / 1440 kg, 4x4: 1490 / 1540 kg | 1385 / 1435 kg |
| Zul. Gesamtmasse | 1950 / 2000 kg, 4x4: 2050 / 2100 kg | 1940 / 1990 kg, 4x4: 2040 / 2090 kg | 1935 / 1985 kg |
| Höchstgeschwindigkeit | 218 (216) / 215 (213) km/h | 210 (208) / 203 (200) km/h | 167 / 160 km/h |
| Beschleunigung 0-100 km/h | 8,0 / 8,2 sec, 4x4: 8,6 / 8,8 sec | 9,5 / 9,8 sec, 4x4: 10,0 / 10,2 sec | 16,8 / 17,5 sec |
| Drittelmix-Verbrauch | 9,4 (10,3) L /100 km (S) 4x4: 9,7 L /100 km (S) | 9,3 (10,1) L /100 km (S) 4x4: 9,6 L /100 km (S) | 7,5 / 7,6 L /100 km (D) |
| Kraftstofftank | 80 Liter (über der Hinterachse) | 80 Liter (über der Hinterachse) | 80 Liter (über der Hinterachse) |

| | Audi 100 / A6 2.5 TDI 115 PS, 1991-1997 Audi 100/A6 Avant 2.5 TDI 1991-1997 | Audi A6 2.5 TDI-140 PS 1994-1997 Audi A6 Avant 2.5 TDI 1994-1997 | Audi A6 1.9 TDI-90 PS 1994-1997 Audi A6 Avant 1.9 TDI 1994-1997 |
|---|---|---|---|
| **Motor** | Dieselmotor (Direkteinspritzer) | | Dieselmotor (Direkteinspritzer) |
| Zylinderzahl | 5 (Reihe), längs vor der Vorderachse | | 4 (Reihe), längs vor der Vorderachse |
| Bohrung x Hub | 81,0 x 95,5 mm | | 79,5 x 95,5 mm |
| Hubraum | 2460 cm³ | | 1896 cm³ |
| Leistung | 115 PS (85 kW) bei 4000/min | 140 PS (103 kW) bei 4000/min | 90 PS (66 kW) bei 4000/min |
| Drehmoment | 265 Nm bei 2250 / 1900/min | 290 Nm bei 1900/min | 202 Nm bei 1900/min |
| Verdichtung | 21,0 / 20,0 : 1 | 20,0 : 1 | 19,5 : 1 |
| Gemischbereitung | Verteilereinspritzpumpe | | Verteilereinspritzpumpe |
| | Bosch VP 34, 1 Abgasturbolader (0,7 bar) | | Bosch VP 37, 1 Abgasturbolader |
| | 1 Ladeluftkühler | | 1 Ladeluftkühler |
| Ventile pro Zylinder | 2, hängend | | 2, parallel hängend |
| | 1 obenlieg. Nockenwelle (Zahnriemen) | | 1 obenlieg. Nockenwelle (Zahnriemen) |
| Kurbelwellenlager | 6 | | 5 |
| Kühlung | Pumpe / 9,4 /6,5 Liter Wasser | Pumpe / 6,5 Liter Wasser | Pumpe / 6,5 Liter Wasser |
| | Motor-Ölkühler | Motor-Ölkühler | |
| Schmierung | Druckumlauf / 5,4 / 5,0 Liter Öl | Druckumlauf / 5,0 Liter Öl | |
| Abgasreinigung | | Oxi-Kat, Abgasrückführung | |
| Batterie/Lichtmaschine | 12 V 92 Ah – Drehstrom 100 / 120 A | 12 V 92 Ah – Drehstrom 120 A | 12 V 64 Ah – Drehstrom 90 / 120 A |
| **Kraftübertragung** | Frontantrieb | Frontantrieb; 1995: a.W. Allradantrieb | Frontantrieb |
| | | (selbstsperr. Torsen-Zentraldiff. | |
| | | und sperrb. Hinterachs-Differential) | |
| Kupplung | | Einscheiben-Trockenkupplung | |
| Schaltung | 5 Gang/6 Gang, Schaltst. in Wagenmitte | 6 Gang, Schaltstock in Wagenmitte | 5 Gang, Schaltstock in Wagenmitte |
| Übersetzungen | I. 3,50 – II. 1,89 – III. 1,23 | I. 3,50 – II. 1,89 – III. 1,23 | I. 3,78 – II. 2,18 – III. 1,30 |
| | IV. 0,87 – V. 0,67 – R: 3,46 | IV. 0,87 – V. 0,67 – VI. 0,56 – R: 3,46 | IV. 0,89 – V. 0,68 – R: 3,44 |
| | I. 3,50 – II. 1,89 – III. 1,23 | | |
| | IV. 0,87 – V. 0,67 – VI. 0,56 – R: 3,46 | | |
| Antriebsübersetzung | 3,88 | 3,88 | 4,11 |
| Automatik | A6: 4 Stufen | – | 4 Stufen |
| Übersetzungen (Autom.) | I. 2,58– II. 1,41 – III. 1,0 – IV. 0,74 – R: 2,88 | | I. 2,71 – II. 1,44 – III. 1,0 – IV. 0,74 – R: 2,88 |
| Antriebsübers. (Autom.) | 2,69 | | 3,67 |
| **Fahrwerk** | Selbsttragende Ganzstahlkarosserie | | |
| Vorderradaufhängung | McPherson-Federbeine (Schraubenfedern, Teleskopstoßdämpfer), Hilfsrahmen, Dreieckquerlenker, Drehstab-Stabilisator | | |
| Hinterradaufhängung | Torsionskurbelachse, zwei Längslenker, Panhardstab, Schraubenfedern, Drehstab-Stabilisator | | |
| | | 4x4: ViergelenkTrapezlenkerachse | |
| Lenkung | | Zahnstange, Servo | |
| Fußbremse | Zweikreis-Hydraulik, Servo | | Zweikreis-Hydraulik, Servo |
| | vorn belüft. und hinten Scheiben, ABS | | vorn Scheiben, hinten Trommeln, ABS |
| **Allgemeine Daten** | Limousine, 4türig – Kombi, 5türig | Limousine, 4türig – Kombi, 5türig | Limousine, 4türig – Kombi, 5türig |
| Radstand | 2687 mm, 4x4: 2692 mm | 2687 mm, 4x4: 2692 mm | 2687 mm |
| Spur vorn/hinten | 1520/1524 mm | 1520/1524 mm | 1520/1524 mm |
| Gesamtmaße | 4790 x 1777 x 1431 (Kombi: 1440) mm | 4790 x 1777 x 1431 (Kombi: 1440) mm | 4790 x 1777 x 1431 (Kombi: 1440) mm |
| Gepäckraum | 510 L, Kombi: 390 / 1310 L | 510 L, Kombi: 390 / 1310 L | 510 L, Kombi: 390 / 1310 L |
| Reifen/Felgen | 195/70 VR 15 – 6.0 J x 15 | 195/70 HR 15 – 6.0 J x 15 | 195/70 HR 15 – 6.0 J x 15 |
| Wendekreisdurchmesser | 11,4 m | 11,4 m | 11,4 m |
| Leermasse | 1425 / 1475 kg | 1460 / 1510 kg, 4x4: 1560 / 1610 kg | 1400 / 1450 kg |
| Zul. Gesamtmasse | 1975 / 2025 kg | 2010 / 2060 kg, 4x4: 2110 / 2160 kg | 1950/2000 kg |
| Höchstgeschwindigkeit | 195 /188 km/h | 208 (204) / 202 (198) km/h | 177 / 173 km/h |
| | | 4x4: 206 km/h | |
| Beschleunigung 0-100 km/h | 11,1 / 11,6 sec | 9,9 / 10,1 sec, 4x4: 10,0 / 10,2 sec | 13,9 / 14,2 sec |
| Drittelmix-Verbrauch | 6,3 (6,0) L/100 km (D) | 6,0 / 6,2; 4x4: 6,5 L /100 km (D) | 5,8 / 6,0 L /100 km (D) |
| Kraftstofftank | 80 Liter (über der Hinterachse) | 80 Liter (über der Hinterachse) | 80 Liter (über der Hinterachse |

| | Audi A6 1.8-125 PS<br>1995-1997<br>Audi A6 Avant 1.8<br>1995-1997 | Audi 100 S4/ S6-230 PS<br>1991-1997<br>Audi 100 S4 / S6 Avant<br>1991-1997 | Audi 100 S4 / S6 4.2-280 / 290 PS<br>1993-1997<br>Audi 100 S4 / S6 Avant 4.2, 1992-1997<br>Audi S6 Plus-326 PS/Audi S6 Plus Avant<br>1995-1997 |
|---|---|---|---|
| **Motor** | Ottomotor (Einspritzer), LM-Kopf | | Ottomotor (Einspritzer), LM-Block/Kopf |
| Zylinderzahl | 4 (Reihe), längs vor der Vorderachse | 5 (Reihe), längs vor der Vorderachse | 8 (V 90°), längs vor der Vorderachse |
| Bohrung x Hub | 81,0 x 86,4 mm | 81,0 x 86,4 mm | 84,5 x 93,0 mm |
| Hubraum | 1781 $cm^3$ | 2226 $cm^3$ | 4172 $cm^3$ |
| Leistung | 125 PS (92 kW) bei 5800/min | 230 PS (169 kW) bei 5900/min | 280 PS (206 kW) bei 5800/min |
| | | | 1994: 290 PS (213 kW) bei 5800/min |
| | | | 1995: 326 PS (240 kW) bei 6500/min |
| Drehmoment | 168 Nm bei 3500/min | 350 Nm bei 1950/min | 400 Nm bei 4000/min |
| | | | 326 PS: 400 Nm bei 3500/min |
| Verdichtung | 10,3 : 1 | 9,3 : 1 | 10,6 : 1, 290 PS: 10,8 : 1, 326 PS: 11,6 : 1 |
| Gemischbereitung | Elektron. Einspritzung | Elektron. Einspritzung | Elektron. Einspritzung |
| | Bosch Motronic | Bosch Motronic M 2.3 | Bosch Motronic M 2.4, 326 PS: M 5.4.1. |
| | | 1 Abgasturbolader KKK, 1 Ladeluftkühler | 1 Abgasturbolader KKK, 1 Ladeluftkühler |
| Ventile pro Zylinder | 5, V-förmig hängend, 2 obenlieg. | 4, V-förmig hängend, 2 obenlieg. | 4, V-förmig hängend, 2 x 2 obenlieg. |
| | Nockenwellen, (Zahnriemen) | Nockenwellen (Zahnriemen/Kette) | Nockenwellen, (Zahnriemen/Kette) |
| Kurbelwellenlager | 5 | 6 | 5 |
| Kühlung | Pumpe / 7,5 Liter Wasser | Pumpe / 8,1 Liter Wasser, Motor-Ölkühler | Pumpe / 8,5 Liter Wasser, Motor-Ölkühler |
| Schmierung | Druckumlauf / 3,5 Liter Öl | Druckumlauf / 4,5 Liter Öl | Druckumlauf / 7,5 Liter Öl |
| Abgasreinigung | Dreiwege-Kat, Lambdasonde | | |
| Batterie/Lichtmaschine | 12 V 40 Ah – Drehstrom 90 A | 12 V 63 Ah – Drehstrom 90 A | 12 V 64 Ah – Drehstrom 90 A |
| **Kraftübertragung** | Frontantrieb a.W. Allradantrieb | Allradantrieb | |
| | (selbstsperr. Torsen-Zentraldiff. u. sperrb. Hinterachs-Differential) | (selbstsperr. Torsen-Zentraldiff. u. sperrb. Hinterachs-Differential) | |
| Kupplung | Einscheiben-Trockenkupplung | | |
| Schaltung | 5 Gang, Schaltstock in Wagenmitte | 5 Gang/6 Gang, Schaltst. in Wagenmitte | 6 Gang, Schaltstock in Wagenmitte |
| Übersetzungen | I. 3,78– II. 2,18 – III. 1,43 | I. 3,50 – II. 1,89 – III. 1,23 | I. 3,50 – II. 1,89 – III. 1,23 |
| | IV. 1,03 – V. 0,84/0,79 (4x4) – R: 3,44 | IV. 0,99 – V. 0,73 – R: 3,46 | IV. 0,97 – V. 0,81 – VI. 0,68 – R: 3,46 |
| | | I. 3,50 – II. 1,89 – III. 1,23 | |
| | | IV. 1,03 – V. 0,86 – VI. 0,73 – R: 3,46 | |
| Antriebsübersetzung | 4,11 / 4,56 | 4,11 | |
| Automatik | 4 Stufen | 4 Stufen | – |
| Übersetzungen (Autom.) | I. 2,71– II. 1,55 – III. 1,0 – IV. 0,68 – R: 2,11 | I. 2,58 – II. 1,41 – III. 1,0 – IV. 0,74 – R: 2,88 | |
| Antriebsübers. (Autom.) | 4,29 | 4,10 | |
| **Fahrwerk** | Selbsttragende Ganzstahlkarosserie | | |
| Vorderradaufhängung | McPherson-Federbeine (Schraubenfedern, Teleskopstoßdämpfer), Hilfsrahmen, Dreieckquerlenker, Drehstab-Stabilisator | | |
| Hinterradaufhängung | Torsionskurbelachse | Viergelenk-Trapezlenkerachse | |
| | zwei Längslenker, Panhardstab | Schraubenfedern, Telekopstoßdämpfer | |
| | Schraubenfedern, Drehstab-Stabilisator | zwei Dreieckquerlenker | |
| | 4x4: Viergelenk-Trapezlenkerachse | Drehstab-Stabilisator | |
| Lenkung | Zahnstange, Servo | | |
| Fußbremse | Zweikreis-Hydraulik, Servo | Zweikreis-Hydraulik, Servo | |
| | vorn belüft. und hinten Scheiben, ABS | vorn und hinten belüft. Scheiben, ABS | |
| **Allgemeine Daten** | Limousine, 4türig – Kombi, 5türig | Limousine, 4türig – Kombi, 5türig | Limousine, 4türig – Kombi, 5türig |
| Radstand | 2687 mm, 4x4: 2692 mm | 2692 mm | 2687 mm |
| Spur vorn/hinten | 1520/1524 (Kombi: 1520) mm | 1555/1524 mm | 1565/1530 mm |
| Gesamtmaße | 4795 x 1785 x 1430 mm | 4790 x 1805 x 1445 | 4790 x 1777 x 1410 |
| | Kombi: 4795 x 1780 x 1440 mm | (Kombi: 1455) mm | (Kombi: 1420) mm |
| Gepäckraum | 510 L, Kombi: 390 / 1310 L | 510 L, Kombi: 380 / 1255 L | 510 L, Kombi: 390 / 1310 L |
| Reifen/Felgen | 195/65 VR 15 – 6.0 J x 15 | 215/60 ZR 15 – 7.5 J x 15 | 225/50 ZR 16; 225/40 ZR 17 – 8.0 J x 16/17 |
| Wendekreisdurchmesser | 11,4 m | 11,4 m | 11,4 m |
| Leermasse | 1400 / 1450 kg, 4x4: 1500 / 1550 kg | 1610 / 1660 kg, 1994: 1650/ 1700 kg | 1680 / 1730 kg, 326 PS: 1695 / 1745 kg |
| Zul. Gesamtmasse | 1950 / 2000 kg, 4x4: 2050 / 2100 kg | 2160 / 2210 kg, 1994: 2200 / 2250 kg | 2230 / 2280 kg, 326 PS: 2245 / 2295 kg |
| Höchstgeschwindigkeit | 218 (216) / 215 (213) km/h | 244 / 235 km/h | 249 / 247 km/h; 326 PS: 250 km/h |
| Beschleunigung 0-100 km/h | 8,0 / 8,2 sec, 4x4: 8,6 / 8,8 sec | 6,8 / 7,1 sec | 6,2 / 6,6 sec, 326 PS: 5,6 / 5,7 sec |
| Drittelmix-Verbrauch | 9,4 (10,3) L/100 km (S) | 10,7 / 11,0 L /100 km (S) | 13,0 / 13,2 L /100 km (S) |
| | 4x4: 9,7 L/100 km (S) | | 326 PS: 15,0 / 15,2 L/100 km (S) |
| Kraftstofftank | 80 Liter (über der Hinterachse) | 80 Liter (über der Hinterachse) | 80 Liter (über der Hinterachse) |

## Audi V8 (1988–1994)

Der im Oktober 1988 in Paris vorgestellte Audi V8 (Baureihe D1) sollte ursprünglich Typ 300 heißen. Denn er basierte wie der Audi 200 auf dem Audi 100, erhielt aber von Anfang einen 3,6-Liter-V8-Motor mit 250 PS, ein neues Vierstufen-Automatikgetriebe und permanenten Allradantrieb. Die Stückzahlvorgaben (ab 1990 rund 14.000 Einheiten) wurden bei weitem nicht erreicht – die jährliche Auslieferung blieb unter 7000 Stück.
Darum wurde das Angebot verbreitert. Zunächst erhielt der V8 im Januar 1990 auch ein Fünfgang-Handschaltgetriebe (mit Torsen-Zwischendifferenzial statt elektronischer Lamellen-Zwischensperre), ein Jahr später gab es eine abgespeckte Version ohne Leder, Hifi und Klimaanlage (statt 102.000 DM nur noch 84.950 DM). Das bisherige Modell lief als Audi V8 Exclusiv weiter.
Im Juli 1991 kam alternativ der 4,2-Liter-V8 hinzu, wahlweise auch mit Sechsgang-Schaltgetriebe lieferbar. Den mit diesem 280-PS-Motor ausgestatteten Wagen konnte man ab Dezember 1991 als Langversion (163.000 DM) erhalten (Sonderfertigung bei Steyr-Daimler-Puch in Graz). Die 316 mm mehr Radstand kamen vor allem den Hinterbänklern zugute, die gern die Einzelsitzanlage in Anspruch nahmen. Im Frühjahr 1994 endete die V8-Fertigung in Neckarsulm.

Audi V8 4,2 Langversion, 1992.

Audi V8 3.6, 1988–1994.

Audi V8 3.6 L (Aufbau Puch, Graz), 1991–1994.

| | Audi V8 3.6<br>1988-1994<br>Audi V8 3.6 Lang<br>1991 | Audi V8 4.2<br>1991-1994<br>Audi V8 4.2 Lang<br>1991-1994 |
|---|---|---|
| **Motor** | Ottomotor (Einspritzer), LM-Kopf | |
| Zylinderzahl | 8 (V 90°), längs vor der Vorderachse | |
| Bohrung x Hub | 81,0 x 86,4 mm | 84,5 x 93,0 mm |
| Hubraum | 3562 $cm^3$ | 4172 $cm^3$ |
| Leistung | 250 PS (184 kW) bei 5800/min | 280 PS (206 kW) bei 5800/min |
| Drehmoment | 340 Nm bei 4000/min | 400 Nm bei 4000/min |
| Verdichtung | 10,6 : 1 | |
| Gemischbereitung | Elektron. Einspritzung Bosch Motronic M2.4 | |
| Ventile pro Zylinder | 4, V-förmig hängend | |
| | 2 x 2 obenlieg. Nockenwellen | |
| | (Zahnriemen/Kette) | |
| Kurbelwellenlager | 5 | |
| Kühlung | Pumpe / 10,0 Liter Wasser, Motor-Ölkühler | Pumpe / 10,5 Liter Wasser, Motor-Ölkühler |
| Schmierung | Druckumlauf / 9,6 Liter Öl | Druckumlauf / 9,5 Liter Öl |
| Abgasreinigung | Dreiwege-Kat, Lambdasonde | |
| Batterie/Lichtmaschine | 12 V 92 Ah – Drehstrom 110 A | |
| **Kraftübertragung** | Allradantrieb (zentr. Torsendifferential) | |
| Kupplung | Einscheiben-Trockenkupplung | |
| Schaltung | 5 Gang / 6 Gang (ab 1991), Schaltstock in Wagenmitte | 6 Gang, Schaltstock in Wagenmitte |
| Übersetzungen | I. 3,50 / 3,50 – II. 1,89 / 1,89 – III. 1,32 / 1,32 – IV. 0,90 / 1,03 | I. 3,50 – II. 1,89 – III. 1,23 – IV. 0,97 |
| | V. 0,73 / 0,86 – VI. – / 0,73 – R: 3,46 | V. 0,80 – VI. 0,68 – R: 3,46 |
| Antriebsübersetzung | 4,11 | |
| Automatik | 4 Stufen | |
| Übersetzungen (Autom) | I. 2,48 – II. 1,48 – III. 1,0 – IV. 0,73 – R: 4,10 | |
| Antriebsübers. (Autom.) | 3,78 | |
| **Fahrwerk** | Selbsttragende Ganzstahlkarosserie | |
| Vorderradaufhängung | McPherson-Federbeine | |
| | (Schraubenfedern, Teleskopstoßdämpfer) | |
| | Dreieckquerlenker, Drehstab-Stabilisator | |
| Hinterradaufhängung | Trapezlenkerachse | |
| | McPherson-Federbeine | |
| | (Schraubenfedern, Teleleskopstoßdämpfer), Drehstab-Stabilisator | |
| | a.W. Niveauregulierung (Serie bei Lang) | |
| Lenkung | Zahnstange ( 18,7 : 1), Servo | |
| Fußbremse | Zweikreis-Hydraulik, Servo | |
| | vorn (ø = 312 mm) und hinten | |
| | belüft. Scheiben (ø = 269 mm), ABS | |
| **Allgemeine Daten** | Limousine, 4türig | Limousine, 4türig |
| Radstand | 2702 mm, Lang: 3018 mm | 2702 mm, Lang: 3018 mm |
| Spur vorn/hinten | 1514 / 1531 mm | 1514 / 1531 mm |
| Gesamtmaße | 4874 x 1814 x 1420 mm, Lang: 5190 x 1814 x 1420 mm | 4874 x 1814 x 1420 mm, Lang: 5190 x 1814 x 1420 mm |
| Gepäckraum | 570 L | 570 L |
| Reifen/Felgen | 215/60 ZR 15 – 7.5 J x 15 (LM) | 215/60 ZR 15 – 7.5 J x 15 (LM) |
| Wendekreisdurchmesser | 11,8 m, Lang: 12,9 m | 11,8 m, Lang: 12,9 m |
| Leermasse (DIN) | 1770 (1790) kg, Lang: 1830 (1850) kg | 1770 (1790) kg, Lang: 1830 (1850) kg |
| Zul. Gesamtmasse | 2310 kg | 2310 kg |
| Höchstgeschwindigkeit | 244 (240) km/h | 250 km/h, Lang: 248 km/h |
| Beschleunigung 0-100 km/h | 9,0 (10,0) sec | 8,0 (8,5) sec, Lang: 8,5 (9,0) sec |
| Euromix-Verbrauch | 15,5 (16,0) L /100 km (S) | 16,0 (16,5) L /100 km (S), Lang: 17 L /100 km |
| Kraftstofftank | 80 Liter (vor der Hinterachse) | 80 Liter (vor der Hinterachse) |

## Audi A8 (1994–2002)

Der erste echte und ernstzunehmende Luxus-Audi war der im März 1994 in Genf präsentierte A8 (Baureihe D2); Markteinführung war im Mai 1994. Seine Karosserie und sein Fahrwerk bestanden größtenteils aus Aluminium – für den Aufbau wurde ein so genannter Spaceframe mit Alublechen beplankt. Gegenüber konventionellen Stahlaufbauten wurde eine Gewichtsersparnis von etwa 150 kg erreicht. In Neckarsulm entstand für den A8 eine eigene Fertigungslinie. Die Jahreskapazität lag bei über 15.000 Einheiten – und diese Zahl war Ende 1997 tatsächlich erreicht. Anfangs gab es den A8 ausschließlich mit 2,8-Liter-V6 (174 PS) und 4,2-Liter-V8 (300 PS) – wobei der V6 wahlweise mit Frontantrieb und auch mit Schaltgetriebe (V8 ausschließlich mit Allradantrieb und Automatik) zu ordern war. Anfang 1995 gab es auch den 2,8 V6 quattro. Im Juni 1995 kam der 3,7-Liter-V8 (230 PS) als dritter Motor mit Fünfstufen-Automatik hinzu; im Januar 1996 stand ein Fünventil-V6 mit 2,8 Liter (193 PS) bereit. Ab 1997 hatten alle Motorisierungen Fünfstufen-Automaten.

Im Februar 1996 debütierte der S8 mit dem auf 340 PS erstarkten 4,2-Liter-Motor. Gekoppelt war das superlative Aggregat mit einem Sechsgang-Schaltgetriebe.

Audi S8 4.2, 1996–1999.

Audi A8 Coupé, Prototyp der Firma IVM Automotive (Heilbronn), 1997.

Audi A8 3.7 quattro, 1997–1999.

| | Audi A8 2.5 TDI ab 1994 | Audi A8 2.8 ab 1994 | Audi A8 3.7 ab 1995 | Audi A8 4.2 ab 1994 |
|---|---|---|---|---|
| **Motor** | Dieselmotor (Direktein.), LM-Kopf | Ottomotor (Einspritzer), LM-Kopf | Ottomotor (Einspritzer), LM-Block/Kopf | |
| Zylinderzahl | 6 (V 90°), längs v. d. Vorderachse | 6 (V 90°), längs v. d. Vorderachse | 8 (V 90°), längs vor der Vorderachse | |
| Bohrung x Hub | 78,3 x 86,4 mm | 82,5 x 86,4 mm | 84,5 x 82,4 mm | 84,5 x 93,0 mm |
| Hubraum | 2496 $cm^3$ | 2771 $cm^3$ | 3697 $cm^3$ | 4172 $cm^3$ |
| Leistung | 150 PS (110 kW) bei 4000/min | 174 PS (128 kW) bei 5500/min | 230 PS (169 kW) bei 5500/min | 300 PS (220 kW) bei 6000/min |
| 2000: 180 PS (132 kW) bei | 2000: 180 PS (132 kW) bei 4000/min | 1996: 193 PS (142 kW) bei 6000/min | 1998: 260 PS (191 kW) bei 6000/min | 1998: 310 PS (228 kW) bei 6000/min |
| Drehmoment | 310 Nm bei 1500/min | 250 Nm bei 3000/min | 350 Nm bei 2700/min | 400 Nm bei 3300/min |
| | 180 PS: 370 Nm bei 1500/min | 193 PS: 280 Nm bei 3200/min | 260 PS: 350 Nm bei 3250/min | 310 PS: 410 Nm bei 3000/min |
| Verdichtung | 19,5 : 1 | 10,3 : 1, 193 PS: 10,6 : 1 | 10,8 : 1, 260 PS: 11,0 : 1 | 10,8 : 1, 310 PS: 11,0 : 1 |
| Gemischbereitung | Verteilereinspritzpumpe | Elektronische Einspritzung | | Elektronische Einspritzung |
| | Bosch VP 44, 1 Abgasturbolader, | Bosch Motronic | | Bosch Motronic ME 7.1 |
| | 1 Ladeluftkühler | | | |
| Ventile pro Zylinder | 4, V-förmig hängend | 2, V-förmig hängend | 4, V-förmig hängend | |
| | 2 x 2 obenlieg. Nockenwellen | 2 x 1 obenlieg. Nockenwelle | 2 x 2 obenlieg. Nockenwellen | |
| | (Zahnriemen/Kette) | (Zahnriemen/Kette) | (Zahnriemen/Kette) | |
| | | 193 PS: 5 Ventile, 2x2 Nockenw. | 260 PS: 5 Ventile, 2x2 Nockenw. | 1998: 5 Ventile, 2x2 Nockenw. |
| Kurbelwellenlager | 4 | 4 | 5 | |
| Kühlung | Pumpe / 8,0 Liter Wasser | Pumpe/11,0 Liter Wasser | Pumpe / 11,0 Liter Wasser | |
| | Motor-Ölkühler | Motor-Ölkühler | Motor-Ölkühler | |
| Schmierung | Druckumlauf / 6,0 Liter Öl | Druckumlauf / 5,0 / 5,5 Liter Öl | Druckumlauf / 7,5 Liter Öl | |
| Abgasreinigung | Oxi-Kat, Abgasrückführung | Dreiwege-Kat, Lambdasonde | | |
| Batterie/Lichtmaschine | 12 V 92 Ah – Drehstrom 120 A | 12 V 70 / 92 Ah – Drehstrom 120 A | 12 V 92 Ah – Drehstrom 120 A | 12 V 92 Ah – Drehstrom 120 / 150 A |
| **Kraftübertragung** | Frontantrieb, a.W. Allradantrieb | Frontantrieb, a.W. Allradantrieb | | Allradantrieb |
| | (zentr. Torsendifferential) | (zentr. Torsendifferential) | | (zentr. Torsendifferential) |
| Kupplung | Einscheiben-Trockenkupplung | Einscheiben-Trockenkupplung | | |
| Schaltung | 6 Gang, Schaltst. in Wagenmitte | 5 Gang, Schaltst. in Wagenmitte | Schaltstock in Wagenmitte | |
| Übersetzungen | I. 3,75 – II. 2,06 – III. 1,32 | I. 3,50 – II. 1,84 – III. 1,30 | | |
| | IV. 0,93 – V. 0,73 – VI. 0,60 – R: 3,46 | IV. 1,03/0,94 (4x4) | V. 0,84/0,79 (4x4) | |
| | | V. 0,84/0,79 (4x4) R: 3,44 | | |
| Antriebsübersetzung | 3,88 | 3,39 / 3,70 u. 3,89, 4x4: 4,11 | | |
| Automatik | 5 Stufen (ab 1997) | 4 Stufen / 5 Stufen (ab 1997) | 5 Stufen | 4 Stufen / 5 Stufen (ab 1998) |
| Übersetzungen (Autom) | I. 3,67 – II. 2,0 – III. 1,41 | I. 2,58 – II. 1,41 – III. 1,0 | I. 3,67 – II. 2,0 – III. 1,41 | I. 2,48 – II. 1,48 – III. 1,0 |
| | IV. 1,0 – V. 0,74 – R: 4,1 | IV. 0,74 – R: 2,88 | IV. 1,0 V. 0,74 – R: 4,1 | IV. 0,73 – R: 2,09 |
| | | I. 3,67 – II. 2,0 – III. 1,41 | | I. 3,57 – II. 2,2 – III. 1,51 |
| | | IV. 1,0 – V. 0,74 – R: 4,1 | | IV. 1,0 – V. 0,8 – R: 2,91 |
| Antriebsübers. (Autom.) | 2,91, 4x4: 3,09 | 4,33 / 3,29 | 3,09 | 3,78 / 2,91 |
| **Fahrwerk** | Selbsttragende Leichtmetallkarosserie | | | |
| Vorderradaufhängung | Vierlenkerachse, McPherson-Federbeine (Schraubenfedern, Teleskopstoßdämpfer), Drehstab-Stabilisator, Hilfsrahmen | | | |
| Hinterradaufhängung | Trapezlenkerachse (Querlenker/Spurstangen), Schraubenfedern, Teleskopstoßdämpfer, Drehstab-Stabilisator, Hilfsrahmen | | | |
| Lenkung | Zahnstange, Servo | | | |
| Fußbremse | Zweikreis-Hydraulik, Servo, vorn belüft. (ø = 323 mm) und hinten Scheiben (ø = 269 mm), ABS | | | |
| Fahrdynamikregelung | ESP (ab 1998) | | | |
| **Allgemeine Daten** | Limousine, 4türig | Limousine, 4türig | Limousine, 4türig | Limousine, 4türig |
| Radstand | 2880 mm | 2880 mm | 2880 mm | 2880 mm, Lang: 3010 mm |
| Spur vorn/hinten | 1595 / 1585 mm | 1595 / 1585 mm | 1590 / 1580 mm | 1590 / 1580 mm |
| Gesamtmaße | 5035 x 1880 x 1440 mm | 5035 x 1880 x 1440 mm | 5035 x 1880 x 1440 mm | 5035 x 1880 x 1440 mm |
| | | | | Lang: 5164 x 1880 x 1438 mm |
| Gepäckraum | 530 L | 530 L | 530 L | 530 L |
| Reifen/Felgen | 225/60 WR 16 – 7.0 J x 16 (LM) | 225/60 WR 16 – 7.0 J x 16 (LM) | 225/60 WR 16 – 7.5 J x 16 (LM) | 225/60 WR / ZR 16 – 7.5 J x 16 (LM) |
| Wendekreisdurchmesser | 12,3 m | 12,3 m | 12,3 m | 12,3 m |
| Leermasse (DIN) | 1595 kg, 4x4: 1675 kg | 1430 / 1510 kg, 4x4: 1580 kg | 1645 kg, 4x4: 1725 kg | 1750 kg |
| Zul. Gesamtmasse | 2195 kg, 4x4: 2280 kg | 2010 / 2110 kg, 4x4: 2180 kg | 2245 kg, 4x4: 2325 kg | 2350 kg |
| Luftwiderstand ($c_W$ x A) | 0,32 x 2,10 $m^2$ | 0,29 x 2,25 $m^2$ | 0,29 x 2,25 $m^2$ | 0,29 x 2,25 $m^2$ |
| Höchstgeschwindigkeit | 220 (214), 4x4: 213 km/h, | 228 (225) km/h, 193 PS: 236 (233) | 247, 4x4: 245 km/h, | 250 km/h |
| | 180 PS: 227 km/h | 4x4: 235(232) km/h | 260 PS: 250 km/h | |
| Beschleunigung 0-100 km/h | 9,9 (11,0), 4x4: 11,3 sec, | 9,1 (10,2) sec | 8,7, 4x4: 9,1 sec | 7,3 sec |
| | 180 PS: 8,8 sec | 193 PS: 8,3 (10,6) sec, | 260 PS: 8,1, 4x4: 8,6 sec | 310 PS: 6,9, L: 7,0 sec |
| | | 4x4: 8,5 (10,1) sec | | |
| Euromix-Verbrauch | 7,3 (8,2) / 7,2 L/100 km (D), 4x4: 8,9 | 9,9 (10,7) L/100 km (S) | 11,5, 4x4: 12,3 L/100 km (S) | 12,9, L: 13,0 L /100 km (S) |
| | | 4x4: 11,1 (11,7) L/100 km (S) | | |
| Kraftstofftank | 90 Liter (vor der Hinterachse) | 80 Liter (vor der Hinterachse) | 90 Liter (vor der Hinterachse) | 90 Liter (vor der Hinterachse) |

Bandproduktion im NSU-Betrieb Neckarsulm, 1984. Motorfahrzeuge werden in Neckarsulm seit 1892 hergestellt, 1969 erfolgte eine Unternehmensfusion mit VW zur Audi NSU Auto Union AG und 1985 eine Umfirmierung in Audi, wodurch der Name NSU 1985 verschwand.

| | Audi A8 2.8 ab 1994 | Audi A8 3.7 ab 1995 | Audi A8 4.2 ab 1994 |
|---|---|---|---|
| **Motor** | Ottomotor (Einspritzer), LM-Kopf | Ottomotor (Einspritzer), LM-Block/Kopf | |
| Zylinderzahl | 6 (V 90°), längs vor der Vorderachse | 8 (V 90°), längs vor der Vorderachse | |
| Bohrung x Hub | 82,5 x 86,4 mm | 84,5 x 82,4 mm | 84,5 x 93,0 mm |
| Hubraum | 2771 $cm^3$ | 3697 $cm^3$ | 4172 $cm^3$ |
| Leistung | 174 PS (128 kW) bei 5500/min | 230 PS (169 kW) bei 5500/min | 300 PS (220 kW) bei 6000/min |
| | 1996: 193 PS (142 kW) bei 6000/min | 1998: 260 PS (191 kW) bei 6000/min | 1998: 310 PS (228 kW) bei 6000/min |
| Drehmoment | 250 Nm bei 3000/min | 350 Nm bei 2700/min | 400 Nm bei 3300/min |
| | 193 PS: 280 Nm bei 3200/min | 260 PS: 350 Nm bei 3250/min | 310 PS: 410 Nm bei 3000/min |
| Verdichtung | 10,3 : 1, 193 PS: 10,6 : 1 | 10,8 : 1, 260 PS: 11,0 : 1 | 10,8 : 1, 310 PS: 11,0 : 1 |
| Gemischbereitung | Elektronische Einspritzung | | Elektronische Einspritzung |
| | Bosch Motronic | | Bosch Motronic ME 7.1 |
| Ventile pro Zylinder | 2, V-förmig hängend | 4, V-förmig hängend | |
| | 2 x 1 obenlieg. Nockenwelle | 2 x 2 obenlieg. Nockenwellen | |
| | (Zahnriemen/Kette) | (Zahnriemen/Kette) | |
| | 193 PS: 5 Ventile, 2x2 Nockenwellen | 260 PS: 5 Ventile, 2x2 Nockenwellen | 1998: 5 Ventile, 2x2 Nockenwellen |
| Kurbelwellenlager | 4 | 5 | |
| Kühlung | Pumpe/11,0 Liter Wasser, Motor-Ölkühler | Pumpe / 11,0 Liter Wasser, Motor-Ölkühler | |
| Schmierung | Druckumlauf / 5,0 / 5,5 Liter Öl | Druckumlauf / 7,5 Liter Öl | |
| Abgasreinigung | Dreiwege-Kat, Lambdasonde | | |
| Batterie/Lichtmaschine | 12 V 70 / 92 Ah – Drehstrom 120 A | 12 V 92 Ah – Drehstrom 120 A | 12 V 92 Ah – Drehstrom 120 / 150 A |
| **Kraftübertragung** | Frontantrieb, a.W. Allradantrieb | | Allradantrieb |
| | (zentr. Torsendifferential) | | (zentr. Torsendifferential) |
| Kupplung | Einscheiben-Trockenkupplung | | |
| Schaltung | 5 Gang, Schaltstock in Wagenmitte | Schaltstock in Wagenmitte | |
| Übersetzungen | I. 3,50 – II. 1,84 – III. 1,30 | | |
| | IV. 1,03/0,94 (4x4) – V. 0,84/0,79 (4x4) | | |
| | R: 3,44 | | |
| Antriebsübersetzung | 3,39 / 3,70 u. 3,89, 4x4: 4,11 | | |
| Automatik | 4 Stufen / 5 Stufen (ab 1997) | 5 Stufen | 4 Stufen / 5 Stufen (ab 1998) |
| Übersetzungen (Autom) | I. 2,58 – II. 1,41 – III. 1,0 | I. 3,67 – II. 2,0 – III. 1,41 | I. 2,48 – II. 1,48 – III. 1,0 |
| | IV. 0,74 – R: 2,88 | IV. 1,0 – V. 0,74 – R: 4,1 | IV. 0,73 – R: 2,09 |
| | I. 3,67 – II. 2,0 – III. 1,41 | | I. 3,57 – II. 2,2 – III. 1,51 |
| | IV. 1,0 – V. 0,74 – R: 4,1 | | IV. 1,0 – V. 0,8 – R: 2,91 |
| Antriebsübers. (Autom.) | 4,33 / 3,29 | 3,09 | 3,78 / 2,91 |
| **Fahrwerk** | Selbsttragende Leichtmetallkarosserie | | |
| Vorderradaufhängung | Vierlenkerachse, McPherson-Federbeine (Schraubenfedern, Teleskopstoßdämpfer), Drehstab-Stabilisator, Hilfsrahmen | | |
| Hinterradaufhängung | Trapezlenkerachse (Querlenker/Spurstangen), Schraubenfedern, Teleskopstoßdämpfer, Drehstab-Stabilisator, Hilfsrahmen | | |
| Lenkung | Zahnstange, Servo | | |
| Fußbremse | Zweikreis-Hydraulik, Servo, vorn belüft. (ø = 323 mm) und hinten Scheiben (ø = 269 mm), ABS | | |
| Fahrdynamikregelung | ESP (ab 1998) | | |
| **Allgemeine Daten** | Limousine, 4türig | Limousine, 4türig | Limousine, 4türig |
| Radstand | 2880 mm | 2880 mm | 2880 mm, Lang: 3010 mm |
| Spur vorn/hinten | 1595 / 1585 mm | 1590 / 1580 mm | 1590 / 1580 mm |
| Gesamtmaße | 5035 x 1880 x 1440 mm | 5035 x 1880 x 1440 mm | 5035 x 1880 x 1440 mm |
| | | | Lang: 5164 x 1880 x 1438 mm |
| Gepäckraum | 530 L | 530 L | 530 L |
| Reifen/Felgen | 225/60 WR 16 – 7.0 J x 16 (LM) | 225/60 WR 16 – 7.5 J x 16 (LM) | 225/60 WR / ZR 16 – 7.5 J x 16 (LM) |
| Wendekreisdurchmesser | 12,3 m | 12,3 m | 12,3 m |
| Leermasse (DIN) | 1430 / 1510 kg, 4x4: 1580 kg | 1645 kg, 4x4: 1725 kg | 1750 kg |
| Zul. Gesamtmasse | 2010 / 2110 kg, 4x4: 2180 kg | 2245 kg, 4x4: 2325 kg | 2350 kg |
| Luftwiderstand ($c_W$ x A) | 0,29 x 2,25 $m^2$ | 0,29 x 2,25 $m^2$ | 0,29 x 2,25 $m^2$ |
| Höchstgeschwindigkeit | 228 (225) km/h, 193 PS: 236 (233) | 247, 4x4: 245 km/h, 260 PS: 250 km/h | 250 km/h |
| | 4x4: 235(232) km/h | | |
| Beschleunigung 0-100 km/h | 9,1 (10,2) sec | 8,7, 4x4: 9,1 sec | 7,3 sec |
| | 193 PS: 8,3 (10,6) sec, 4x4: 8,5 (10,1) sec | 260 PS: 8,1, 4x4: 8,6 sec | 310 PS: 6,9, L: 7,0 sec |
| Euromix-Verbrauch | 9,9 (10,7) L/100 km (S) | 11,5, 4x4: 12,3 L/100 km (S) | 12,9, L: 13,0 L /100 km (S) |
| | 4x4: 11,1 (11,7) L/100 km (S) | | |
| Kraftstofftank | 80 Liter (vor der Hinterachse) | 90 Liter (vor der Hinterachse) | 90 Liter (vor der Hinterachse) |

| | Audi A8 2.5 TDI<br>ab 1994 | Audi A8 3.3 TDI<br>ab 2000 | Audi S8 4.2<br>1996-1998<br>ab 1999 |
|---|---|---|---|
| **Motor** | Dieselmotor (Direkteinspritzer), LM-Kopf | | Ottomotor (Einspritzer), LM-Kopf |
| Zylinderzahl | 6 (V 90°), längs vor der Vorderachse | 8 (V 90°), längs vor der Vorderachse | |
| Bohrung x Hub | 78,3 x 86,4 mm | 78,3 x 86,4 mm | 84,5 x 93,0 mm |
| Hubraum | 2496 $cm^3$ | 3328 $cm^3$ | 4172 $cm^3$ |
| Leistung | 150 PS (110 kW) bei 4000/min | 224 PS (165 kW) bei 4000/min | 340 PS (250 kW) bei 6600/min |
| | 2000: 180 PS (132 kW) bei 4000/min | | 1999: 360 PS (265 kW) bei 7000/min |
| Drehmoment | 310 Nm bei 1500/min | 480 Nm bei 1800/min | 410 Nm bei 3500/min |
| | 180 PS: 370 Nm bei 1500/min | | 360 PS: 430 Nm bei 3400/min |
| Verdichtung | 19,5 : 1 | 18,5 : 1 | 10,8 : 1, 360 PS: 11,0 : 1 |
| Gemischbereitung | Verteilereinspritzpumpe | Common-Rail-Hochdruck- | Elektronische Einspritzung |
| | Bosch VP 44 | einspritzung Bosch | Bosch Motronic ME 5.4.1 |
| | 1 Abgasturbolader, 1 Ladeluftkühler | 2 Abgasturbolader, 2 Ladeluftkühler | 360 PS: ME 7.2 |
| Ventile pro Zylinder | 4, V-förmig hängend, 2 x 2 obenlieg. Nockenwellen (Zahnriemen/Kette) | | |
| | | | 360 PS: 5 Ventile, 2 x 2 Nockenwellen |
| Kurbelwellenlager | 4 | 5 | |
| Kühlung | Pumpe / 8,0 Liter Wasser, Motor-Ölkühler | Pumpe / 14,3 Liter Wasser, Motor-Ölkühler | Pumpe / 11,0 Liter Wasser, Motor-Ölkühler |
| Schmierung | Druckumlauf / 6,0 Liter Öl | Druckumlauf / 6,1 Liter Öl | Druckumlauf / 7,5 Liter Öl |
| Abgasreinigung | Oxi-Kat, Abgasrückführung | | Dreiwege-Kat, Lambdasonde |
| Batterie/Lichtmaschine | 12 V 92 Ah – Drehstrom 120 A | 12 V 110 Ah – Drehstrom 150 A | 12 V 92 Ah – Drehstrom 150 A |
| **Kraftübertragung** | Frontantrieb, a.W. Allradantrieb | Allradantrieb | |
| | (zentr. Torsendifferential) | (zentr. Torsendifferential) | |
| Kupplung | Einscheiben-Trockenkupplung | | |
| Schaltung | 6 Gang, Schaltstock in Wagenmitte | Schaltstock in Wagenmitte | 6 Gang (340 u. 360 PS), |
| | | | Schaltstock in Wagenmitte |
| Übersetzungen | I. 3,75 – II. 2,06 – III. 1,32 | | I. 3,50 – II. 1,89 – III. 1,32 |
| | IV. 0,93 – V. 0,73 – VI. 0,60 – R: 3,46 | | IV 1,03 – V. 0,86 – VI. 0,73 – R: 3,46 |
| Antriebsübersetzung | 3,88 | | 4,11 |
| Automatik | 5 Stufen (ab 1997) | 5 Stufen | 5 Stufen (nur 360 PS) |
| Übersetzungen (Autom) | I. 3,67 – II. 2,0 – III. 1,41 | I. 3,57 – II. 2,2 – III. 1,51 | |
| | IV. 1,0 – V. 0,74 – R: 4,1 | IV. 1,0 – V. 0,8 – R: 4,1 | |
| Antriebsübers. (Autom.) | 2,91, 4x4: 3,09 | 2,73 | 3,73 |
| **Fahrwerk** | Selbsttragende Leichtmetallkarosserie | | |
| Vorderradaufhängung | Vierlenkerachse, McPherson-Federbeine (Schraubenfedern, Teleskopstoßdämpfer), Drehstab-Stabilisator, Hilfsrahmen | | |
| Hinterradaufhängung | Trapezlenkerachse (Querlenker/Spurstangen), Schraubenfedern, Teleskopstoßdämpfer, Drehstab-Stabilisator, Hilfsrahmen | | |
| Lenkung | Zahnstange, Servo | | |
| Fußbremse | Zweikreis-Hydraulik, Servo | Zweikreis-Hydraulik, Servo | Zweikreis-Hydraulik, Servo |
| | vorn belüft. (ø = 323 mm) und | vorn (ø= 323 mm) und hinten | vorn (ø = 345 mm) und hinten |
| | hinten Scheiben (ø = 269 mm), ABS | belüft. Scheiben (ø = 269 mm), ABS | belüft. Scheiben (ø = 256 mm), ABS |
| Fahrdynamikregelung | ESP (ab 1998) | | |
| **Allgemeine Daten** | Limousine, 4türig | Limousine, 4türig | Limousine, 4türig |
| Radstand | 2880 mm | 2880 mm | 2880 mm |
| Spur vorn/hinten | 1595 / 1585 mm | 1590 / 1580 mm | 1590 / 1580 mm |
| Gesamtmaße | 5035 x 1880 x 1440 mm | 5035 x 1880 x 1440 mm | 5035 x 1880 x 1420 mm |
| Gepäckraum | 530 L | 530 L | 530 / 525 L |
| Reifen/Felgen | 225/60 WR 16 – 7.0 J x 16 (LM) | 225/60 WR 16 – 7.5 J x 16 (LM) | 245/45 ZR 18 – 8.0 J x 18 (LM) |
| Wendekreisdurchmesser | 12,3 m | 12,3 m | 12,3 m |
| Leermasse (DIN) | 1595 kg, 4x4: 1675 kg | 1860 kg | 1720 kg |
| Zul. Gesamtmasse | 2195 kg, 4x4: 2280 kg | 2460 kg | 2320 kg |
| Luftwiderstand ($c_W$ x A) | 0,32 x 2,10 $m^2$ | 0,32 x 2,10 $m^2$ | 0,33 x 2,25 $m^2$ |
| Höchstgeschwindigkeit | 220 (214), 4x4: 213 km/h, 180 PS: 227 km/h | 242 km/h | 250 km/h |
| Beschleunigung 0-100 km/h | 9,9 (11,0), 4x4: 11,3 sec, 180 PS: 8,8 sec | 8,2 sec | 5,5 sec, 360 PS: 5,4 (6,6) sec |
| Euromix-Verbrauch | 7,3 (8,2) / 7,2 L/100 km (D), 4x4: 8,9 | 9,7 L/ 100 km (D) | 13,7 (13,9) L /100 km (S) |
| Kraftstofftank | 90 Liter (vor der Hinterachse) | 90 Liter (vor der Hinterachse) | 90 Liter (vor der Hinterachse) |

| | Audi S8 L 6.0<br>1996 – 1998 |
|---|---|
| **Motor** | Ottomotor (Einspritzer), LM-Block/Kopf |
| Zylinderzahl | 12 (W 72°), längs vor der Vorderachse |
| Bohrung x Hub | 84,0 x 90,3 mm |
| Hubraum | 6005 $cm^3$ |
| Leistung | 420 PS (309 kW) bei 6000/min |
| Drehmoment | 550 Nm bei 4250/min |
| Verdichtung | 10,75 : 1 |
| Gemischbereitung | Elektron. Einspritzung, Motronic ME 7.1.1 |
| Ventile pro Zylinder | 4, V-förmig hängend |
| | 2 x 2 obenlieg. Nockenwellen |
| | (Zahnriemen/Kette) |
| Kurbelwellenlager | 5 |
| Kühlung | Pumpe / 16,0 Liter Wasser, Motor-Ölkühler |
| Schmierung | Trockensumpf / 10,5 l Öl |
| Abgasreinigung | 2 Dreiwege-Kats, 8 Lambdasonden |
| Batterie/Lichtmaschine | 12 V 110 Ah – Drehstrom 190 A |
| **Kraftübertragung** | Allradantrieb |
| | (zentr. Torsendifferential) |
| Kupplung | Einscheiben- Trockenkupplung |
| Schaltung | Schaltstock in Wagenmitte |
| Automatik | 5 Stufen |
| Übersetzungen (Autom) | I. 3,57 – II. 2,2 – III. 1,51 |
| | IV. 1,0 – V. 0,8 – R: 4,1 |
| Antriebsübers. (Autom.) | 2,91 |
| **Fahrwerk** | Selbsttragende Ganzstahlkarosserie |
| Vorderradaufhängung | Vierlenkerachse, McPherson-Federbeine |
| | (Schraubenfedern, Teleskopstoßdämpfer) |
| | Drehstab-Stabilisator, Hilfsrahmen |
| Hinterradaufhängung | Trapezlenkerachse |
| | (Querlenker/Spurstangen) |
| | Schraubenfedern, Teleskopstoßdämpfer |
| | Drehstab-Stabilisator, Hilfsrahmen |
| Lenkung | Zahnstange (15,7:1), Servo |
| Fußbremse | Zweikreis-Hydraulik, Servo |
| | vorn (ø = 345 mm) u. |
| | hinten belüft. Scheiben |
| | (ø = 256 mm), ABS |
| Fahrdynamikregelung | ESP (ab 1998) |
| **Allgemeine Daten** | Limousine, 4türig |
| Radstand | 3010 mm |
| Spur vorn/hinten | 1595 / 1586 mm |
| Gesamtmaße | 5164 x 1880 x 1438 mm |
| Gepäckraum | 525 L |
| Reifen/Felgen | 245/45 ZR 18 – 8.0 J x 18 (LM) |
| Wendekreisdurchmesser | 12,7 m |
| Leermasse (DIN) | 1980 kg |
| Zul. Gesamtmasse | 2530 kg |
| Luftwiderstand ($c_W$ x A) | 0,33 x 2,25 $m^2$ |
| Höchstgeschwindigkeit | 250 km/h |
| Beschleunigung 0-100 km/h | 5,8 sec |
| Euromix-Verbrauch | rd. 14,0 L /100 km (S) |
| Kraftstofftank | 92 Liter (vor der Hinterachse) |

Getriebe, eine Automatik wurde nicht angeboten. 18-Zoll-Räder und helle, senkrechte Streben im Kühlergrill sowie Außenspiegel aus poliertem Aluminium waren weitere Stilmerkmale.
Im Mai 1997 kam der neue 2,5-Liter-TDI hinzu – Audis erster Diesel für die Luxusklasse. Es blieb zunächst bei der 150-PS-Ausführung, die für andere Audi erhältliche 180-PS-Stufe wurde erst im Februar 2000 gezündet. Ende 1998 erfuhr der A8 ein behutsames Facelift; es handelte sich um kleine Retuschen an der Außenhaut (kantigerer Grill, optisch angepasste Stoßfänger, Freiflächen-Scheinwerfer, Aluminiumzierleisten rundum) und ein neu abgestimmtes Fahrwerk. Bei dieser Gelegenheit erhielt er gleich zwei erstarkte Motoren: So wuchsen die Leistung beim 3,7 Liter (jetzt 260 PS) und beim 4,2 Liter (310 PS) bei gleichem Hubraum (beide nun mit Fünfventiltechnik). Der S8 verschwand zunächst aus dem Programm, kam aber 1999 wieder – mit dem nunmehr als Fünfventiler ausgelegten Motor mit 360 PS. Mitte August 1999 wurde wieder eine Langversion des A8 mit 4,2-Liter-V8 und quattro-Antrieb angeboten – mit um 130 mm gestrecktem Radstand (70 mm mehr Beinfreiheit für die hinteren Sitze). Diese luxuriöse Offerte kostete einen Aufpreis von über 20.000 DM.

Mai 2000: Neu ins Programm kam der 3,3-Liter-V8-TDI – einer von drei neuen, deutschen Dieseln dieser Zylinderzahl. Genau wie die Motoren von BMW und Mercedes nutzte er die Common-Rail-Hochdruckeinspritzung, war aber hubraummäßig etwas zu klein geraten.

Oktober 2000: Auf dem Pariser Salon stellte Audi den A8 L 6.0 mit Zwölfzylindermotor und permanentem Allradantrieb vor. Dieses Aggregat wurde in Zusammenarbeit mit Volkswagen entwickelt, es basierte auf zwei VR6-Motoren, die zusammen einen W12 bildeten. Die rund zwei Tonnen schwere Limousine kam ab Frühjahr 2001 zunächst ausschließlich in der Langversion.

Nach dem A8 war der A2 das zweite Audi-Serienmodell in Voll-Aluminiumbauweise; täglich verließen 80 Stück das Werk in Neckarsulm. Der A2 wurde mit dem European Aluminum Award 2000 ausgezeichnet.

## Audi A2 (1999–2005)

Nachdem Audi bereits 1997/98 zwei verschiedene Studien namens »AL2« gezeigt hatte, begann Anfang 2000 die Großserienfertigung des A2 (Präsentation IAA September 1999) im Werk Neckarsulm. Besonderheit des grundsätzlich fünftürigen Fahrzeugs (Design Peter Schreyer) war die Spaceframe-Bauweise – ein mit einem Leichtmetall beplanktes Alugerüst – die auch beim A8 für Furore gesorgt hatte.
Dank des forcierten Aluminium-Einsatzes geriet die im Two-Box-Design gezeichnete Karosserie 40 Prozent leichter als bei vergleichbaren Ganzstahlaufbauten. Mit 3,82 m Außenlänge war der A2 deutlich länger als die zum Wettbewerber erkorene Mercedes A-Klasse. Anders als alle anderen Modelle des Hauses nutzte der Neue keine gemeinsame Plattform mit einem anderen – verfügte aber weitgehend über die straff ausgelegte Fahrwerkstechnik von VW Lupo/Polo (einschließlich serienmäßigem ESP). Preislich rückte der A2 allerdings dicht an den Audi A3 heran, was seinen Absatz nicht gerade förderte.

Die Motoren stammten aus dem VW-Baukasten. Das Programm beschränkte sich zunächst auf zwei 75 PS-Motoren (1,4-Liter-Vierzylinder-Benziner und 1,4-Liter-Dreizylinder-TDI). Beide Versionen verfügten ausschließlich über Fünfgang-Schaltgetriebe und Frontantrieb. 1999 vorgestellt, aber erst 2001 realisiert, wurde der Drei-Liter-A2 mit dem vom Lupo bekannten 1,2-Liter-TDI, automatisiertem Schaltgetriebe und weiter gewichts- und strömungsoptimierter Karosse (cw = 0,25).
Ungewöhnlich die mit einem Spoiler (cw-Wert 0,28) geteilte Heckscheibe und die Frontpartie des A2, die ohne konventionelle Motorhaube auskam – nur ein Servicemodul hinter einer klappbaren Abdeckung im Grill (zum Auffüllen von Kühlwasser und Öl) sollte dem Fahrer genügen. Die vordere Haube aus Alu ließ sich komplett abnehmen, die Stoßfänger waren in die Karosse integriert – indes eine Unsitte, die Audi beim A6 begonnen hatte (»Nullfuge«).

Audi A2 1.2 TDI, der Dreiliter-Audi, gebaut von März 2001 bis August 2005.

Audi A2 1.4 TDI, Limousine 4 Türen, ausgeliefert ab Juni 2000. Hier als Rechtslenker für den britischen Markt mit Lamellendach.

Audi A2 1.4 Limousine 4 Türen, Lieferbeginn Februar 2000.

Audi A2 Limousinen, angeboten in einer Vielzahl teils auffallend signalbunter Lackierungen.

Audi A2 1.6 FSI, letzte Ausführung 2003–2005 (größerer Tank, modifizierter Spoiler). Insgesamt sind 176.377 Fahrzeuge gebaut worden.

| | Audi A2 1.4-75 PS ab 2000 | Audi A2 1.2 TDI-61 PS ab 2001 | Audi A2 1.4 TDI-75 PS ab 2000 |
|---|---|---|---|
| **Motor** | Ottomotor (Einspritzer), LM-Kopf | Dieselmotor (Direkteinspritzer), LM-Block/Kopf | |
| Zylinderzahl | 4 (Reihe), quer über der Vorderachse | 3 (Reihe), quer über der Vorderachse | |
| Bohrung x Hub | 76,5 x 75,6 mm | 76,5 x 86,4 mm | 79,5 x 95,5 mm |
| Hubraum | 1390 $cm^3$ | 1191 $cm^3$ | 1422 $cm^3$ |
| Leistung | 75 PS (50 kW) bei 5000/min | 61 PS (45 kW) bei 4000/min | 75 PS (55 kW) bei 4000/min |
| Drehmoment | 126 Nm bei 3800/min | 140 Nm bei 1800/min | 195 Nm bei 2200/min |
| Verdichtung | 10,5 : 1 | 19,5 : 1 | |
| Gemischbereitung | Elektronische Einspritzung | Pumpedüse-Hochdruckeinspritzung Bosch, | |
| | | 1 Abgasturbolader Garrett (1 bar), 1 Ladeluftkühler | |
| Ventile pro Zylinder | 4, V-förmig hängend | 2, parallel hängend | |
| | 2 obenlieg. Nockenwellen | 1 obenlieg. Nockenwelle | |
| | (Zahnriemen) | (Zahnriemen) | |
| Kurbelwellenlager | 5 | 4 | |
| Kühlung | Pumpe / 4,5 Liter Wasser | Pumpe / 4,2 Liter Wasser | Pumpe / 4,5 Liter Wasser |
| Schmierung | Druckumlauf / 3,5 Liter Öl | Druckumlauf / 4,3 Liter Öl | |
| Abgasreinigung | Dreiwege-Kat, Lambdasonde | Oxi-Kat, Abgasrückführung | |
| Batterie/Lichtmaschine | 12 V 80 Ah – Drehstrom 90 A | 12 V 61 Ah – Drehstrom 70 A | 12 V 80 Ah – Drehstrom 120 A |
| **Kraftübertragung** | Frontantrieb | | |
| Kupplung | Einscheiben-Trockenkupplung | | |
| Schaltung | 5 Gang, Schaltstock in Wagenmitte | 5 Gang (sequentiell) | 5 Gang, Schaltstock in Wagenmitte |
| | | Schaltstock in Wagenmitte | |
| Übersetzungen | I. 3,45 – II. 2,10 – III. 1,39 | I. 3,50 – II. 1,84 – III. 1,16 | I. 3,78 – II. 2,12 – III. 1,36 |
| | IV 1,03 – V 0,81 – R: 3,18 | IV. 0,84 – V. 0,68 – R: 3,44 | IV. 0,97 – V. 0,76 – R: 3,60 |
| Antriebsübersetzung | 3,88 | 3,89 | 3,39 |
| **Fahrwerk** | Selbsttragende Leichtmetallkarosserie, Spaceframe | | |
| Vorderradaufhängung | McPherson-Federbeine, | | |
| | (Schraubenfedern, Teleskopstoßdämpfer), | | |
| | Dreieckquerlenker, | | |
| | Drehstab-Stabilisator | | Drehstab-Stabilisator |
| Hinterradaufhängung | Verbundlenkerachse, Schraubenfedern, Teleskopstoßdämpfer | | |
| Lenkung | Zahnstange, Servo | | |
| Fußbremse | Zweikreis-Hydraulik, Servo, vorn belüft. Scheiben (ø = 256 mm), hinten Trommeln, ABS | | |
| Fahrdynamikregelung | ESP | | |
| **Allgemeine Daten** | Steilheck-Limousine, 5türig | Steilheck-Limousine, 5türig | Steilheck-Limousine, 5türig |
| Radstand | 2405 mm | 2405 mm | 2405 mm |
| Spur vorn/hinten | 1460/1430 mm | 1460/1430 mm | 1460/1430 mm |
| Gesamtmaße | 3825 x 1675 x 1550 mm | 3825 x 1675 x 1550 mm | 3825 x 1675 x 1550 mm |
| Gepäckraum | 390 / 1085 L | 390/ 1085 L – 145/80 R 14 | 390 / 1085 L |
| Reifen/Felgen | 175/60 R 15 – 5.5 J x 15 | 145/80 R 14 | 175/60 R 15 – 5.5 J x 15 |
| Wendekreisdurchmesser | 10,5 m | 10,5 m | 10,5 m |
| Leermasse (DIN) | 895 kg | 825 kg | 990 kg |
| Zul. Gesamtmasse | 1380 kg | 1165 kg, | 1500 kg |
| Luftwiderstand ($c_W$ x A) | 0,28 x 2,18 $m^2$ | 0,25 x 2,18 $m^2$ | 0,28 x 2,18 $m^2$ |
| Höchstgeschwindigkeit | 173 km/h | 168 km/h | 173 km/h |
| Beschleunigung 0-100 km/h | 12,0 sec | 14,8 sec | 12,3 sec |
| Euromix-Verbrauch | 6,4 L /100 km (S) | 3,0 L/100 km (D) | 4,6 L/100 km (D) |
| Kraftstofftank | 34 Liter (vor der Hinterachse) | 20 Liter (vor der Hinterachse) | 34 Liter (vor der Hinterachse) |

## Audi A3 (1996–2003)

Lange nach den Zeiten des einstigen Audi 50 wagten sich die Ingolstädter erstmals 1996 wieder in die Kompaktklasse. Auf Basis des erst 1997 folgenden VW Golf brachten die Bayern den Audi A3 (Baureihe A4) heraus, zunächst nur dreitürig. Ein Raumwunder wollte er nie sein, eher eine Art Edel-Coupé in seiner Klasse. Er war stets besser ausgestattet und mit stärkeren Einstiegsmotoren versehen als der Golf – und entsprechend teurer. Die Basisversion hieß Attraction, darüber angesiedelt waren Ambition (rund 2250 DM) und Ambiente (rund 2550 DM). Eine fünftürige Variante namens »Sportback« folgte im März 1999 (1700 DM).

Die Motoren stammten aus dem VW-Baukasten. Neben dem 1,6-Liter-Zweiventiler (seit 2000 mit Rollenschlepphebeln und 102 PS stark) gab es den 1,8-Liter-Fünfventiler ohne (125 PS) und mit Aufladung (150 PS, seit 1999 auch mit 180 PS) sowie die beiden 1,9 TDI mit 90 (1996) und 110 PS (1998). Im Jahr 2000 gesellte sich der 130 PS starke TDI hinzu, erstmals und als einziger Audi-Diesel mit Pumpedüse-Hochdruckeinspritzung ausgerüstet.

Ende 1998 war der A3 auch mit Allradantrieb (elektronische Lamellenkupplung der Firma Haldex wie beim VW Golf/Bora) zu haben – für rund 3700 DM Aufpreis. Diese Ausstattung war an bestimmte Motoren gekoppelt, ausschließlich in Kombination mit Schaltgetriebe. Die elektronische Fahrdynamikregelung ESP wurde seit 1999 installiert.

Frühjahr 1999: Lieferbeginn der Sportversion S3 mit 210 PS starkem 1,8-Turbo-Vierzylinder aus dem TT. Mit knapp 60.000 DM sehr teuer. Grundsätzlich dreitürig (mit 17-Zoll-Rädern und wuchtiger Frontschürze à la S4, Sechsganggetriebe) und Allradantrieb.

Im September 2000 erfolgte eine Modellüberarbeitung (Klarglasscheinwerfer, Spoiler mit integrierten Nebelscheinwerfern, seitliche Blinkleuchten, Rückleuchten mit geänderten Deckgläsern).

Audi S3 Limousine, 2001–2003.

| | Audi A3 1.6-100/102 PS<br>ab 1996 | Audi A3 1.8-125 PS<br>ab 1996 | Audi A3 1.8 T-150 PS, ab 1996<br>Audi A3 1.8 T-180 PS, ab 1999 |
|---|---|---|---|
| **Motor** | Ottomotor (Einspritzer), LM-Block/Kopf | Ottomotor (Einspritzer), LM-Kopf | |
| Zylinderzahl | 4 (Reihe), quer über der Vorderachse | 4 (Reihe), quer über der Vorderachse | |
| Bohrung x Hub | 81,0 x 77,4 mm | 81,0 x 86,4 mm | |
| Hubraum | 1595 cm³ | 1781 cm³ | |
| Leistung | 100 PS (74 kW) bei 5300/min<br>2000: 102 PS (75 kW) bei 5600/min | 125 PS (92 kW) bei 6000/min<br>125 PS (92 kW) bei 6000/min | 150 PS (110 kW) bei 5700/min,<br>1999: 180 PS (132 kW) bei 5500/min |
| Drehmoment | 145 Nm bei 3800/min<br>2000: 148 Nm bei 3800/min | 170 Nm bei 4200/min | 210 Nm bei 1750/min<br>180 PS: 235 Nm bei 1950/min |
| Verdichtung | 10,3 : 1 | | 9,5 : 1; 180 PS: 10,0 : 1 |
| Gemischbereitung | Elektronische Einspritzung,<br>Bosch Motronic | | Elektronische Einspritzung,<br>Bosch Motronic, 1 Abgasturbo-<br>lader KKK, 1 Ladeluftkühler |
| Ventile pro Zylinder | 2, parallel hängend<br>1 obenlieg. Nockenwelle (Zahnriemen) | 5, V-förmig hängend<br>2 obenlieg. Nockenwellen (Zahnriemen) | |
| Kurbelwellenlager | 5 | | |
| Kühlung | Pumpe / 5,0 Liter Wasser | Pumpe / 5,0 Liter Wasser, Motor-Ölkühler | |
| Schmierung | Druckumlauf / 4,5 Liter Öl | | |
| Abgasreinigung | Dreiwege-Kat, Lambdasonde | | |
| Batterie/Lichtmaschine | 12 V 44 Ah – Drehstrom 70 A | | 12 V 44 / 60 Ah – Drehstrom 70 A |
| **Kraftübertragung** | Frontantrieb | | Frontantrieb, a.W. Allradantrieb<br>(elektron. Lamellenkupplung) |
| Kupplung | Einscheiben-Trockenkupplung | | |
| Schaltung | 5 Gang, Schaltstock in Wagenmitte | 5 Gang, Schaltstock in Wagenmitte | 5 Gang/6 Gang<br>Schaltstock in Wagenmitte |
| Übersetzungen | I. 3,46 – II. 1,94 – III. 1,37<br>IV. 1,03 – V. 0,85 – R: 3,17 | I. 3,30 – II. 1,94 – III. 1,31<br>IV. 1,03 – V. 0,84 – R: 3,06 | I. 3,30 – II. 1,94 – III. 1,31<br>IV. 1,03 – V. 0,84 – R: 3,06<br>4x4: I. 3,78 – II. 2,06 – III. 1,36<br>IV. 1,03 – V. 0,84 – R: 3,06<br>(180 PS 4x4): I. 3,42 – II. 2,10 – III. 1,48<br>IV. 1,15 – V. 1,17– VI. 0,97 – R: 4,11 |
| Antriebsübersetzung | 4,25 | 4,24 | 3,68, 3,94, 4,20 |
| Automatik | 4 Stufen | 4 Stufen | 4 Stufen (150 PS) /<br>5 Stufen (180 PS), nicht 4x4 |
| Übersetzungen (Autom) | I. 2,71 – II. 1,44 – III. 1,0 – IV. 0,74 – R: 2,88 | | I. 2,71 – II. 1,44 – III. 1,0 – IV. 0,74 – R: 2,88<br>I. 3,80 – II. 2,13 – III. 1,37<br>IV. 0,94 – V. 0,69 – R: 2,97 |
| Antriebsübers. (Autom.) | 5,21 / 5,04 | 4,88 / 4,76 | 4,43 / 4,45 |
| **Fahrwerk** | Selbsttragende Ganzstahlkarosserie | | |
| Vorderradaufhängung | McPherson-Federbeine (Schraubenfedern, Teleskopstoßdämpfer), Dreieckquerlenker, Drehstab-Stabilisator, Hilfsrahmen | | |
| Hinterradaufhängung | Verbundlenkerachse, Längslenker, Schraubenfedern, Teleskopstoßdämpfer, Drehstab-Stabilisator | | 4x4: Doppelquerlenker |
| Lenkung | Zahnstange ( 17 : 1), Servo | | |
| Fußbremse | Zweikreis-Hydraulik, Servo<br>vorn belüft. (ø = 256 mm) und<br>hinten Scheiben (ø = 232 mm), ABS | Zweikreis-Hydraulik, Servo<br>vorn belüft. (ø = 280 mm) und<br>hinten Scheiben (ø = 232 mm), ABS | |
| Fahrdynamikregelung | ESP | | |
| **Allgemeine Daten** | Steilheck-Limousine, 3 u. 5türig | Steilheck-Limousine, 3 u. 5türig | Steilheck-Limousine, 3 u. 5türig |
| Radstand | 2510 mm | 2510 mm | 2510 mm; 4x4: 2520 mm |
| Spur vorn/hinten | 1515 / 1495 mm | 1515 / 1495 mm | 1515 / 1495 mm; 4x4: 1515/1490 mm |
| Gesamtmaße | 4150 x 1735 x 1425 mm | 4150 x 1735 x 1425 mm | 4150 x 1735 x 1420 mm |
| Gepäckraum | 350 / 1100 L | 350 / 1100 L | 350 / 1 100 L; 4x4: 270 / 1020 L |
| Reifen/ Felgen | 195/65 VR 15 – 6.0 J x 15 | 195/65 VR 15 – 6.0 J x 15 | 195/65 VR 15 – 6.0 J x 15 |
| Wendekreisdurchmesser | 10,9 m | 10,9 m | 10,9 m |
| Leermasse (DIN) | 1090 (1135) kg | 1160 (1185) kg | 1175 (1195), 4x4: 1290 kg |
| Zul. Gesamtmasse | 1650 (1695) kg | 1720 (1745) kg | 1735 (1755), 4x4: 1850 kg |
| Luftwiderstand ($c_W$ x A) | 0,31 x 2,06 m² | 0,31 x 2,06 m² | 0,33 x 2,06 m² |
| Höchstgeschwindigkeit | 188 (183) km/h<br>102 PS: 189 (184) km/h | 202 (197) km/h | 150 PS: 217 (214), 4x4: 215 km/h<br>180 PS: 228 (223 ), 4x4: 226 km/h |
| Beschleunigung 0-100 km/h | 11,3 (12,8) sec<br>102 PS: 10,9 (12,7) sec | 9,7 (11,3) sec | 150 PS: 8,2 (9,2), 4x4: 8,3 sec<br>180 PS: 7,6 (8,3), 4x4: 7,5 sec |
| Euromix-Verbrauch | 6,8 (7,9) L /100 km (S) | 7,8 (8,7) L /100 km (S) | 150 PS: 7,8 (8,9), 4x4: 8,7 L/100 km (S)<br>180 PS: 7,8 (9,0), 4x4: 9,3 L/100 km (S) |
| Kraftstofftank | 55 Liter (vor der Hinterachse) | 55 Liter (vor der Hinterachse) | 55 Liter (vor der Hinterachse); 4x4: 62 Liter |

Audi A3 1.6 Attraction, 1996–2000.

Audi A3 Sportback Limousine 4 Türen, 2000–2003.

Audi-Studie »Steppenwolf«, Basis A3, gezeigt auf dem Pariser Automobilsalon, September 2000.

Audi S3 Limousine, 2001–2003.

Audi A3 1.8 T quattro, 2000–2003.

Audi A3 Drei- und Fünftürer (1.8 T quattro, 1.9 TDI), 2000–2003

| | Audi A3 1.9 TDI 90 PS, ab 1996<br>Audi A3 1.9 TDI 110 PS, ab 1997 | Audi A3 1.9 TDI<br>130 PS, ab 2000 | Audi S3 1.8 T<br>210 PS, ab 1999 |
|---|---|---|---|
| **Motor** | Dieselmotor (Direkteinspritzer), LM-Kopf | | Ottomotor (Einspritzer), LM-Kopf |
| Zylinderzahl | | 4 (Reihe), quer über der Vorderachse | |
| Bohrung x Hub | 79,5 x 95,5 mm | | 81,0 x 86,4 mm |
| Hubraum | 1896 cm³ | | 1781 cm³ |
| Leistung | 90 PS (66 kW) bei 4000/min | 130 PS (96 kW) bei 4000/min | 210 PS (154 kW) bei 5800/min |
| | 110 PS (81 kW) bei 4150/min | | |
| Drehmoment | 202 Nm bei 1900/min | 310 Nm bei 1900/min | 270 Nm bei 2100/min |
| | 110 PS: 235 Nm bei 1900/min | | |
| Verdichtung | 19,5 : 1 | 18,0 : 1 | 9,5 : 1 |
| Gemischbereitung | Verteilereinspritzpumpe | Pumpedüse-Hochdruck- | Elektronische Einspritzung, |
| | Bosch VP 37 | einspritzung Bosch | Bosch Motronic ME 7.5 |
| | 1 Abgasturbolader, 1 Ladeluftkühler | 1 Abgasturbolader, 1 Ladeluftkühler | 1 Abgasturbolader KKK, 2 Ladeluftkühler |
| Ventile pro Zylinder | 2, parallel hängend | | 5, V-förmig hängend |
| | 1 obenlieg. Nockenwelle (Zahnriemen) | | 2 obenlieg. Nockenwellen (Zahnriemen) |
| Kurbelwellenlager | | 5 | |
| Kühlung | Pumpe / 6,0 / 6,5 Liter Wasser | Pumpe / 6,0 Liter Wasser | Pumpe / 7,0 Liter Wasser |
| | Motor-Ölkühler | Motor-Ölkühler | Motor-Ölkühler |
| Schmierung | | Druckumlauf / 4,5 Liter Öl | |
| Abgasreinigung | Oxi-Kat, Abgasrückführung | | Dreiwege-Kat, Lambdasonde |
| Batterie/Lichtmaschine | 12 V 80 Ah – Drehstrom 120 A | 12 V 70 Ah – Drehstrom 120 A | 12 V 44 / 60 Ah – Drehstrom 70 / 120 A |
| **Kraftübertragung** | Frontantrieb | Frontantrieb, a.W. Allradantrieb | Allradantrieb |
| | | (elektron. Lamellenkupplung) | (elektron. Lamellenkupplung) |
| Kupplung | | Einscheiben-Trockenkupplung | |
| Schaltung | 5 Gang, Schaltstock in Wagenmitte | 6 Gang, Schaltstock in Wagenmitte | |
| Übersetzungen | I. 3,30 – II. 1,94 – III. 1,31 | I. 3,81 – II. 2,11 – III. 1,35 – IV. 0,97 | I. 3,42, – II. 2,11 – III. 1,43 – IV. 1,09 |
| | IV. 0,92 – V. 0,72 – R: 3,06 | V. 0,97 – VI. 0,81 – R: 4,63II. 2,11 | V. 0,87 – VI. 0,72– R: 3,66 |
| | I. 3,78 – II. 2,06 – III. 1,35 | 4x4: I. 3,82 – II. 2,11 – III. 1,31 – IV. 0,92 | |
| | IV. 0,97 – V. 0,77 – R: 3,60 | V. 0,91 – VI. 0,76 – R: 4,63 | |
| Antriebsübersetzung | 3,65 / 3,39 | 3,29 / 3,88 | 4,20 |
| Automatik | 4 Stufen | 5 Stufen | – |
| Übersetzungen (Autom) | I. 2,71 – II. 1,44 – III. 1,0 | I. 3,81 – II. 2,13 – III. 1,37 | |
| | IV. 0,74 – R: 2,88 | IV. 0,94 – V. 0,69 – R: 2,97 | |
| Antriebsübers. (Autom.) | 3,70 / 3,39 | 3,49 | |
| **Fahrwerk** | | Selbsttragende Ganzstahlkarosserie | |
| Vorderradaufhängung | | McPherson-Federbeine (Schraubenfedern, Teleskopstoßdämpfer), Dreieckquerlenker, Drehstab-Stabilisator, Hilfsrahmen | |
| Hinterradaufhängung | | Verbundlenkerachse, Längslenker, Schraubenfedern, Teleskopstoßdämpfer, Drehstab-Stabilisator | |
| | | 4x4: Doppelquerlenker | |
| Lenkung | Zahnstange (17 : 1), Servo | | Zahnstange, Servo |
| Fußbremse | Zweikreis-Hydraulik, Servo | | Zweikreis-Hydraulik, Servo |
| | vorn belüft. (ø = 256 mm) und | | vorn (ø = 312 mm) und |
| | hinten Scheiben ( ø = 232 mm), ABS | | hinten belüft. Scheiben (ø = 256 mm), ABS |
| Fahrdynamikregelung | | ESP | |
| **Allgemeine Daten** | Steilheck-Limousine, 3 u. 5türig | Steilheck-Limousine, 3 u. 5türig | Steilheck-Limousine, 3türig |
| Radstand | 2510 mm | 2510 mm | 2520 mm |
| Spur vorn/hinten | 1515 / 1495 mm | 1515 / 1495 mm | 1525 / 1505 mm |
| Gesamtmaße | 4150 x 1735 x 1425 mm | 4150 x 1735 x 1425 mm | 4160 x 1765 x 1415 mm |
| Gepäckraum | 350/ 1100 L | 350 / 1100 L, 4x4: 270/1020 L | 270 / 1020 L |
| Reifen/Felgen | 195/65 TR 15 – 6.0 J x 15 | 195/65 TR 15 – 6.0 J x 15 | 225/45 ZR 17 – 7.5 J x 17 |
| Wendekreisdurchmesser | 10,9 m | 10,9 m | 10,9 m |
| Leermasse (DIN) | 1185 (1215) kg | 1200 (1245), 4x4: 1320 kg | 1420 kg |
| Zul. Gesamtmasse | 1745 (1775) kg | 1760 (1805), 4x4: 1880 kg | 1980 kg |
| Luftwiderstand ($c_W$ x A) | 0,33 x 2,06 m² | 0,33 x 2,06 m² | 0,33 x 2,06 m² |
| Höchstgeschwindigkeit | 90 PS: 180 (176) km/h | 205 (200), 4x4: 203 km/h | 238 km/h |
| | 110 PS: 194 (191) km/h | | |
| Beschleunigung 0-100 km/h | 90 PS: 12,4 (14,0) sec | 9,2 (9,8), 4x4: 9,1 sec | 6,9 sec |
| | 110 PS: 10,5 (11,7) sec | | |
| Euromix-Verbrauch | 4,9 (5,5) L /100 km (D) | 5,1 (6,3), 4x4: 6,0 L /100 km (D) | 9,1 L/100 km (S) |
| Kraftstofftank | 55 Liter (vor der Hinterachse) | 55 Liter (vor der Hinterachse), 4x4: 62 Liter | 62 Liter (vor der Hinterachse) |

## Audi TT (1998–2006)

Auf der IAA 1995 noch als Studie präsentiert, lief die Produktion des vom Designchef Peter Schreyer geschaffene Coupés 1998 im ungarischen Audi-Werk Györ an, wo Audi ohnehin Motoren fertigen ließ. Gegenüber der Studie hatte sich das Design nur geringfügig geändert – so gab es beispielsweise hinten ein zusätzliches Seitenfenster. Der sehr sportlich geschnittene 2+2 mit der Alu-Motorhaube saß auf der verkürzten Plattform von VW Golf/Audi A3 (Baureihe A4) und überraschte durch seine kompromisslose Form. Liebevoll gestaltete Details innen und außen wie Alustreben und Alu-Tankdeckel begeisterten ebenso wie der für einen Sportwagen relativ günstige Preis. Dieser kam nur zustande, weil die Antriebstechnik aus dem Baukasten stammte: Zum Einsatz kam ausschließlich der bekannte 1,8-Liter-Fünfventil-Turbo, der zunächst exklusiv für den TT mittels zweier Ladeluftkühler auf 180 und 225 PS leistungsgesteigert wurde. Die stärkere Version wurde serienmäßig, die schwächere optional mit Allradantrieb (elektronische Lamellenkupplung) angeboten. Allerdings erwies sich der aerodynamisch ausgefeilte Wagen mit dem kurzen Radstand als instabil bei sehr hohen Geschwindigkeiten. Könner hatten damit kein Problem, Neueinsteiger zeigten sich im Extremfall und in engen Kurven überfordert.

Es hatte einen schweren Unfall gegeben, der in einigen Medien hämisch kommentiert wurde... Darum entschied sich Audi Ende 1999 zur Umrüstung bereits ausgelieferter Autos. Die Aktion kostete den Hersteller rund 200 Millionen DM und umfasste vorn stärkere Stabilisatoren und straffere Dämpfer; die quattro-Versionen bekamen hinten schwächere Stabis. Hinten wurden ebenfalls die Dämpfer angepasst (härter in der Druckstufe). Außerdem erhielt der TT ab Januar 2000 einen Heckspoiler, der zwar die makellose Linienführung störte, aber das Auftriebsmo-

Audi TT, Modelljahrgang 2000.

Audi TT Roadster Serienausführung, zunächst als TTS bezeichnet.

Audi TT Coupé.

Audi TT Roadster, Audi TT Coupé für Australien, 2003–2006.

"ERSATZRAD" VISIBLE
THROUGH REAR GLASS
GEOMETRIC "HARD" LINE
CONTAINS THE WHEELS
AND GIVES TENSION
TO "SOFT SHAPE"
"CLAM SHELL"
ERSATZ
1331
2427
4002

Oben: Audi TT von Ende 1999, eines der ersten Exemplare mit Spoiler (Pont de Normandie, Honfleur).

Audi-Studie TTS Roadster, gezeigt auf der IAA im September 1995.

Gegenüberliegende Seite: 1994 entstanden die ersten »Renderings« zum TT, von denen Reproduktionen der Audi-Pressemappe zum Serienwagen beigefügt wurden.

ment verringerte. Gegen einen Aufpreis (650 DM) wurde überdies das ESP-System nachgerüstet.

Der erst ab Anfang 2000 ausgelieferte Roadster (ursprüngliche Markteinführung sollte Juli 1999 sein) verfügte – genau wie alle ab Januar 2000 gebauten Coupés – von vornherein über das geänderte Fahrwerk und den Spoiler. Beim Coupé überraschte das enorme Gepäckraumvolumen, wenn man die Lehnen der (nur für Kinder geeigneten) Fondsitze umlegte. Vom Kunden gewünschte Individualisierungen wie z.B. Voll-Leder-Interieur nahm – wie auch bei anderen Audi-Modellen – die quattro GmbH vor.

| | Audi TT Coupe-180 PS, ab 1998<br>Audi TT Roadster-180 PS, ab 1999<br>Audi TT Roadster-150 PS, ab 2000 | Audi TT Coupe-225 PS, ab 1998<br>Audi TT Roadster-225 PS, ab 1999 |
|---|---|---|
| **Motor** | Ottomotor (Einspritzer), LM-Kopf | |
| Zylinderzahl | 4 (Reihe), quer über der Vorderachse | |
| Bohrung x Hub | 81,0 x 86,4 mm | |
| Hubraum | 1781 $cm^3$ | |
| Leistung | 180 PS (132 kW) bei 5500/min | 225 PS (165 kW) bei 5900/min |
| Drehmoment | 2000: 150 PS (110 kW) bei 5700/min, 235 Nm bei 1950/min | 280 Nm bei 2200/min |
| | 150 PS: 210 Nm bei 1750/min | |
| Verdichtung | 9,5 : 1 | 8,9 : 1 |
| Gemischbereitung | Elektron. Einspritzung, Bosch Motronic ME 7.5, 1 Abgasturbolader KKK, 1 Ladeluftkühler | |
| Ventile pro Zylinder | 5, V-förmig hängend, 2 obenlieg. Nockenwellen (Zahnriemen) | |
| Kurbelwellenlager | 5 | |
| Kühlung | Pumpe / 7,0 Liter Wasser, Motor-Ölkühler | |
| Schmierung | Druckumlauf / 4,5 Liter Öl | |
| Abgasreinigung | Dreiwege-Kat, Lambdasonde | |
| Batterie/Lichtmaschine | 12 V 60 Ah – Drehstrom 90 A | |
| **Kraftübertragung** | Frontantrieb, a.W. Allradantrieb | Allradantrieb |
| | (elektronische Lamellenkupplung) | (elektronische Lamellenkupplung) |
| Schaltung | 5 Gang/6 Gang, Schaltstock in Wagenmitte | 6 Gang, Schaltstock in Wagenmitte |
| Übersetzungen | I. 3,30 – II. 1,94 – III. 1,31 – IV. 1,03 – V. 0,84 – R: 3,06 | I. 3,42 – II. 2,11 – III. 1,43 – IV. 1,09 |
| | I. 2,82 (4x4) – II. 2,11 – III. 1,35 – IV. 0,97 | V. 1,10 – VI. 0,91 – R: 4,11 |
| | V. 0,97 – VI. 0,91 – R: 4,63 | |
| Antriebsübersetzung | 3,94 / 3,32 | 3,32 |
| **Fahrwerk** | Selbsttragende Ganzstahlkarosserie | |
| Vorderradaufhängung | McPherson-Federbeine (Schraubenfedern, Gasdruckdämpfer) | |
| | Dreieckquerlenker, Drehstab-Stabilisator | |
| | Hilfsrahmen | |
| Hinterradaufhängung | Verbundlenkerachse, Schraubenfedern | Doppelquerlenkerachse, Längslenker |
| | Gasdruckdämpfer, Drehstab-Stabilisator | Hilfsrahmen, Schraubenfedern |
| | 4x4: Doppelquerlenkerachse, Längslenker, Hilfsrahmen | Gasdruckdämpfer, Drehstab-Stabilisator |
| Lenkung | Zahnstange, Servo | |
| Fußbremse | Zweikreis-Hydraulik, Servo, vorn belüft. (ø = 312 mm) und hinten Scheiben (ø = 256 mm), ABS | |
| Fahrdynamikregelung | ESP (ab 1999) | |
| **Allgemeine Daten** | Coupé, 2+2sitzig - Roadster, 2sitzig | Coupé, 2+2sitzig - Roadster, 2sitzig |
| Radstand | 2420 mm, 4x4: 2430 mm | 2430 mm |
| Spur vorn/hinten | 1530 / 1515 mm, 4x4: 1530 / 1505 mm | 1530 / 1505 mm |
| Gesamtmaße | 4040 x 1765 x 1350 mm | 4040 x 1765 x 1350 mm |
| Gepäckraum | 270 / 540 L, 4x4: 220 / 490 L; Roadster: 220 L, 4x4: 180 L | 220 / 490 L; Roadster: 180 L |
| Reifen/Felgen | 205/55 VR/WR 16 – 7.0 J x 16 (LM) | 225/45 ZR 17 – 7.5 J x 17 (LM) |
| Wendekreisdurchmesser | 10,5 m | 10,5 m |
| Leermasse (DIN) | 1205 kg, 4x4: 1205 kg; Roadster: 1310 kg, 4x4: 1420 kg | 1395 kg; Roadster: 1460 kg |
| Zul. Gesamtmasse | 1575 kg, 4x4: 1690 kg | 1765 kg |
| | Roadster: 1610 kg, 4x4: 1720 kg | Roadster: 1760 kg |
| Luftwiderstand ($c_W$ x A) | 0,35 x 1,99 $m^2$, Roadster: 0,36 x 1,99 $m^2$ | 0,35 x 1,99 $m^2$, Roadster: 0,36 x 1,99 $m^2$ |
| Höchstgeschwindigkeit | 228 km/h, 4x4: 226 km/h | 243 km/h |
| | Roadster: 223 (150 PS: 214) km/h, 4x4: 220 km/h | Roadster: 237 km/h |
| Beschleunigung 0-100 km/h | 7,4 sec, 4x4: 8,0 sec, Roadster: 7,9 (150 PS: 8,9) sec | 6,4 sec,, Roadster: 6,7 sec |
| Euromix-Verbrauch | 8,6, 4x4: 9,6 L /100 km (S) | 9,8 L/100 km (S) |
| | Roadster: 8,8 (150 PS: 8,2), 4x4: 9,8 L/100 km (S) | Roadster: 10,1 L/100 km (S) |
| Kraftstofftank | 55 Liter (vor der Hinterachse), 4x4: 62 Liter | 62 Liter (vor der Hinterachse) |

**Die Bezeichnung TT steht für »Tourist Trophy« und ist eine Hommage an jene kühnen Motorwagenpioniere, die 1905 zum ersten Mal ein Straßenrennen auf der Isle of Man (Irische See) austrugen. Ab 1907 wurde der strapaziöse Wettbewerb um die Tourist Trophy für Motorräder ebenfalls ausgeschrieben und von vielen Fahrern auch aus Deutschland erfolgreich bestritten.**

Audi TT Prototyp, noch ohne hintere Seitenscheiben.

Rechts: Die Sitze im Mokassin-Look beim TT Roadster.

Unten: Audi TT Coupé in der Serienausführung, 2000.

# Blick in den Rückspiegel

Mich haben Automobile der Auto-Union-Marken seit jeher fasziniert. Die Initialzündung hierfür verdanke ich einem Schrotthändler in Hamburg, der mir eines Oktobertages im Jahre 1957 einen DKW vom Typ F7 zum Schnäppchenpreis von 250 Mark anbot. Der rot-schwarze Zweisitzer war ein Exemplar von zwölf, die er zum Abwracken aus dem Fuhrpark der ehemaligen Reichspost übernommen hatte. Weil die Autos aber noch in gutem Zustand und fahrbereit waren, wurden sie allesamt nicht ausgeschlachtet, sondern weiterverkauft – und der Betrag, den ich zu zahlen hatte, schloss sogar die TÜV-Prüfung sowie die Umschreibung samt Nummernschilder ein. Meine Kennzeichen-Kombination lautete HH-LU 100.
Tugenden wie Zuverlässigkeit, narrensicherer Dynastarter, perfektes Handling dank Vorderradantrieb und reichlich Platz auch für Campinggepäck hielten sich die Waage mit Untugenden wie hoher Spritverbrauch und zweitaktbedingte Auspuff-Stinkefahne.
Ich liebte meinen ersten DKW sehr und sah ihm auch die Alterserscheinungen nach, die sich allmählich an der hölzernen Karosseriestruktur bemerkbar machten – durch sackende Türrahmen und diverse Gammelstellen unter dem Kunstlederbezug.
Mit der Marke DKW hatte ich wenig später auch beruflich zu tun, und zwar durch einen Job, der meiner Passion für Frontantriebswagen sehr entgegen kam: Mit der Bestallung zum verantwortlichen Redakteur für eine neue Auto Union-Kundenzeitschrift, die den Namen »CLUB« bekam. Später trug sie die Bezeichnung »copilot«. Ich lernte, dass zur Gruppe der Auto Union-Marken vor dem Kriege auch Audi gehört hatte – auf Archivbildern sehr

DKW Meisterklasse, 1937.

DKW F 89, 1954: Vor- und Nachteile glichen einander aus …

Oben: Horch 305 Landaulet, 1928. Dem Feuerwehrwagen war ein zweites Leben vergönnt – siehe Seite 30.

Horch 930 V Gläser-Roadster, 1938.

Rechts: Horch 780 B, 1934. Das rote Cabriolet fand trotz fehlender Papiere einen Liebhaber in den USA.

attraktive Automobile. Also begann ich nach einem alten Audi zu suchen – und fand ihn auch, angeboten im Mai 1962 per Kleinanzeige in der Zeitschrift »auto, motor und sport«.
Der Wagen gehörte einem Kohlenhändler in Bochum-Werne. Es war ein Audi Typ UW 2,0 Liter, Anfang 1933 von der Firma Gläser in Dresden als viersitziges Cabrio karossiert. Ich kaufte Fritz Schaltinat das Fahrzeug ab, das sich entgegen der Aussage seines Besitzers allerdings zur Gänze als restaurierungsbedürftig erwies. Der Motor saß fest, es gab jede Menge Rost- und Schimmelnester, vierbeinige Untermieter hatten Knabberspuren hinterlassen. Das Auto musste in die Kur genommen werden und gab sein Debüt als Co-Fotomodell anlässlich der Werbekampagne für den neuen Audi im Jahr 1965.
Der Schritt vom Audi zum Horch war nicht mehr weit. Drei verschiedene Modelle habe ich besessen, und ich muss nicht betonen, dass ich es bereue, nicht wenigstens eines von ihnen behalten zu haben.
Die Gelegenheit, sich gleich drei Horch zuzulegen, ergab sich aus einem Angebot, das mir 1966 ein Zahnarzt aus Ludwigsburg unterbreitete. Er hatte einen Horch von 1928 zu verkaufen, ein Landaulet Typ 305, das während des Krieges zum Feuerwehrwagen umgerüstet worden war. Er sollte 2500 Mark kosten. Das war für mich zwar viel Geld, aber ein fahrbereiter Horch Achtzylinder mochte diesen Betrag allemal wert sein. Jedoch wollte der Doktor das Auto nur demjenigen verkaufen, der ihm auch seine drei anderen Fahrzeuge abnahm. En bloc, zum Preis von ebenfalls 2500 Mark für jedes. Es handelte sich um zwei weitere Horch der Baujahre 1934 und 1938 sowie um einen Mercedes-Benz Typ Nürburg von 1935. Ich wurde leichtsinnig, nahm ein Darlehen auf …
Mit sämtlichen DKW-Automodellen vom F 89 bis zum F 12, vom AU 1000 Sp bis zum Munga habe ich unendlich viele Reisen und Testfahrten absolvieren dürfen und Erfahrungen gesammelt, die ich nicht missen möchte. Als die ersten Modelle der wiedererstandenen Marke Audi erschienen, bot sich mir ausgiebige Gelegenheit, mich auch mit diesen Fahrzeugen eingehend zu beschäftigen. 1999 entschied ich mich, mir einen Audi TT quattro zuzulegen, und ich fahre das Coupé in seinem 21. Lebensjahr noch immer mit dem gleichen Vergnügen, einem Tachostand von 296.000 km entgegenblickend. HS

DKW F12, 1964: Auf den kleinen Zweitakter war stets Verlass.

Audi TT, 1999: Spaßfaktor mit rotem Leder auf mehr als 290.000 Kilometern.

Audi Front 2,0 Liter, 1933: Klassiker mit hohem Investitionsbedarf. Die Kriegszeit hatte das Auto in einem Versteck überlebt.

# Literatur

Alexandrow, Nikolai: Dem Silber auf der Spur. Das Schicksal der Auto Union Rennwagen. Motorbuch Verlag, Stuttgart 2004

Audi AG: Rad der Zeit – Vorsprung durch Technik. Audi AG, Ingolstadt 1991

Auto Union AG: 10 Jahre Horch Achtzylinder. Förster & Borries, Zwickau 1936

-: Audi-Front-Besitzer sind zufrieden, Förster & Borries, Zwickau 1937

Bach, Frieder: Kenner fahren DKW! Verlag Mironde, Niederfrohna 2014

Beisel, Dr. Werner: Das Sodengetriebe in Fahrzeugen der Zwanziger Jahre / Wanderer. Selbstverlag, Kressbronn 2018

Cancelieri, Gianni, mit De Agostini, Cesare: Auto Union – die großen Rennen 1934–39. Schröder & Weise, Hannover 1979

Domschke, Jan-Peter; Dirn, Sabine; Hofmann, Hansgeorg; Poch, Rosemarie: Stascheit, Marion: Mittweidas Ingenieure, Hochschule Mittweida, Mittweida 2014

Erdmann, Thomas: Vom Dampfkraftwagen zur Meisterklasse; Die Geschichte der Marke DKW 1907–1945. Autovision Verlag, Hamburg 2003

Etzold, Hans-Rüdiger, mit Rother, Ewald, und Erdmann, Thomas: Im Zeichen der Vier Ringe 1873–1945. edition quattro (Audi AG), Ingolstadt 1992

Fersen, Hans-Heinrich von: Autos in Deutschland 1885–1920. Motorbuch Verlag, Stuttgart 1965

–: Autos in Deutschland 1920–1939, Motorbuch Verlag, Stuttgart 1963

–: Deutsche Autos 1920–1945, Motorbuch Verlag, Stuttgart 2019

–: Klassische Wagen Band 1, Hallwag Verlag, Bern und Stuttgart, 1971

Großmann, Rudolf: 12 Köpfe prominenter Horch-Besitzer – ich fahre Horch. Horchwerke AG, Berlin und Zwickau 1929

Horch, August: Ich baute Autos, Lengerich Verlag, Berlin 1949

Kirchberg, Dr. Peter, und Gränz, Paul: Ahnen unserer Autos. Transpress Verlag, Berlin 1975

–: Dixi, Horch, Trabant & Co., Schrader-Motor-Album. Schrader Verlag, Suderburg 1990

–: Horch Automobile: Prestige und Perfektion. Schrader Verlag, Suderburg 1994

–: und Hahn, Carl H.: DKW Hahn, eine Biografie. Verlag Heimatland Sachsen, Chemnitz 2016

Kittler, Eberhard, Oswald, Werner: Deutsche Autos 1975-1995. Motorbuch Verlag, Stuttgart 2019

Knittel, Stefan: Auto Union Grand-Prix-Wagen. Verlag Schrader + Partner, München 1980

Kurze, Peter: DKW Meisterklasse. Delius Klasing Verlag, Bielefeld 2017

Melfi, Toni: The Audi Book. te Neues Publishing Group, Köln 2012

Mirsching, Dr. Gerhard: Wanderer. Verlag Uhle & Kleimann, Lübbeke 1980

–: Audi – Vier Jahrzehnte Ingolstädter Automobilbau. Bleicher Verlag, Gerlingen 1988

Oswald, Werner: Alle Audi Automobile 1910–1980. Motorbuch Verlag, Stuttgart 1980

–: Alle Horch Automobile 1900-1945. Motorbuch Verlag, Stuttgart 1980

–: Kraftfahrzeuge und Panzer der Reichswehr, Wehrmacht und Bundeswehr, Motorbuch Verlag, Stuttgart 1982

Rauch, Siegfried: 2 Takte, 4 Räder. Motorbuch Verlag, Stuttgart 2016

Schneider, Hans-Jürgen: Audi Sportwagen. Verlag Schneider Text, Giel-Courteilles 2005

Schrader, Halwart: Automobil-Spezialkarosserien 1906-1986. BLV Verlag, München 1985

:– Motor Men – Menschen, Mythen und Motoren der Automobilgeschichte. Motorbuch Verlag, Stuttgart 2011

Sievers, Dr. Immo: Jørgen Skafte Rasmussen, Leben und Werk des DKW-Gründers. Verlag Delius Klasing, Bielefeld 2006

Simons, Rainer: Automobile mit Frontantrieb. Schrader Automobil-Bücher, München 1981

Steiger, Christian, und Wirth, Thomas: Audi 1965–1975. Heel Verlag, Schindellegi 1995

Zeichner, Walter: Typenkompass Audi seit 1965. Schrader Verlag / Motorbuch Verlag, Stuttgart 1998

# Bildquellen

ADAC Klassik: 34ob

Archiv Thomas Erdmann: 104re

Archiv Dr. Peter Kirchberg: 17ob · 28un

Archiv Immo Mikloweit: 12re

Archiv MoN: 128uli · 174 · 183ob

Archiv Rönicke: 113uli · 120un

Archiv Schlenger: 80uli · 83mil · 83uli/ure · 86oli · 89uli · 113ure · 115uli

Archiv Schrader / Halwart Schrader: 12li · 14li · 19li · 108li und 108ure · 109li · 144ob · 168ob · 169re · 170ore · 181li · 184-185 · 297ob · 300-301

Archiv Storz: 31uli · 31ure · 35ure · 86uli · 91oli · 94ob · 94ure · 97ure · 121uli · 124ob · 260mi

Archiv Christian Suhr: 20 · 22li · 62ore · 62ure · 64 · 65li · 66 · 66 · 67 · 80 · 165 · 170un

August Horch Museum: 15 · 19un · 62li

auto classic: 225mi

Bischofberger GmbH: 260un

Classic Car Weekly: 171un

Daimler AG: 81un

Deutsches Museum: 166ore · 170oli

Walter Dittrich: 151un · 156 · 157oli · 162

Doris Doertenbach: 152ob

Fortepan: 128ob

Detlev Hecker: 161un

Thomas Dotzler: 159ure

Finnisches Staatsarchiv; 47oli

Friedrich W. Heye: 143un · 149ure · 151ob · 159ore · 161ob

Historisches Archiv Dr. Paul Wolff & Tritschler: 55 · 183mili

IVM: 282ore

Reinhard Lintelmann: 48ob · 50-51 · 58 · 73 · 91un

Bodo Schieren: 149mi

Sotheby's: 171ob

Staatsarchiv Freiburg: 31oli · 35uli · 38ob · 116mi

Treser GmbH: 272 · 273

Verkehrsmuseum Dresden: 25li · 75ob

Alle nicht anders bezeichnete Abbildungen: Archiv Auto Union AG bzw. Audi AG

| | |
|---|---|
| li: links | ore: oben rechts |
| mi: mitte | re: rechts |
| mil: mitte links | uli: unten links |
| mir: mitte rechts | umi: unten mitte |
| ob: oben | un: unten |
| oli: oben links | ure: unten rechts |
| omi: oben mitte | |

auto motor und sport
Kurven. Käfer. Kult.
auto motor und sport EDITION
80 Jahre
VW Käfer
20 Jahre VW Beetle
80 Jahre Käfer. 20 Jahre Beetle.
Die Sonderausgabe hier bestellen:
0711 . 32068888 | ams@dpv.de | auto-motor-und-sport.de/edition